"十二五"职业教育国家规划教材
经全国职业教育教材审定委员会审定

全国水利行业"十三五"规划教材（职业技术教育）

水闸设计与施工

（第三版）

主编　丁秀英　张梦宇
主审　焦爱萍

中国水利水电出版社
www.waterpub.com.cn
·北京·

内 容 提 要

本书首先导入项目基本资料，以完成一个实际工程项目为目标，过程按照五个项目二十一个任务逐步学习、练习、完成任务。五个项目包括：水闸布置、水力设计和防渗排水设计、闸室稳定分析、整体式闸底板结构计算、水闸施工组织设计。

本书可作为高职院校和成人高校“水利水电建筑工程”“水利工程”“水务工程”“水务管理”“城市水利工程”“水利工程施工”以及其他相近专业的通用教材和教学参考书，也可供行业相关单位的工程技术人员参考使用。

图书在版编目（CIP）数据

水闸设计与施工 / 丁秀英，张梦宇主编. -- 3版. -- 北京 : 中国水利水电出版社，2018.11(2022.1重印)
“十二五”职业教育国家规划教材　全国水利行业“十三五”规划教材
ISBN 978-7-5170-7186-0

Ⅰ. ①水… Ⅱ. ①丁… ②张… Ⅲ. ①水闸－水利工程－高等职业教育－教材 Ⅳ. ①TV66

中国版本图书馆CIP数据核字(2018)第268438号

书　　名	“十二五”职业教育国家规划教材 全国水利行业“十三五”规划教材（职业技术教育） **水闸设计与施工**（第三版） SHUIZHA SHEJI YU SHIGONG
作　　者	主编　丁秀英　张梦宇　　主审　焦爱萍
出版发行	中国水利水电出版社 （北京市海淀区玉渊潭南路1号D座　100038） 网址：www.waterpub.com.cn E-mail：sales@waterpub.com.cn 电话：(010) 68367658（营销中心）
经　　售	北京科水图书销售中心（零售） 电话：(010) 88383994、63202643、68545874 全国各地新华书店和相关出版物销售网点
排　　版	中国水利水电出版社微机排版中心
印　　刷	天津嘉恒印务有限公司
规　　格	184mm×260mm　16开本　17.5印张　415千字
版　　次	2011年8月第1版　2011年8月第1次印刷 2015年7月第2版　2015年7月第1次印刷 2018年11月第3版　2022年1月第2次印刷
定　　价	**49.50元**

修订说明

本书列入“十三五”职业教育国家规划教材，是按照教育部关于“十三五”职业教育国家规划教材编写基本要求及相关行业课程标准编写完成的。

本次修改主要依据最新国家标准《水闸设计规范》(SL 265—2016)、《水工建筑物抗震设计标准》(GB 51247—2018)、《水利水电工程钢闸门设计规范》(SL 74—2019) 和《水利水电工程启闭机设计规范》(SL 41—2018)，对原教材内容进行了全面修订、补充和完善。

本书第一版、第二版、第三版分别于 2011 年、2015 年、2018 年出版发行，第一版、第二版为“十二五”职业教育国家规划教材，第三版为“十三五”职业教育国家规划教材。

本书从高职教育的实际特点出发，校企合作开发、修订，适合“教、学、练、做”一体化的项目化实训课程教学使用。在内容上，以“适度、够用”为准则，充分体现高等职业教育的特色。以实际工程案例为载体，以项目为导向，用任务驱动，力求实现完整的实际工作过程，体现现行国家规范和水利行业发展要求的特点。为便于教学和强化设计计算技能的训练，书中配有工程案例及相关附录。在阐述上，按照实际工作过程进行，指导步骤详细，应用便利，符合职业教育规律和高技能型人才成长规律。

本书除适合高职院校的水利水电建筑工程、水利工程、河道整治与航道工程、水务工程、水利工程施工及其他相近专业教学外，还可供水利行业相关单位的工程技术人员和职业本科院校作为参考用书。

随着技术、施工工艺水平的发展和新规范的出版，可能会出现一些不妥之处，敬请同行专家读者不吝赐教，编者将持续跟进修订。

编者

2021 年 12 月

第三版前言

本书经过近十年的使用，充分显示出应用便利、易于自学、操作性强的特点。此次再版有以下特点：

(1) 本书为校企合作开发的一本高质量的实践指导教材。体现了水利行业发展要求，能对接水利职业标准和岗位要求，行业特点鲜明。

(2) 能充分融入现行行业规范要求，把成熟的理论知识与工程实践应用知识很好地结合起来。

(3) 本书是一本具有职业教育特色的教材，注重实际应用，突出职业能力培养，将知识体系和技能培养体系高度融合，适合“教、学、练、做”一体化教学使用，以实际工程案例为载体，以项目为导向，用任务驱动，力求实现完整的工作过程，设计步骤详细；学习顺序符合职业教育规律和高技能型人才成长规律；教学重点、课程内容、能力结构及评价标准能有机衔接和贯通。

本书由黄河水利职业技术学院丁秀英、张梦宇任主编，焦爱萍任主审。本书的项目基本资料、项目执行计划、第一次课、设计说明书及绘图要求、项目一、项目二由丁秀英编写；项目三由黄河水利职业技术学院万柳明编写；项目四由黄河水利职业技术学院耿会涛编写；项目五的任务一、任务二和任务三由黄河水利职业技术学院张亚坤编写；项目五的任务四由张梦宇编写；项目五的任务五由黄河水利职业技术学院韩晓育编写；项目六由中国南水北调集团有限公司余晗硕编写；项目七由黄河水利职业技术学院张旭编写；附录由黄河水利职业技术学院张东锋、万柳明编写。本书在改编过程中采纳了河南省水利科学研究院教授级高工袁群博士、开封市水务开发建设有限公司高级工程师吴现伟、开封市水利建筑勘察设计院教授级高级工程师姚伟华的建议，在此一并表示感谢。

随着技术和施工工艺水平的发展，书中可能会出现一些不妥之处，请同行专家读者不吝赐教，以便纠正和改进。

编者

2018 年 8 月

第二版前言

本书是根据《关于“十二五”职业教育国家规划教材选题立项的函》的要求，于2013年通过教育部组织的教材选题立项专家评审组评审，经教育部同意立项，被列为“十二五”职业教育国家规划教材，在第一版的基础上修编而成。教材是长期工程实践经验和教学经验的积累，需通过多次使用及反复修改和再版，才能不断提高质量、逐步完善、与时俱进。

本书稿讲义自2008年开始被各水利高职院校使用，同时项目化课程的开发也有了一些新的发展，所以，本书在广泛征求意见的基础上进行了修改。此次修编主要考虑了以下几点：

(1) 本教材根据《水工混凝土结构设计规范》(SL 191—2008)，对水闸混凝土环境类别的划分进行了调整，对结构设计的耐久性要求作了补充。

(2) 适度反映近五年来项目化课程的教学新进展和特点。

(3) 考虑到我国幅员辽阔、地区特点明显、学生基础差异性大、各校相应的教学侧重点有所不同，为了削枝强干，同时适当照顾教材体系的完整性，在修编中，对重点内容进行了加强。

(4) 注意处理好本教材与专业基础课、相关的专业课及相关规范、手册等的关系。既避免简单重复，又避免独立脱节，力求在编写中解决好结合点的问题。

本书由黄河水利职业技术学院的丁秀英、张梦宇任主编。本书的项目基本资料、项目执行计划、第一次课、设计说明书及绘图要求、项目一、项目二由丁秀英编写；项目三由陈诚编写；项目四由开封市水利建筑勘察设计院的高级工程师姚伟华编写；项目五的任务一和任务二由云南省水利水电科学研究院罗应培编写；项目五的任务三和任务四由张梦宇编写；水闸设计分析与实例及附录由陈诚、赵海滨编写；项目五的任务五和水闸施工组织设计实例由兰考黄河河务局胡秀锦编写。

本书由黄河水利职业技术学院的焦爱萍教授和梁建林教授任主审。在编写过程中有关生产单位及兄弟院校给予了积极支持，在此一并向他们表示感谢。

对于书中尚存在的缺点或欠妥之处，恳请读者批评指正。

编者

2014年1月

第一版前言

本书是国家示范性高等职业院校　中央财政重点支持建设专业——水利水电建筑工程专业课程改革系教教材之一，是根据《关于全面提高高等职业教育质量的若干意见》（教高〔2006〕16号）、《教育部、财政部关于实施国家示范性高等职业院校重点建设计划，加快高等职业教育改革与发展的意见》（教高〔2006〕14号）等文件精神和黄河水利职业技术学院《国家示范性高等职业院校建设方案》组织编写的。

在本书编写过程中，先后走访了多家施工、监理、设计、管理单位，广泛征求水利水电建设一线企业专家的意见和建议，对水闸设计与施工岗位所需的知识与技能进行了准确定位，继而规划本书编写内容。

本书力求突出职业能力培养，将知识体系和技能培养体系高度融合，适应“教、学、练、做”一体化教学需要。以实际工程案例为载体，以项目为导向，以任务驱动，实行项目化组织方式，展现现行行业规范要求，每个任务力求实现完整的工作过程，设计步骤详细，适合学生自学。

本书由黄河水利职业技术学院丁秀英、张梦宇任主编，陈诚任副主编，杨邦柱、梁建林任主审。本书的项目一、项目二由丁秀英编写；项目三由陈诚编写；项目四由靳玮（开封市农村水利技术推广站）编写；项目五由张梦宇编写；水闸设计分析与实例及附录由陈诚、赵海滨（黄河水利职业技术学院）编写；水闸施工组织设计实例由张营营编写。本书在编写过程中得到焦爱萍教授的指导，在此表示衷心感谢。

本书在编写过程中参考了一些名家的专著与教材，编者在此一并致谢。

由于编者水平有限，书中难免有不妥之处，请同行专家和读者不吝赐教，以便纠正和改进。

编者

2011年6月

目　　录

项 目 基 本 资 料

本书是为适应项目化课程“水闸设计与施工”的教学而编写的。书中引入了现行水利行业规范和标准。学生可以通过水闸设计与施工的技能训练熟悉水闸的结构，学会水闸设计的程序、方法，掌握施工组织的措施，为今后从事水闸设计、施工组织管理、监理、管理等工作奠定一定的基础，并为学生顶岗实习、毕业后能尽快胜任岗位工作、取得职业资格起到良好的支撑作用。书中所列项目和工作任务能呈现出水利职业的典型工作内容和形式，是生产过程的高度浓缩。以下以某中原拦河闸工程为例，完成该项目的设计和施工组织设计。

1. 工程概况

中原拦河闸位于河南省某县境内，闸址位于淮河某支流上。流域面积 $2234km^2$，流域内耕地面积 288 万亩（1 亩＝$0.0067hm^2$）。农作物以小麦、棉花和其他经济作物为主，河流平均纵坡 1/6200。

该地区为浅层地下水贫水区，要解决流域内农田的灌溉问题，需要拦蓄地面径流，故在河流适当位置修建拦河闸。

本工程投入使用后，在正常高水位时可蓄水 2230 万 m^3，灌溉 45 万亩农田。上游 5 个县 25 个乡已建成提灌站 42 处，有效灌溉面积 25 万亩；在拦河闸上游分出南干渠、北干渠，配支干渠 23 条，修建各类渠系建筑物 1230 座，可自流灌溉下游 3 县 20 万亩农田，说明拦蓄水源充沛可靠，效益较大。

2. 地质资料

（1）根据地质钻探资料，闸址附近地层为中粉质壤土，厚度约 25m，其下为不透水层。此壤土的物理力学性质如下：

土壤湿重度 $\gamma_{湿}=20.2kN/m^3$；

土壤干重度 $\gamma_{干}=16.0kN/m^3$；

土壤饱和重度 $\gamma_{饱}=22.2kN/m^3$；

土壤浮重度 $\gamma_{浮}=12.4kN/m^3$；

自然含水量状态下土壤内摩擦角 $\varphi_{自}=23°$；

饱和含水量状态下土壤内摩擦角 $\varphi_{饱}=20°$；

土壤黏聚力 $c=0.1kN/m^2$；

地基允许承载力 $[P_{地基}]=150kPa$；

混凝土、砌石与土基摩擦系数 $f=0.36$；

地基应力的不均匀系数 $[\eta]=1.5\sim2.0$；

渗透系数 $K=9.29\times10^{-3}cm/s$。

（2）本区域地震设防烈度为Ⅵ度。

3. 水文气象

（1）气温。本地区年最高气温 42℃，最低气温为－18℃。

（2）风速。多年平均最大风速 v＝20m/s，吹程 D＝0.6km。

（3）降水量。非汛期（1—6 月及 10—12 月）9 个月河流平均最大流量 Q＝10m³/s；汛期（7—9 月）3 个月最大流量 Q 为 130m³/s。年平均最大流量 Q＝36.1m³/s，最大年径流总量为 9.25 亿 m³。年平均最小流量 Q＝15.6m³/s，最小年径流总量为 0.42 亿 m³。

（4）冰冻。流域内冰冻时间短，冻土很薄，不影响施工。

4. 建筑材料

本工程位于平原地区，山丘少，石料需从外地供给，距京广线很近，交通条件较好；经调查，本地区附近有较丰富的黏土材料；闸址处有足够多的砂料。

5. 批准的规划成果

（1）灌溉用水季节，拦河闸的正常挡水位为 58.72m，下游无水。

（2）洪水标准。

1）设计洪水位 50 年一遇，相应的洪峰流量 1144.45m³/s，闸上游的洪水位为 59.50m，相应的下游水位为 59.35m。

2）校核洪水位为 200 年一遇，相应的洪峰流量 Q＝1642.35m³/s，闸上游洪水位 61.00m，闸下游水位 60.82m。

闸后交通桥净宽取 4.50m 或 7.00m，两边各设宽 0.25m 或 0.50m 的人行道。

3）施工导流采用 20 年一遇洪水，相应的洪峰为 169m³/s。

（3）河道断面。河道横断面为梯形，边坡为 1∶2，马道宽取 6.00m。横断面形状如图所示。

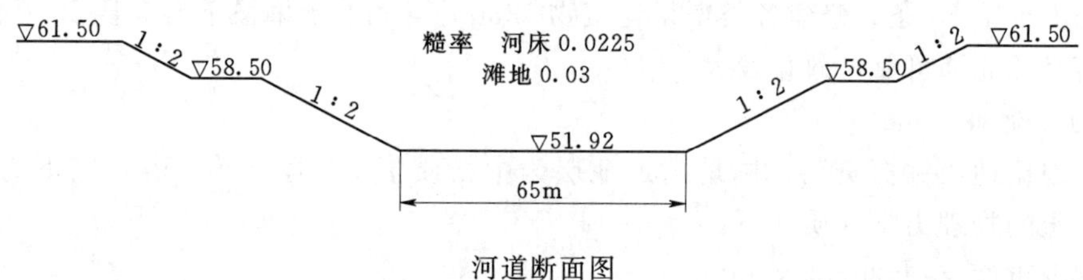

河道断面图

6. 施工条件

（1）工期：要求在 2 年内完成。

（2）电源：由电网供电，工地距电网 10km。

（3）材料供应：三材统一安排，本地区无石料及水泥，主要从外地用铁路运至本工程所属城市，共 350km，再用汽车转运到工地，运距 40km。

项 目 执 行 计 划

本课程是以水闸设计和施工过程为主线，展现完整的工作过程的项目化课程，分为水闸总体布置、水力设计和防渗排水设计、闸室稳定分析、整体式闸底板结构计算、水闸施工组织设计5个工作项目，在项目的教学实施中，进一步分解成22个学习型工作任务。项目执行计划如下表。

项目执行计划表

<table>
<tr><th>项目编号</th><th>项 目 名 称</th><th>学习型工作任务</th><th colspan="2">时间/d</th></tr>
<tr><td></td><td>第一次课</td><td>课程介绍、分析工程资料</td><td>0.5</td><td rowspan="6">4</td></tr>
<tr><td rowspan="5">项目一</td><td rowspan="5">水闸总体布置</td><td>任务一　水闸布置</td><td>0.5</td></tr>
<tr><td>任务二　确定水闸等级</td><td>0.25</td></tr>
<tr><td>任务三　闸孔型式选择及闸底板高程确定</td><td>0.25</td></tr>
<tr><td>任务四　闸室布置</td><td>1.5</td></tr>
<tr><td>任务五　两岸连接建筑物布置</td><td>1</td></tr>
<tr><td rowspan="3">项目二</td><td rowspan="3">水力设计和防渗排水设计</td><td>任务一　闸孔尺寸确定</td><td>2</td><td rowspan="3">8</td></tr>
<tr><td>任务二　水闸的消能防冲设计</td><td>3</td></tr>
<tr><td>任务三　水闸的防渗排水设计</td><td>3</td></tr>
<tr><td rowspan="3">项目三</td><td rowspan="3">闸室稳定分析</td><td>任务一　荷载计算及荷载组合</td><td>3</td><td rowspan="3">4</td></tr>
<tr><td>任务二　闸室基底压力验算</td><td>0.5</td></tr>
<tr><td>任务三　闸室抗滑稳定验算</td><td>0.5</td></tr>
<tr><td rowspan="5">项目四</td><td rowspan="5">整体式闸底板结构计算</td><td>任务一　闸底纵向地基反力</td><td>1.5</td><td rowspan="5">5</td></tr>
<tr><td>任务二　板条及墩条上的不平衡剪力</td><td>0.5</td></tr>
<tr><td>任务三　不平衡剪力在闸墩和底板上的分配</td><td>0.5</td></tr>
<tr><td>任务四　计算基础梁上的荷载</td><td>1</td></tr>
<tr><td>任务五　计算地基反力及梁的内力</td><td>1.5</td></tr>
<tr><td rowspan="5">项目五</td><td rowspan="5">水闸施工组织设计</td><td>任务一　施工导截流设计</td><td>1</td><td rowspan="5">15</td></tr>
<tr><td>任务二　基坑排水</td><td>2</td></tr>
<tr><td>任务三　主体工程施工</td><td>3</td></tr>
<tr><td>任务四　施工进度计划编制</td><td>7</td></tr>
<tr><td>任务五　施工总布置</td><td>2</td></tr>
<tr><td colspan="3">总　　计</td><td colspan="2">36</td></tr>
</table>

第 一 次 课

在第一次课里，从本课程的课程设置、教学内容、教学实施、考核与评价、特色与创新等方面把有关思想、要求等做一介绍，使学生对本课程有一个整体的了解，方便学习。

介绍课程定位、课程作用、课程设计思路、引入的规范、先导课程、岗位需求、工作任务、职业能力分析、教学内容的选取、教学内容的组织整合、教学组织、教学方法与手段、教学环境、教学实施、工学结合、教师队伍、考核评价方案（一体化评价）及权重、考核内容、评分标准及实施方案等。

本课程的特色为：

(1)“校企合作”设计课程标准和教学内容，并实施教学任务。

(2) 在实训场（设计室、水工仿真实训基地、施工实训场）完成项目化实训。在教学过程中，创设工作氛围浓郁的工作场景，进行设计、施工的实际操作能力的培养。在实践实操过程中，提高学生的岗位适应能力。

(3) 在教学过程中，以 5 个项目为导向，以 20 个任务来驱动，完成一个水闸工程的设计和施工，每个项目均采用边讲边练、“教、学、练、做”一体化，分组实施教学，以工作任务引领提高学生学习兴趣，激发学生的成就动机，全面提升职业能力。

(4) 本课程教学的关键是通过典型的活动项目，由教师提出要求，并讲解或示范，组织学生进行活动，注重“教”与“学”的互动，掌握本课程的职业能力。

设计说明书及绘图要求

一、要求

设计说明书用来系统描述设计的原则、依据、方法、成果和内容，它是工程施工、运用、管理、扩建、维修的依据。计算书主要用来反映计算过程和数据的来源。本次实训将计算书与说明书合在一起，希望同学们认真细致地编写、整理。

在说明书中能全面考虑问题，解决方案中无错误；设计内容表达清楚；说明书简明扼要，能表达设计意图。

所绘图纸应符合水利水电工程制图规范要求，图面布置匀称，内容准确无误，图面整洁美观，采用手工或计算机绘图。

学习过程中认真踏实，肯钻研，虚心求教。

二、设计说明书提纲

1 项目基本资料

1.1 工程概况

1.2 地质、地形资料

1.3 水文气象

1.4 建筑材料

1.5 批准的规划成果

1.6 施工条件

2 水闸布置

2.1 闸址选择及水闸等级确定

2.1.1 闸址的选择

2.1.2 水闸等级的确定

2.1.3 洪水标准的确定

2.2 闸孔型式选择及闸底板高程确定

2.2.1 闸孔型式的选择

2.2.2 闸底板高程的确定

2.3 闸室布置

2.3.1 闸底板

2.3.2 闸墩

2.3.3 闸门与启闭机

2.3.4 上部结构

2.3.5　岸墙
2.4　两岸及上下游连接建筑物布置
2.4.1　两岸连接建筑物的结构形式
2.4.2　上下游翼墙布置
2.4.3　混凝土的强度、抗渗及抗冻性能要求
3　水力设计和防渗排水设计
3.1　闸孔尺寸确定
3.1.1　闸孔型式
3.1.2　闸孔尺寸
3.2　水闸的消能防冲设计
3.2.1　消力池设计
3.2.2　海漫设计
3.2.3　防冲槽设计
3.2.4　上、下游河岸的防护
3.3　水闸的防渗排水设计
3.3.1　闸室地下轮廓线布置
3.3.2　渗流计算
3.3.3　排水设计
4　稳定分析
4.1　闸室荷载计算及荷载组合
4.1.1　设计工况
4.1.2　荷载计算
4.1.3　荷载组合
4.2　闸室地基承载力验算
4.2.1　计算单元
4.2.2　验算要求
4.2.3　闸室基底应力
4.2.4　水闸的地基沉降计算及处理
4.3　闸室抗滑稳定验算
4.3.1　计算单元
4.3.2　验算要求
4.3.3　闸室抗滑措施
4.3.4　抗浮稳定验算
4.4　岸墙、翼墙稳定验算
4.4.1　计算单元
4.4.2　岸墙、翼墙抗滑稳定验算
4.4.3　岸墙、翼墙底部承载力验算
4.4.4　岸墙、翼墙底部不均匀系数验算

4.4.5　岸墙、翼墙抗倾覆稳定验算

4.4.6　岸墙、翼墙抗滑措施

5　整体式闸底板结构计算

5.1　计算闸底纵向地基反力

5.1.1　选择计算方法

5.1.2　选择计算工况

5.1.3　用弹性地基梁法计算

5.1.4　计算闸底板纵向地基反力

5.2　计算板条及墩条上的不平衡剪力

5.2.1　选取计算单元

5.2.2　列表计算

5.3　确定不平衡剪力在闸墩和底板上的分配

5.3.1　计算确定中性轴位置

5.3.2　在闸墩和底板上分配不平衡剪力

5.4　计算基础梁上的荷载

5.4.1　计算集中力

5.4.2　不平衡剪力的处理

5.4.3　考虑边荷载的影响

5.5　计算地基反力及梁的内力

6　设计依据及参考资料

7　总结

三、提交成果

(1) 设计说明书一份。

(2) 计算草稿一本。

(3) 手绘 2 号图 2 张（水闸平面图、纵剖图、各部位剖视图、细部构造大样图等）。

项目一　水　闸　布　置

【任务】 水闸布置；确定水闸的等级及洪水标准；拟定闸孔型式；确定闸室底板高程；合理布置闸室；选择适宜的两岸岸墙型式及上下游连接结构型式。

本项目主要阐述了水闸总体布置所需收集的资料及布置原则；如何选择水闸闸址；如何确定水闸等级；如何布置水闸闸室；如何进行防渗排水布置；如何进行消能防冲布置；如何布置两岸连接建筑物；如何进行结构耐久性设计等。水闸布置时可参照图 1－24～图 1－49。

任务一　水　闸　布　置

目　　标： 具有收集、甄别水闸布置所需资料的能力；能正确运用水闸布置原则；能正确选择闸址；具有正确运用文字、框图、图、表进行文字和口头表达的能力。态度上具有敬业精神和严谨、科学精神。

执行步骤： 教师引领同学们认真分析工程基本资料；引导同学们复习水闸布置原则和选择闸址的原则等相关知识；带领学生到水闸工地，讲解工作内容、使用的规范、工作步骤以及应注意的问题，等等；引导同学们讨论有关内容；同学们分组甄别资料，分析布置原则、选定闸址的影响因素。

检　　查： 在教学组织过程中，教师在现场指导小组学生互检闸址选择的依据、思路、描述、结果。

考 核 点： 教师在现场对其所甄选资料、考虑思路、工作态度进行评定，并结合其成果质量进行综合评价。即：思路是否清晰、方法是否正确、步骤是否缜密完善、语言描述是否简练完整、工作态度是否认真踏实。

在进行水闸总体布置和水力设计、结构设计、地基计算及处理设计、工程管理设计的各个阶段，必须有与设计精度相适应的勘测调查资料，因此，在设计之前应认真搜集和整理各项基本资料。所选用的基本资料应准确可靠，满足设计要求。应熟知水闸布置原则和选择闸址所要考虑的因素。

一、所需资料

在进行枢纽布置时，应有与设计精度相适应的基本资料。主要资料有：工程概况、地质条件、地形、工程材料、水文气象、已经批复的规划成果、施工条件，具体如下。

（1）社会、经济、环境资料。枢纽建成后对环境生态的影响、库区的淹没范围及移民、房屋拆迁等；枢纽上下游的工业、农业、交通运输等方面的社会经济情况；供电对象的分布及用电要求；灌区分布及用水要求；通航、过木、过鱼等方面的要求；施工过程中的交通运输、劳动力、施工机械、动力等方面的供应情况。

(2) 勘测资料。水库和坝区地形图、水库范围内河道纵断面图、拟建建筑物地段的横断面图等，河道的水位、流量、洪水、泥沙等水文资料，库区及坝区的气温、降雨、蒸发、风向、风速等气象资料，岩层分布、地质构造、岩石及土壤性质、地震、天然建筑材料等的工程地质资料，地基透水层与不透水层的分布情况、地下水情况、地基的渗透系数等水文地质资料。

(3) 设计依据。我国规定，大中型水利工程建设项目必须纳入国家经济计划，遵守先勘测、再设计、后施工的必要程序。工程设计需要有以下资料或设计依据：

1) 工程建设单位的设计委托书及工程勘察设计合同，说明工程设计的范围、标准和要求。

2) 经国家或行业主管部门批准的设计任务书。

3) 规划部门、国土部门划准的建设用地红线图。

4) 地质部门提供的地质勘察资料，对工程建设地区的地质构造、岩土介质的物理力学特性等加以描述与说明。

5) 其他自然条件资料，如工程所在地的水文、气象条件和地理条件等。

6) 工程建设单位提供的有关使用要求和生产工艺等资料。

7) 国家或行业的有关设计规范和标准。

根据国民经济发展计划要求，参照流域或区域水利规划可建设的水利工程项目及其开发程序，按照建设项目的隶属关系，由主管部门提出某一水利工程的基本建设项目建议书，经审查批准后，委托设计单位进行预可行性研究和可行性研究，编制可行性研究报告。按照批准的可行性研究报告，编制设计任务书，确定建设项目和建设方案(包括建设依据、规模、布置、主要技术经济要求)。设计任务书的内容一般包括：建设的目的和依据，建设规模，水文、气象和工程地质条件，水资源开发利用的规划、水资源配置和环境保护，工程总体布置，水库淹没、建设用地及移民，建设周期，投资总额，劳动安全，经济效益等。任务书是设计依据的基本文件，可按建设项目的隶属关系，由主管部门或省、自治区、直辖市审查批准；大型水利工程或重要的技术复杂的水利工程，则由国家计划部门或国务院批准。有些国家不编制设计任务书，而在投资前，可行性研究后，有一个项目评价和决策阶段，对拟建工程提出评价报告，作为决策，以此作为设计依据。

(4) 设计标准。为使工程的安全可靠性与其造价的经济合理性有机地统一起来，水利枢纽及其组成建筑物要分等、分级，即按工程的规模、效益及其在国民经济中的重要性，将水利枢纽分等，而后将枢纽中的建筑物按其作用和重要性进行分级。设计水工建筑物均需根据规范规定，按建筑物的重要性、级别、结构类型、运用条件等，采用一定的洪水标准，保证遇设计标准以内的洪水时建筑物的安全。水工建筑物的运用条件一般分为正常和非常两种，正常运用采用设计洪水标准，非常运用情况采用校核洪水标准。

二、布置原则

(1) 水闸枢纽布置应根据闸址地形、地质、水流等条件，以及各建筑物功能、特点、施工、运用要求等确定。做到紧凑合理、协调美观，组成整体效益最大的有机联合体。

(2) 泄洪闸的轴线宜与河道中心线呈90°夹角。泄洪闸的上、下游河道直线段长度不宜小于水闸进口处水面宽度的5倍，当难以满足上述要求时，宜设置导流墙或导流墩。如果泄洪闸位于弯曲河段，则应布置在河道深泓部位。

(3) 对于进水闸或分水闸，其中心线与河道或渠道中心线的交角宜小于30°，其上游引河或引渠的长度不宜过长；位于多泥沙河流上的进水闸或分水闸，其中心线与河道或渠道中心线的交角可适当加大；若在多泥沙河流有坝引水时，宜为70°～75°；位于弯曲河段或渠段的进水闸或分水闸，宜布置在靠近河道或渠道深泓的岸边；分洪闸的中心线宜正对河道主流方向。

(4) 排水闸或泄水闸的中心线与河道或渠道中心线的交角宜小于60°，其下游引河或引渠宜短而直，引河或引渠的轴线方向宜避开常年大风向。

(5) 上游水面较宽的水闸宜采用正向进水布置；当非正向进水时，可设置一定长度的导水堤或导水墙。

(6) 水闸枢纽中的船闸、泵站或水电站宜靠岸布置，但船闸不宜与泵站或水电站布置在同一岸侧。船闸、泵站或水电站与水闸的相对位置，应满足水闸通畅泄水及各建筑物安全运行的要求。

(7) 多泥沙河流上的水闸枢纽，应在进水闸或其他取水建筑物取水口的相邻位置设置冲沙闸或排沙闸或泄洪冲沙闸，必要时，可采取相应的拦沙或沉沙措施。

(8) 有排漂或排冰要求的水闸枢纽宜设置排漂孔或排冰孔，其布置应靠近进水闸进水口或其他取水建筑物取水口或漂浮物较多的河道一侧或两侧。

(9) 有泄放生态、景观用水要求的水闸枢纽，布置时应考虑安全下泄相应流量的措施。

(10) 对于有通航要求的水闸，可设置通航孔。通航孔位置应根据过闸安全和管理方便的原则确定，但不宜紧靠泵站或水电站。设置通航孔的水闸，宜布置防撞设施并设置通航安全警示标志。

(11) 对于有过鱼要求的水闸，可结合岸墙、翼墙的布置设置鱼道。鱼道的进、出口位置应符合《水利水电工程鱼道设计导则》(SL 609—2013) 的要求。

(12) 对于上游有余水可以利用且有发电条件的水闸，可结合岸墙、翼墙的布置设置小型水力发电机组或在边闸孔内设置可移动式发电装置。

(13) 水闸枢纽的布置，可采用数学模拟方法进行水流流态分析研究确定。对于水流流态复杂的大型水闸枢纽的布置，应经过水工模型试验验证。数学模拟或水工模型试验范围应包括水闸上、下游可能产生冲淤及流态复杂的河段。

(14) 在单一河流上修建大型水闸且有后续扩建规划时，宜留有后续工程的布置场地，并为今后除险加固提供条件。

三、选择水闸的闸址

闸址的选择关系到工程建设的成败和经济效益的发挥，是水闸设计中的一项重要内容。应根据水闸的功能、特点和运用要求以及区域经济条件，综合考虑地形、地质、建筑材料、交通运输、水流、潮汐、泥沙、冰情、施工、管理、周围环境等因素，经技术经济比较确定。

闸址应选择在地形开阔、岸坡稳定、岩土坚实和地下水位较低的地点。宜选用地质条件良好的天然地基。壤土、中砂、粗砂、砂砾石适于作为水闸的地基。尽量避免淤泥质土和粉砂、细砂地基，必要时，应采取妥善的处理措施。

拦河闸或节制闸应选择在河道顺直、河势相对稳定和河床断面单一的河段，或选择在弯曲河段截弯取直的新开河道上。当闸址选择无法避免侧向进水时，宜设置侧向导流措施。

进水闸、分水闸或分洪闸的闸址应选择在河岸基本稳定的顺直河段或弯道凹岸顶点稍偏下游处，但分洪闸闸址不宜选择在险工堤段或重要城镇的下游堤段。

排水闸或泄水闸宜选择在附近地势低洼、出水通畅处。

挡潮闸的闸址宜选择在岸线和岸坡稳定的潮汐河口附近，并且闸址泓滩冲淤变化较小、上游河道有足够蓄水容积的地点。

当需要在多支流汇合口下游河道上建闸时，闸址与汇合口之间宜有一定的距离。

当在平原河网地区交叉河口附近建闸时，闸址宜在距离交叉河口较远处。

当需要在铁路桥或高等级公路桥附近建闸时，闸址与铁路桥或高等级公路桥的距离不宜太近。当需要与一般公路桥梁结合建闸时，应进行分析论证。

选择闸址时应考虑以下因素。

（1）材料来源远近、保证程度。

（2）对外交通便利。

（3）施工导流布置。

（4）结合场地布置。

（5）基坑如何排水。

（6）施工水电供应条件。

（7）水闸建成后工程管理维修和防汛抢险等条件。

（8）在选择闸址的征迁方案时，应遵循征用土地较少、拆迁房屋较少，并且有利于安置、有利于社会稳定的原则。

（9）应有利于生态环境保护和美化。

根据给定的地形、地质、水位条件，结合实际，分析确定闸址位置，并在地形图上标示出来。

任务二　确定水闸的等级

目　　标：具有正确进行水闸等级划分的能力；具有正确确定洪水标准的能力；具有

正确运用文字、框图、图、表进行文字和口头表达的能力。态度上具有敬业精神和严谨、科学精神。

执行步骤： 教师引领同学们分析工程基本资料；引导同学们复习不同工程中的永久性水闸和临时性水闸的等级划分和洪水标准等相关知识；讲解工作内容、使用的规范、工作步骤以及应注意的问题，等等；引导同学们讨论有关内容；同学们分组确定水闸工程等级，确定洪水标准。

检　　查： 在教学组织过程中，教师在现场指导小组学生互检水闸等级确定的方法、描述；洪水标准确定的方法、描述。

考 核 点： 教师在现场对其设计方法、设计步骤、工作态度进行评定，并结合其成果质量进行综合评价。即：思路是否清晰、方法是否正确、步骤是否缜密完善、语言描述是否简练完整、工作态度是否认真踏实。

一、确定水工建筑物级别

根据现行《水利水电工程等级划分及洪水标准》SL 252—2017 规定，水利水电枢纽工程的等别，按表 1-1 确定。

表 1-1　水利水电工程分等指标

工程等别	工程规模	水库总库容 /$10^6 m^3$	防洪			治涝	灌溉	供水		发电
			保护人口 /10^4 人	保护农田面积 /10^4 亩	保护区当量经济规模 /10^4 人	治涝面积 /10^4 亩	灌溉面积 /10^4 亩	供水对象重要性	年引水量 /$10^8 m^3$	发电装机容量 /MW
Ⅰ	大（1）型	≥10	≥150	≥500	≥300	≥200	≥150	特别重要	≥10	≥1200
Ⅱ	大（2）型	<10，≥1.0	<150，≥50	<500，≥100	<300，≥100	<200，≥60	<150，≥50	重要	<10，≥3	<1200，≥300
Ⅲ	中型	<1.0，≥0.10	<50，≥20	<100，≥30	<100，≥40	<60，≥15	<50，≥5	比较重要	<3，≥1	<300，≥50
Ⅳ	小（1）型	<0.1，≥0.01	<20，≥5	<30，≥5	<40，≥10	<15，≥3	<5，≥0.5	一般	<1，≥0.3	<50，≥10
Ⅴ	小（2）型	<0.01，≥0.001	<5	<5	<10	<3	<0.5		<0.3	<10

注 1. 水库总库容指水库最高水位以下的静库容；治涝面积指设计治涝面积；灌溉面积指设计灌溉面积；年引水量指供水工程渠首设计年均引（取）水量。
2. 保护区当量经济规模指标仅限于城市保护区；防洪、供水中的多项指标满足 1 项即可。
3. 按供水对象的重要性确定工程等别时，该工程应为供水对象的主要水源。

对于综合利用的水利水电工程，当按照各综合利用项目的分等指标确定的等别不同时，其工程等别应按照其中最高等别确定。

根据《水利水电工程等级划分及洪水标准》（SL 252—2017）规定，水利水电工程永久性水工建筑物的级别，应根据工程的等别或永久性水工建筑物的分级指标综合分析确定。对于在综合利用水利水电工程中承担单一功能的单项建筑物的级别，应按其功能、规模确定；对于承担多项功能的建筑物级别，应按规模指标较高的确定。对于失事后损失巨大或影响十分严重的水利水电工程的2～5级主要永久性水工建筑物，经论证并报主管部门批准，建筑物级别可提高一级；对于水头低、失事后造成损失不大的水利水电工程的1～4级主要永久性水工建筑物，经论证并报主管部门批准，建筑物级别可降低一级。对于2～5级的高填方渠道、大跨度的永久性水工建筑物，经论证后建筑物级别可提高一级，但洪水标准不予提高。当永久性水工建筑物采用新型结构或其基础的工程地质条件特别复杂时，对于2～5级建筑物可提高一级设计，但洪水标准不予提高。对于穿越堤防、渠道的永久性水工建筑物的级别，不应低于相应堤防、渠道的级别。

1. 拦河闸永久性水工建筑物级别

拦河闸永久性水工建筑物的级别，应根据其所属工程的等别按表1－2确定。拦河闸永久性水工建筑物按表1－2规定为2级、3级，其校核洪水过闸流量分别大于5000m^3/s、1000m^3/s时，其建筑物级别可提高一级，但洪水标准可不提高。

表1－2　永久性水工建筑物的级别

工程等别	主要建筑物	次要建筑物	工程等别	主要建筑物	次要建筑物
Ⅰ	1	3	Ⅳ	4	5
Ⅱ	2	3	Ⅴ	5	5
Ⅲ	3	4			

2. 防洪工程永久性水工建筑物级别

防洪工程中堤防永久性水工建筑物的级别应根据其保护对象的防洪标准按表1－3确定。当经批准的流域、区域防洪规划另有规定时，应按其规定执行。

表1－3　堤防永久性水工建筑物级别

防洪标准/［重现期（年）］	≥100	＜100，≥50	＜50，≥30	＜30，≥20	＜20，≥10
堤防级别	1	2	3	4	5

涉及保护堤防的河道整治工程永久性水工建筑物——进（引）水闸、退（排）水闸等的级别应根据堤防级别并考虑损毁后的影响程度综合确定，但不宜高于其所影响的堤防级别。

蓄滞洪区围堤永久性水工建筑物——泄（排、退）洪闸等的级别，应根据蓄滞洪区类别、堤防在防洪体系中的地位和堤段的具体情况，按批准的流域防洪规划、区域防洪规划的要求确定。蓄滞洪区安全区的堤防永久性水工建筑物级别宜为2级。对于安置人口大于10万人的安全区，经论证后堤防永久性水工建筑物级别可提高为1级。分洪道（渠）、分洪与退洪控制闸永久性水工建筑物级别，应不低于所在堤防永久性水工建筑物级别。

3. 治涝、排水工程永久性水工建筑物级别

治涝、排水工程中的水闸等永久性水工建筑物级别应根据设计流量，按照表1－4确定。

表 1-4 排水渠系永久性水工建筑物的级别

设计流量/(m^3/s)	主要建筑物	次要建筑物	设计流量/(m^3/s)	主要建筑物	次要建筑物
≥300	1	3	<20，≥5	4	5
<300，≥100	2	3	<5	5	5
<100，≥20	3	4			

注 设计流量指建筑物所在断面的设计流量。

4. 灌溉工程永久性水工建筑物级别

灌溉工程中的水闸等永久性水工建筑物级别应根据设计灌溉流量，按照表 1-5 确定。

表 1-5 灌溉工程永久性水工建筑物的级别

设计灌溉流量/(m^3/s)	主要建筑物	次要建筑物	设计灌溉流量/(m^3/s)	主要建筑物	次要建筑物
≥300	1	3	<20，≥5	4	5
<300，≥100	2	3	<5	5	5
<100，≥20	3	4			

5. 供水工程永久性水工建筑物级别

供水工程中的水闸等永久性水工建筑物级别应根据设计流量，按照表 1-6 确定。承担县级市及以上城市主要供水任务的供水工程的水闸等永久性水工建筑物的级别不宜低于 3 级；承担建制镇主要供水任务的供水工程的水闸等永久性水工建筑物的级别不宜低于 4 级。

表 1-6 供水工程永久性水工建筑物的级别

设计流量/(m^3/s)	主要建筑物	次要建筑物	设计流量/(m^3/s)	主要建筑物	次要建筑物
≥50	1	3	<3，≥1	4	5
<50，≥10	2	3	<1	5	5
<10，≥3	3	4			

注 设计流量指建筑物所在断面的设计流量。

二、确定洪水标准

水利水电工程永久性水工建筑物的洪水标准，应按山区、丘陵区和平原、滨海区分别确定。在堤防、渠道上的水闸等的洪水标准，不应低于堤防、渠道的防洪标准，并应留有安全裕度。

1. 拦河闸永久性水工建筑物洪水标准

拦河闸挡水建筑物及其消能防冲建筑物的设计洪水标准应根据其建筑物级别，按照表 1-7 确定。

表 1-7 拦河闸、挡潮闸永久性水工建筑物洪（潮）水标准

永久性水工建筑物级别		1	2	3	4	5
洪水标准（重现期/年）	设计	100～50	50～30	30～20	20～10	10
	校核	300～200	200～100	100～50	50～30	30～20

2. 防洪水闸永久性水工建筑物洪水标准

防洪工程中的水闸永久性水工建筑物洪水标准应根据其保护区内保护对象的防洪标准和批准的流域、区域防洪规划综合研究确定。

2. 治涝、排水、灌溉、供水水闸永久性水工建筑物洪水标准

治涝、排水、灌溉、供水工程中的水闸永久性水工建筑物的设计洪水标准应根据其级别，按照表 1－8 确定。

治涝、排水、灌溉、供水工程中的水闸等渠系建筑物的校核洪水标准，可根据其级别按照表 1－8 确定，也可视工程具体情况和需要研究确定。

表 1－8　治涝、排水、灌溉、供水工程中的水闸永久性水工建筑物洪水标准

水闸级别		1	2	3	4	5
重现期/年	设计	100～50	50～30	30～20	20～10	10
	校核	300～200	200～100	100～50	50～30	30～20

4. 挡潮闸永久性水工建筑物洪水标准

挡潮闸挡水建筑物及其消能防冲建筑物的设计潮水标准应根据其建筑物级别，按照表 1－9 确定。潮汐河口段和滨海区的水闸等永久性水工建筑物潮水标准应根据其级别，按照表 1－9 确定。对于 1 级、2 级永久性水工建筑物，当确定的设计潮水位低于当地历史最高潮水位时，应该按照当地历史最高潮水位校核。

表 1－9　挡潮闸永久性水工建筑物潮水标准

永久性水工建筑物级别	1	2	3	4	5
潮水标准（重现期/年）	≥100	100～50	50～30	30～20	20～10

5. 水闸临时性水工建筑物洪水标准

临时性水工建筑物洪水标准，应根据建筑物的结构类型和级别，按照表 1－10 的规定综合分析确定。临时性水工建筑物失事后果严重时，应考虑发生超标准洪水时的应急措施。

表 1－10　挡潮闸永久性水工建筑物潮水标准

建筑物结构类型		3	4	5
重现期/年	土石结构	50～20	20～10	10～5
	混凝土、浆砌石结构	20～10	10～5	5～3

临时性水工建筑物用于当水发电、通航，其级别提高为 2 级时，其洪水标准应综合分析确定。

封堵工程出口临时挡水设施在施工期内的导流设计洪水标准，可根据工程重要性、失事后果等因素，在该时段 5～20 年重现期范围内选定。封堵施工期临近或跨入汛期时应适当提高洪水标准。

任务三　闸孔型式选择及闸底板高程确定

目　　标： 具有正确选择闸孔型式的能力；具有确定闸底板高程的能力；具有用文字、框图、图、表正确表达的能力。具有敬业精神和严谨、科学的态度。

执行步骤： 教师引领学生复习闸孔型式及闸底板高程确定等相关知识→共同分析各种堰型的优缺点→教师结合工程案例具体讲解工作步骤及应注意的问题等→引导学生合理选定闸孔型式→依据资料综合确定闸底板高程→教师个别辅导→学生自检→教师个别辅导→学生书写说明书。

检　　查： 在教学组织过程中，教师在现场指导学生自检选择闸孔型式的思路、结果，确定闸底板高程的方法、结果。

考 核 点： 教师在现场对其设计方法、设计步骤、工作态度进行评定，并结合其成果质量进行综合评价，即思路是否清晰、方法是否正确、步骤是否缜密完善、语言描述是否简练完整、工作态度是否认真踏实。

一、闸孔型式选择

闸孔型式一般有宽顶堰型、低实用堰型和胸墙孔口型三种，如图 1-1 所示。设计时，应根据各种型式的适用条件，选择一种较优的闸孔型式。

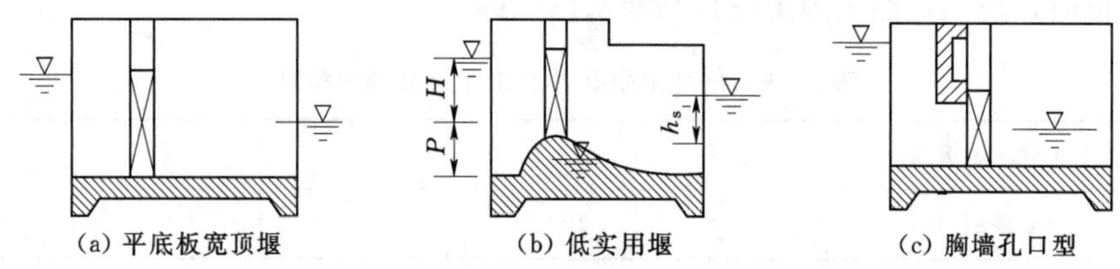

(a) 平底板宽顶堰　　(b) 低实用堰　　(c) 胸墙孔口型

图 1-1　闸孔型式

H—堰上水头；h_s—堰顶到下游水面的距离；P—堰高

1. 宽顶堰型

宽顶堰型是水闸中最常用的底板结构型式。其主要优点是结构简单、施工方便，泄流能力比较稳定，有利于泄洪、冲沙、排淤、通航等；其缺点是自由泄流时流量系数较小，容易产生波状水跃。

2. 低实用堰型

低实用堰有梯形、曲线形和驼峰形。实用堰自由泄流时流量系数较大，水流条件较好，选用适宜的堰面曲线可以消除波状水跃；但泄流能力受尾水位变化的影响较为明显，当 $h_s>0.6H$ 以后，泄流能力将急剧降低，不如宽顶堰泄流时稳。上游水深较大时，采用这种孔口型式，可以减小闸门高度。

3. 胸墙孔口型

当上游水位变幅较大、过闸流量较小时，常采用胸墙孔口型。可以减小闸门高度和启门力，从而降低工作桥高和工程造价。

二、闸底板高程确定

底板高程与水闸承担的任务、泄流或引水流量、上下游水位及河床地质条件等因素有关。

闸底板应置于较为坚实的土层上，并应尽量利用天然地基。在地基强度能够满足要求的条件下，底板高程定得高些，闸室宽度大，两岸连接建筑相对较低。对于小型水闸，由于两岸连接建筑在整个工程中所占比重较大，因而总的工程造价可能是经济的。在大中型水闸中，由于闸室工程量所占比重较大，因而适当降低底板高程，常常是有利的。当然，底板高程也不能定得太低，否则，由于单宽流量加大，将会增加下游消能防冲的工程量，闸门增高，启闭设备的容量也随之增大。另外，基坑开挖也较困难。

选择底板高程以前，首先要确定合适的最大过闸单宽流量。它取决于闸下游河渠的允许最大单宽流量。允许最大过闸单宽流量可按下游河床允许最大单宽流量的 1.2～1.5 倍确定。根据工程实践经验，一般在细粉质及淤泥河床上，单宽流量取 5～10m^3/(s·m)；在砂壤土地基上取 10～15m^3/(s·m)；在壤土地基上取 15～20m^3/(s·m)；在黏土地基上取 20～25m^3/(s·m)。下游水深较深，上下游水位差较小和闸后出流扩散条件较好时，宜选用较大值。

一般情况下，拦河闸和冲沙闸的底板顶面可与河床齐平；进水闸的底板顶面在满足引用设计流量的条件下，应尽可能高一些，以防止推移质泥沙进入渠道；分洪闸的底板顶面也应较河床稍高；排水闸则应尽量定得低些，以保证将渍水迅速降至计划高程，但要避免排水出口被泥沙淤塞；挡潮闸兼有排水闸作用时，其底板顶面也应尽量定低一些。

任务四　闸　室　布　置

目　　标： 掌握闸室各组成部分的型式、尺寸及构造特点；能正确布置水闸闸底板、闸墩、工作桥、排架、启闭机房、胸墙、检修桥、交通桥等；能合理选择所需各种闸门和启闭机；能合理地进行闸室分缝，设置止水设备；具有用文字、框图、图、表正确表达的能力；能清晰、完善地书写设计说明书。具有敬业精神和严谨、科学的态度。

执行步骤： 教师引领学生复习闸底板、闸墩的型式、分段、底板厚度、闸墩高度以及闸门与启闭机、工作桥、检修桥、交通桥等上部结构的相关知识→教师组织学生讨论→学生选定闸底板的型式、底板顺水流方向长度、分段、底板厚度、闸墩长度、闸墩厚度、闸墩高度、闸门与启闭机的类型→学生选定工作桥、检修桥、交通桥等上部结构，并画出简图→学生互检→教师抽查。

检　　查： 在教学组织过程中，教师在现场指导学生互检闸室布置是否合理，简图是否正确，描述是否清楚、完整，教师抽查完成情况。

考 核 点： 教师在现场对其闸室布置思路、步骤、工作态度进行评定，并结合其成果质量进行综合评价，即思路是否清晰、方法是否正确、步骤是否缜密完善、语言描述是否简练完整、工作态度是否认真踏实。

水闸闸室布置应根据水闸挡水、泄水条件和运行要求，结合考虑地形、地质等因素，做到结构安全可靠、布置紧凑合理、施工方便、运用灵活、经济美观。整个闸室结构的重心应尽可能与闸室底板中心相接近，且偏高水位一侧。

水闸闸室包括闸底板、闸墩、闸门、启闭机、上部结构（工作桥、检修桥、交通桥）和岸墙等结构（图 1-2）。通过练习，学会确定水闸闸室主要构件的具体型式及尺寸。

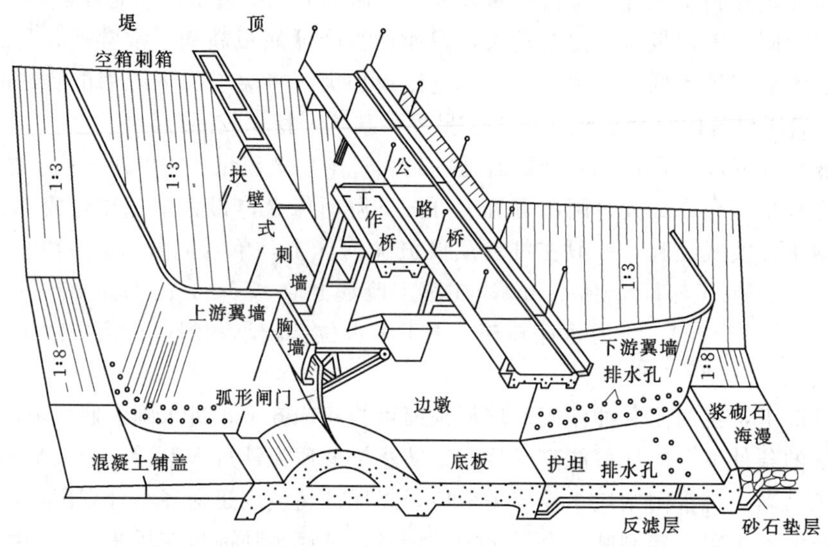

图 1-2 闸室主要构件示意图

一、闸室底板

1. 作用

闸室底板是整个闸室的基础，承担着上部结构的重量及水压力等荷载，将其均匀地传给地基，是整个闸室段的关键组成部分。

2. 型式

闸室底板型式应根据地基、泄流等条件选用。常用的底板有平底板和钻孔灌注桩平底板，也可采用低堰斜底板、箱式底板、反拱底板、折线底板等，如图 1-3 所示。一般情况下，闸室底板宜采用平底板；若水闸建在松软地基上并且荷载较大时，也可采用箱式平底板。当需要限制单宽流量而闸底建基高程不能抬高，或因地基表层松软需要降低闸底建基高程，或在多泥沙河流上有拦沙要求时，可采用低堰底板。若水闸建在坚实或中等坚实地基上，当闸室高度不大，但上下游河底高差较大时，可采用折线底板，其后部可作为消力池的一部分。平底板按底板与闸墩的连接方式，可分为整体式和分离式两种，如图 1-4 和图 1-5 所示。

3. 底板顺水流方向长度

底板顺水流方向长度要考虑上部结构的布置要求以及闸室地基条件等，以满足整个闸室段的抗滑稳定和地基允许承载力的要求，进行综合分析确定。

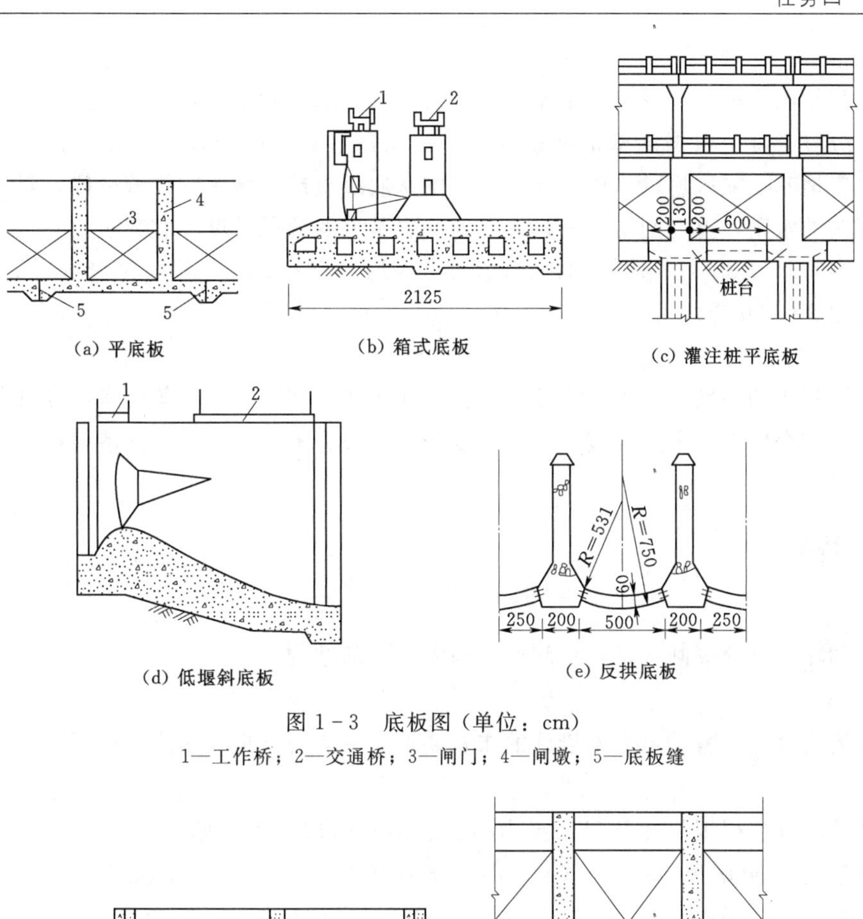

(a) 平底板　(b) 箱式底板　(c) 灌注桩平底板

(d) 低堰斜底板　(e) 反拱底板

图 1-3　底板图（单位：cm）

1—工作桥；2—交通桥；3—闸门；4—闸墩；5—底板缝

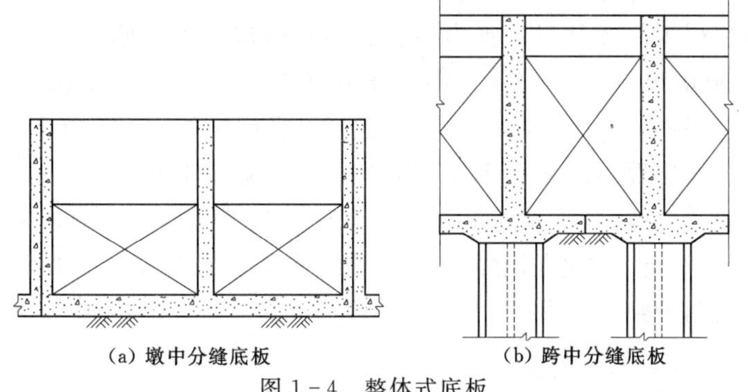

(a) 墩中分缝底板　(b) 跨中分缝底板

图 1-4　整体式底板

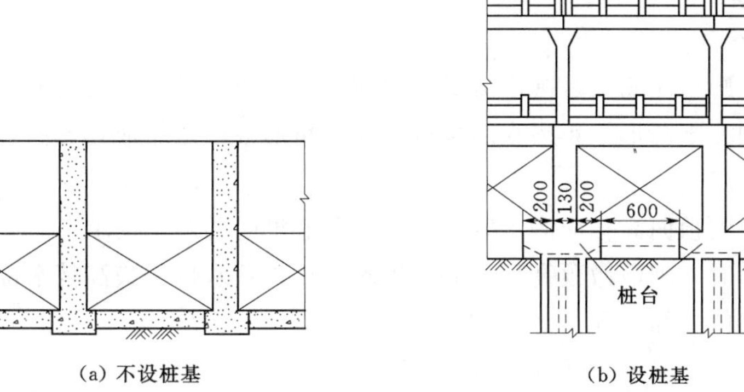

(a) 不设桩基　(b) 设桩基

图 1-5　分离式底板（单位：cm）

4. 分段

为了满足闸门的顺利提升和地基不均匀沉陷的要求，闸室结构垂直水流方向一般要进行分段。分段长度应根据闸室地基条件和结构构造特点，结合采用的施工方法、措施确定。对坚实地基上或采用桩基的水闸，可在闸室底板上或闸墩中间设缝分段；对软弱地基上或地震区的水闸，宜在闸墩中间设缝分段。岩基上的分段长度不宜超过20m，土基上的分段长度不宜超过35m。永久缝的构造型式可采用铅直贯通缝、斜塔接缝或齿形搭接缝，缝宽可采用20～30mm。

5. 底板厚度

闸室平底板的厚度应根据闸室地基条件、作用荷载和闸孔净宽等因素，经过计算并结合构造要求综合确定。考虑强度、刚度的要求，一般为1.5～2.0m。闸室底板上、下游底部应设置齿墙。

二、闸墩

1. 作用

闸墩的作用是分隔闸孔，支承闸门和闸室的上部结构。

2. 长度

闸墩的长度应尽量满足上部设施的布置要求，一般与底板顺水流方向同长。

3. 厚度

闸墩的厚度应根据闸孔孔径、受力条件、结构构造要求和施工方法等确定。根据经验，一般浆砌石闸墩厚0.8～1.5m，混凝土闸墩厚1～1.6m，少筋混凝土墩厚0.9～1.4m，钢筋混凝土墩厚0.7～1.2m。平面闸门闸墩在门槽处厚度不宜小于0.4m。

平面闸门的门槽应设在闸墩水流较平顺部位，其宽深比宜取1.6～1.8，其尺寸应根据闸门的尺寸确定，一般检修门槽深0.15～0.25m，宽0.15～0.30m，主门槽深一般不小于0.3m，宽0.5～1.0m。检修门槽与工作门槽之间应留1.5～2.0m的净距，以便于工作人员检修。弧形闸门的闸墩不需设主门槽。

4. 闸墩结构型式

闸墩结构型式应根据闸室结构抗滑稳定性和闸墩纵向刚度要求确定，一般宜采用实体式。

5. 闸墩外形轮廓

闸墩的外形轮廓应能满足过闸水流平顺、侧向收缩小，过流能力大的要求。闸墩端部形状常采用流线型、半圆形，小型水闸也可做成三角形或墩尾做成矩形。

6. 闸墩高度

闸墩上游部分的顶面高程应满足以下挡水时和泄洪时的两个要求：

（1）水闸挡水时，闸墩墩顶高程不应低于水闸正常蓄水位或最高挡水位加波浪计算高度与相应安全加高值之和。即：

$$H_{墩} \geqslant 正常蓄水位 + h_1 + h_c \tag{1-1}$$

或

$$H_{墩} \geqslant 最高挡水位 + h_1' + h_c' \tag{1-2}$$

$$h_l = \left(\frac{h_p}{h_m}\right) \cdot h_m \tag{1-3}$$

$$\frac{gh_m}{v_0^2} = 0.13\text{th}\left[0.7\left(\frac{gH_m}{v_0^2}\right)^{0.7}\right] \cdot \text{th}\left\{\frac{0.0018\left(\frac{gD}{v_0^2}\right)^{0.45}}{0.13\text{th}\left[0.7\left(\frac{gH_m}{v_0^2}\right)^{0.7}\right]}\right\} \tag{1-4}$$

$$\text{th}(x) = \frac{e^x - e^{-x}}{e^x + e^{-x}} \tag{1-5}$$

式中　h_c、h_c'——与正常蓄水位、最高挡水位情况相对应的安全超高值，m；

h_l、h'_l——分别为正常蓄水位、最高挡水位情况下的波浪爬高，m，按式（1—3）计算；

h_P——累积频率为 p（%）的波高，m，p（%）查表 1-11 可得；

h_m——平均波高，m，根据式（1-4）计算；

$\frac{h_p}{h_m}$——查表 1-12 可得；

v_0——计算风速，m/s，采用当地气象台站提供的重现期为 50 年的年最大风速；

D——风区长度，m，当闸前水域较宽广或对岸最远水面距离不超过水闸前沿水面宽度 5 倍时，可采用对岸至水闸前沿的直线距离；当闸前水域较狭窄或对岸最远水面距离超过水闸前沿宽度 5 倍时，可采用水闸前沿水面宽度的 5 倍；

H_m——风区内的平均水深，m，其计算水位应与相应计算情况下的静水位一致。

式（1-4）适用于平原、滨海地区水闸；式（1-5）为双曲正切函数计算式。

表 1-11　p　值

水闸级别	1	2	3	4	5
p/%	1	2	5	10	20

表 1-12　$\frac{h_p}{h_m}$　值　表

$\frac{h_m}{H_m}$	P/%					
	1	2	5	10	20	50
0.0	2.42	2.23	1.95	1.71	1.43	0.94
0.1	2.26	2.09	1.87	1.65	1.41	0.96
0.2	2.09	1.96	1.76	1.59	1.37	0.98
0.3	1.93	1.82	1.66	1.52	1.34	1.00
0.4	1.78	1.68	1.56	1.44	1.30	1.01
0.5	1.63	1.56	1.46	1.37	1.25	1.01

（2）水闸泄洪时，闸墩墩顶高程不应低于设计洪水位或校核洪水位与相应安全超高值之和。即：

$$H_{墩} \geqslant 设计洪水位 + h_c \tag{1-6}$$

或

$$H_{墩} \geqslant 校核洪水位 + h_c' \tag{1-7}$$

式中 h_c、h_c'——与设计洪水位、校核洪水位相对应的安全超高值，m。

各种运用情况下水闸安全超高下限值见表 1-13。闸墩下游部分的顶面高程可根据需要适当降低。

表 1-13 水闸安全超高 h_c（h_c'）下限值 单位：m

运用情况 \ 水闸级别		1	2	3	4、5
挡水时	正常蓄水位	0.7	0.5	0.4	0.3
	最高挡水位	0.5	0.4	0.3	0.2
泄水时	设计洪水位	1.5	1.0	0.7	0.5
	校核洪水位	1.0	0.7	0.5	0.4

（3）位于防洪、挡潮堤上的水闸。位于防洪、挡潮堤上的水闸，闸墩墩顶高程不应低于防洪、挡潮堤堤顶高程。

（4）其他因素。闸墩顶部高程还应该考虑其他一些因素，例如：

1）软弱地基上闸基沉降。

2）多泥沙河流上、下游河道变化引起的水位升高或降低。

3）防洪、挡潮堤上水两侧堤顶可能加高等因素。

一般，闸墩顶部高程应高于上游水位 0.5～1.0m。

三、胸墙

胸墙顶部高程与闸墩顶部高程齐平。胸墙底高程应根据孔口泄流量要求计算确定，以不影响泄水为原则。胸墙相对于闸门的位置，取决于闸门的型式：若为弧形闸门，胸墙可位于闸门的上游侧；若为平面闸门，胸墙可设在闸门的下游侧，也可设在闸门的上游侧，如图 1-6 所示。当胸墙位于闸门的上游侧时，止水结构较复杂，易磨损漏水，但有利于闸门启闭，并且钢丝绳不易锈蚀；当胸墙位于闸门的下游侧时，止水结构较简单，但不利

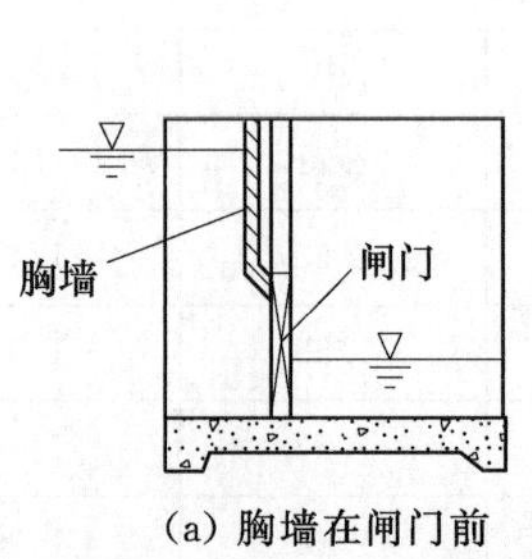

(a) 胸墙在闸门前

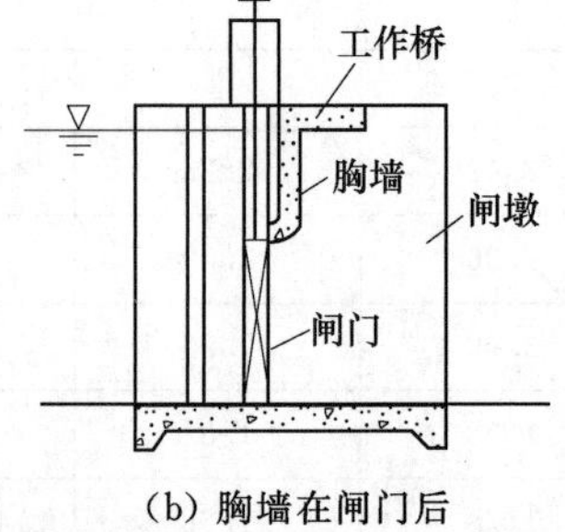

(b) 胸墙在闸门后

图 1-6 胸墙位置

于闸门启闭，钢丝绳易于锈蚀。

胸墙结构型式有板式、板梁式和肋形板梁式，可根据闸孔孔径大小和泄水要求选用。当孔径不大于 6m 时可采用板式结构，如图 1－7（a）所示；当孔径大于 6m 时宜采用板梁式结构，如图 1－7（b）所示；当胸墙高度大于 5.0m 且跨度较大时，可增设中梁及竖梁构成肋形板梁式结构，如图 1－7（c）所示。图 1－8 为板梁式胸墙配筋示意图。

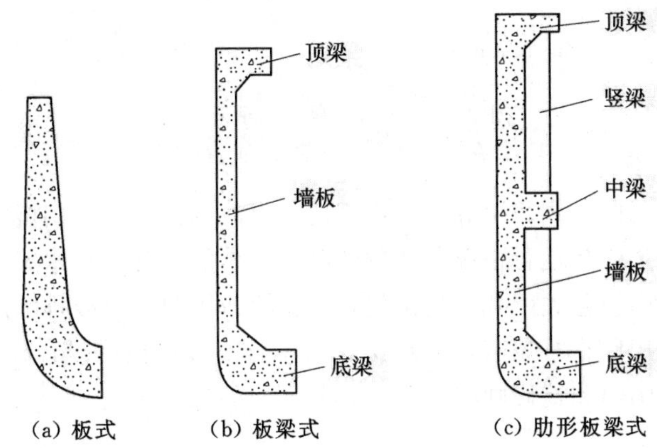

图 1－7　胸墙结构型式

为使过闸水流平顺，胸墙迎水面底缘应做成流线型。胸墙厚度应根据受力条件和边界支承情况计算确定。对于受风浪冲击力较大的水闸，胸墙上应留有足够的排气孔。板式胸墙顶部厚度一般不小于 0.2m，梁板式的胸墙板厚一般不小于 0.12m。顶梁梁高为胸墙跨度的 1/12～1/15，梁宽常取 0.4～0.8m；底梁由于与闸门接触，要求有较大的刚度，梁高为胸墙跨度的 1/8～1/9，梁宽为 0.6～0.12m。

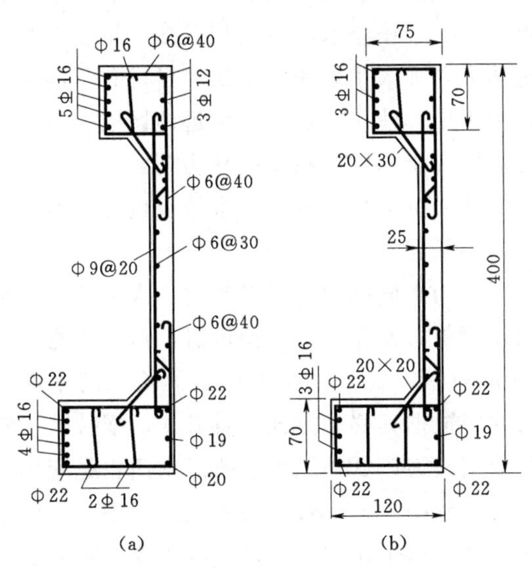

图 1－8　胸墙配筋示意图（单位：mm）

胸墙与闸墩的连接方式可根据闸室地基、温度变化条件、闸室结构横向刚度和构造要求等采用简支式或固支式，如图 1－9 所示。简支式胸墙与闸墩分开浇筑，这样可避免在闸墩附近迎水面出现裂缝，但截面尺寸较大。当永久缝设置在底板上时，不应采用固支式。固支式胸墙与闸墩同期浇筑，胸墙钢筋伸入闸墩内，形成刚性连接，这种结构截面尺寸较小，但容易在胸墙支点附近的迎水面产生裂缝。整体式底板可用固支式。

四、闸门与启闭机

闸门的选型与布置主要是确定闸门与启闭机的设置位置、孔口尺寸、门型机型、数量、运行方式，以及运行和检修有关的布置要求等。

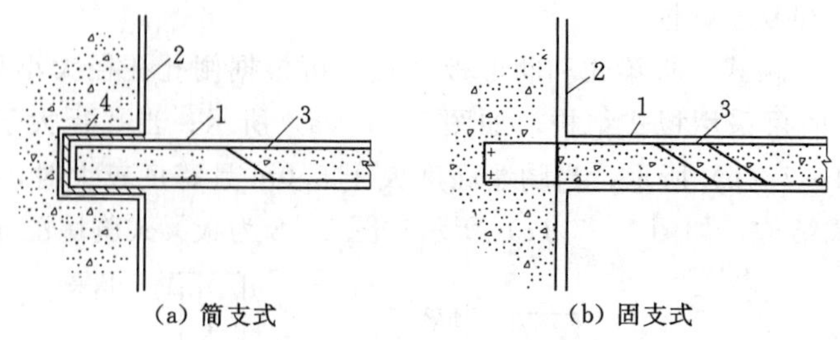

(a) 简支式　　(b) 固支式

图 1-9　胸墙支承型式示意图

1—胸墙；2—闸墩；3—钢筋；4—涂沥青

闸门按其工作性质的不同，可分为工作闸门、事故闸门和检修闸门等。工作闸门又称主闸门，是水工建筑物正常运行情况下使用的闸门。事故闸门是在水工建筑物或机械设备出现事故时，在动水中快速关闭孔口的闸门，又称快速闸门。事故排除后充水平压，在静水中开启。检修闸门用以临时挡水，一般在静水中启闭，可根据设计任务书的要求设置。一般水闸多采用工作闸门和检修闸门。

（一）工作闸门

1. 闸门类型

（1）按门体的材料分类。闸门按门体的材料可分为钢闸门、钢筋混凝土闸门、木闸门及铸铁闸门等。钢闸门具有自重轻、承载能力大、性能和质量稳定、施工和维护简单、有一定的抗震性、可减少启闭设备的投资等优点，在大、中型水闸中应用较多。钢筋混凝土闸门制造、维护较简单，造价低廉，但其自重偏大，加大了启闭设备的容量，并且混凝土有透水性，结构抗震性差，一般大、中型工程中不推荐使用，适用于偏远地区的一些小型工程。木闸门适用于孔口和水头都很小的情况。但由于木闸门在水中易腐朽，使用寿命有限，需经常更换，故目前很少采用。铸铁门抗锈蚀、抗磨性能好，止水效果也好，但由于材料抗弯强度较低，性能又脆，故仅在低水头、小孔径水闸中使用。

（2）按结构特征分类。闸门按其结构特征可分为平面闸门、弧形闸门、人字门等。平面闸门是水利工程中最常见的闸门，它的结构较简单，操作运行方便可靠，对建筑物的布置也较易配合。简单的平面闸门只是一块平面的整板，比较复杂的则是梁格式的平面闸门，其面板又可做成平面或曲面的型式。平面闸门根据其移动方式有直升式、横拉式、转动式、浮箱式等几种，其中直升式平面闸门是使用最为广泛的门型。弧形闸门也是应用十分广泛的一种门型，它将一块弧形门叶用支臂支于铰座上，一般铰心就是弧面中心，所以水压力总是通过铰心，运行时阻力矩较小。弧形闸门与平面闸门比较，其主要优点是启门力小，可以封闭大面积的孔口；无影响水流态的门槽，闸墩厚度较薄，机架桥的高度较低，埋件少。它的缺点是总水压力通过支臂传导集中于支铰处，闸墩受力复杂，且需要的闸墩较长；不能提出孔口以外进行检修维护，也不能在孔口之间互换。

（3）按孔口性质分类。闸门按孔口性质分为露顶式闸门和潜孔式闸门两类。露顶式闸门是指当闸门关闭时，闸门门叶顶部高出上游正常高水位的闸门。闸门关闭时，闸门两侧和底缘与门槽埋件接触，一般设有侧止水和底止水装置。潜孔式闸门在关闭孔口时，闸门门叶顶部低于上游正常高水位，此时闸门的四周与孔口周边接触，可封闭矩形或圆形孔口，止水复杂，尤其是顶止水需慎重处理。设置胸墙的闸门为潜孔式闸门。

（4）按孔口尺寸和挡水高度分类。闸门按孔口尺寸和挡水高度分为超大型、大型、中型、小型闸门。一般 $FH \leqslant 200\text{m}^3$ 时为小型，$200\text{m}^3 < FH \leqslant 1000\text{m}^3$ 时为中型，$1000\text{m}^3 < FH \leqslant 5000\text{m}^3$ 时为大型，$FH > 5000\text{m}^3$ 时为超大型。其中 FH＝门叶面积（m^2）×水头（m）。露顶式和潜孔式水闸闸门的孔口尺寸分别见表 1－14～表 1－16。

表 1－14　露顶式水闸闸门的孔口尺寸

孔口高度/m	孔口宽度/m																					
	1.0	1.5	2.0	2.5	3.0	3.5	4.0	4.5	5.0	6.0	7.0	8.0	9.0	10.	12.0	14.0	16.0	18.0	20.0	22.0	24.0	26.0
1.0	+	+	+																			
1.5	+	+	+	+																		
2.0		+	+	+	+	+	+															
2.5			+	+	+	+	+	+	+	+												
3.0				+	+	+	+	+	+	+												
3.5					+	+	+	+	+	+	+	+										
4.0							+	+	+	+	+	+	+	+								
4.5							+	+	+	+	+	+	+	+								
5.0									+	+	+	+	+	+	+	+						
6.0										+	+	+	+	+	+	+	+					
7.0											+	+	+	+	+	+	+					
8.0												+	+	+	+	+	+	+	+			
9.0												+	+	+	+	+	+	+	+			
10.0												+	+	+	+	+	+	+	+	+		
11.0													+	+	+	+	+	+	+	+		
12.0														+	+	+	+	+	+	+	+	+
13.0														+	+	+	+	+	+	+	+	+
14.0															+	+	+	+	+	+	+	+
15.0															+	+	+	+	+	+	+	+
16.0															+	+	+	+	+	+	+	+
17.0																+	+	+		+	+	+
18.0																+	+	+		+		
19.0																	+					
20.0																	+					
21.0																	+					
22.0																	+					

注　标有“＋”者为推荐的孔口尺寸。应结合闸门及启闭机制造、安装和运行具体条件选用表列中的孔口尺寸。

表 1-15 潜孔式水闸闸门的孔口尺寸

孔口高度 /m	孔口宽度 /m																	
	1.0	1.5	2.0	2.5	3.0	3.5	4.0	4.5	5.0	6.0	7.0	8.0	10.	12.0	14.0	16.0	18.0	20.0
1.0	+	+	+	+														
1.5	+	+	+	+														
2.0	+	+	+	+	+	+												
2.5		+	+	+	+	+												
3.0			+	+	+	+	+	+	+									
3.5			+	+	+	+	+	+	+									
4.0				+	+	+	+	+	+	+	+	+						
4.5					+	+	+	+	+	+	+	+						
5.0					+	+	+	+	+	+	+	+	+					
6.0					+	+	+	+	+	+	+	+	+	+				
7.0						+	+	+	+	+	+	+	+	+	+			
8.0							+	+	+	+	+	+	+	+	+	+		
9.0								+	+	+	+	+	+	+	+	+	+	
10.0									+	+	+	+	+	+	+	+	+	+
11.0										+	+	+	+	+	+	+	+	+
12.0										+	+	+	+	+	+	+	+	+
13.0											+	+	+	+	+	+	+	+
14.0											+	+	+	+	+	+	+	+
15.0												+	+	+	+	+	+	+
16.0												+	+	+	+	+	+	+
18.0												+	+	+				+

注 标有“+”者为推荐的孔口尺寸。应结合闸门及启闭机制造、安装和运行具体条件选用表列中的孔口尺寸。

表 1-16 其它闸门（尾水闸门除外）的孔口尺寸

孔口高度 /m	孔口宽度 /m																						
	0.6	0.8	1.0	1.5	2.0	2.5	3.0	3.5	4.0	4.5	5.0	5.5	6.0	6.5	7.0	7.5	8.0	10	12.0	14.0	16.0	18.0	20.0
0.6	+																						
0.8	+	+																					
1.0	+	+	+																				
1.2	+	+	+																				
1.5		+	+	+																			
2.0			+	+	+																		
2.5				+	+	+																	
3.0				+	+	+	+	+															
3.5					+	+	+	+															
4.0					+	+	+	+	+														
4.5					+	+	+	+	+	+													
5.0						+	+	+	+	+	+												
5.5							+	+	+	+	+	+											
6.0							+	+	+	+	+	+	+										
6.5							+	+	+	+	+	+	+	+									
7.0							+	+	+	+	+	+	+	+	+								
7.5									+	+	+	+	+	+	+	+							
8.0							+	+	+	+	+	+	+	+	+	+	+	+					
9.0									+	+	+	+	+	+	+	+	+	+					
10.0							+	+	+	+	+	+	+	+	+	+	+	+	+	+	+		
11.0													+	+	+	+	+	+	+	+	+		
12.0													+	+	+	+	+	+	+	+	+	+	+
13.0																+	+	+	+	+	+	+	+
14.0																	+	+	+	+	+	+	+
15.0																	+	+	+	+	+	+	+
16.0																	+	+	+	+	+	+	+
18.0																	+	+	+			+	+

注 标有“+”者为推荐的孔口尺寸。应结合闸门及启闭机制造、安装和运行具体条件选用表列中的孔口尺寸。

2. 闸门的基本尺寸

根据闸门的类型及工作性质不同，闸门高度的确定有所区别，对于拦河闸可用下面的方法确定闸门高度。露顶式闸门顶部应在可能出现的最高挡水位以上有 0.3～0.5m 的超高。孔口尺寸宜按闸门孔口和设计水头系列标准选用，以利于制造、安装、运行和维护。

3. 闸门重量

闸门重量参考经验公式进行估算。计算启门力和闭门力，根据计算结果选择启闭机型式。一般多采用固定卷扬式启闭机。

4. 平面闸门启闭力计算

启闭机的启闭力是根据闸门的启门力、持住力、闭门力中的最大值来确定的。这三个力分别考虑了闸门在启门、闭门时在动水或静水启闭机的额定启闭力应采用现行规范中规定的标准系列。

平面闸门的启闭力计算中，一般先计算出闭门力，确定是否需要加重，对于动水开启的闸门应计算启闭力，对于动水关闭静水中开启的闸门还应计算持住力。对于自重小的闸门，应充分考虑止水橡皮预压力的摩阻力。计算小型闸门的启闭力时，安全系数应适当加大。

(1) 动水中启闭的闸门启闭力。

闭门力 F_W(kN)　　$$F_W = n_T(T_{zd} + T_{zs}) - n_G G + P_t \tag{1-8}$$

启门力 F_Q(kN)　　$$F_Q = n_T(T_{zd} + T_{zs}) + G_j + W_s + P_x + n'_G G \tag{1-9}$$

持住力 F_T(kN)　　$$F_T = n'_G G + G_j + W_s + P_x - P_t - (T_{zd} + T_{zs}) \tag{1-10}$$

以上三式中　n_T——摩擦阻力安全系数，可取 1.2；

n_G——计算闭门力用的闸门自重修正系数，可取 0.9～1.0；

n'_G——计算持住力和启门力用的闸门自重修正系数，可取 1.0～1.1；

G——闸门自重，当有拉杆时应计入拉杆重量，计算闭门力时选用浮重，kN；

W_s——作用在闸门上的水柱压力，kN；

P_t——上托力，包括底缘上托力和止水上托力，kN；

P_x——下吸力，kN；

T_{zd}——支承摩阻力，kN；

T_{zs}——止水摩阻力，kN。

当闭门力 $F_W>0$ 时，需要加重，如加重块、水柱、机械下压力等；当 $F_W<0$ 时，依靠自重可以关闭。

(2) 静水中启闭的闸门启闭力。

1) 静水中开启的闸门，其启闭力计算除计入闸门自重和加重外，还应考虑一定的水位差引起的摩阻力。露顶式闸门可用不大于 1m 的水位差；潜孔式闸门可用 1～5m 的水位差。

2) 在多泥沙水流中工作的闸门，计算启闭力时应专门研究。除考虑水压力外，还应考虑泥沙影响，包括泥沙引起的支承、止水摩阻力；泥沙与闸门间的黏着力和摩擦力；门上淤积泥沙的重量等。黏着系数和摩擦系数可通过试验确定。此外，还应适当加大安全系数，以克服泥沙局部阻塞增加的阻力。

5. 弧形闸门启闭力计算

闭门力 F_W(kN) $$F_W=\frac{1}{R_1}[n_T(T_{zd}r_0+T_{zs}r_1)+P_tr_3-n_GGr_2] \quad (1-11)$$

启门力 F_Q(kN) $$F_Q=\frac{1}{R_2}[n_T(T_{zd}r_0+T_{zs}r_1)+n'_GGr_2+G_jR_1+P_xr_4] \quad (1-12)$$

以上两式中 n_T——摩擦阻力安全系数，可取1.2；

n_G——计算闭门力用的闸门自重修正系数，可取0.9～1.0；

n'_G——计算启门力用的闸门自重修正系数，可取1.0～1.1；

T_{zd}、T_{zs}——铰轴摩阻力、止水摩阻力，kN；

G——闸门自重，当有拉杆时应计入拉杆重量，计算闭门力时选用浮重，kN；

G_j——加重（或下压力），kN；

P_t——上托力，kN；

P_x——下吸力，kN；

R_1、R_2——加重（或下压力）、启门力对弧形闸门转动中心的力臂，kN·m；

r_0、r_1、r_2、r_3、r_4——转动铰摩阻力、止水摩阻力、闸门自重、上托力、下吸力对弧形闸门转动中心的力臂，kN·m。

当闭门力 $F_W>0$ 时，需要加重；当 $F_W<0$ 时，依靠自重可以关闭。

（二）检修闸门

检修闸门是代替工作闸门临时挡水、检修工作闸门时用的。多采用叠梁式，平时不需要时放置在一旁空地。若需要临时挡水，就用电动葫芦或人工站在检修桥上吊装进入检修门槽即可。

（三）启闭机

启闭机是一种专门用来启闭水工建筑物中的闸门的起重机械，是一种循环间隔调运机械。特点为：荷载变化大；启闭速度低；工作级别一般要求较低，但要求绝对可靠；双吊点要求同步；适应闸门运行的特殊要求。

启闭机的类型有很多种：按机构特征可分为固定卷扬式启闭机、油压式启闭机等；按传动型式可分为机械传动和液压传动；机械传动的启闭机按布置型式又可分为固定式和移动式两类。液压传动的启闭机一般只有固定式。

启闭机分为小型、中型、大型、超大型几个档次。

1. 固定式启闭机

通常一台固定式启闭机只用于操作一扇闸门，启闭机只设置一个起升机构，不必配置水平运动机构。固定式启闭机根据机械传动类型的不同可分为卷扬式、螺杆式、链式和连杆式，后两种型式应用较少。

(1) 固定卷扬式启闭机。广泛用于平面闸门和弧形闸门。一般在400kN以下时可同时设置手摇机构。固定卷扬式启闭机主要用于靠自重、水柱或其他加重方式关闭孔口的闸门和要求在短时间内全部开启的闸门。另外，可增设飞摆调速器装置，闭门速度较快，用于启闭快速事故闸门。国内普遍使用的 QPQ 系列平面闸门启闭机由于不统一，被 QP 系列所代替。现国内有 QP、QPK、QPC 等系列。

卷扬式弧门启闭机主要用于操作露顶式弧形闸门。

在实际工程中，固定卷扬式启闭机容量及扬程较大的有：天生桥一级水电站放空洞事故闸门启闭机，容量为 2×4000kN，扬程 125m；小浪底水利枢纽工程中的 1×5000kN 启闭机，扬程 90m。

（2）螺杆式启闭机。主要用于需要下压力的闸门。大型的螺杆式启闭机多用于操作深孔闸门，但需设置可摆动的支承或设置导轨、滑板及铰接吊杆与闸门连接；小型的螺杆式启闭机一般多用于手摇、电动两用。这时可选用简便、廉价的单吊点螺杆式启闭机。螺杆与闸门连接，用机械或人力转动主机，迫使螺杆连同闸门上下移动。

螺杆式启闭机的闭门力受其行程的限制，并且启闭力不能太大，速度较低行程也受限制。

2. 移动式启闭机

移动式启闭机可实行一机多门的操作方式，包括起升机构（多用卷扬机）和水平移动的运行机构。按照机架的结构型式和工作范围的不同可分为台车式、单向门式和双向门式。

移动式启闭机多用于操作多孔共用的检修闸门，它的型式选择应根据建筑物的布置、闸门的运行要求及启闭机的技术经济指标等因素确定，布置时需注意在其行程范围内与其他建筑物的关系。

3. 液压启闭机

液压启闭机按照液压缸的作用力分为单作用式和双作用式。

液压启闭机启闭力可以很大，但扬程却受加工设备的限制。双向作用的油压启闭机多用于操作潜孔平面闸门和潜孔弧门。用于操作潜孔弧门时，需要设置可转动支座或设置导轨及滑块、铰接吊杆与闸门连接。

实际工程中液压启闭机容量较大的有：五强溪水电站表孔弧形闸门液压启闭机，启门力为 2×3850kN，行程 12.5m；岩滩水电站进水口快速闸门液压启闭机，持住力为 8000kN，启门力为 6000kN，行程 16.9m。

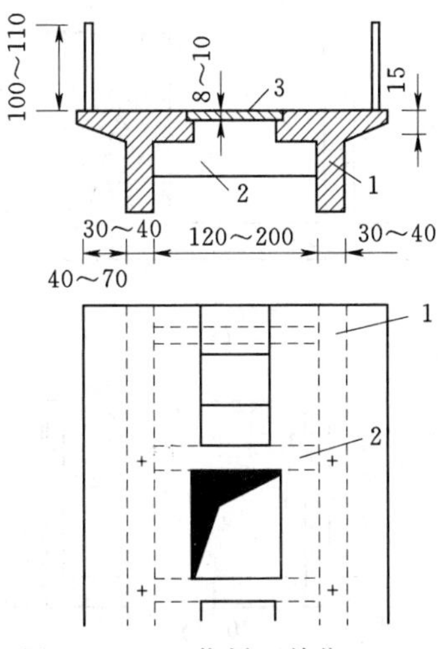

图 1－10　工作桥（单位：cm）
1—T 形梁；2—横梁；3—预制板

五、上部结构

1. 工作桥

工作桥（图 1－10）是供设置启闭机和管理人员操作时使用的桥。工作桥的高度要保证闸门开启后不影响泄放最大流量，并考虑闸门的安装及检修吊出需要。工作桥的位置尽量靠近闸门上游侧，为了安装、启闭、检修方便，应设置在工作闸门的正上方。启闭机的基座尺寸可根据启闭机的型号确定。

大型、中型水闸的工作桥多采用梁板结构，小型水闸的工作桥一般采用板式结构。

工作桥的总宽度取决于启闭机的类型、容量和操作需要。

工作桥总宽度＝基座宽度＋两倍操作宽度＋两倍墙厚＋两倍富裕宽度

如设外挑阳台，应加上相应的宽度。一般，小型工作桥的总宽度为4.5～5.0m，大型工作桥的总宽度为4.5～5.0m。

工作桥高程＝上游最高水位＋闸门高＋吊钩高＋工作桥梁高＋工作桥板厚＋安全超高

2. 检修桥

检修桥的作用是放置及提升检修闸门，观测上游水流情况，常采用的型式为预制钢筋混凝土T形梁和预制板组成。梁（板）底高程应高出最高洪水位0.5m以上。

3. 交通桥

交通桥的作用是连接两岸交通，保证车辆和行人安全通过。常采用的型式有预制空心板式、预制T形梁式、预制工字形梁式、现浇整体板式等。

闸后交通桥可设为净宽4.5m或7.0m，两边各设0.25m或0.5m宽的人行道。

交通桥底部的高程应高出最高洪水位0.5m以上，若有流冰时，应高出流冰以上0.2m。

六、岸墙

水闸闸室与两岸（或堤、坝等）的连接型式主要与地基及闸身高度有关。当地基较好，闸身高度不大时，可用边墩直接与河岸连接，如图1-11（a）～（d）所示。当闸身较高、地基软弱的条件下，如仍采用边墩直接挡土，由于边墩与闸身地基的荷载相差悬殊，可能产生不均匀沉降，影响闸门启闭，并在底板内产生较大的内力。此时，可在边墩外侧设置轻型岸墙，边墩只起支承闸门及上部结构的作用，而土压力全由岸墙承担，

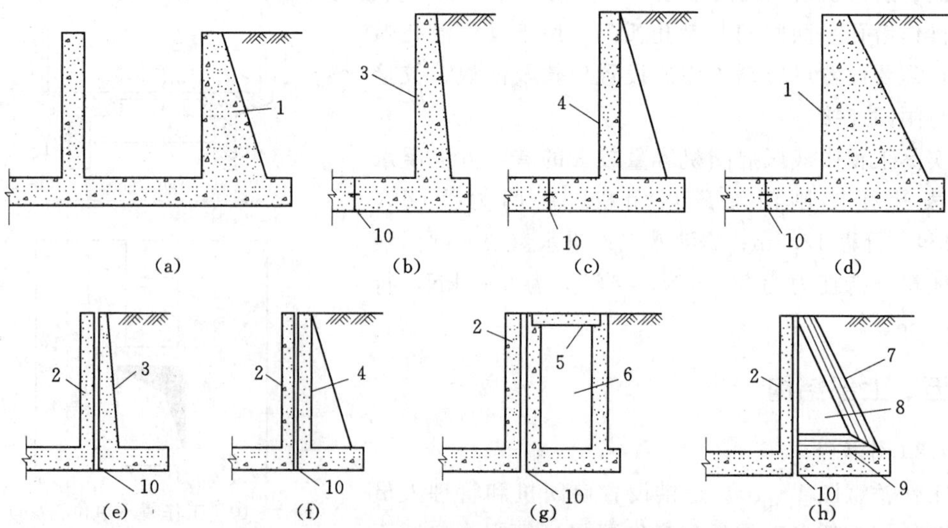

图1-11 闸室与两岸或土坡的连接

1—重力式边墩；2—边墩；3—悬臂式边墩或岸墙；4—扶壁式边墩或岸墙；5—顶板；6—空箱式岸墙；7—连拱板；8—连拱式空箱支墩；9—连拱底板；10—沉降缝

如图 1-11（e）～（h）所示。这种连接形式可以减少边墩和底板的内力，同时还可使作用在闸室上的荷载比较均衡，可减少不均匀沉降。当地基承载力过低时，可采用护坡岸墙的结构型式。其优点是边墩既不挡土，也不设岸墙挡土，因此，闸室边孔受力状态得到改善，适用于软弱地基。缺点是防渗和抗冻性能较差。为了挡水和防渗需要，在岸坡段设刺墙，其上游设防渗铺盖。

任务五　两岸及上下游连接建筑物布置

目　　标： 掌握两岸连接建筑物的结构型式、尺寸要求、构造特点、适用范围；能正确布置上下游连接建筑物；能合理地进行分缝，设置止水设备；具有用文字、框图、简图、表格正确表达设计思路的能力；能清楚、完整地书写设计说明书。具有刻苦学习的精神和严谨、科学的态度。

执行步骤： 教师引领学生复习两岸连接建筑物和上下游连接建筑物的选定原则等有关知识→教师讲解如何合理布置、可使用的规范、工作步骤以及应注意的问题→学生合理选定两岸和上下游连接建筑物→学生编写设计说明书（报告里附有简图）→学生自检→教师抽查完成情况。

检　　查： 在教学组织过程中，教师在现场指导学生自检两岸及上下游连接建筑物结构型式是否合理，布置是否得当，简图是否准确，描述是否清楚、完整，教师抽查完成情况。

考 核 点： 教师在现场对其工作思路、步骤、工作态度进行评定，并结合其说明书的质量进行综合评价，即思路是否清晰、方法是否正确、步骤是否缜密完善、语言描述是否简练完整、工作态度是否认真踏实。

一、两岸连接建筑物的结构形式

水闸两岸连接应能保证岸坡稳定，改善水闸进、出水流条件，提高泄流能力和消能防冲效果，满足侧向防渗需要，减轻闸室底板边荷载影响，且有利于环境绿化等。两岸连接布置应与闸室布置相适应。

两岸连接建筑物从结构观点分析，是挡土墙。常用的型式有重力式、悬臂式、扶壁式、空箱式及连拱空箱式等。

1. 重力式挡土墙

重力式挡土墙（图 1-12）常用混凝土和浆砌石建造，主要依靠自身的重力维持稳定。由于挡土墙的断面尺寸大，材料用量多，建在土基上时，基墙高一般不宜超过 5～6m。

重力式挡土墙顶宽一般为 0.4～0.8m，边坡系数 m 为 0.25～0.5，混凝土底板厚 0.5～0.8m，两端悬出 0.3～0.5m，前趾常需配置钢筋。

实际工程中有时也用半重力式挡土墙（图 1-13）。

为了提高挡土墙的稳定性，墙顶填土面应设防渗（图 1-14）；墙内设排水设施，如图 1-15 所示，以减少墙背面的水压力。排水设施可采用排水孔［图 1-15（a）］或排水暗管［图 1-15（b）］。

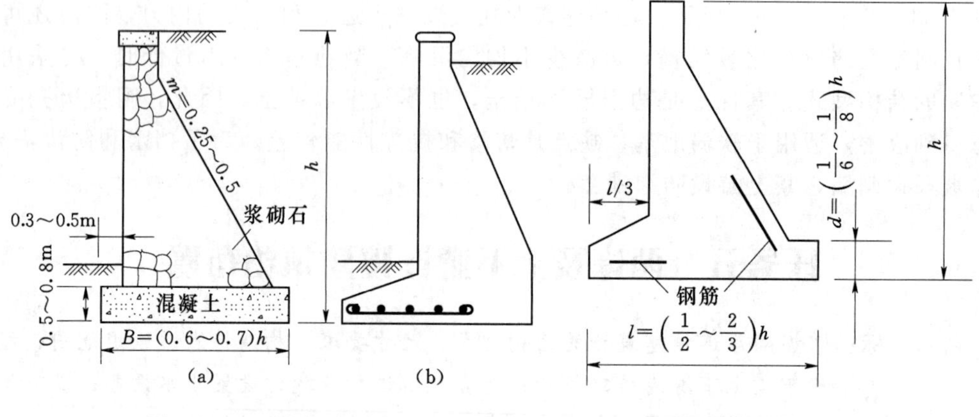

图 1-12 重力式挡土墙

图 1-13 半重力式挡土墙

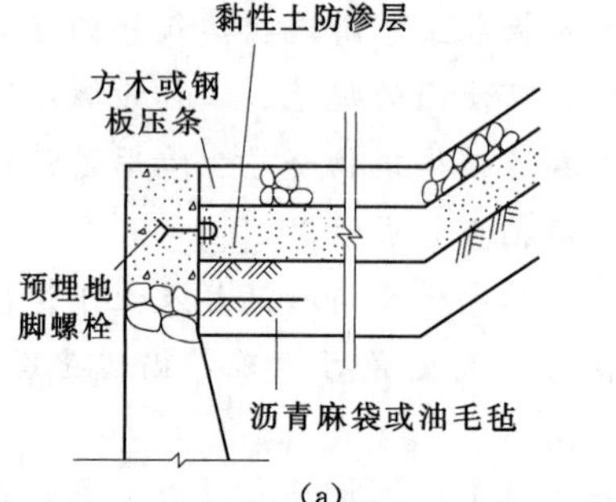

混凝土 C15 防渗板

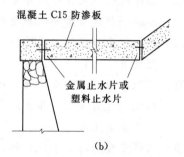

金属止水片或

塑料止水片

(b)

图 1-14 翼墙墙顶的防渗设施

2. 悬臂式挡土墙

悬臂式挡土墙是由直墙和底板组成的一种钢筋混凝土轻型挡土结构（图 1-16），其适宜高度为 6～10m。用作翼墙时，断面为倒 T 形；用作岸墙时，则为 L 形。这种翼墙具有厚度小、自重轻等优点。它主要是利用底板上的填土维持稳定。

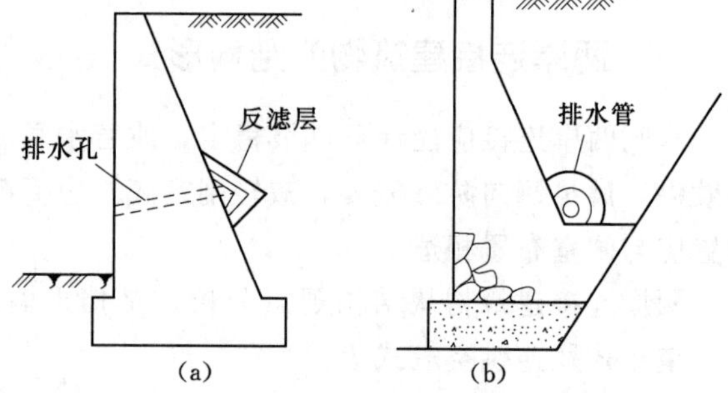

图 1-15 挡土墙的排水

底板宽度由挡土墙稳定条件和基底压力分布条件确定。调整后趾长度，可以改善稳定条件；调整前趾长度，可以改善基底压力分布。直径和底板近似按悬臂板计算。直墙底部厚度根据墙身受力情况，经计算确定，一般取挡土墙高度的 1/10～1/2。底板前后趾边缘厚度不小于 15cm。底板宽度一般取挡土墙高度的 3/5～4/5。前趾长度与底板宽度的比值一般为 0.15～0.30。

3. 扶壁式挡土墙

当墙的高度超过 9～10m 以后，采用钢筋混凝土扶壁式挡土墙较为经济。扶壁式挡土

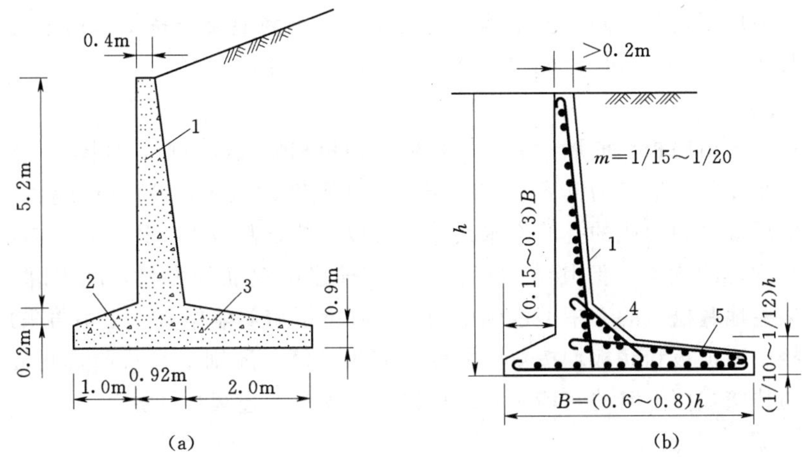

图 1-16　悬臂式挡土墙剖面图

1—直墙；2—前趾；3—后趾；4—贴角；5—底板

墙由直墙、底板及扶壁三部分组成，如图 1-17 所示。利用扶壁和直墙共同挡土，并可利用底板上的填土维持稳定，当改变底板长度时，可以调整合力作用点位置，使地基反力趋于均匀。

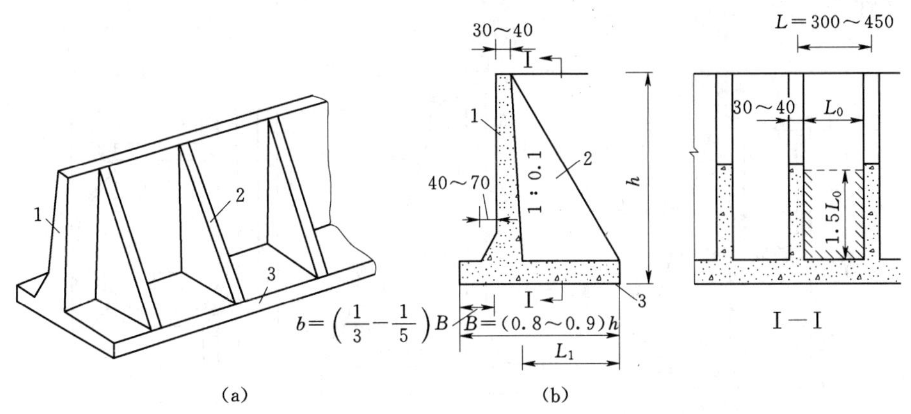

图 1-17　扶壁式挡土墙（单位：cm）

1—立墙；2—扶壁；3—底板

钢筋混凝土扶壁间距一般为 3～4.5m，扶壁厚度 0.3～0.4m；底板用钢筋混凝土建造，其厚度由计算确定，一般不小于 0.4m；直墙顶端厚度不小于 0.2m，下端由计算确定。悬臂段长度 b 为（1/3～1/5）B。直墙高度在 6.5m 以内时，直墙和扶壁可采用浆砌石结构，直墙顶厚 0.4～0.6m，临土面可做成 1∶0.1 的坡度；扶壁间距 2.5m，厚 0.5～0.6m。

底板的计算分前趾和后趾两部分。前趾计算与悬臂梁相同。后趾分两种情况：当 $L_1/L_0 \leqslant 1.5$（L_0 为扶壁净距）时，按三边固定一边自由的双向板计算；当 $L_1/L_0 > 1.5$ 时，则自直墙起至离直墙 $1.5L_0$ 为止的部分，按三面支承的双向板计算，在此以外按单向连续板计算。

扶壁计算，可把扶壁与直墙作为整体结构，取墙身与底板交界处的 T 形截面按悬臂梁分析。为了适应不均匀沉降和挡土墙高度的变化，钢筋混凝土扶壁结构可以 3～6 跨为一段，每段长 10～15m，各段之间设沉降缝，缝内设置止水。

4. 空箱式挡土墙

空箱式挡土墙由底板、前墙、后墙、扶壁、顶板和隔板等组成，如图 1-18 所示。空箱底板宽度与高度的比值多为 0.8～1.2，若地基土质特别软弱，该比值可能大于 1.2。这种结构利用前后墙之间形成的空箱充水或填土可以调整地基应力。因此，它具有重力小和地基应力分布均匀的优点，但其结构复杂，需用较多的钢筋和木材，施工麻烦，造价较高，故仅在某些地基松软的大中型水闸中使用，在上下游翼墙中基本上不再采用。

空箱式挡土墙顶板和底板均按双向板或单向板计算，原则上与扶壁式底板计算相同。前墙、后墙与扶壁式挡土墙的直墙一样，按以隔墙支承的连续板计算。

5. 连拱空箱式挡土墙

连拱空箱式土墙也是空箱式挡土墙的一种型式，它由底板、前墙、隔墙和拱圈组成，如图 1-19 所示。前墙和隔墙多采用浆砌石结构，底板和拱圈一般为混凝土结构。拱圈净跨一般为 2～3m，矢跨比常为 0.2～0.3，厚度为 0.1～0.2m。拱圈的强度计算可选取单宽拱条，按支承在隔墙（扶壁）上的两铰拱进行计算。连拱空箱式挡土墙的优点是钢筋省、造价低、重力小，适用于软土地基；缺点是挡土墙在平面布置上需转弯时施工较为困难，整体性差。

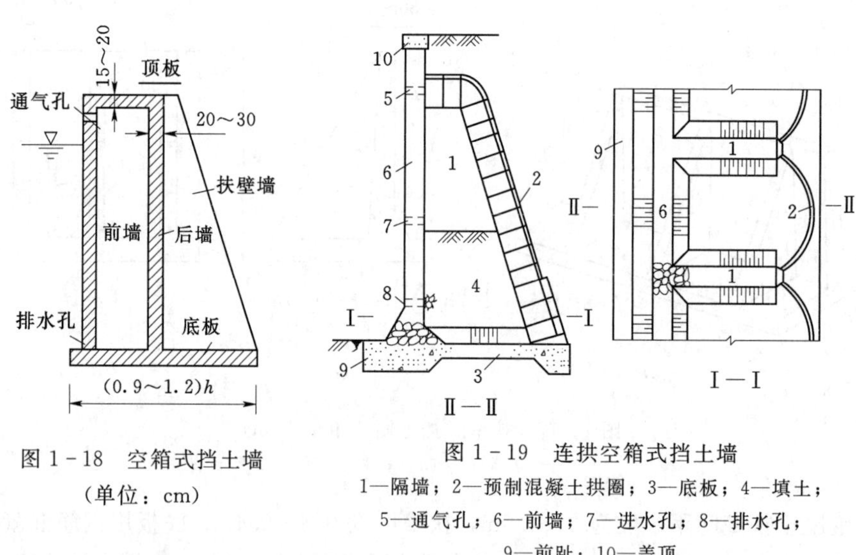

图 1-18 空箱式挡土墙（单位：cm）

图 1-19 连拱空箱式挡土墙

1—隔墙；2—预制混凝土拱圈；3—底板；4—填土；5—通气孔；6—前墙；7—进水孔；8—排水孔；9—前趾；10—盖顶

二、上下游翼墙布置

上游翼墙应与闸室两端平顺连接，其顺水流方向的投影长度应不小于铺盖长度。

下游翼墙的平均扩散角每侧宜采用 7°～12°，其顺水流方向的投影长度不小于消力池长度。

上下游翼墙的墙顶高程应分别高于上下游最不利的运用水位。翼墙分段长度应根据结构和地基条件确定，建筑在坚实或中等坚实地基上的翼墙分段长度可采用 15～20m。建筑在软弱地基或回填土上的翼墙分段长度可适当缩短。

大中型水闸一般可采用反翼墙、圆弧式翼墙、扭曲面翼墙；小型水闸可采用一字形翼墙、扭曲面翼墙、斜降式翼墙。

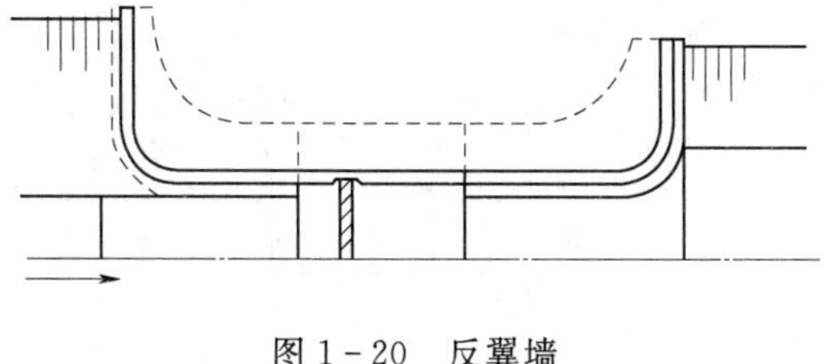

图 1-20　反翼墙

1. 反翼墙

反翼墙（图 1-20）自闸室向上下游延伸一段距离，然后转弯 90°插入堤岸，墙面铅直，转弯半径为 2～5m。防渗效果和水流条件均较好，但工程量较大。

一字形翼墙即翼墙自闸室边墩上下游端即垂直插入堤岸。这种布置的结构，水流条件差于扭面式翼墙和直立圆弧翼墙，但节省工程量。

2. 圆弧式翼墙

圆弧式翼墙（图 1-21）从边墩开始，向上游用圆弧形的铅直翼墙与河岸连接。上游圆弧半径为 15～30m，下游圆弧半径为 30～40m。适用于上下游水位差及单宽流量较大、闸室较高、地基承载力较低的大中型水闸。其优点是水流条件好；缺点是模板用量大，施工复杂。

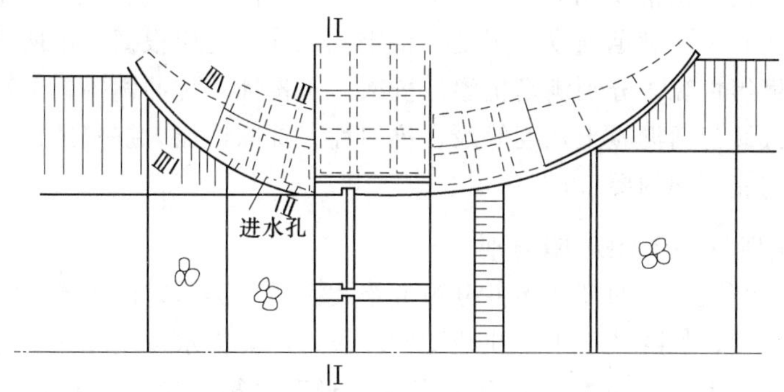

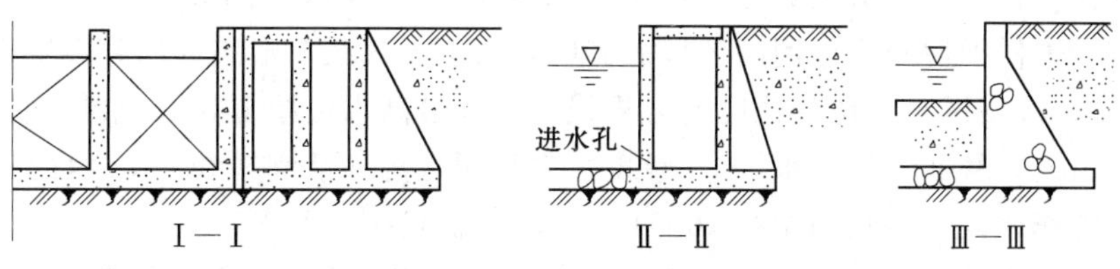

图 1-21　圆弧式翼墙

3. 扭曲面翼墙

扭曲面翼墙（图 1-22）的迎水面是由与闸墩连接处的铅直面，向上下游延伸而逐渐变为倾斜面，直至与其连接的河岸（或渠道）的坡度相同为止。翼墙在闸室端为重力式挡土墙断面型式，另一端为护坡型式。其水流条件好，但施工较复杂，在渠系工程中广泛应用。

4. 斜降式翼墙

斜降式翼墙在平面上呈八字形，随着翼墙向上下游延伸，其高度逐渐降低，至末端与河底齐平，如图 1-23 所示。其优点是工程量省，施工简单；缺点是防渗条件差，泄流时闸孔附近易产生立轴漩涡，冲刷河岸或坝坡。

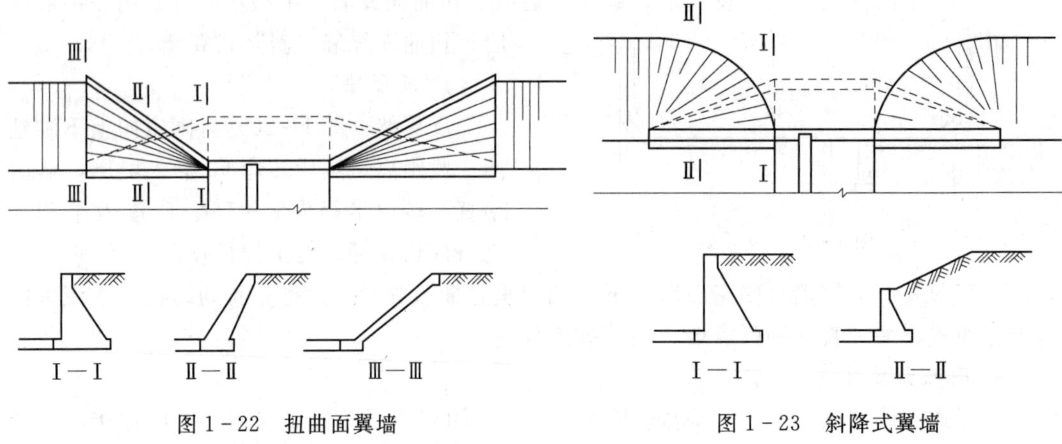

图 1-22　扭曲面翼墙　　　　图 1-23　斜降式翼墙

三、结构的耐久性

耐久性指结构在正常使用和维护条件下，随时间变化而仍能满足预定功能要求的能力。水闸结构物除了应满足强度、刚度、稳定性之外，还应根据水闸所处的工作条件、地区气候以及环境等情况，分别满足抗渗、抗冻、抗侵蚀、抗冲刷等耐久性要求。永久性建筑物结构的耐久性包括混凝土强度等级、抗渗性、抗冻性能、抗侵蚀性等，因此不同的环境条件，对结构有不同的要求。

（一）水闸所处的工作环境类别

水工混凝土结构所处的环境条件分为五个类别：一类为室内正常环境；二类为室内潮湿环境、露天环境、长期处于水下或地下的环境；三类为水位变化区、有侵蚀性地下水的地下环境和海水水下区；四类为海上大气区和轻度盐雾作用区；五类为使用除冰盐的环境、海水水位变化区、海水浪溅区、离平均水位上方 15m 以内的海上大气区、重度盐雾作用区和有严重侵蚀性介质作用的环境。其中，海上大气区与浪溅区的分界线为设计最高水位加 1.5m；浪溅区与水位变化区的分界线为设计最高水位减 1.0m；水位变化区与水下区的分界线为设计最低水位减 1.0m；重度盐雾作用区为离涨潮岸线 50m 内的陆上室外环境；轻度盐雾作用区为离涨潮岸线 50～100m 内的陆上室外环境。

冻融比较严重的二类、三类环境条件的建筑物，可将其环境类别提高一类。

未经技术鉴定或设计许可，不应改变结构的用途和使用环境。

（二）耐久性要求

结构耐久性可根据结构所处的环境类别提出相应的耐久性要求。但影响耐久性的因素很多，除环境类别外，还与结构表层保护措施（涂层或专设面层）以及实际施工质量等有关。因此，设计时可根据表层保护措施的实际情况及预期的施工质量控制水平，将耐久性要求作相应的提高或降低。

1. 耐久性基本要求

设计使用年限为 50 年的水工结构，配筋混凝土耐久性的基本要求宜符合表 1-17 的要求。素混凝土结构的耐久性基本要求可按表 1－17 适当降低。

表 1－17　配筋混凝土耐久性基本要求

环境类别	混凝土最低强度等级	最小水泥用量 / (kg/m³)	最大水灰比	最大氯离子含量 /%	最大碱含量 /(kg·m³)
一	C20	220	0.60	1.0	不限制
二	C25	260	0.55	0.3	3.0
三	C25	300	0.50	0.2	3.0
四	C30	340	0.45	0.1	2.5
五	C35	360	0.40	0.06	2.5

注　1. 配置钢丝、钢绞线的预应力混凝土构件的混凝土最低强度等级不宜小于 C40；最小水泥用量不宜少于300kg·m³。

2. 当混凝土中加入优质活性掺合料或能提高耐久性的外加剂时，可适当减少最小水泥用量。
3. 桥梁上部结构及处于露天环境的梁、柱构件，混凝土强度等级不宜低于 C25。
4. 氯离子含量系指其占水泥用量的百分率；预应力混凝土构件中的氯离子含量不宜大于 0.06%。
5. 水工混凝土结构的水下部分，不宜采用碱活性骨料。
6. 处于三类、四类环境条件且受冻严重的结构构件，混凝土的最大水灰比应按《水工建筑物抗冰冻设计规范》(SL 211—2006) 的规定执行。
7. 炎热地区的海水水位变化区和浪溅区，混凝土的各项耐久性基本要求宜按表中的规定适当加严。

设计使用年限为 100 年的水工结构，混凝土耐久性的基本要求除应满足上述要求外，尚应符合的要求包括：①混凝土强度等级宜按表 1－17 的规定提高一级；②混凝土中的氯离子含量不应大于 0.06%；③未经论证，混凝土不应采用碱活性骨料；④混凝土保护层厚度应按表 1－18 规定适当增加，并切实保证混凝土保护层的密实性；⑤在使用过程中，应定期维护。

结构设计使用年限是指结构在使用过程中仅需一般维护（包括构件表面涂刷等）而不需进行大修的期限。

2. *保护层厚度*

钢筋混凝土结构的耐久性主要取决于钢筋锈蚀。因此保护层厚度就成为主要因素，同时还应保证保护层的振捣与养护质量。纵向受力钢筋的混凝土保护层厚度（从钢筋外边缘算起）不应小于钢筋直径及表 1－18 所列的数值，同时也不应小于粗骨料最大粒径的 1.25 倍。

表 1－18　混凝土保护层最小厚度　　单位：mm

项次	构件类别	环境类别				
		一	二	三	四	五
1	板、墙	20	25	30	45	50
2	梁、柱、墩	30	35	45	55	60
3	截面厚度不小于 2.5m 的底板及墩墙	—	40	50	60	65

注　1. 直接与地基接触的结构底层钢筋或无检修条件的结构，保护层厚度应适当增大。

2. 有抗冲耐磨要求的结构面层钢筋，保护层厚度应适当增大。
3. 混凝土强度等级不低于 C30 且浇筑质量有保证的预制构件或薄板，保护层厚度可按表中数值减小 5mm。
4. 钢筋表面涂塑或结构外表面敷设永久性涂料或面层时，保护层厚度可适当减小。
5. 严寒和寒冷地区受冰冻的部位，保护层厚度还应符合《水工建筑物抗冰冻设计规范》(SL 211—2006) 的规定。

板、墙、壳中分布钢筋的混凝土保护层厚度不应小于表 1-18 中相应数值减 10mm，且不应小于 10mm；梁、柱中箍筋和构造钢筋的保护层厚度不应小于 15mm；钢筋端头保护层厚度不应小于 15mm。当梁、柱中纵向受力钢筋的混凝土保护层厚度大于 40mm 时，宜对保护层采取有效的防裂构造措施。处于二类至五类环境中的悬臂板，其上表面应采取有效的保护措施。对有防火要求的建筑物，其混凝土保护层厚度尚应符合有关规范的要求。

3. 混凝土强度等级

对有耐久性要求的水工钢筋混凝土结构，其强度等级最低不宜低于 C20，沿海地区不宜低于 C30。

在一般混凝土构件设计中，不宜利用混凝土抗压强度随龄期而增长的后期强度。对于混凝土不同龄期的抗拉强度，由于其影响因素较多，离散性很大，所以不应利用其后期抗拉强度。

《水闸设计规范》(SL 265—2016) 规定：处于二类环境条件下的混凝土强度等级不宜低于 C15，处于三类环境条件下的混凝土强度等级不宜低于 C20，处于四类环境条件下的和有抗冲耐磨要求的混凝土强度等级不宜低于 C25。

对于多泥沙河流上的水闸，其过流及消能结构部位受到较严重的泥沙磨损，会增加维修管理工作的难度，因此这些结构部位对抗冲耐磨有着更高的要求。其混凝土强度等级应进行专门的研究确定，并不应低于 C25。

有关部门建议：水下部位底层结构混凝土强度等级采用 C15，表层结构混凝土强度等级采用 C20，水位变动区结构及水上梁、柱结构采用 C25，公路桥结构采用 C30。

4. 抗渗性

对于有防渗要求的水闸混凝土结构，其抗渗等级应根据所承受的水头、水力梯度、水质条件、下游排水条件及渗透水的危害程度等确定。混凝土的抗渗等级按 28d 龄期的标准试件测定，混凝土抗渗等级分为 W2、W4、W6、W8、W10、W12 六个级别。根据建筑物开始承受水压力的时间，也可利用 60d 或 90d 龄期的试件测定抗渗等级。混凝土抗渗等级应根据所承受的水头、水力梯度以及下游排水条件、水质条件和渗透水的危害程度等因素确定，并不低于表 1-19 的规定值。

在寒冷、严寒地区水闸防渗段水力梯度小于 10 的混凝土抗渗等级不得低于 W6；在寒冷、严寒地区水闸防渗段水力梯度不小于 10 的混凝土抗渗等级不得低于 W8；对于受侵蚀水作用的结构，混凝土抗渗等级应进行专门的试验研究，并且不得低于 W4。

5. 抗冻性能

水闸混凝土抗冻等级按 28d 龄期的试件用快冻试验方法测定，分为 F400、F300、F250、F200、F150、F100、F50 七个级别。经论证也可用 60d 或 90d 龄期的试件测定。

对于有抗冻要求的混凝土结构，其抗冻等级应按表 1-20 根据气候分区、年冻融循环次数、表面局部小气候条件、水分饱和程度、结构构件的重要性以及检修条件等情况选定抗冻等级。在不利因素较多时，可选用提高一级的抗冻要求。

表 1－19　混凝土抗渗等级的最小允许值

项次	结构类型及运用条件		抗渗等级
1	大体积混凝土结构的下游面及建筑物内部		W2
2	大体积混凝土结构的挡水面	$H<30$	W4
		$30\leqslant H<70$	W6
		$70\leqslant H<150$	W6
		$H\geqslant 150$	W10
3	素混凝土及钢筋混凝土结构构件的背水面可自由渗水者	$i<10$	W4
		$10\leqslant i<30$	W6
		$30\leqslant i<50$	W8
		$i\geqslant 50$	W10

注　1. 表中 H(m) 为水头；i 为水力梯度。

2. 当结构表层设有专门可靠的防渗层时，表中规定的混凝土抗渗等级可适当降低。

3. 承受侵蚀性水作用的结构，混凝土抗渗等级应进行专门的试验研究，但不应低于 W4。

4. 埋置在地基中的结构构件（如基础防渗墙等），可按照表中项次 3 的规定选择混凝土抗渗等级。

5. 对背水面可自由渗水的素混凝土及钢筋混凝土结构构件，当水头 H 小于 10m 时，其混凝土抗渗等级可根据表中项次 3 降低一级。

6. 对严寒、寒冷地区且水力梯度较大的结构，其抗渗等级应按表中的规定提高一级。

表 1－20　混 凝 土 抗 冻 等 级

项次	气　候　分　区	严寒		寒冷		温和
	年冻融循环次数（次）	≥100	<100	≥100	<100	—
1	结构重要、受冻严重且难于检修的部位： （1）水电站尾水部位、蓄能电站进出口冬季水位变化区的构件、闸门槽二期混凝土、轨道基础； （2）冬季通航或受电站尾水位影响的不通航船闸的水位变化区的构件、二期混凝土； （3）流速大于 25m/s、过冰、多沙或多推移质的溢洪道，深孔或其他输水部位的过水面及二期混凝土； （4）冬季有水的露天钢筋混凝土压力水管、渡槽、薄壁充水闸门井	F400	F300	F300	F200	F100
2	受冻严重但有检修条件的部位： （1）大体积混凝土结构上游面冬季水位变化区； （2）水电站或船闸的尾水渠、引航道的挡墙、护坡； （3）流速小于 25m/s 的溢洪道、输水洞（孔）、引水系统的过水面； （4）易积雪、结霜或饱和的路面、平台栏杆、挑檐、墙、板、梁、柱、墩、廊道或竖井的单薄墙壁	F300	F250	F200	F150	F50
3	受冻较重部位： （1）大体积混凝土结构外露的阴面部位； （2）冬季有水或易长期积雪结冰的渠系建筑物	F250	F200	F150	F150	F50
4	受冻较轻部位： （1）大体积混凝土结构外露的阳面部位； （2）冬季无水干燥的渠系建筑物； （3）水下薄壁构件； （4）流速大于 25m/s 的水下过水面	F200	F150	F100	F100	F50
5	水下、土中及大体积内部的混凝土	F50	F50		—	—

关于年冻融循环次数，按一年内气温从＋3℃以上降到－3℃以下，然后回升到＋3℃

以上的交替次数和按一年中日平均气温低于－3℃期间设计预定水位的涨落次数统计，并取其中的大值。

关于气候的分区标准，《水工混凝土结构设计规范》（SL 191—2008）规定：气候分区现分为严寒、寒冷与温和三区。严寒地区为累年最冷月平均气温低于或等于－10℃的地区；寒冷地区为累年最冷月平均气温高于－10℃、低于或等于－3℃的地区；温和地区为累年最冷月平均气温高于－3℃的地区。

冬季水位变化区指运行期内可能遇到的冬季最低水位以下 0.5～1m 至冬季最高水位以上 1m（阳面）、2m（阴面）、4m（水电站尾水区）的区域。阳面指冬季大多为晴天，平均每天有 4h 阳光照射，不受山体或建筑物遮挡的表面，否则均按阴面考虑。

累年最冷月平均气温低于－25℃地区的混凝土抗冻等级应根据具体情况研究确定。

温和地区虽然没有明显的冻融情况，但冬季寒夜仍可达到局部结冰。

室内试验和实际工程表明：饱和的混凝土才发生冻融破坏，不饱和的混凝土较少发生冻融破坏；冻融循环次数虽然对冻融破坏有一定的影响，但只限于表面浅层，而最冷月的气温则影响到深层，因此最冷月的气温比冻融循环次数的影响更为严重。

抗冻混凝土应掺加引气剂。其水泥、掺合料、外加剂的品种和数量、水灰比、配合比及含气量等应通过试验确定或按照《水工建筑物抗冻设计规范》（GB/T 50662—2011）选用。

四、抗震要求

地震烈度为Ⅶ度及Ⅶ度以上地震区的水闸除应认真分析地震作用和做好抗震计算外，尚应采取安全可靠的抗震措施。当地震烈度为Ⅵ度时，可不进行抗震计算，但对地震烈度为Ⅵ度地震区的1级水闸仍应采取适当的抗震措施。

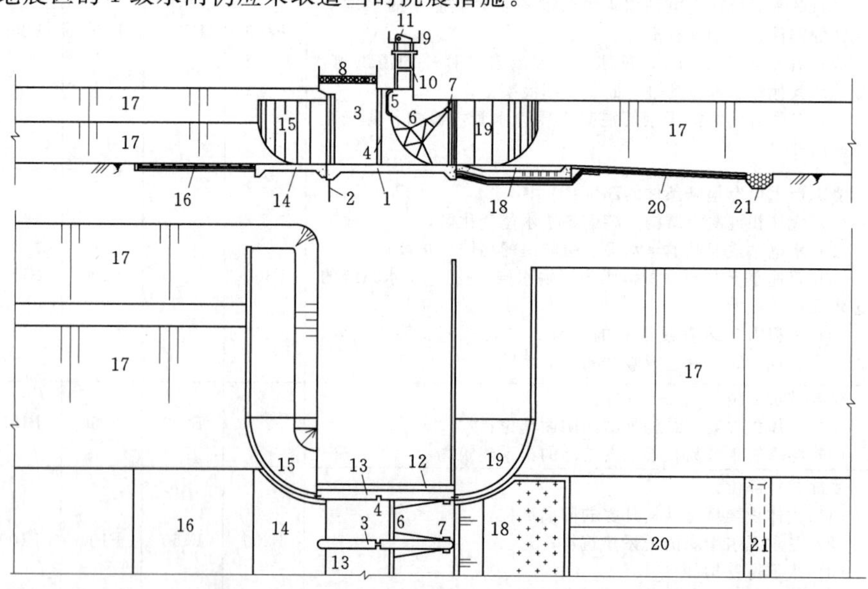

图 1-24 水闸

1—闸室底板；2—板桩；3—闸墩；4—检修门槽；5—胸墙；6—弧形闸门；7—闸门支座；8—公路桥；9—工作桥；10—排架；11—启闭机；12—岸墙；13—边墩；14—铺盖；15—上游翼墙；16—上游护底；17—上、下游护坡；18—消力池；19—下游翼墙；20—海漫；21—下游防冲槽

水闸工程例一

（某干渠进水闸，设计流量为 30m³/s，远景流量为 50m³/s；采用钢筋混凝土整体式结构，单孔，孔宽为 4m；闸下地基为亚黏土，考虑黏性土的冻胀影响，采用厚基础。止水缝缝宽 2cm，已计入总尺寸中）

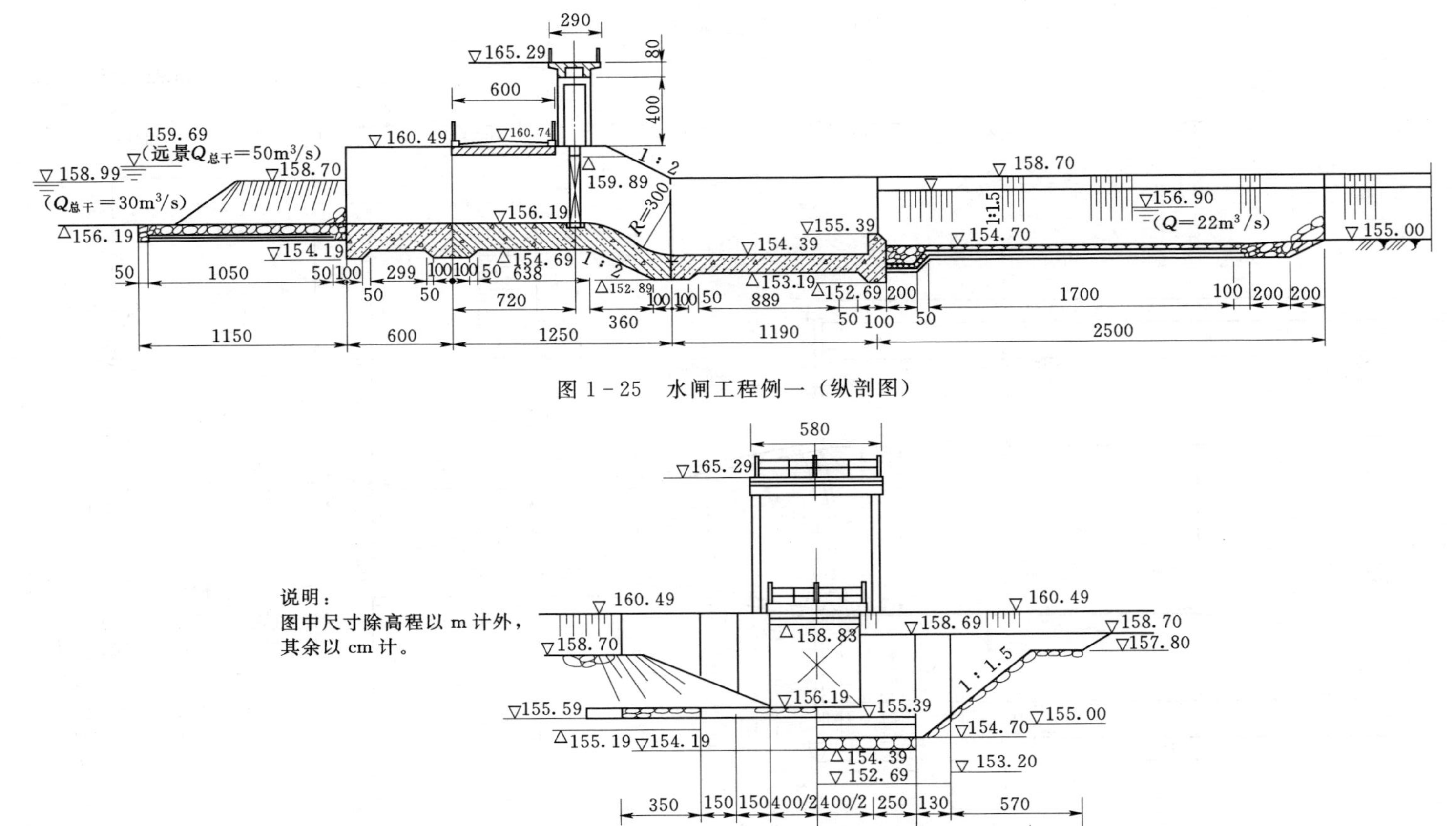

图 1-25　水闸工程例一（纵剖图）

说明：
图中尺寸除高程以 m 计外，
其余以 cm 计。

图 1-26　水闸工程例一（上、下游剖视图）

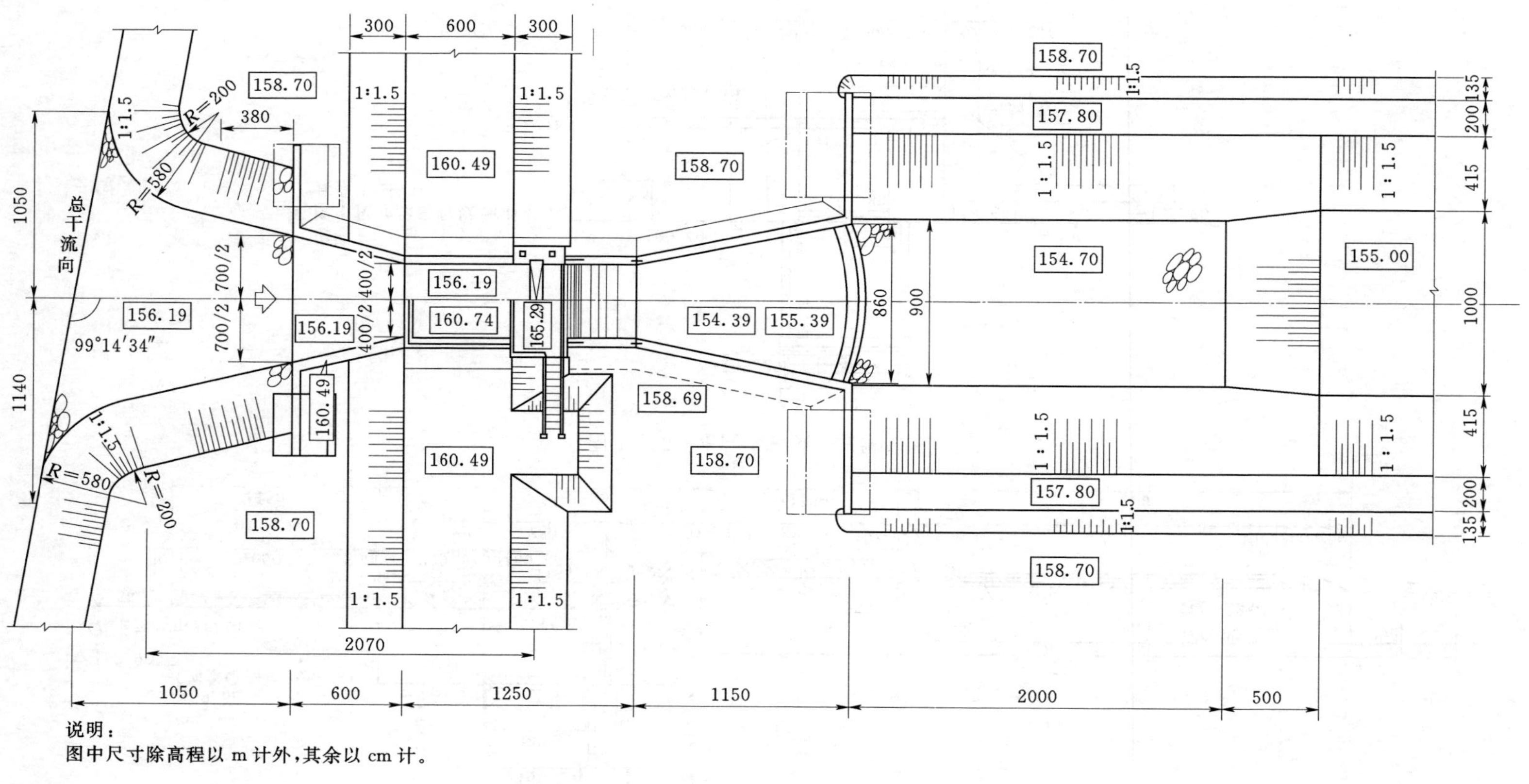

说明：
图中尺寸除高程以 m 计外，其余以 cm 计。

图 1-27 水闸工程例一（平面图）

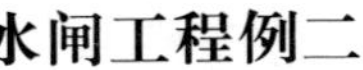

水闸工程例二

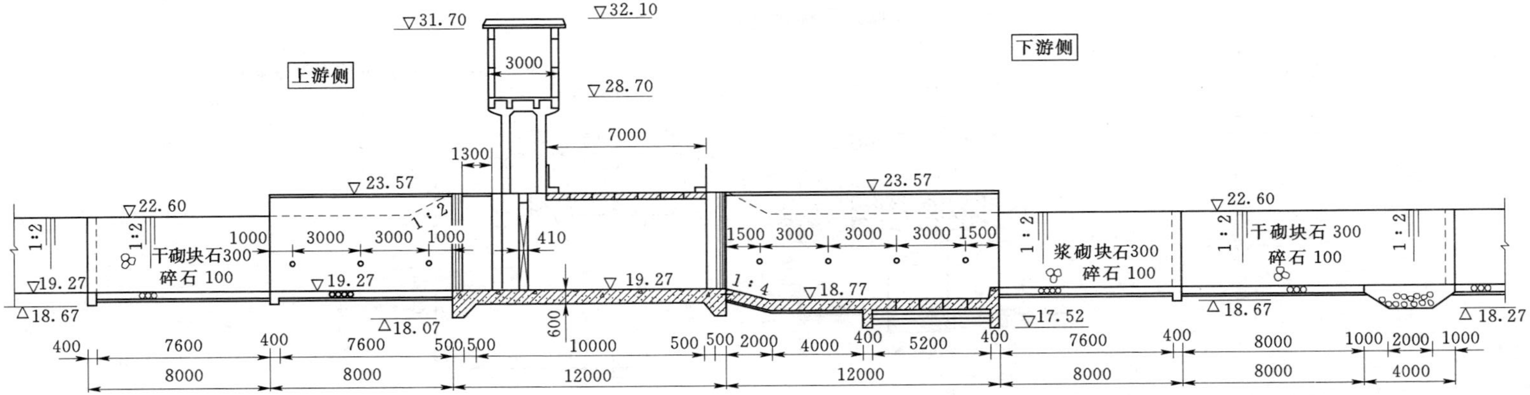

图 1-28　水闸工程例二（纵剖图，单位：mm）

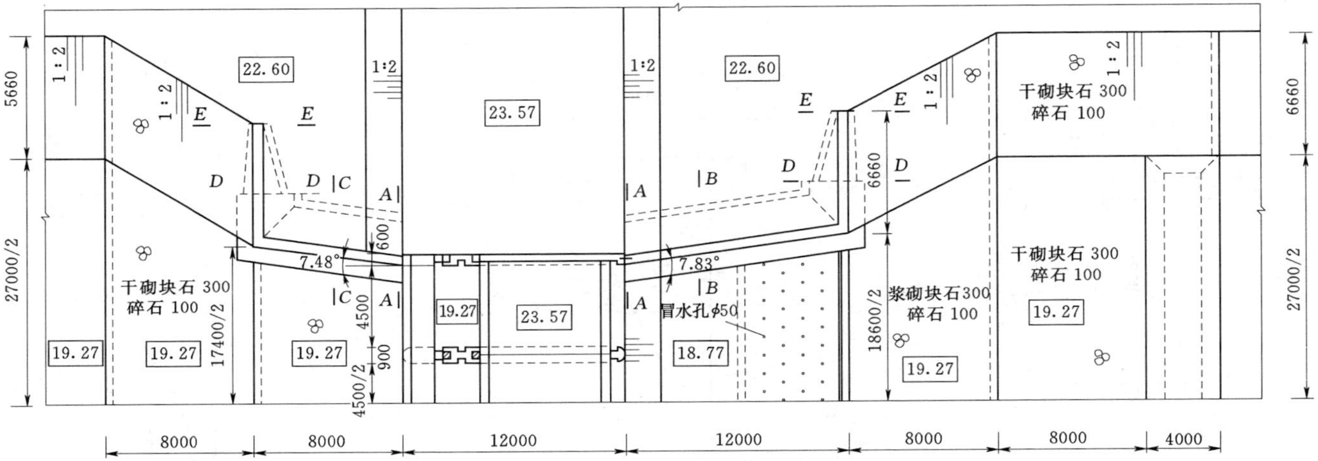

说明：
图中尺寸除高程以 m 计外，其余以 mm 计。

图 1-29　水闸工程例二（半平面图）

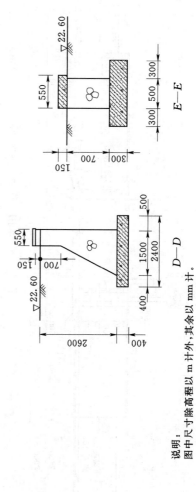

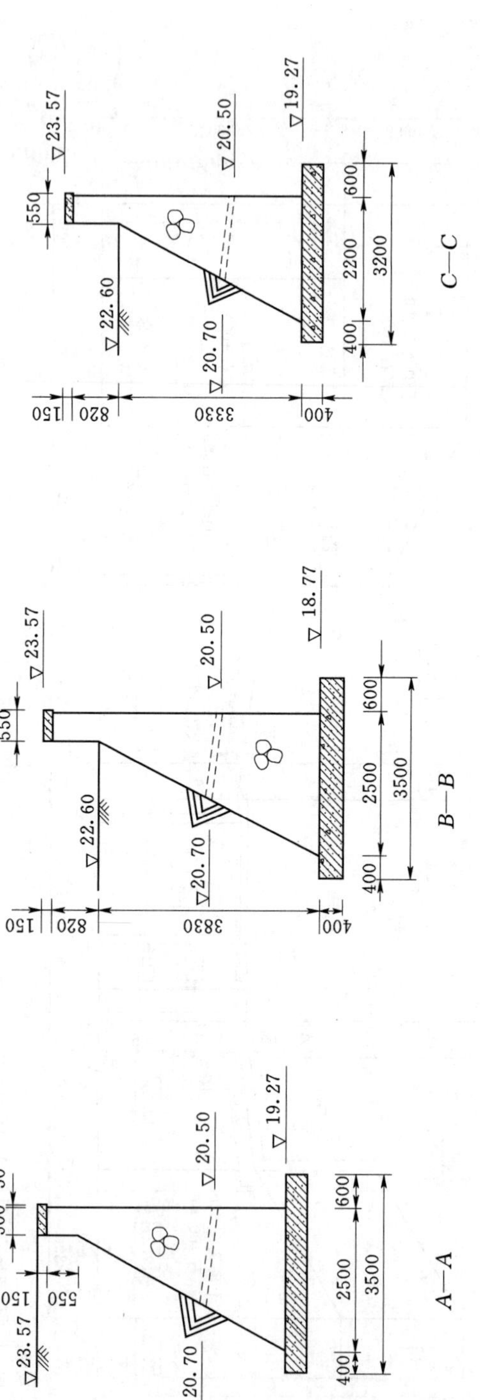

图 1-30 水闸工程例二（剖面图）

说明：
图中尺寸除高程以 m 计外，其余以 mm 计。

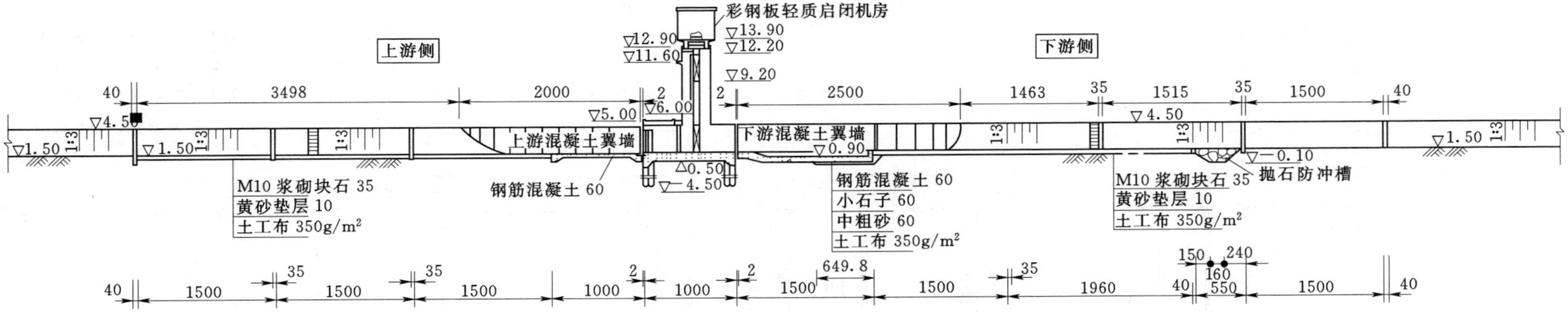

图 1-31　水闸工程例三（纵剖图）

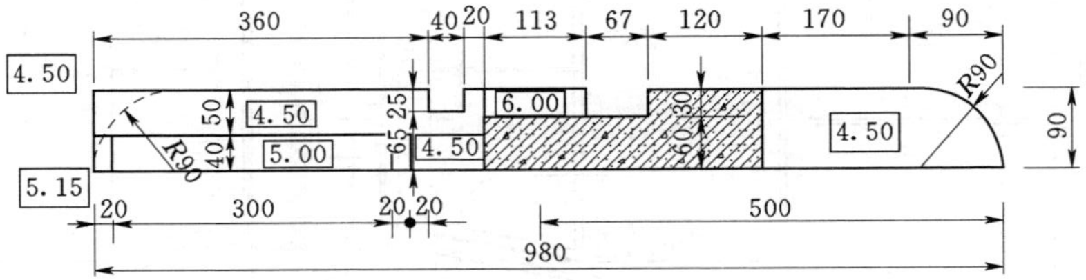

A—A
（缝墩）

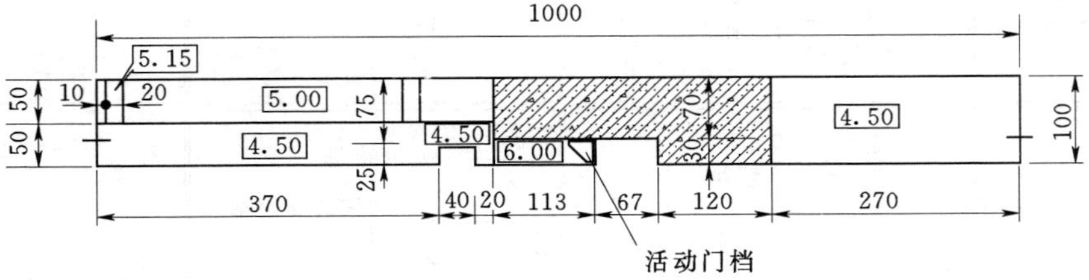

A—A
（边墩）

A—A
（中墩）

说明：
图中尺寸除高程以 m 计外，
其余以 cm 计。

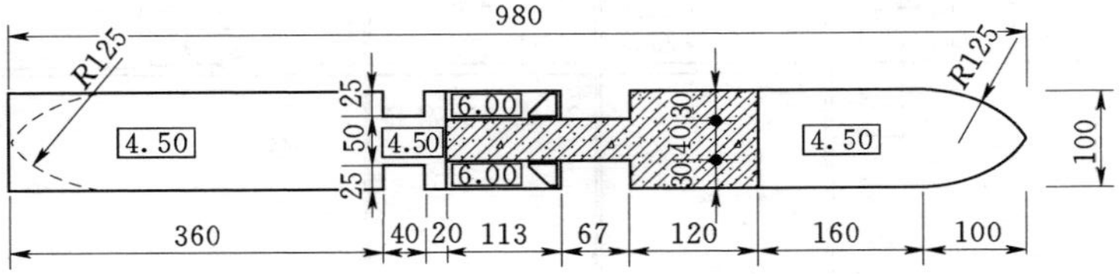

图 1-32　水闸工程例三（闸墩示意图）

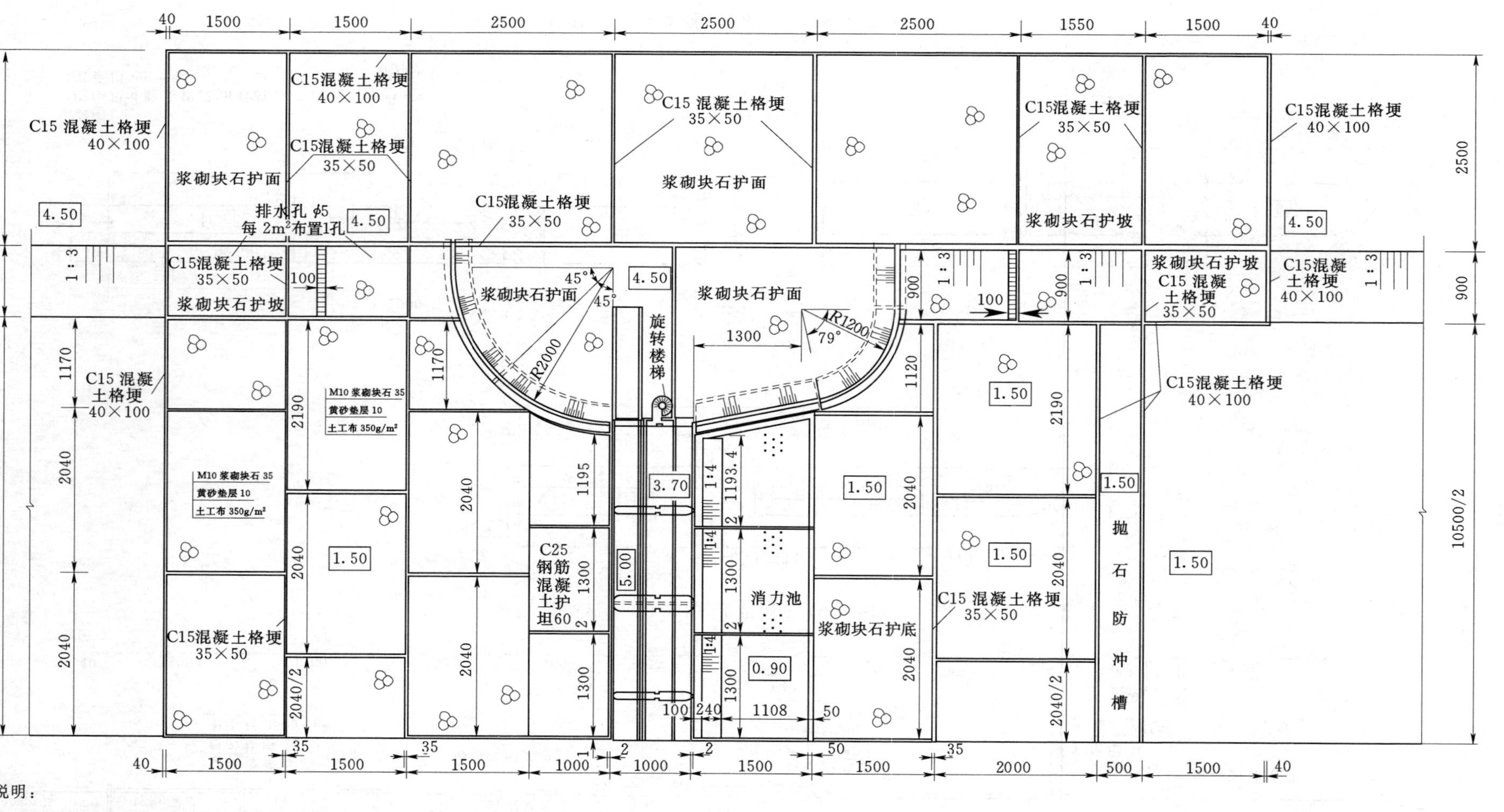

说明：

1. 图中尺寸除高程以 m 计外，其余以 cm 计。
2. 混凝土强度等级：底板、闸墩、排架为 C25，工作桥、工作便桥为 C30，混凝土抗渗标号为 W6。
3. 闸室两侧边墩后回填土均匀上升，分层碾压。
4. 底板下以同标号素混凝土封底，厚度 10cm。

图 1-33　水闸工程例三（半平面图）

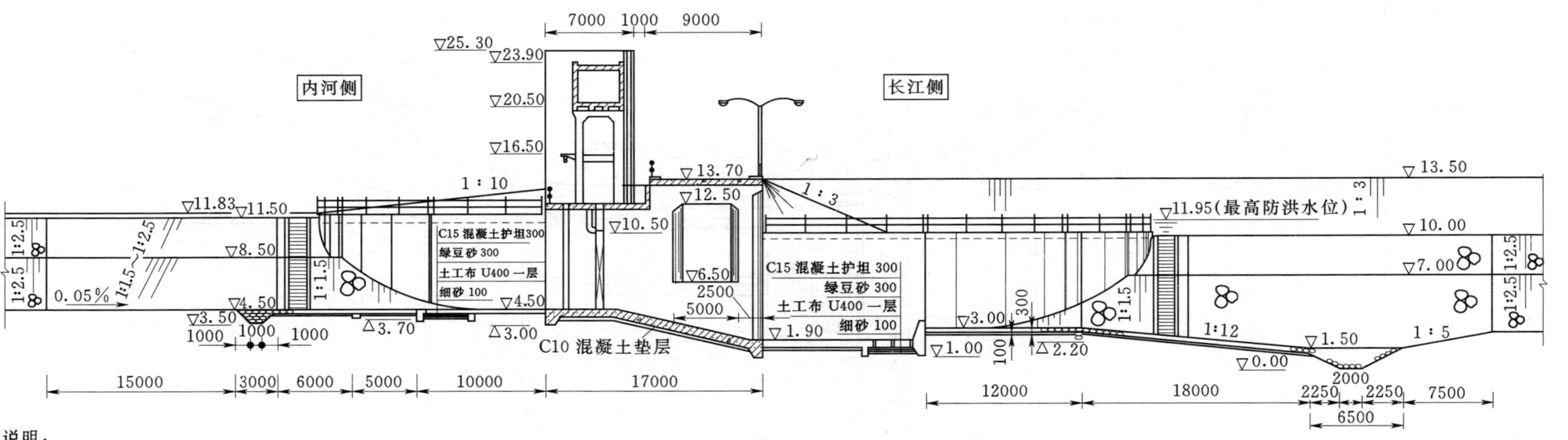

说明：

图中尺寸除高程以 m 计外，其余以 mm 计。

图 1－34　水闸工程例四（纵剖图）

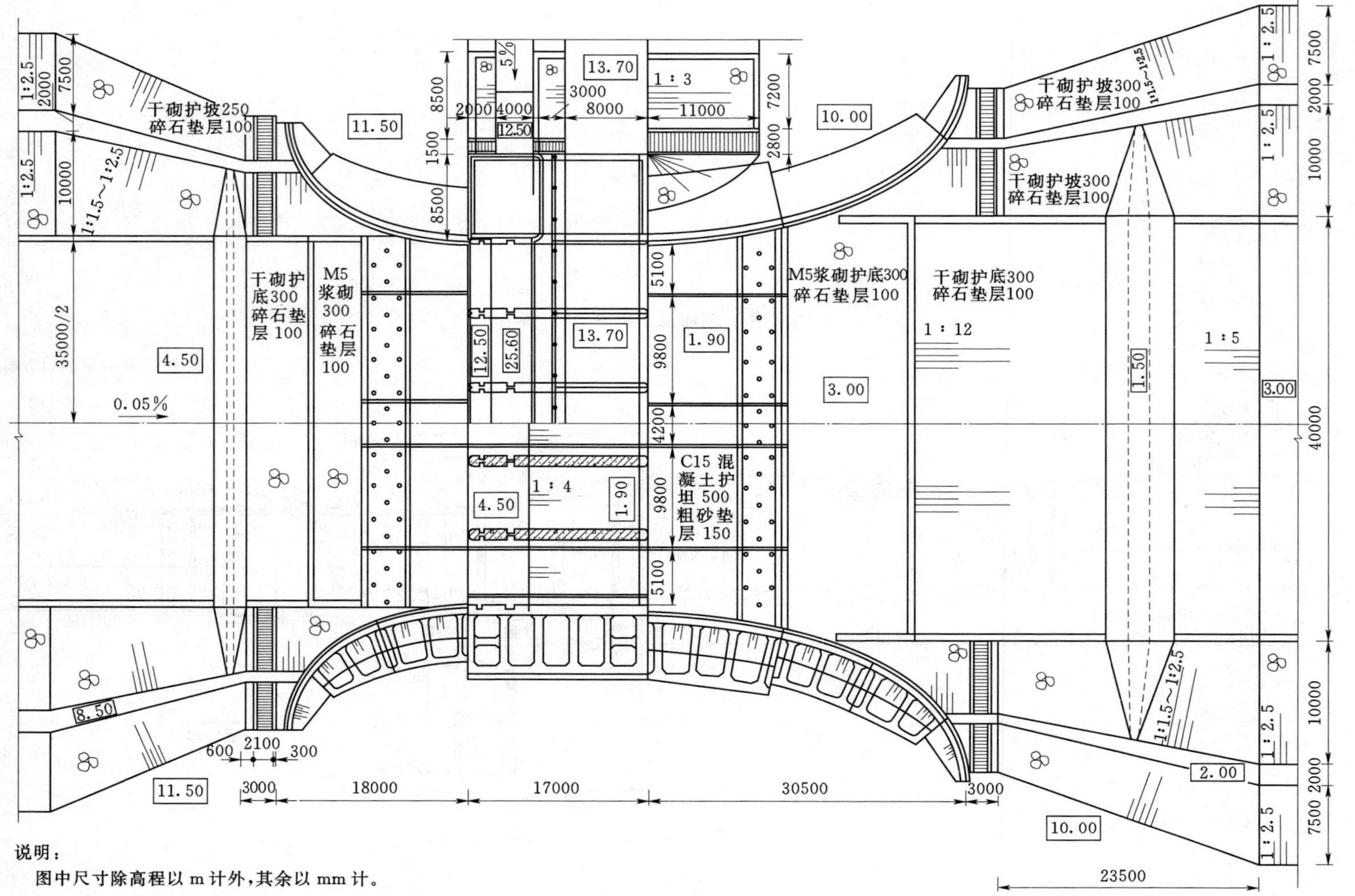

说明：
图中尺寸除高程以 m 计外，其余以 mm 计。

图 1－35 水闸工程例四（平面图）

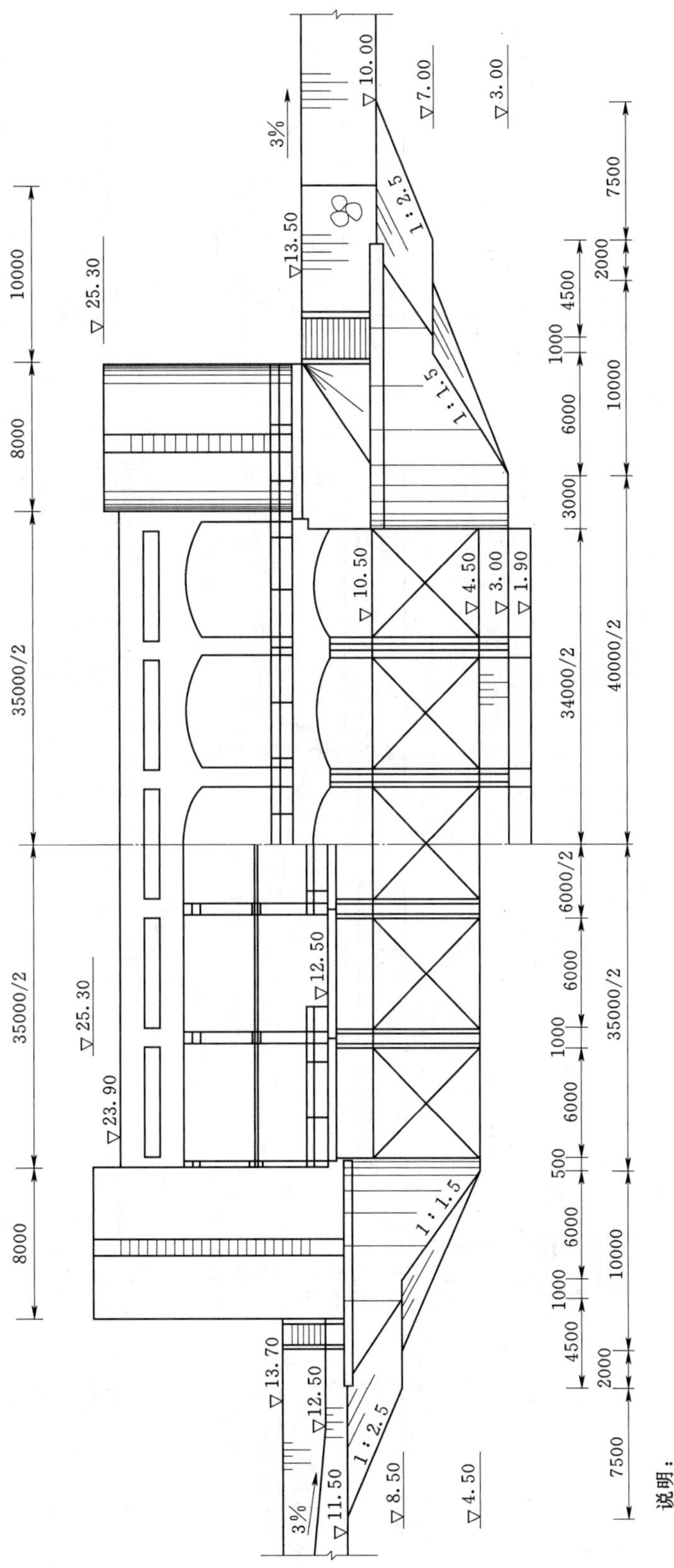

图1-36　水闸工程例四（上、下游剖视图）

说明：
图中尺寸除高程以m计外，其余以mm计。

水闸工程例五

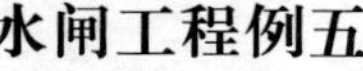

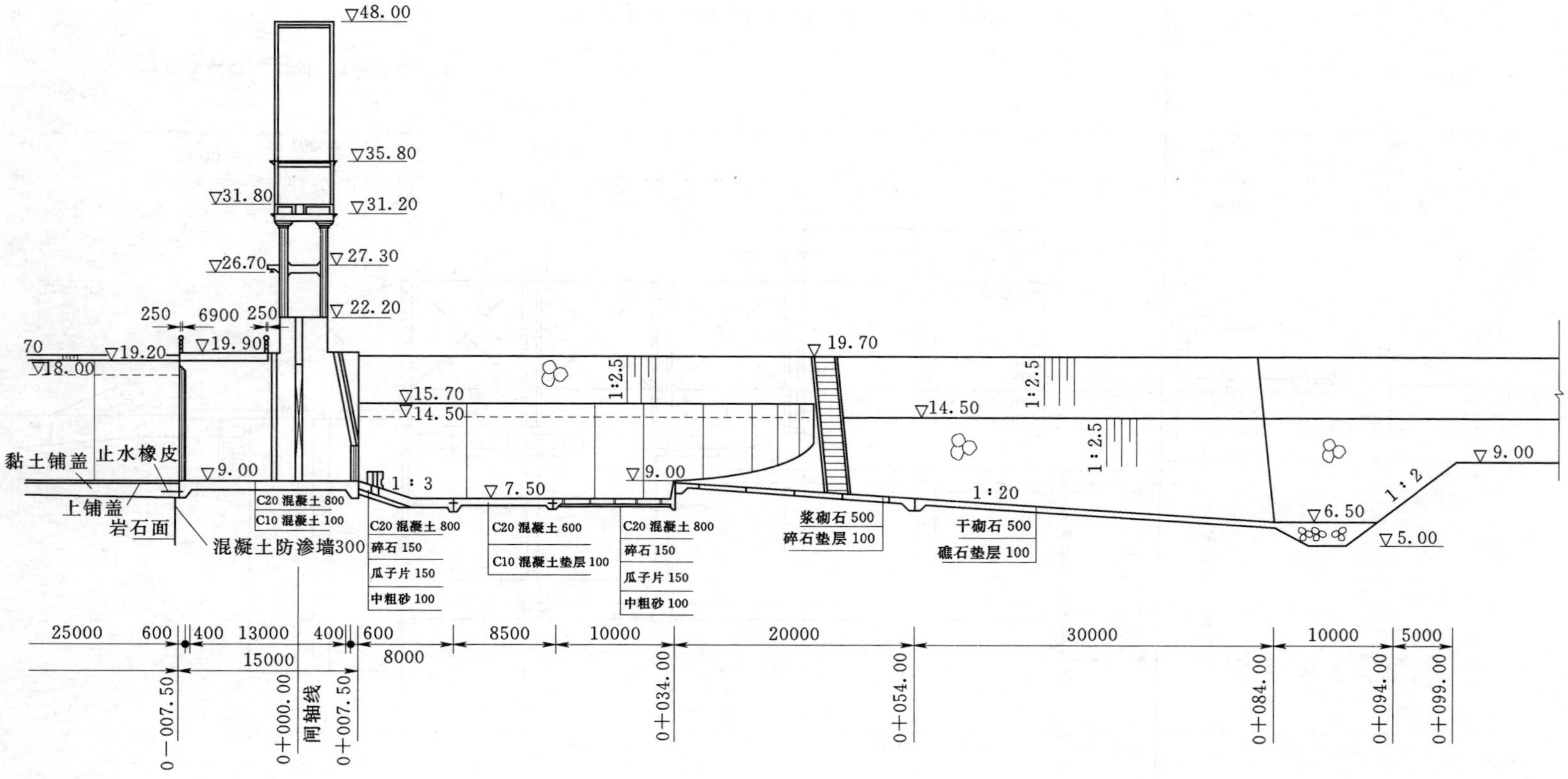

说明：

图中尺寸除高程以 m 计外，其余以 mm 计。

图 1－37　水闸工程例五（纵剖图）

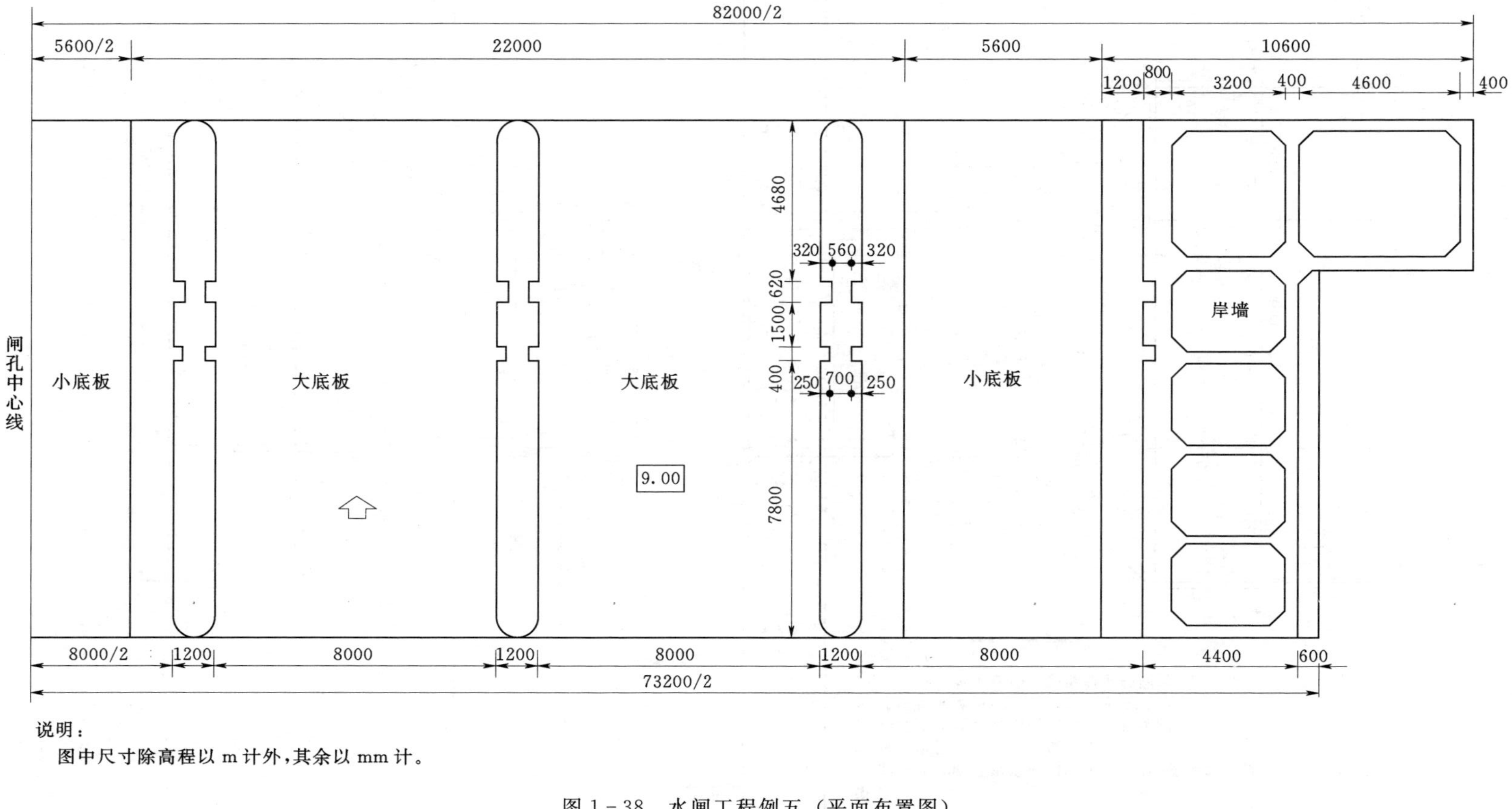

说明：
图中尺寸除高程以m计外，其余以mm计。

图1－38　水闸工程例五（平面布置图）

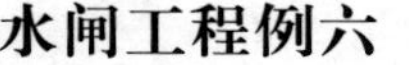

水闸工程例六

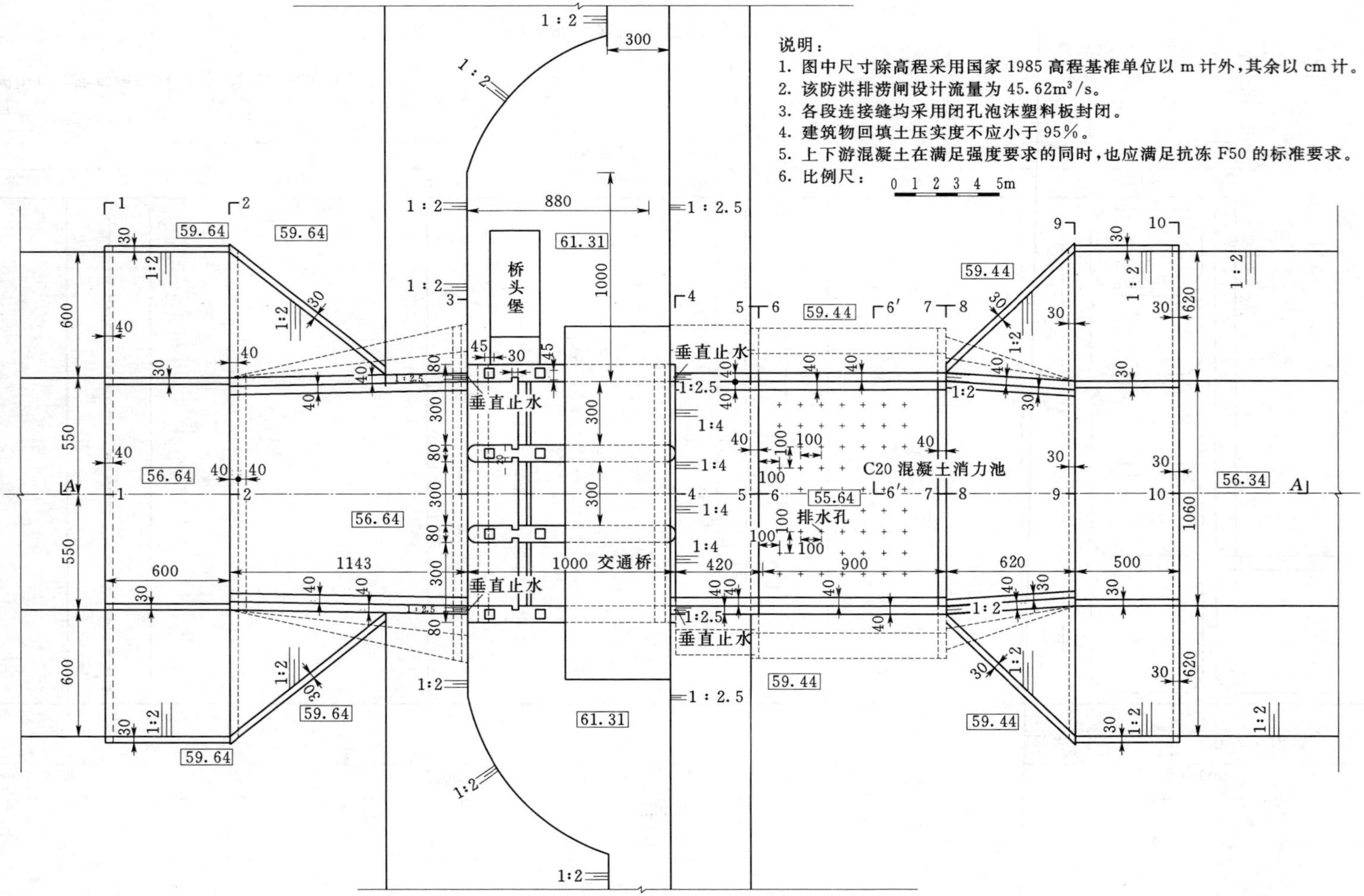

说明：

1. 图中尺寸除高程采用国家 1985 高程基准单位以 m 计外，其余以 cm 计。
2. 该防洪排涝闸设计流量为 45.62m^3/s。
3. 各段连接缝均采用闭孔泡沫塑料板封闭。
4. 建筑物回填土压实度不应小于 95%。
5. 上下游混凝土在满足强度要求的同时，也应满足抗冻 F50 的标准要求。
6. 比例尺： 0 1 2 3 4 5m

图 1-39 水闸工程例六（平面图）

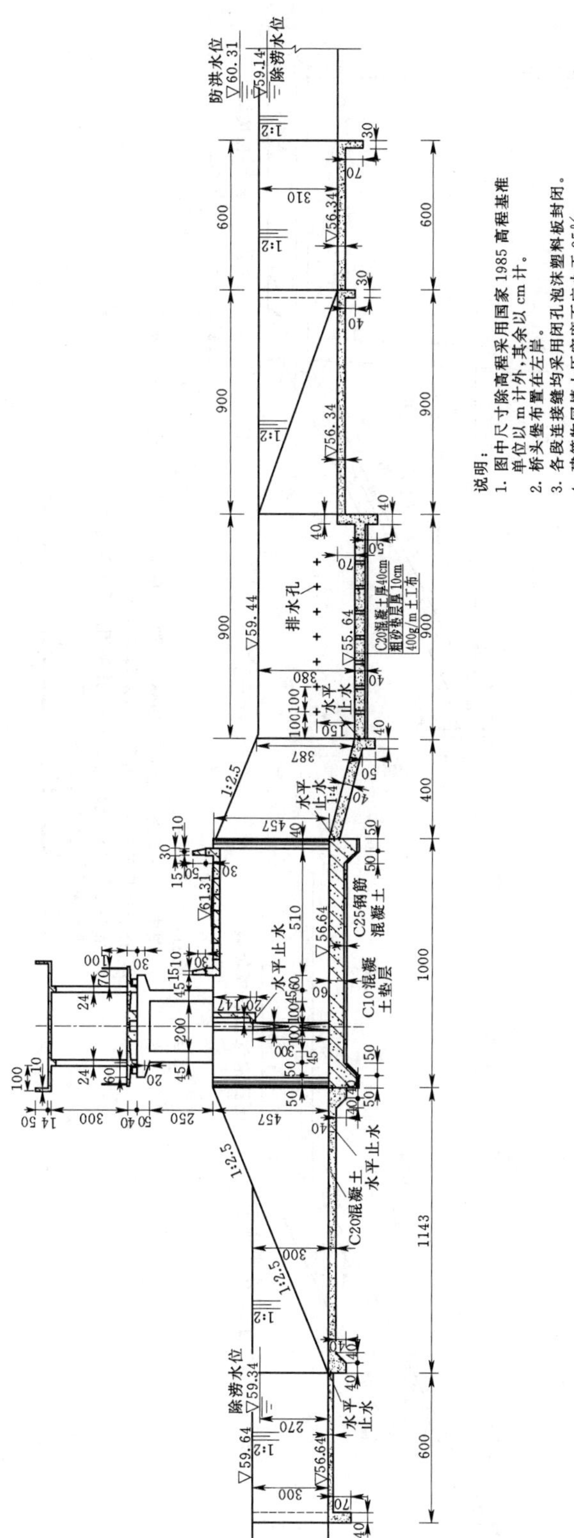

图1-40　水闸工程例六（纵剖面图）

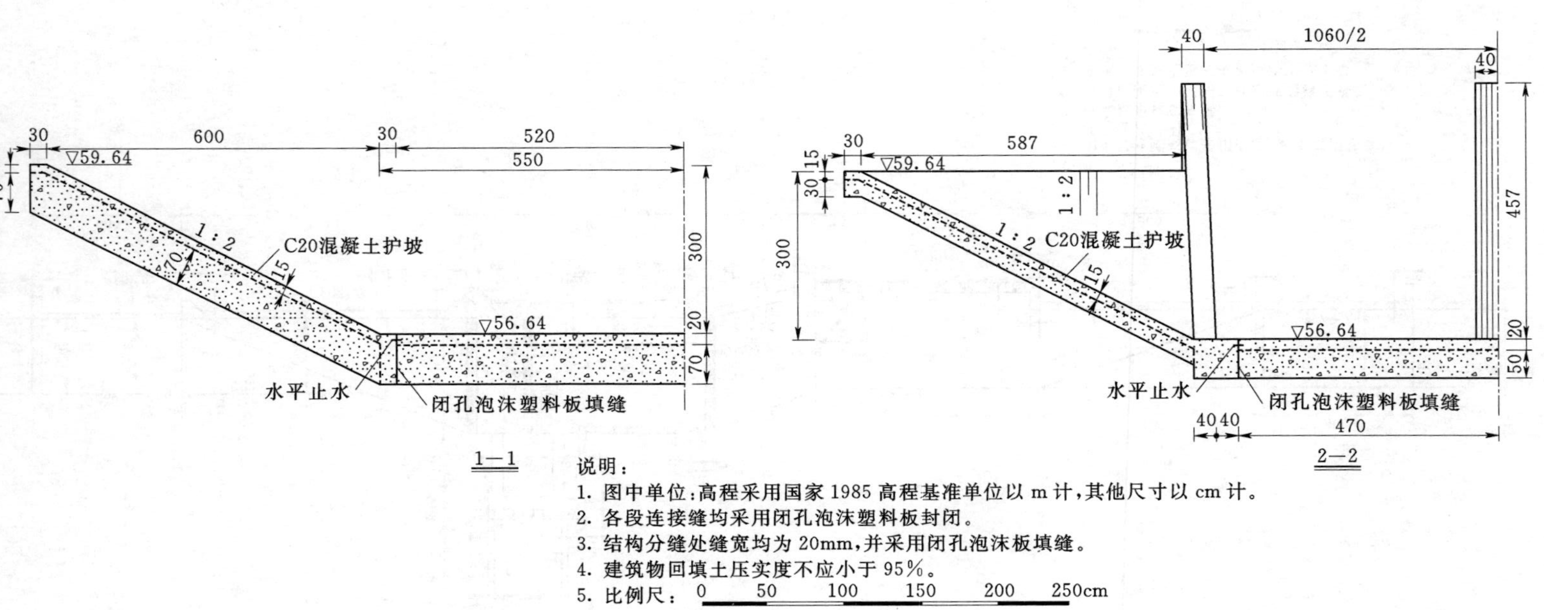

说明：

1. 图中单位:高程采用国家 1985 高程基准单位以 m 计,其他尺寸以 cm 计。
2. 各段连接缝均采用闭孔泡沫塑料板封闭。
3. 结构分缝处缝宽均为 20mm,并采用闭孔泡沫板填缝。
4. 建筑物回填土压实度不应小于 95%。
5. 比例尺： 0 50 100 150 200 250cm

图 1-41 水闸工程例六(剖面图)

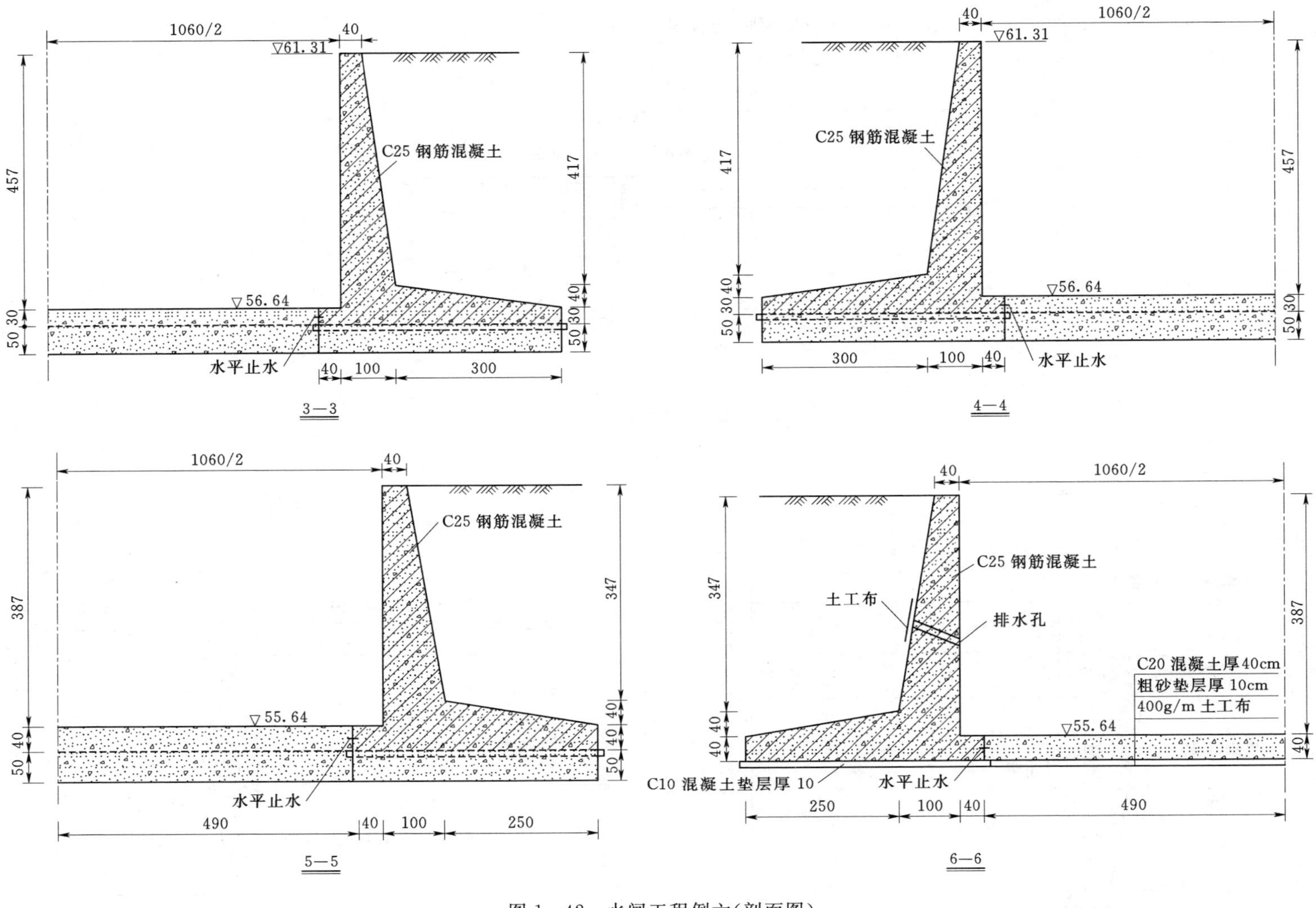

图 1-42　水闸工程例六（剖面图）

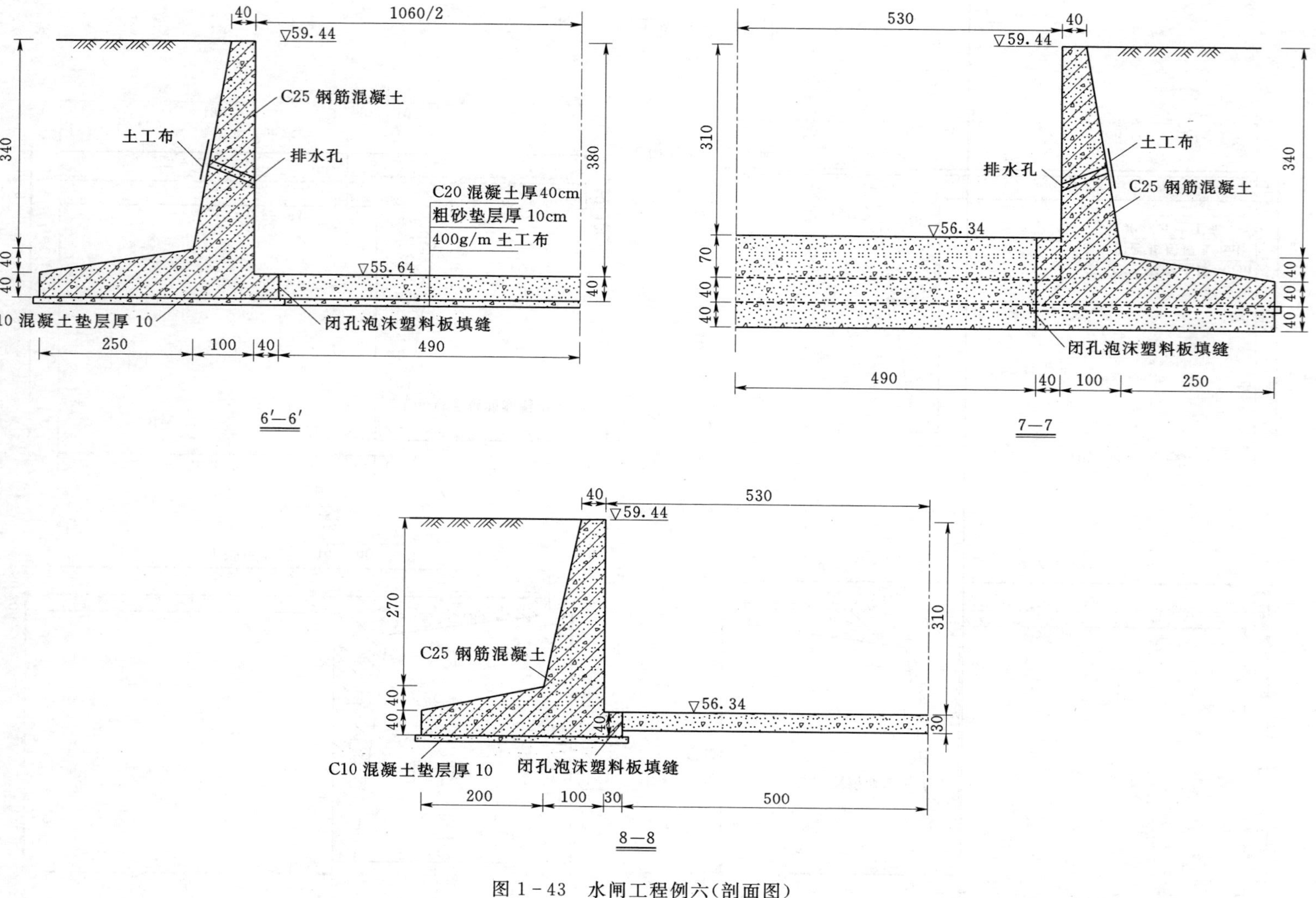

图 1-43 水闸工程例六（剖面图）

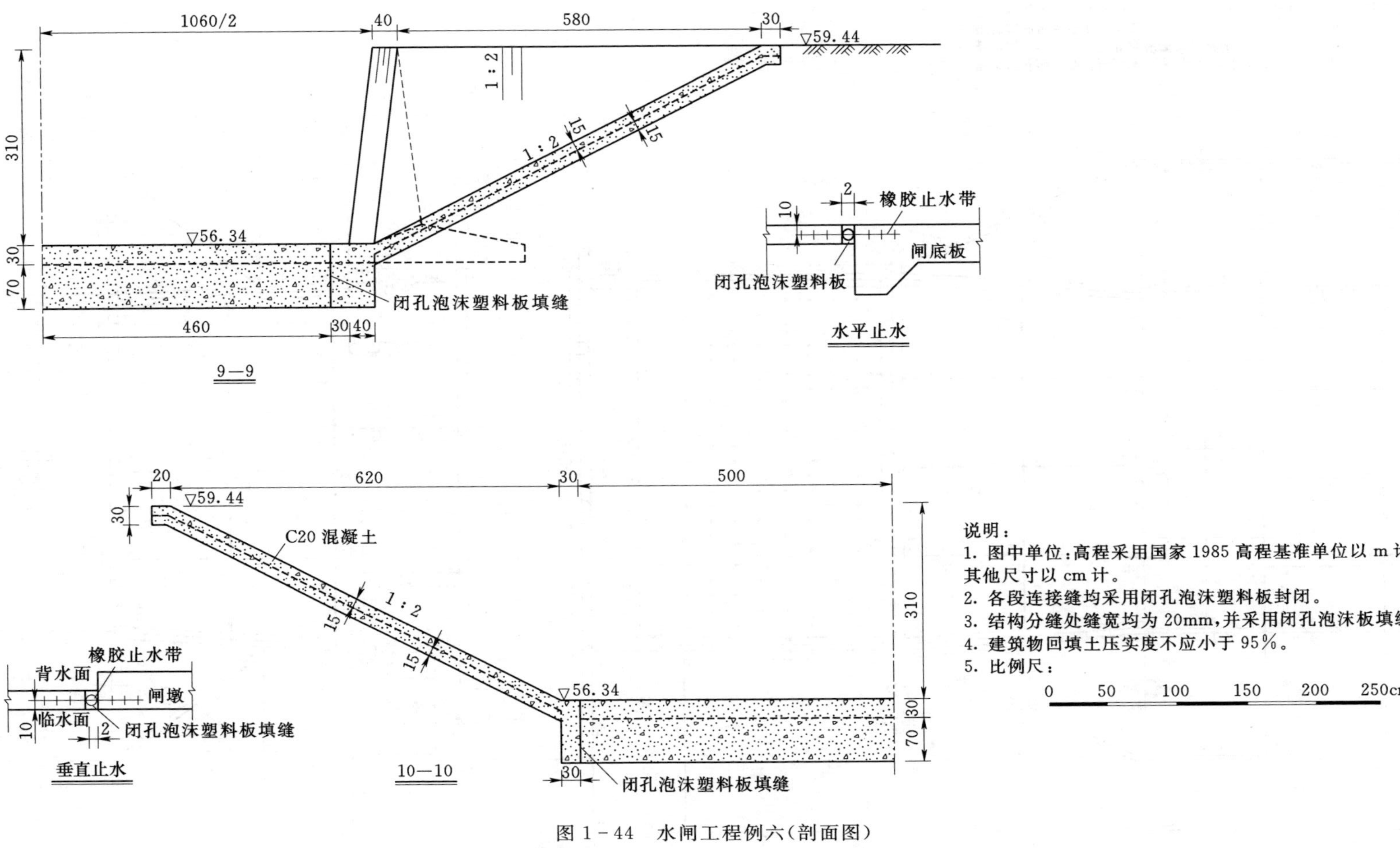

说明：

1. 图中单位：高程采用国家 1985 高程基准单位以 m 计，其他尺寸以 cm 计。
2. 各段连接缝均采用闭孔泡沫塑料板封闭。
3. 结构分缝处缝宽均为 20mm，并采用闭孔泡沫板填缝。
4. 建筑物回填土压实度不应小于 95%。
5. 比例尺：

图 1-44　水闸工程例六（剖面图）

水闸工程例七

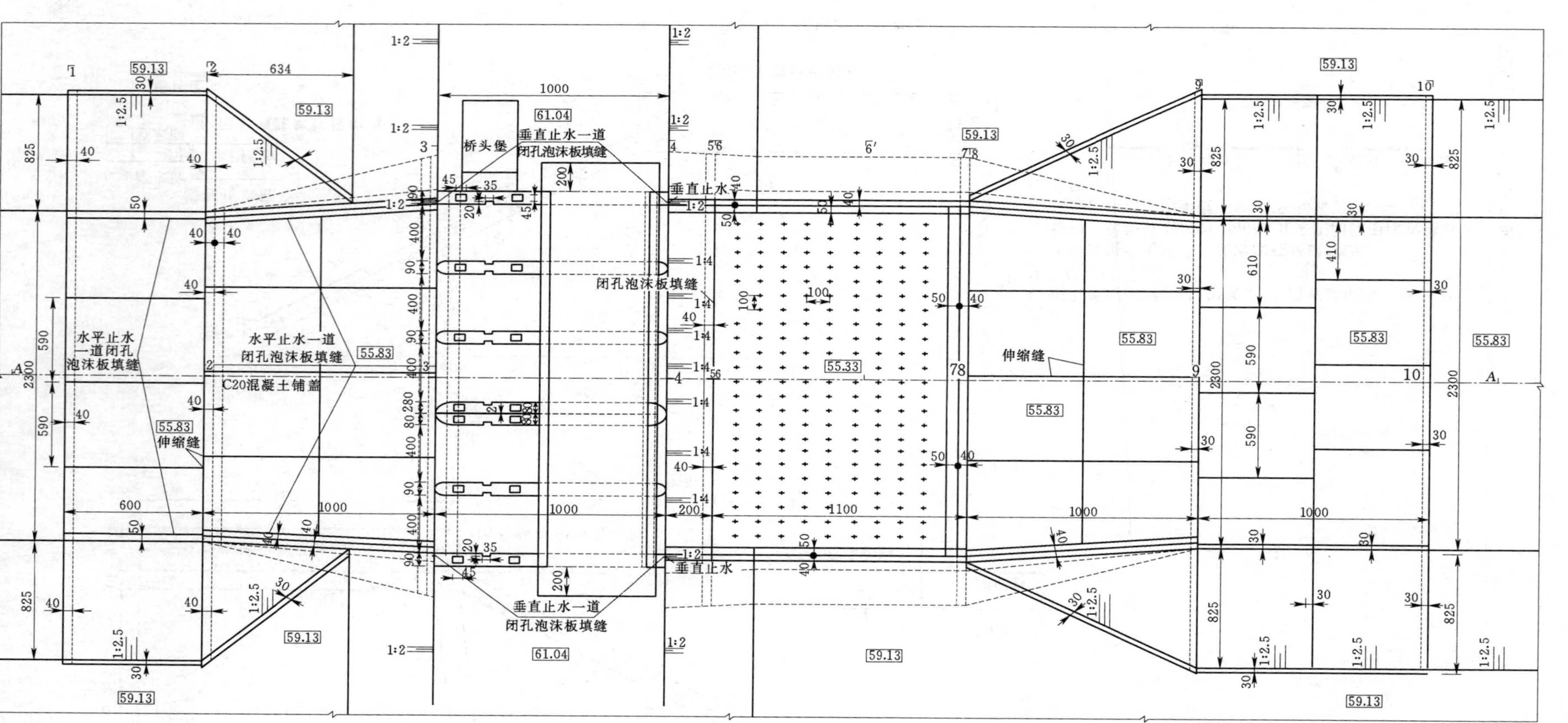

说明：

1. 图中尺寸除高程采用国家 1985 高程基准单位以 m 计外，其余以 cm 计。
2. 各段连接缝均采用闭孔泡沫塑料板封闭。
3. 建筑物回填土压实度不应小于 95%。
4. 上下游混凝土在满足强度要求的同时，也应满足抗冻 F50 的标准要求。
5. 本工程测量资料由开封市汴龙勘察设计中心测量队提供。
6. 图中其他未尽事宜按有关规程规范办理。
7. 比例尺： 0 1 2 3 4 5m

图 1-45 水闸工程例七（平面图）

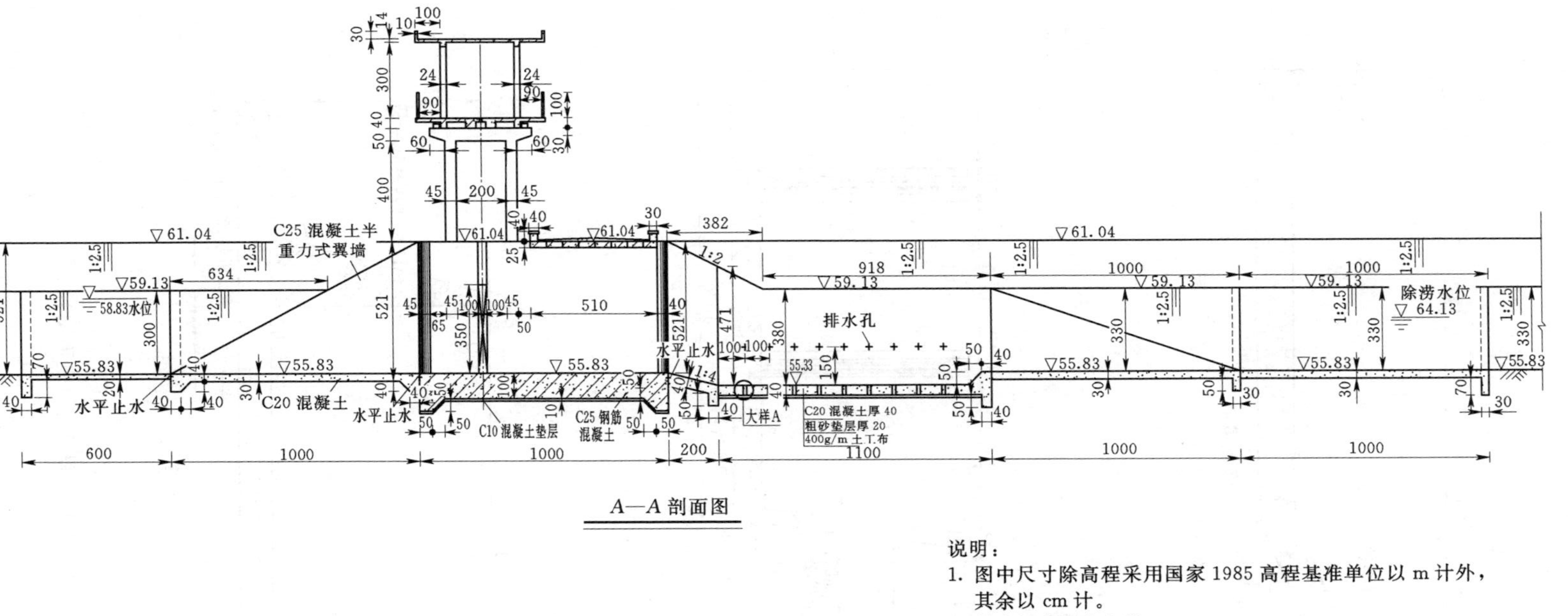

说明：

1. 图中尺寸除高程采用国家 1985 高程基准单位以 m 计外，其余以 cm 计。
2. 桥头堡布置在左岸。
3. 各段连接缝均采用闭孔泡沫塑料板封闭。
4. 建筑物回填土压实度不应小于 95%。
5. 图中其他未尽事宜按有关规程规范办理。
6. 比例尺：0 1 2 3 4 5m

图 1-46　水闸工程例七(纵剖图)

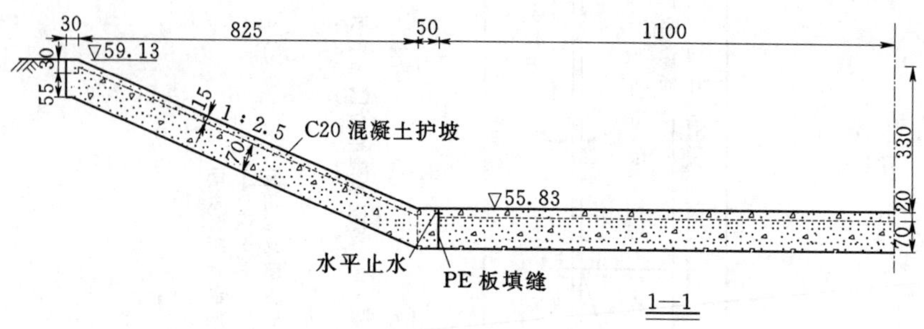

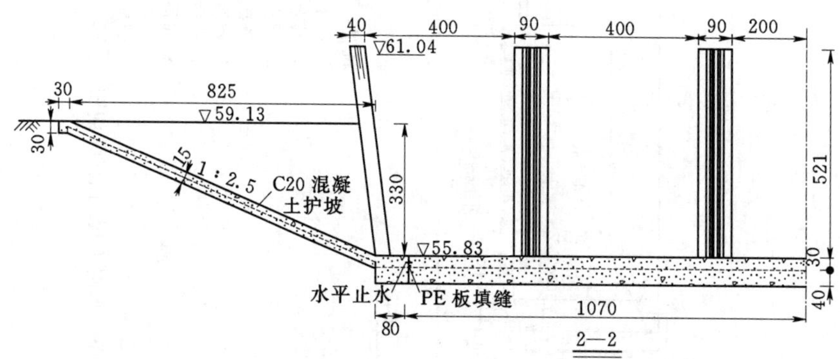

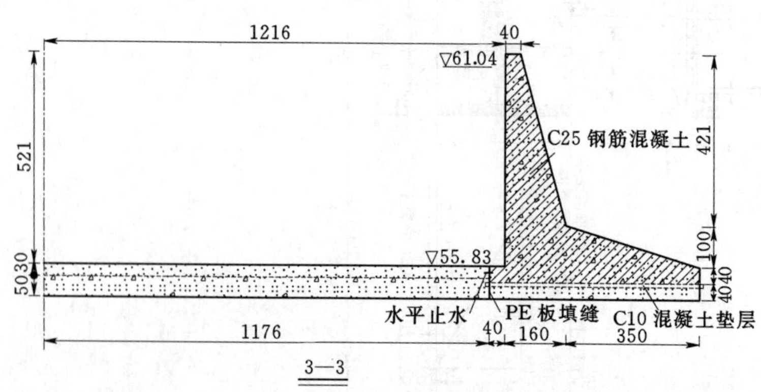

图 1-47 水闸工程例七（剖面图）

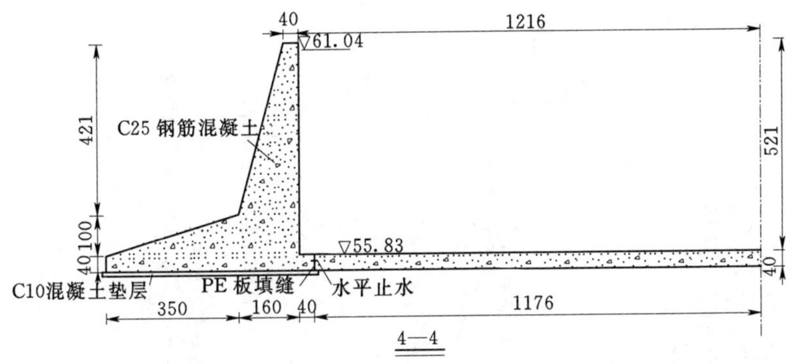

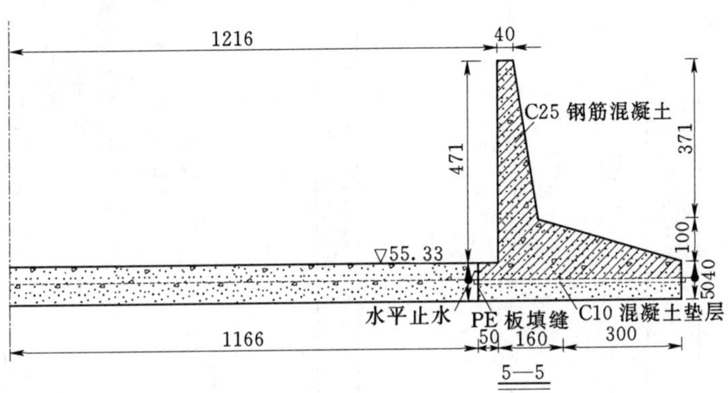

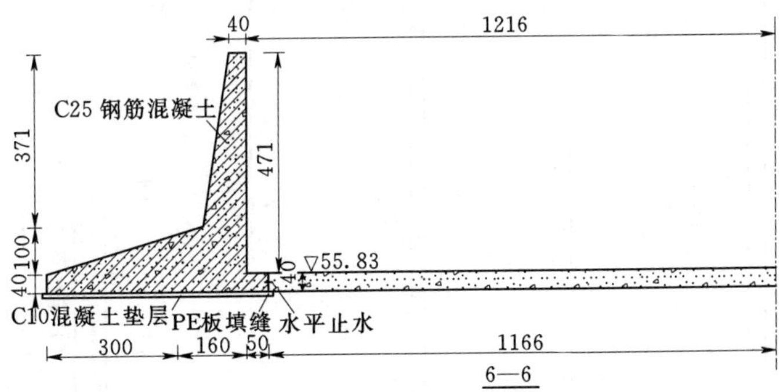

说明：

1. 图中尺寸除高程采用国家 1985 高程基准单位以 m 计外，其余以 cm 计。
2. 各段连接缝均采用闭孔泡沫塑料板封闭。
3. 结构分缝处缝宽均为 20mm，并采用 PE 闭孔泡沫板填缝。
4. 建筑物回填土压实度不应小于 95%。
5. 比例尺：

0　50 100 150 200 250cm

图 1-48　水闸工程例七（剖面图）

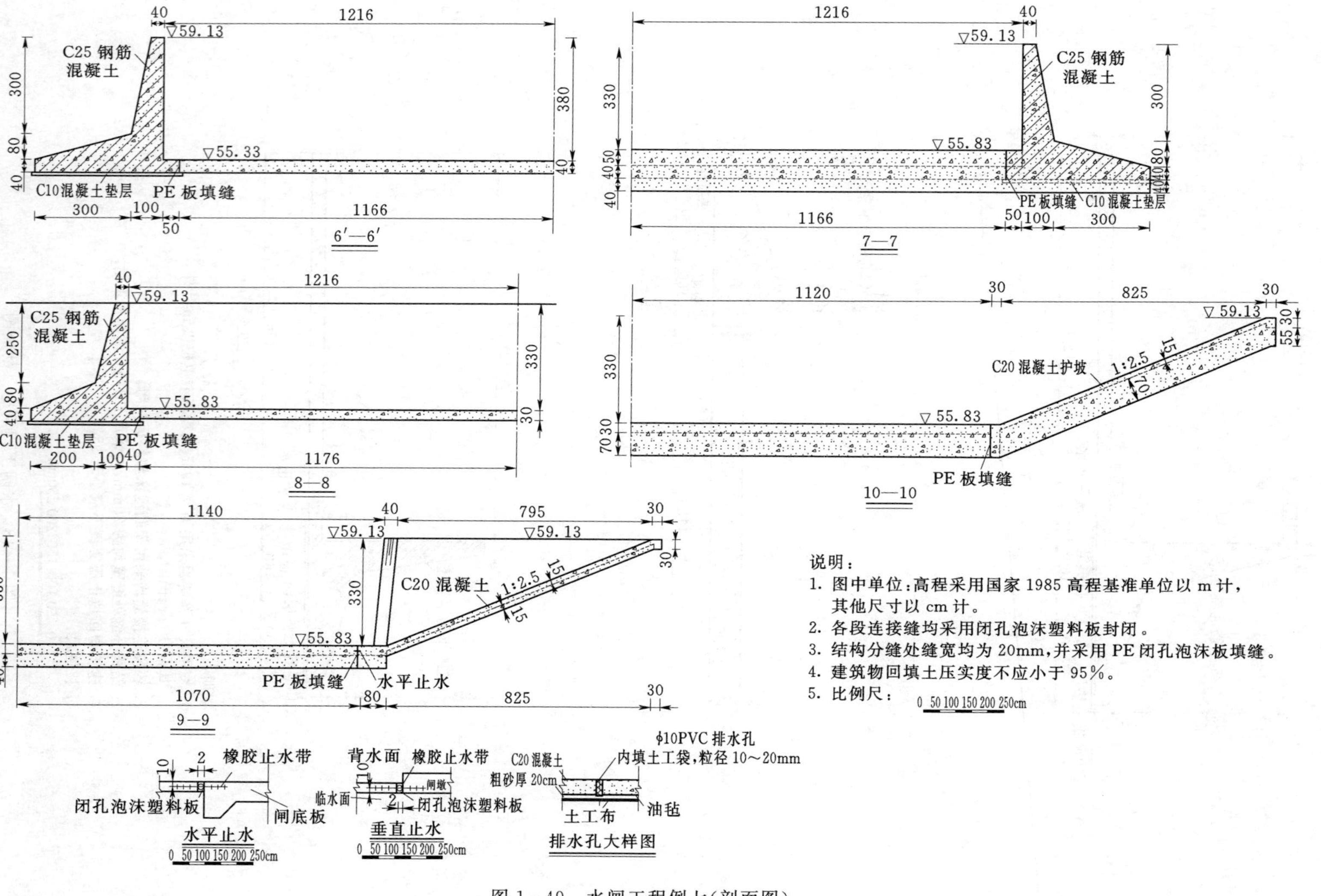

图 1-49 水闸工程例七（剖面图）

【项目一考核】

项目一考核成绩从知识、技能、态度三方面考核，其中知识占30%、技能占50%、态度占20%。

考核依据是项目一考试答卷、答辩成绩、提交的成果、平时表现等。

项目二　水力设计和防渗排水设计

【任务】 闸孔尺寸确定；水闸的消能防冲设计；水闸的防渗排水设计。

任务一　闸孔尺寸确定

目　　标： 掌握闸孔水力计算的目的；会确定闸室单孔宽度；掌握闸室总宽度的确定方法；具有用文字、符号、简图、表格正确表达设计思路的能力；能清楚、完善地书写设计说明书；具有刻苦学习的精神和严谨、科学的态度。

执行过程： 教师讲解闸室总净宽、单孔宽度、闸室总宽度的确定方法等相关知识，讲解工作内容、使用的规范、工作步骤以及应注意的问题，等等。结合工程案例具体讲解。

执行步骤： 教师讲解相关知识→引导学生依据闸底板特征、已选的堰型判别堰的出流流态→计算闸室总净宽→确定闸室单孔宽度、闸孔孔数→闸室总宽度→校核闸孔的过流能力→辅助曲线的绘制→编写设计说明书→引领学生自检→教师抽查完成情况。

检　　查： 在教学组织过程中，教师在现场指导学生完成自检、互检任务，在课余时间教师再抽查学生的计算方法、结果，以及设计说明书的编写情况。

考 核 点： 闸室总净宽计算的方法、结果；闸室单孔宽度的确定方法、结果；闸室总宽度的确定方法、结果；设计说明书中文字、符号、简图、表格表达是否清晰，步骤是否缜密完善、工作态度是否认真。

一、闸室、闸孔型式

1. 闸室结构型式

根据水闸所承担的任务及设计要求，确定闸室结构型式。常见的闸室结构型式有开敞式和涵洞式两大类。

2. 闸孔型式

根据各种型式的适用条件，选择一种较优的闸孔型式。闸孔型式一般有宽顶堰型、低实用堰型和胸墙孔口型三种。

二、闸孔尺寸

闸孔总净宽应根据泄流特点、下游河床地质条件和安全泄流的要求，结合闸孔孔径和孔数的选用，经技术经济比较后确定。计算时分别对不同的水流情况，根据给定的设计流量、上下游水位和初拟的底板高程及堰型来确定。

1. 判别堰的出流流态

(1) 水闸底坎为平底堰。

1) 当$\frac{h_e}{H}>0.65$时，为堰流。

2) 当$\frac{h_e}{H}\leqslant 0.65$时，为闸孔出流。

其中，h_e为孔口高度，m；H为闸前堰上水深，m。

(2) 水闸底坎为曲线形堰。

1) 当$\frac{h_e}{H}>0.75$时，为堰流。

2) 当$\frac{h_e}{H}\leqslant 0.75$时，为闸孔出流。

其中，h_e为孔口高度，m；H为闸前堰上水深，m。

(3) 判别平底宽顶堰是否为淹没出流。宽顶堰的淹没条件为

$$h_s \geqslant 0.8H_0 \tag{2-1}$$

式中　h_s——堰顶以上的下游水深，m；

H_0——含有行进流速水头在内的堰上水头，m。

闸门全开宣泄洪水时，一般属于淹没条件下的堰流，应采用平底板宽顶堰流的堰流公式。

2. 确定闸孔总净宽

(1) 对于平底板宽顶堰，如图 2-1 所示。当为堰流时，闸孔总净宽 B_0(m) 可按式 (2-2) 计算。

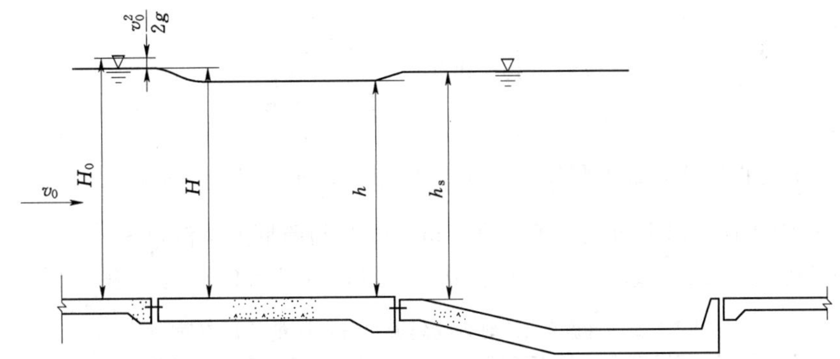

图 2-1　平底板堰流计算示意图

$$B_0=\frac{Q}{\varepsilon\sigma_0 m\sqrt{2g}H_0^{\frac{3}{2}}} \tag{2-2}$$

式中　Q——过闸流量，m^3/s；

H_0——计入行近流速水头的堰上水深，m，对于闸前水面较宽的水闸，不应计入行近流速；

g——重力加速度，可采用 9.81，m/s^2；

σ_0——堰流淹没系数，可按式 $\sigma_0=2.31\frac{h_s}{H_0}\left(1-\frac{h_s}{H_0}\right)^{0.4}$ 计算，也可以通过查表2-1

求得；

m——堰流流量系数，与堰的进口型式、堰的相对高度$\frac{P}{H}$有关；

ε——侧收缩系数，与孔口尺寸等因素有关。

表 2-1 宽顶堰堰流淹没系数 σ_0 值

h_s/H_0	≤0.72	0.75	0.78	0.80	0.82	0.84	0.86	0.88	0.90	0.91
σ_0	1.00	0.99	0.98	0.97	0.95	0.93	0.90	0.87	0.83	0.80
h_s/H_0	0.92	0.93	0.94	0.95	0.96	0.97	0.98	0.99	0.995	0.998
σ_0	0.77	0.74	0.70	0.66	0.61	0.55	0.47	0.36	0.28	0.19

1）m 值的确定。对于平底板宽顶堰，堰流流量系数 m 可采用 0.385；对于有坎宽顶堰，m 可按下列近似公式计算：

a. 当进口边缘为直角时，若 $0\leqslant\frac{P}{H}\leqslant3.0$，则

$$m=0.32+0.01\frac{3-\frac{P}{H}}{0.46+0.75\frac{P}{H}} \tag{2-3}$$

若$\frac{P}{H}>3.0$，则 $m=0.32$。

b. 当进口边缘为圆弧时，若 $0\leqslant\frac{P}{H}\leqslant3.0$，则

$$m=0.36+0.01\frac{3-\frac{P}{H}}{1.2+1.5\frac{P}{H}} \tag{2-4}$$

若$\frac{P}{H}>3.0$，垂直收缩达到最大限度，m 不再受$\frac{P}{H}$的影响，则 $m=0.36$。

其中，P 为堰顶高出上游底板的高度，m；H 为闸前堰上水深，m。

c. 当上游面是倾斜的或堰顶削角角度 $\theta=45°$时，流量系数 m 可查表 2-2 得。

表 2-2 上游为 45°削角或斜坡式进口时的流量系数 m

$\frac{P}{H}$	45°削角式进口				斜坡式进口
	a/H				$\cot\theta$
	0.025	0.050	0.100	≥0.200	≥2.5
0.0	0.385	0.385	0.385	0.385	0.385
0.2	0.371	0.374	0.376	0.377	0.382
0.4	0.364	0.367	0.370	0.373	0.381
0.6	0.359	0.363	0.367	0.370	0.380
0.8	0.356	0.360	0.365	0.368	0.379
1.0	0.353	0.358	0.363	0.367	0.378
2.0	0.347	0.353	0.358	0.363	0.377
4.0	0.342	0.349	0.355	0.361	0.376

2）ε值的确定。ε可按式（2-5）～式（2-8）计算，也可以通过查表2-3求得。初拟时可按0.95～1.00估计。

表2-3　侧收缩系数ε值

b_0/b_s	≤0.2	0.3	0.4	0.5	0.6	0.7	0.8	0.9	1.0
ε	0.909	0.911	0.918	0.928	0.940	0.953	0.968	0.983	1.000

a. 对于单孔闸，有

$$\varepsilon=1-0.171\left(1-\frac{b_0}{b_s}\right)\sqrt[4]{\frac{b_0}{b_s}} \tag{2-5}$$

b. 对于多孔闸，闸墩墩头为圆弧形时，有

$$\varepsilon=\frac{\sum_{i=0}^{n-2}\varepsilon_{zi}+\sum_{j=1}^{2}\varepsilon_{bj}}{n} \tag{2-6}$$

$$\varepsilon_Z=1-0.171\left(1-\frac{b_0}{b_0+d_Z}\right)\sqrt[4]{\frac{b_0}{b_0+d_Z}} \tag{2-7}$$

$$\varepsilon_b=1-0.171\left(1-\frac{b_0}{b_0+\frac{d_Z}{2}+b_b}\right)\sqrt[4]{\frac{b_0}{b_0+\frac{d_Z}{2}+b_b}} \tag{2-8}$$

式中　i——第i个中闸孔；

j——第j个边闸孔；

b_0——单孔（中孔或边孔）闸孔净宽，m；

b_s——上游河道一半水深处的宽度，m；

n——闸孔数；

ε_Z——中闸孔侧收缩系数，可按公式计算，也可以通过查表2-3得到，表中b_s改为$b_0+\frac{d_{Z左}+d_{Z右}}{2}$；

d_Z——中闸墩厚度，m；

ε_b——边闸孔侧收缩系数，可按公式计算，也可以通过查表2-3得到，表2-3中b_s改为$b_0+\frac{d_Z}{2}+b_b$；

b_b——边闸墩顺水流向边缘线至上游河道水边线之间的距离，m。

根据设计、校核两种情况，可计算出两个闸孔总净宽B_0值，取大值。

（2）对于平底板，当堰流处于高淹没度$\left(\frac{h_s}{H_0}\geqslant 0.9\right)$时，闸孔总净宽也可以按照式（2-9）计算。

$$B_0=\frac{Q}{\mu_0 h_s\sqrt{2g(H_0-h_s)}} \tag{2-9}$$

$$\mu_0 = 0.877 + \left(\frac{h_s}{H_0} - 0.65\right)^2 \tag{2-10}$$

式中 Q——过闸流量，m^3/s；

μ_0——淹没堰流的综合流量系数；

h_S——从堰顶算起的下游水深，m；

H_0——计入行近流速水头的堰上水深，对于闸前水面较宽的水面，不应计入行近流速，m；

g——重力加速度，可采用 9.81，m/s^2。

(3) 对于平底板闸孔出流，如图 2-2 所示。对于有胸墙的水闸或开敞式水闸，闸门部分开启时，过闸水流表面受到上部胸墙或闸门的影响。这时，过闸水流呈现为孔口出流状态。闸孔总净宽 B_0 (m) 可按式 (2-11) 计算。

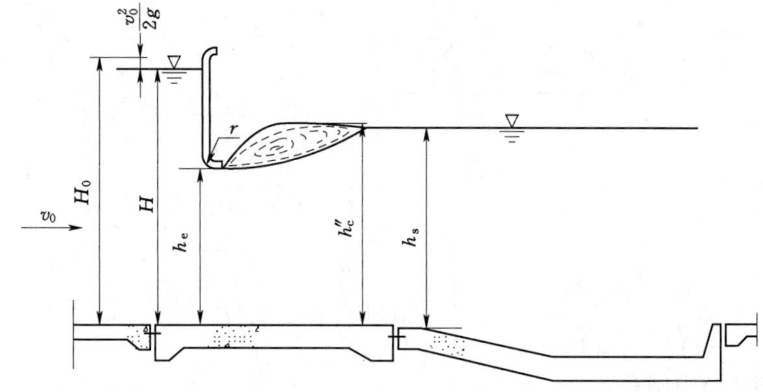

图 2-2 孔口出流计算示意图

$$B_0 = \frac{Q}{\sigma'\mu h_e\sqrt{2gH_0}} \tag{2-11}$$

其中

$$\mu = \varphi\varepsilon'\sqrt{1 - \frac{\varepsilon' h_e}{H}} \tag{2-12}$$

$$\varepsilon' = \frac{1}{1 + \sqrt{\lambda\left[1 - \left(\frac{h_e}{H}\right)^2\right]}} \tag{2-13}$$

$$\lambda = \frac{0.4}{2.718^{16\frac{r}{h_e}}} \tag{2-14}$$

式中 h_e——孔口高度，m；

μ——孔流流量系数，可按式 (2-12) 计算，也可查表 2-4 得出；

φ——孔流流速系数，可采用 0.95～1.00；

ε'——孔流垂直收缩系数，可按式 (2-13) 计算得出；

λ——计算系数，当 $0 < \frac{r}{h_e} < 0.25$ 时，可按式 (2-14) 计算得出；

r——胸墙底圆弧半径，m；

σ'——孔流淹没系数，可以通过查表 2-5 得出 (表中 h''_c 为跃后水深，m)。

表 2-4 孔流流量系数 μ 值

r/h_e \ h_e/H	0	0.05	0.10	0.15	0.20	0.25	0.30	0.35	0.40	0.45	0.50	0.55	0.60	0.65
0	0.582	0.573	0.565	0.557	0.549	0.542	0.534	0.527	0.520	0.512	0.505	0.497	0.489	0.481
0.05	0.667	0.656	0.644	0.633	0.622	0.611	0.600	0.589	0.577	0.566	0.553	0.541	0.527	0.512
0.10	0.740	0.725	0.711	0.697	0.682	0.668	0.653	0.638	0.623	0.607	0.590	0.572	0.553	0.533
0.15	0.798	0.781	0.764	0.747	0.730	0.712	0.694	0.676	0.657	0.637	0.616	0.594	0.571	0.546
0.20	0.842	0.824	0.805	0.785	0.766	0.745	0.725	0.703	0.681	0.658	0.634	0.609	0.582	0.553
0.25	0.875	0.855	0.834	0.813	0.791	0.769	0.747	0.723	0.699	0.673	0.647	0.619	0.589	0.557

水闸的过闸水位差应根据上游淹没影响、允许的过闸单宽流量和水闸工程造价等因素综合比较确定。一般情况下，平原地区水闸的过闸水位差可采用 0.1～0.3m。

水闸的过水能力与上下游水位、底板高程和闸孔总净宽等是相互关联的，设计时，需要通过对不同方案进行技术经济比较后最终确定。

表 2-5 孔流淹没系数 σ' 值

$\frac{h_s-h_c''}{H-h_c''}$	≤0	0.1	0.2	0.3	0.4	0.5	0.6	0.7	0.8	0.9	0.92	0.94	0.96	0.98	0.99	0.995
σ'	1.00	0.86	0.78	0.71	0.66	0.59	0.52	0.45	0.36	0.23	0.19	0.16	0.12	0.07	0.04	0.02

3. 闸孔尺寸的选择

闸室单孔宽度应根据闸的地基条件、运用要求、闸门结构型式、启闭机容量，以及闸门的制作、运输、安装等因素，进行综合比较确定。我国大中型水闸，单孔净宽度 b_0 一般采用 8～12m。

闸孔孔数 $n=B_0/b_0$，n 值应取略大于计算要求值的整数。闸孔孔数少于 8 孔时，应采用奇数孔，以利于对称开启闸门，改善下游水流条件。

闸室总宽度 $B=nb_0+\sum d_{中}+2d_{边}$，其中，$d_{中}$ 为水闸中墩厚度；$d_{边}$ 为水闸边墩厚度。初步拟定闸墩厚度及墩头形状、底板型式，并画出闸孔尺寸布置图。

闸室总宽度应与上下游河道或渠道宽度相适应，一般不小于河（渠）道宽度的 0.6 倍。否则会加大连接段的工程量，从而增加工程总造价，同时对水闸安全泄水不利。

4. 校核闸孔的过流能力

在孔宽、孔数和闸室总宽度拟定后，再考虑闸墩等的影响，进一步验算水闸的过水能力。需按照堰流的计算式（2-15）、（2-16）分别验算设计水位与校核水位时，所拟定的闸孔的实际过流流量。

$$Q_{设实}=\varepsilon\sigma_0 mB_0\sqrt{2g}H_0^{\frac{3}{2}} \tag{2-15}$$

$$Q_{校实}=\varepsilon\sigma_0 mB_0\sqrt{2g}H_0^{\frac{3}{2}} \tag{2-16}$$

式中 $Q_{设实}$、$Q_{校实}$——分别按照设计水位、校核水位时计算出的实际过闸流量，m^3/s；

ε——按照拟定的闸墩厚度、闸室宽度等条件计算出的实际侧收缩系数；

σ_0'、σ_0''——分别按照设计水位、校核水位时的堰流淹没系数，可按式 $\sigma_0=2.31\frac{h_s}{H_0}\left(1-\frac{h_s}{H_0}\right)^{0.4}$ 计算；

m——堰流流量系数；

B_0——闸室过水宽度，$B_0=nb_0$；

H_0——计入行近流速水头的堰上水深，m。

分别按设计、校核两种情况精确计算参数，算出相应的实际过闸流量 $Q_{设实}$ 和 $Q_{校实}$。一般 $Q_{设实}$、$Q_{校实}$ 与 $Q_{设}$、$Q_{校}$ 的相对差值不得超过±5%，即

$$\left.\begin{aligned}\left|\frac{Q_{设}-Q_{设实}}{Q_{设}}\right|\leqslant 5\%\\ \left|\frac{Q_{校}-Q_{校实}}{Q_{校}}\right|\leqslant 5\%\end{aligned}\right\} \tag{2-17}$$

式中 $Q_{设实}$、$Q_{校实}$——设计、校核情况时的实际过闸流量。

5. 具体步骤

（1）判别堰的出流状态。

（2）根据基本资料，约估行近流速 v_0。

（3）根据堰顶高程、上游水位、下游水位拟定堰上水深 H_0（计入行进流速水头）和下游水深 h_s（从堰顶算起）。

（4）计算堰流淹没系数 σ_0。

（5）在 0.95～1.00 之间假设一个侧收缩系数 ε 值。

（6）拟定流量系数 m。

（7）取 Q 为设计洪水流量时，根据式（2-2）计算对应的闸孔总净宽 B_0。

（8）取 Q 为校核洪水流量时，根据式（2-2）计算对应的 B_0。

（9）假设单孔净宽 b_0，拟定孔数 n。

（10）根据墩厚 d、b_0、n 等，用式（2-5）～式（2-8），精确计算 ε 值。

（11）根据式（2-15）计算在设计洪水位情况下实际过闸流量 $Q_{设实}$。

（12）根据式（2-16）计算在校核洪水位情况下实际过闸流量 $Q_{校实}$。

（13）根据式（2-17）验算所拟定闸孔的实际过闸流量的误差率，若满足要求，则闸孔尺寸拟定合适；若不满足要求，则需调整 b_0 和 n，直至满足要求为止。

三、辅助曲线的绘制

根据水闸所在的河流断面图，绘制下游水位与流量关系曲线。用明渠均匀流公式进行计算。

$$Q=AC\sqrt{Ri};C=\frac{1}{n}R^{\frac{1}{6}};R=\frac{A}{\chi} \tag{2-18}$$

式中 A——过流断面面积，m^2；

C——谢才系数，$m^{\frac{1}{2}}/s$；

R——水力半径，m；

n——河槽的糙率；

χ——过水断面的湿周，m；

i——河（渠）道底坡。

任务二　水闸的消能防冲设计

目　　标： 理解水闸消能防冲设计条件的确定；掌握底流消能工的设计；理解辅助消能工的效果和目的；掌握消力池底板的构造要求；掌握海漫的布置、构造和长度确定；掌握防冲槽的作用、设计；理解波状水跃、折冲水流的防止措施；具有用文字、符号、简图、表格正确表达设计思路的能力；能清楚、完善地书写设计说明书。具有刻苦学习的精神和严谨、科学的态度。

执行步骤： 教师讲解底流消能工设计的适用条件、布置、池深、池长的确定，消力池底板的构造要求，海漫的布置、构造和长度确定；防冲槽的作用、设计；波状水跃、折冲水流防止措施、工作步骤、应注意的问题。引导学生进行消力池设计，判断是否需要设置辅助消能工，进行海漫和防冲槽设计，并综合考虑采取波状水跃和折冲水流的防止措施，并编写设计报告。教师在现场指导完成工作。

教师讲解→引导学生计算池深、池长→确定护坦结构→判断是否需要布置辅助消能工→计算海漫长度、布置海漫整体构造→计算冲刷坑深度→试算确定防冲槽方案→考虑波状水跃、折冲水流防止措施→编写设计报告→引领学生自检→教师抽查完成情况。

检　　查： 在教学组织过程中，教师在现场指导学生完成自检、互检任务，在课余时间教师再抽查学生的计算方法、步骤、结果及设计说明书的编写情况。

考 核 点： 底流消能工设计的适用条件、布置、池深、池长的确定方法、步骤；护坦结构的构造布置；辅助消能工的目的；海漫的布置、构造和长度确定；防冲槽的作用、设计；波状水跃、折冲水流的防止措施。

平原地区的水闸，由于水头低，下游水位变幅大，一般都采用底流式消能；对于山区灌溉渠道上的泄水闸和退水闸，如果闸下河床及岸坡是坚硬的岩体，又具有较大的水头时，可以采用挑流消能；当下游河道有足够的水深且变化较小，河床及河岸的抗冲能力较大时，可采用面流式衔接。

水闸在引水（泄水）过程中，随着闸门开启孔数不同、开启度不同，闸下水的流态、水深、过闸流量也随之变化，设计条件较难确定。

当闸前为设计水位或校核水位时，闸门全部打开以宣泄洪水，此时为淹没出流，不需消能。当闸前为正常挡水位时，部分闸门局部开启，只下泄较小流量时，下游水位不高，此时闸下射流速度较大，才会出现严重的冲刷河床现象，需要设置相应的消能设施。为保证水闸既能安全运行，又不增加工程造价，一般把上游水位高、下游水位低、闸门部分开启、单宽流量大作为控制条件，设计时应以闸门的开启程序、开启孔数和开启高度进行多种组合计算，进行分析比较确定，以保证无论何种开启高度的情况下均能发生淹没式水跃消能。

上游水位一般采用开闸泄流时的最高挡水位，选用下游水位时，应考虑下游水位的上升滞后于泄量增大的情况，故计算时下游水位可选用相应于前一开度泄量的下游水位。下游始流水位应选择在可能出现的最低水位，同时还应考虑水闸建成后上下游河道可能发生淤积或冲刷以及尾水位变动的不利影响。

一、消力池设计

消力池计算如图 2-3 所示。

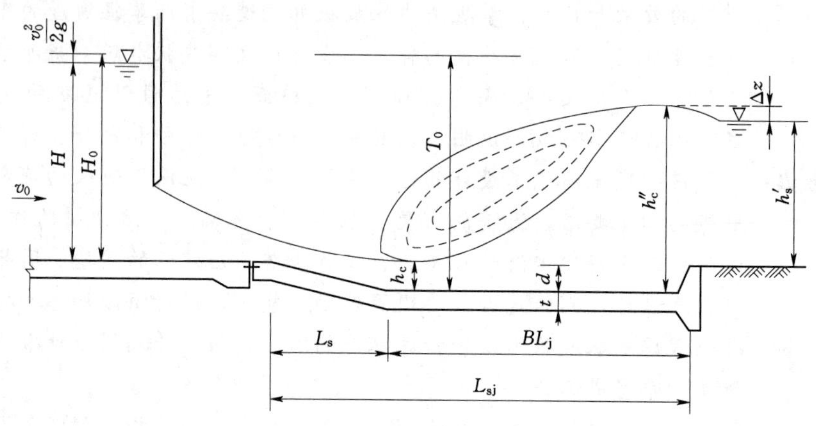

图 2-3 消力池计算示意图

1. 消力池的深度 d

消力池的深度是在某一给定的流量和相应的下游水深条件下确定的。设计时，应当选取最不利情况对应的流量作为确定消力池深度的设计流量。要求水跃的起点位于消力池的上游端或斜坡段的坡脚附近。

为了降低工程造价，保证水闸安全运行，应制定合理的闸门开启程序，做到对称开启，对称关闭。主要计算公式如下：

孔口出流流量 Q 为

$$Q=\mu h_e b_0 n\sqrt{2gH_0} \tag{2-19}$$

消力池的深度 d 应满足

$$d=\sigma_0 h''_c-h'_s-\Delta z \tag{2-20}$$

跃后水深为

$$h''_c=\frac{h_c}{2}\left(\sqrt{1+\frac{8\alpha q^2}{gh_c^3}}-1\right)\left(\frac{b_1}{b_2}\right)^{0.25}=\frac{h_c}{2}(\sqrt{1+8Fr^2}-1)\left(\frac{b_1}{b_2}\right)^{0.25} \tag{2-21}$$

$$Fr^2=\frac{q^2}{gh_c^3} \tag{2-22}$$

挖池前收缩水深 h_c 为

$$h_c=\varepsilon' h_e \tag{2-23}$$

挖池后收缩水深 h_c 应满足

$$h_c^3-T_0 h_c^2+\frac{\alpha q^2}{2g\varphi^2}=0 \tag{2-24}$$

出池落差 Δz 为

$$\Delta z=\frac{\alpha q^2}{2g\varphi^2 h_s'^2}-\frac{\alpha q^2}{2gh_c''^2} \tag{2-25}$$

以上各式中　Q——下泄流量，m^3/s；

μ——宽顶堰上孔流流量系数，$\mu=\varepsilon'\varphi$；

h_e——闸门开启度；

b_0——闸孔单宽，m；

n——开启孔数；

H_0——计入行近流速水头的堰上水头，对于闸前水面较宽的水闸，不应计入行近流速水头，m；

d——消力池的深度，m；

σ_0——水跃淹没系数，可采用1.05～1.10；

ε'——孔口垂直收缩系数，按式（2-13）计算；

h_c''——跃后水深，m；

h_s'——出池河床水深，m；

Δz——出池落差，m；

h_c——收缩水深，m；

α——水流的动能修整系数，可采用1.00～1.05；

q——过闸单宽流量，$m^3/(s\cdot m)$；

b_1——消力池首端宽度，m；

b_2——消力池末端宽度，m；

Fr——跃前断面水流的弗劳德数，$Fr=Qg/h_c\sqrt{gh_c}$；

T_0——由消力池底板顶面算起的总势能，m；

φ——消力池出口的流速系数，初设时平底板孔口出流可取0.95～1.00。

采用试算法初次试算时，可按下式拟定

$$d_1=\sigma_0 h_c''-h_s' \tag{2-26}$$

计算步骤如下：

(1) 按式（2-23）计算出挖池前收缩水深h_c。

(2) 计算出挖池前的跃后水深h_c''。

(3) 判别流态。通过挖池前跃后水深与下游水位的比较进行流态判别：当$h_c''=h_s'$时，为临界状态，池深为零；当$h_c''<h_s'$时，为淹没出流，池深为负值，从理论上说，这两种情况下不必设置消力池，但在实际工程中，通常仍把池底高程降低0.5～1.0 m，从而形成消力池，这对于稳定水跃位置、充分消能及调整消力池后的流速分布等方面有利；当$h_c''>h_s'$时，为自由出流的远驱式水跃，为保证无论何种开启高度的情况下均能发生淹没式水跃消能，按下面内容进行计算：

(4) 假设一个σ_0（在1.05～1.10之间）值，按式$d_1=\sigma_0 h_c''-h_s'$初拟d_1。

(5) 求出挖池后的总势能T_0。

$$T_0=H+\frac{\alpha v_0^2}{2g}+d_i \tag{2-27}$$

式中　H——堰上水深，m；

v_0——堰上水流的平均流速，m/s。

(6) 按式 (2-24) 算出挖池后的收缩水深 h_c。

(7) 按式 (2-21) 算出挖池后的跃后水深 h_c''。也可求出 Fr 后，查表 2-6，得出 η_1 值，按 $h_c''=\eta_1 h_c$ 可得 h_c''。

表 2-6 矩形断面共轭水深比 η_1 与弗劳德数 Fr 的关系

Fr''^2	η_1	Fr^2	η_1	Fr^2	η_1	Fr^2	η_1	Fr^2	η_1	Fr^2	η_1
0.1	0.170			13	4.62	32	7.50	51	9.62	70	11.35
0.2	0.305			14	4.80	33	7.62	52	9.70	71	11.45
0.3	0.425			15	5.00	34	7.80	53	9.80	72	11.50
0.4	0.530			16	5.15	35	7.90	54	9.90	73	11.60
0.5	0.626			17	5.35	36	8.00	55	10.00	74	11.70
0.6	0.705			18	5.50	37	8.10	56	10.05	75	11.80
0.7	0.785			19	5.70	38	8.25	57	10.12	76	11.85
0.8	0.860			20	5.87	39	8.35	58	10.30	77	11.90
0.9	0.935			21	5.95	40	8.45	59	10.35	78	12.00
		3	2.00	22	6.17	41	8.60	60	10.50	79	12.05
		4	2.37	23	6.30	42	8.65	61	10.55	80	12.14
		5	2.70	24	6.45	43	8.80	62	10.60	81	12.20
		6	3.00	25	6.62	44	8.95	63	10.70	82	12.30
		7	3.27	26	6.70	45	9.05	64	10.80	83	12.40
		8	3.52	27	6.87	46	9.12	65	10.85	84	12.46
		9	3.75	28	7.00	47	9.20	66	10.95	85	12.57
		10	4.00	29	7.15	48	9.30	67	11.00		
		11	4.20	30	7.30	49	9.40	68	11.10		
		12	4.42	31	7.37	50	9.50	69	11.30		

注 $Fr^2=v_c^2/gh_c=q^2/gh_c^3$；$Fr''^2=v_c''^2/gh_c''=q^2/gh_c''^3$；$\eta_1=h_c''/h_c$。

(8) 按式 (2-25) 算出挖池后的出池落差 Δz。

(9) 反算水跃淹没系数 σ_0 计算如下：

$$\sigma_0=\frac{d_1+h_s'+\Delta z}{h_c''} \tag{2-28}$$

如果反算出的水跃淹没系数 σ_0 与步骤 (4) 中假设的 σ_0 一致，且满足 $1.05\leqslant\sigma_0\leqslant1.10$ 的条件，则初拟池深值 d_1 是合适的，否则应从步骤 (4) 重复试算，得出 d_2、d_3、…、d_i，直到满足条件为止，所得的 d_i 即为一种组合情况下计算所得的消力池的深度。

(10) 然后再计算其他的组合情况。

经过计算，找出最大的池深、池长，作为相应的控制条件。同时考虑到经济及其他原因，防止消力池过深，对太大的 d 值所对应的开启孔数和开启高度应限制开启。

将计算结果填入表 2-7。

表 2-7　池深、池长估算表

开启孔数 n	开启高度 e	单宽流量 q	挖池后收缩水深 h_c	跃后水深 h_c''	下游水深 h_s'	流态判别	出池落差 Δz	消力池尺寸		
								池深 d	水跃长度 L_j	池长 L_{sj}

注　初次估算 d 时，按 $d_1=\sigma_0 h_c''-h_s'$ 拟定，其中 h_c'' 是未设消力池前的跃后水深。

对于大型水闸，在初步设计阶段，消力池深度和长度，应在上述估算的基础上再进行水工模型试验验证。

2. 尾坎高度 c

在实际工程中，为了壅高池内水位，促使当下游水深不足时在消力池内产生淹没水跃，控制和缩短水跃长度，一般在消力池末端设置尾坎，即采用综合式消力池。这样既可稳定水跃，调整竖直断面上的流速分布，将水流挑向水面，又可减少池后水流的底部流速，并使水流均匀扩散。设计时可以先定尾坎高度 c，取 $c=(0.1\sim0.3)h_s'$(h_s'为下游水深)，然后再按前面的挖深式消力池的算法确定下挖深度。

尾坎高度 c 应满足以下条件：

(1) 坎顶下游水深与上游壅高水深的比值 $h_n/H_1\leqslant0.85\sim0.90$（其中 $h_n=h_s'-c$；$H_1=h_c''-c$，H_1 为坎顶水深)，使坎后形成较为平顺的衔接。

(2) 坎顶高出闸室堰顶的数值宜控制在 $0.05H$（H 为闸前上游水深）以内，以免影响水闸的泄水能力。

设坎高 c，得 $h_n=h_s'-c$；假定 H_{10} $\left(H_{10}=H_1+\dfrac{\alpha v_{10}^2}{2g}，v_{10}\text{为坎顶行进流速}\right)$，则 h_n/H_{10}，查表 2-8 得 σ_s，所以求得 $H_{10}=\left(\dfrac{q}{\sigma_s m\sqrt{2g}}\right)^{2/3}$，若与前面的假定值相等，则合适；若不等，则重新假定 H_{10}，继续试算，直至相等。

表 2-8　σ_s　值

h_n/H_{10}	≤0.45	0.50	0.55	0.60	0.65	0.70	0.72	0.74	0.76	0.78
σ_s	1.000	0.990	0.985	0.975	0.960	0.940	0.930	0.915	0.900	0.885
h_n/H_{10}	0.80	0.82	0.84	0.86	0.88	0.90	0.92	0.95	1.00	
σ_s	0.865	0.845	0.815	0.785	0.750	0.710	0.651	0.535	0.000	

池深的设计流量并不一定是水闸所通过的最大流量。

如遇岩基及其他开挖比较困难的基础，或北方因冬季防冻需要放空池中积水时，可以不开挖而直接在护坦末端修建消力墙，以抬高池内水位。如果墙身太高、工作条件复杂而消力墙后又需进一步消能时，一般采用较浅的开挖深度和较低的消力墙相结合的方案，这种消力池在闸门开启度较小时，消能效果也较好。

3. 消力池池长 L_{sj} 及底板

（1）消力池池长 L_{sj}。根据消力池深度、斜坡段的坡度以及跃后水深和收缩水深等，运用式（2-29）、式（2-30）来计算。

$$L_{sj}=L_s+\beta L_j \tag{2-29}$$

$$L_j=6.9(h_c''-h_c) \tag{2-30}$$

式中 L_{sj}——消力池长度，m；

L_s——消力池斜坡段水平投影长度，m，斜坡段的坡度不得陡于1∶4；

β——水跃长度校正系数，可采用0.7～0.8；

L_j——自由水跃长度，m。

消力池长度的设计流量应该是水闸所通过的最大流量。

在闸门开启过程中，下泄流量逐渐加大，下游渠道内形成洪水波向前推进，水位不能随流量的增加而同步上升，出现滞后现象。工程实践中，将闸门开度分成几个档次，计算时取用与上一档次泄量相应的水位作为下游水位。闸门开度应结合闸门操作调度方案一并考虑。

水闸在闸门初始开启时，下游渠道内无水，消力池末端形成自由跌落，池的设计水位应等于其末端的尾坎壅高的水位，因此，闸的初始开度的大小对消能工的影响较大，大型工程的初始开度一般为0.5m，中、小型水闸可以适当减小。但应注意不要停留在容易引起振动的开度上（因为闸门振动一般都是发生在小开度的位置上）。

（2）辅助消能工。在消力池内增设消力坎、消力齿、消力梁等辅助消能工，目的是为了加强紊动扩散，减小跃后水深，提高消能效果，减小消力池尺寸，达到节省工程量的目的，如图2-4所示。

（3）消力池底板厚度。消力池底板（护坦）承受水流的冲击力、水流脉动压力和底部扬压力等作用，应具有足够的重量、强度、抗冲耐磨和抗浮的能力。

消力池底板厚度可根据抗冲和抗浮要求，分别按式（2-31）、式（2-32）计算，并取其最大值。

按抗冲要求
$$t=k_1\sqrt{q\sqrt{\Delta H}} \tag{2-31}$$

按抗浮要求
$$t=k_2\frac{U-W\pm P_m}{\gamma_b L_{sj} B_{sj}} \tag{2-32}$$

式中 t——消力池底板始端厚度，m；

ΔH——闸孔泄水时的上、下游水位差，m；

k_1——消力池底板计算系数，可采用0.175～0.200；

q——消力池进口处的单宽流量，$m^3/(s\cdot m)$；

k_2——消力池底板安全系数，可采用1.1～1.3；

L_{sj}——消力池长度，m；

B_{sj}——消力池宽度，m；

U——作用在消力池底板底面的扬压力，kN；

W——作用在消力池底板顶面的水重，kN；

P_m——作用在消力池底板上的脉动压力，kN，其值可取跃前收缩断面流速水头值的5%；通常计算消力池底板前半部的脉动压力时取“+”号，计算消力池底板后半部的脉动压力时取“－”号；

γ_b——消力池底板的饱和重度，kN/m³。

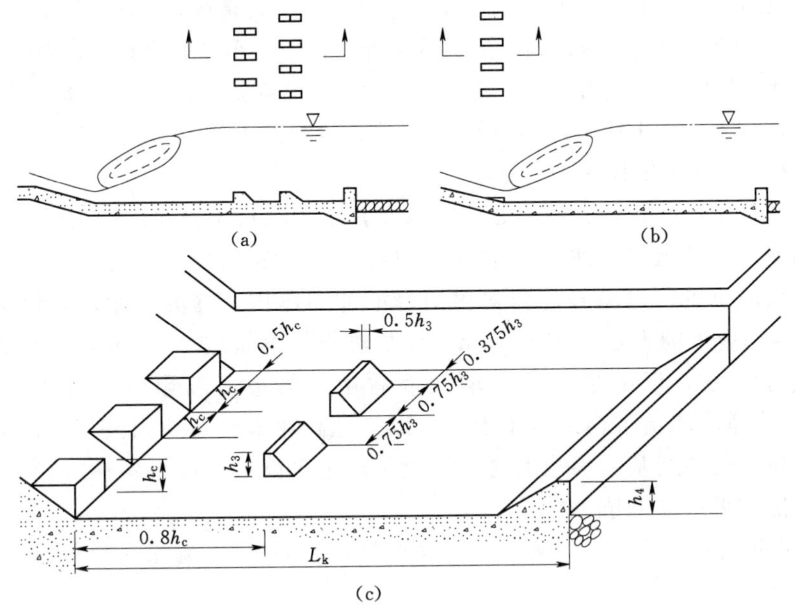

图 2-4　消力池辅助消能工

护坦一般是等厚的，也可采用不同的厚度，始端厚度大，向下游逐渐减小。消力池末端厚度可采用 $t/2$，但护坦厚度不宜小于 0.5m。

(4) 消力池的构造。底流式消力池设施有三种：挖深式、消力槛式和综合式，如图 2-5所示。

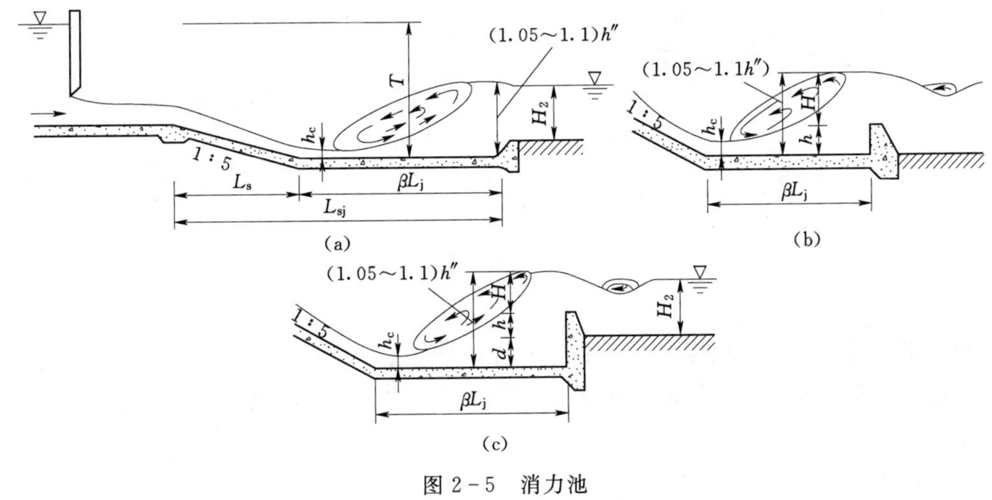

图 2-5　消力池

1）当闸下游尾水深度小于跃后水深时，可采用挖深式消力池消能。

2）当闸下游尾水深度略小于跃后水深时，可采用消力槛式消力池。

3）当闸下游尾水深度远小于跃后水深，且计算消力池深度又较深时，可采用挖深式与消力槛式相结合的综合式消力池。

当水闸上下游水位差较大，且尾水深度较浅时，宜采用二级或多级消力池消能。

底板一般用C20或C25钢筋混凝土浇筑而成，并按构造配置Φ10～12mm@25～30cm的构造钢筋。大型水闸消力池的顶、底面均需配筋，中、小型的可只在顶面配筋。

为了降低护坦底部的渗透压力，在实际工程中，常在护坦的中、后部设置排水孔，一般采用直径8～12cm的PVC管或直径15cm的无砂混凝土块，间距1.0～2.0m，呈梅花形或矩阵形布置，孔下铺设水平反滤层。

护坦与闸室底板、翼墙、海漫之间，以及其本身顺水流方向均应用缝分开，以适应沉陷和伸缩变形。护坦中顺水流方向的纵向缝最好与底板的缝错开，也不宜设置于对着闸孔中心线的位置，以减轻急流对纵向缝的冲刷作用。缝的间距，当地基较好时取15～20m，地基中等的不超过10～15m，地基较差的不超过8～12m，靠近翼墙的护坦缝距应取得小一些，以尽量减小翼墙及墙后填土的边荷载影响。缝宽一般为20～25mm。护坦在垂直水流方向通常不设缝，以避免高速水流的冲刷破坏，保证护坦的稳定性。缝的位置若在闸基防渗范围内，缝中应设止水设备；如果不在防渗范围内的缝，可铺填闭孔泡沫板或油毛毡。

为增强护坦的抗滑稳定性，常在消力池的末端设置齿墙，墙深一般为0.8～1.5m，宽为0.6～0.8m。

在夹有较大砾石的多泥沙河流上的水闸，不宜设消力池，可采用抗冲耐磨的斜坡护坦与下游河道连接，末端应设防冲墙。在高速水流部位，尚应采取抗磨与抗空蚀的措施。

二、海漫设计

海漫布置如图2-6所示。

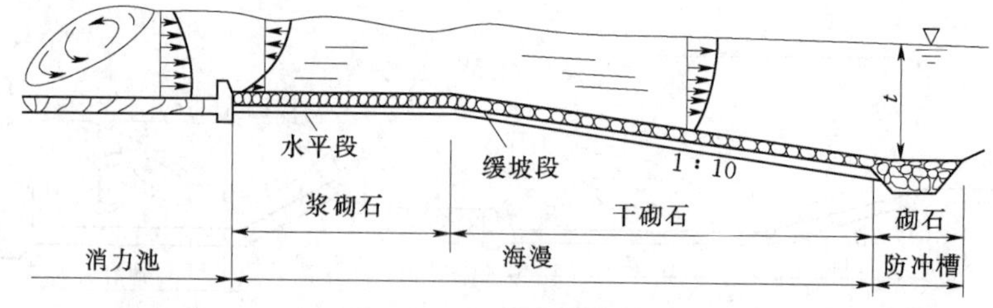

图2-6 海漫布置示意图

1. 海漫的作用

由于出池后水流仍不稳定，对下游河床仍有较强的冲刷能力，所以应通过海漫进一步消除余能，调整流速分布，使水流底部流速恢复到正常状态，以免引起严重冲刷，并能排出闸基渗水。

2. 构造和要求

海漫起始水平段一般长 5～10m，其顶面高程可与护坦齐平或在消力池尾坎顶以下 0.5m 左右，水平段后面的斜坡宜做成等于或缓于 1∶10。

要求：表面有一定的粗糙度；具有一定的透水性；具有一定的柔性，其结构和抗冲能力应与水流流速相适应。

3. 常用的结构

常用的有干砌石海漫、浆砌石海漫、混凝土海漫、钢筋混凝土板海漫等。一般在前段约 1/4 段通常采用浆砌块石或混凝土结构，余下的后段常用干砌块石结构。

海漫前段的混凝土厚度为 100～400mm。混凝土海漫的分块尺寸一般为 8～10m，为了加大表面的粗糙度，常浇筑成加粗条或梅花形分布的凸块。这种表面加糙的混凝土海漫一般布置在海漫的前端，适用于消力池后水面跌落较显著、流速较大的情况。此种海漫适应地基变形的能力差，一旦被破坏，修补困难，且投资较大。

浆砌块石护砌厚度一般为 300mm 或 600mm，常用 M5～M10 水泥砂浆抹缝。抗冲流速为 3～6m/s，常设置在海漫的前端。浆砌块石内应设排水孔，以减小渗透压力，其底部设置反滤层或垫层。

干砌石的优点是适应河床变形的能力强，常设于海漫后端，其抗冲流速为 2.5～4.0m/s。为了增加抗冲能力，每隔 6～10m 常设置一道浆砌石格埂，格埂的断面尺寸约 300mm×600mm。

海漫底部应铺设砂砾、碎石垫层，以防止底流淘刷河床和被渗流带走基土，垫层厚度一般为 100～150mm。也可考虑应用土工织物。

此外，还有混凝土预制块、毛石混凝土及堆石等材料的海漫。

4. 海漫长度的计算

应根据可能出现的最不利水位、流量组合情况计算海漫的长度。在不确定时，应试算各种水位流量组合下的 q 和 ΔH 以获得 L_p 的最大值。

当 $\sqrt{q_s\sqrt{\Delta H}}=1\sim9$，且消能扩散情况良好时，海漫长度可按式（2-33）列表计算，选取最大值。

$$L_p=k_s\sqrt{q_s\sqrt{\Delta H}} \tag{2-33}$$

式中　L_p——海漫长度，m；

q_s——消力池末端单宽流量，$m^3/(s\cdot m)$；

ΔH——泄水时的上、下游水位差，m；

k_s——海漫长度计算系数，可查表 2-9 得到。

海漫长度计算见表 2-10。

表 2-9　k_s　值

河床土质	粉砂、细砂	中砂、粗砂、粉质壤土	粉质黏土	坚硬黏土
k_s	14～13	12～11	10～9	8～7

表 2-10 海漫长度计算表

流量/(m^3/s)	上游水深/m	下游水深/m	泄水时上、下游水位差/m	消力池末端单宽流量/[$m^3/(s·m)$]	海漫长度/m

三、防冲槽设计

防冲槽的构造如图 2-7 所示。

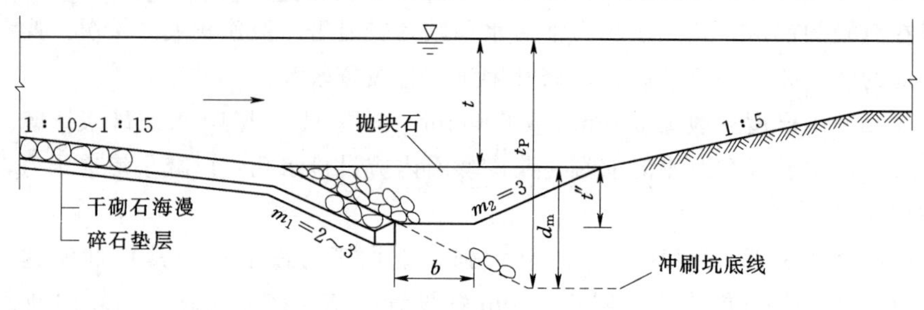

图 2-7 防冲槽构造

1. 工作原理

在海漫末端挖槽抛石预留足够的石块，当水流冲刷河床形成冲坑时，预留在槽内的石块沿斜坡陆续滚下，铺在冲坑的上游斜坡上，防止冲刷坑向上游扩展，保护海漫安全。

2. 冲坑深度

海漫末端的河床冲刷深度可按式（2-34）计算。

$$d_m = 1.1\frac{q_m}{[v_0]} - t \tag{2-34}$$

式中 d_m——海漫末端河床冲刷深度，m；

q_m——海漫末端单宽流量，$m^3/(s·m)$；

$[v_0]$——河床土质允许的不冲流速，m/s，可查表 2-11 得到；

t——海漫末端的河床水深，m。

表 2-11 粉性土质的不冲流速 单位：m/s

土 质	不冲流速	土 质	不冲流速
轻壤土	0.60～0.80	重壤土	0.70～1.00
中壤土	0.65～0.85	黏土	0.75～0.95

3. 防冲槽深度 t''

根据河床冲刷深度 d_m 估算防冲槽深度 t''。参照工程实践经验，防冲槽大多采用宽浅式。

深度 t'' 一般取 1.5～2.0m，底宽 $b=(1\sim2)t''$，上游坡度系数取 $m_1=2\sim3$，下游坡度

系数取$m_2=3$。槽顶高程与海漫末端齐平，防冲槽的单宽抛石量V应满足护盖冲坑上游坡面的需要，可按式（2－35）估算。

$$V=sL_1=sd_m\sqrt{1+m_1^2} \tag{2-35}$$

式中　s——冲坑上游护面厚度，m；

L_1——冲坑上游护面斜长，m；

m_1——塌落的堆石形成的上游坡边坡系数。

在实际工程中，对于黏性土河床，不设防冲槽，但为了安全，常设置深约1m的齿墙。

对于冲深较小的水闸，可采用1～3m深的齿墙（图2－8）以代替防冲槽。

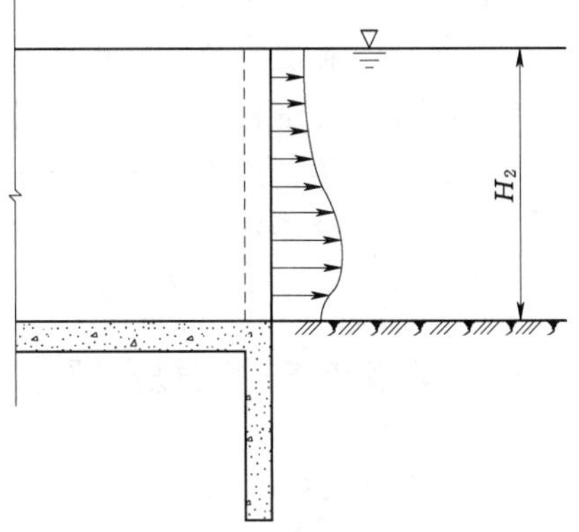

图2－8　防冲深齿墙

四、上、下游河岸的防护

上、下游河道两岸以及河床受冲刷也比较严重，需要设置护坡、护底。护坡、护底的材料可采用浆砌石、混凝土等。上游护坡长度应不小于护底长度，下游护坡长度应不小于海漫长度。护坡、护底下面均应设垫层。

为防止进闸水流冲刷河床而危及护底的安全，上游护底首端可采用防冲槽或防冲齿墙。上游护底首端的河床冲刷深度可按式（2－36）计算。

$$d'_m=0.8\frac{q'_m}{[v_0]}-t' \tag{2-36}$$

式中　d'_m——上游护底首端的河床冲刷深度，m；

q'_m——上游护底首端单宽流量，$m^3/(s\cdot m)$；

$[v_0]$——上游河床土质允许的不冲流速，m/s；

t'——上游护底首端河床水深，m。

任务三　水闸的防渗排水设计

目　　标： 具有初步拟定地下轮廓线的能力；理解直线法和改进阻力系数法的原理、步骤并会进行闸基渗流计算；具有正确设置闸基下和侧向防渗及排水设施的能力；具有用文字、符号、简图、表格正确表达设计思路的能力；能清楚、完善地书写设计说明书。具有刻苦学习的精神和严谨、科学的态度。

执行步骤： 教师讲解地下轮廓线初步拟定→教师讲解直线比例法、改进阻力系数法的基本原理、计算步骤、优缺点、适用范围等→引导学生初拟地下轮廓线→用改进阻力系数法计算各典型段的阻力系数→计算闸基各点渗透压力水头值→修正水头损失值→拟定地下轮廓线→计算闸底板渗透压力值→引导学生布置闸基排水设施和侧向防渗排水措施→编写设计报告→学生互检→教师个别辅导→教师抽查。

检　　查： 在教学组织过程中，教师在现场指导学生完成水闸的防渗排水设计工作，然后学生自检、组内成员互检、教师再抽查（思路、方法、步骤、结果及说明书的编写情况）。

考 核 点：地下轮廓线的拟定是否合理；改进阻力系数法的计算步骤是否缜密、完善；闸基各点渗透压力水头值和闸底板渗透压力值是否正确；采取的闸基防渗及排水设施、侧向防渗措施是否合理；报告书是否条理清晰，语言描述是否简练、完整；工作态度是否认真、踏实。

一、闸室地下轮廓线布置

（一）防渗设计的目的

计算闸底板下扬压力的大小；验算渗流逸出处是否会发生渗透变形；计算渗透水量损失；合理地选择地下轮廓的型式、尺寸，使工程安全可靠，经济合理。

（二）防渗设计的原则

防渗设计一般采用防渗与排水相结合的原则，即在高水位侧采用铺盖、板桩、齿墙等防渗设施，用以延长渗径，减小渗透坡降和闸底板下的渗透压力；在低水位侧设置排水设施，如面层排水、排水孔或减压井与下游连通，使地基渗水尽快排出，以减小渗透压力，并防止在渗流出口附近发生渗透变形。

（三）防渗设施

防渗设施是指构成地下轮廓的铺盖、板桩及齿墙。可根据闸址附近的地质情况来确定采取相应的设施。对于中壤土、轻壤土、重砂壤土等偏黏性土壤，因其具有黏聚力，不易产生管涌，但摩擦系数较小，所以防渗措施常采用水平铺盖加齿墙，而不用板桩，以免破坏黏土的天然结构而导致在板桩与地基土之间形成集中渗流通道。铺盖材料常用黏土、黏壤土、沥青混凝土、钢筋混凝土和土工膜等。对于砂性土地基，因为土粒间无黏着力，易产生管涌，主要考虑因素是防止渗透变形，一般采用铺盖加垂直防渗体（钢筋混凝土板桩、水泥砂浆帷幕、高压喷射灌浆、混凝土防渗墙、土工膜垂直防渗结构）相结合的型式，延长渗径，降低平均渗流坡降。

1. 铺盖

铺盖为水平防渗措施，主要是为了延长渗径，一般适用于黏性土地基和砂性土地基。铺盖应具有相对的不透水性；为适应地基变形，也要有一定的柔性。按材料分有黏土铺盖（图 2-9）、黏壤土铺盖、混凝土铺盖、沥青混凝土铺盖、钢筋混凝土铺盖（图 2-10），以及水平防渗土工膜等。

铺盖的渗透系数应小于地基土渗透系数的1%，最好达1‰。

铺盖的长度应由闸基防渗需要确定，一般采用上、下游最大水位差的3～5倍。

铺盖的厚度δ应根据铺盖土料的允许水力坡降值计算确定，即$\delta=\Delta H/J$。其中，ΔH为铺盖顶、底面的水头差，J为铺盖材料的允许坡降，黏土取4～8，壤土取3～5。黏土铺盖上游端的最小厚度由施工条件确定，一般为0.6～0.8m，逐渐向闸室方向加厚至1.0～1.5m。为了防止黏土铺盖在施工期遭受破坏和运行期间被水流冲刷或冻坏，应在铺盖上面设0.3m或0.6m厚的干砌块石、浆砌块石保护层，在保护层与铺盖之间设置1～2层厚

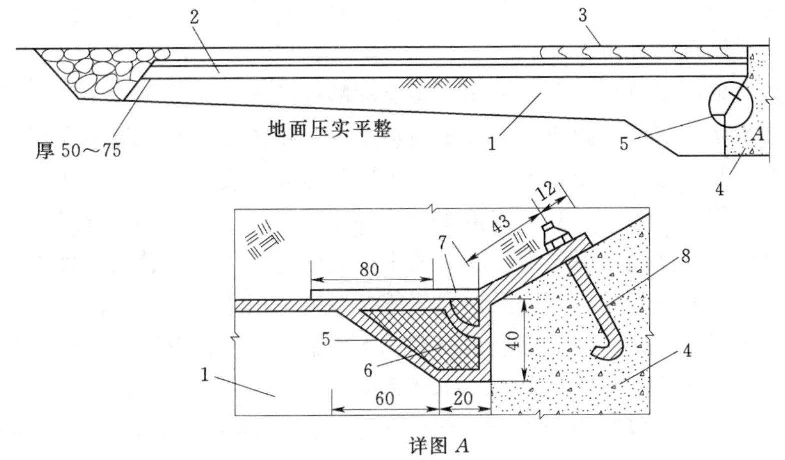

图 2-9　黏土铺盖（单位：cm）

1—黏土铺盖；2—垫层；3—浆砌块石保护层（或混凝土板）；4—闸室底板；5—沥青麻袋；6—沥青填料；7—木盖板；8—斜面上螺栓

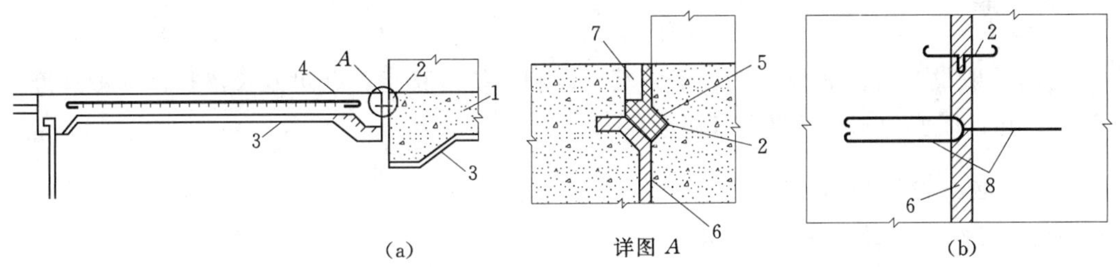

图 2-10　钢筋混凝土铺盖

1—闸室底板；2—止水片；3—混凝土垫层；4—钢筋混凝土铺盖；5—沥青玛琋脂；6—油毛毡两层；7—水泥砂浆；8—铰接钢筋

为 0.2～0.4m 由砂、碎石或砾石铺筑的垫层。

黏土铺盖与闸室底板连接处为一薄弱部位，通常将底板前端做成斜面，使黏土能借自重及其上的荷载与闸室底板紧贴，在连接处铺设橡胶止水带等止水材料，一端用螺栓固定在斜面上，另一端埋入黏土铺盖中。

混凝土或钢筋混凝土铺盖最小厚度不宜小于 0.3m，其顺水流方向的永久缝间距可采用 8～20m，靠近翼墙的铺盖缝距宜采用小值，缝宽可采用 20～30mm。防渗土工膜厚度应根据作用水头、膜下土体可能产生的裂隙宽度、膜的应变和强度等因素确定，但不宜小于 0.5mm。土工膜之上应设保护层。

在寒冷和严寒地区，混凝土或钢筋混凝土铺盖应适当减小永久缝缝距，黏土或黏壤土铺盖应适当加大厚度，并应避免冬季暴露于大气中。

2. 垂直防渗体

垂直防渗体包括板桩、高压喷射灌浆帷幕、混凝土防渗墙、垂直土工膜等。

(1) 板桩为垂直防渗措施，适用于砂性土地基，一般设在闸底板上游端或铺盖前端，用于降低渗透压力，防止闸基土液化。混凝土板桩的厚度大于0.2m，宽度大于0.4m。板桩之间应采用梯形榫槽连接。

（2）高压喷射灌浆帷幕是利用钻机把带有喷嘴的注浆管钻至土层预定深度以后，利用高压使浆液或水从喷嘴中喷射出来，冲击破坏土层，使土颗粒从土层中剥落下来，其中的一部分细颗粒随浆液或水冒出地面，其余的土颗粒与浆液搅拌混合，并按一定的浆土比例和质量要求，有规律地重新排列，浆液凝固后便在土层中形成圆形、条形或扇形固结体。实践证明，高压喷射灌浆法对淤泥、淤泥质土、黏性土、粉土、黄土、砂土、碎石土以及人工填土等地基均有良好的处理效果。灌浆帷幕厚度一般不小于0.1m。

（3）混凝土防渗墙是一种不用模板而在地下建造的连续的混凝土墙体。具有截水、防渗、承重、挡土等作用，厚度一般不小于0.2m。

（4）垂直土工膜一般适用于透水层深度小于12m，透水层中大于5cm的颗粒含量不超过10%（重量计），且少量大石头的最大粒径不超过15cm或开槽设备允许的尺寸；透水层中的水位应能满足泥浆固壁的要求。材料可选用聚乙烯土工膜、复合土工膜、防水塑料板等。拼接采用热熔法焊接。土工膜厚度一般不小于0.25mm，重要工程可采用复合土工膜，其厚度不小于0.5mm。

3. 齿墙

齿墙一般设在闸室底板的上、下游端，以利于抗滑稳定，并可延长渗径。一般深度为0.5～1.5m，厚度为闸孔净宽的1/5～1/8。

（四）地下轮廓布置

地下轮廓布置如图2-11所示。

闸基防渗长度的拟定可根据地基土质情况、铺盖情况，并结合闸室底板的长度、闸室上部结构布置及地基承载能力等方面要求来综合考虑，初步拟定时可参考式（2-35）的要求。

$$L \geqslant C\Delta H_{max} \tag{2-35}$$

式中 L——闸基防渗长度，即闸基轮廓线防渗部分水平段和垂直段长度的总和，m；

C——允许渗径系数值，见表2-12，当闸基设板桩时，可采用表中规定值的小值；

ΔH_{max}——上、下游水位差。

表2-12 允许渗径系数C值

排水条件 \ 地基土类别	粉砂	细砂	中砂	粗砂	中砾、细砾	粗砾夹卵石	轻粉质砂壤土	轻砂壤土	壤土	黏土
有反滤层	13～9	9～7	7～5	5～4	4～3	3～2.5	11～7	9～5	5～3	3～2
无反滤层	—	—	—	—	—	—	—	—	7～4	4～3

关于土的分类，有多种分法。土按塑性指数分类见表2-13，砂土按砂粒含量分类见表2-14，砂土密实度的划分见表2-15，黏性土的状态划分见表2-16。

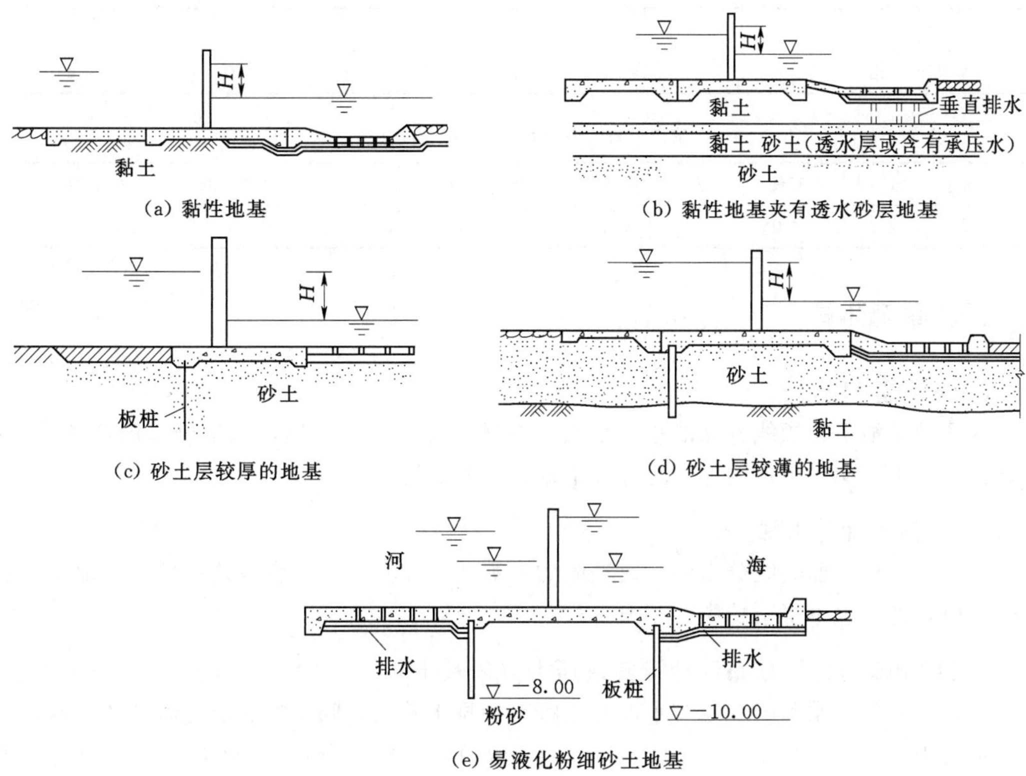

图 2-11　地下轮廓布置图

表 2-13　土　的　分　类

土　的　名　称	I_p（土的塑性指数）
砂土	≤1
砂壤土	1～7
壤土	7～17
黏土	＞17

表 2-14　砂 土 的 分 类

砂土名称	砂粒（0.075～2mm）含量/%				
	＞2mm	＞0.5mm	＞0.25mm	＞0.075mm	＞0.075mm
砾砂	25～50				
粗砂		＞50			
中砂			＞50		
细砂				＞85	
粉砂					50～85

表 2-15 砂土密实度的划分

密 实 度	密实	中密	稍松	极松
D_r（砂性土的相对密度）/%	>67	67～33	33～20	<20

表 2-16 黏性土状态的划分

状态	坚硬	硬塑	可塑	软塑	流塑
I_L	≤0	0～0.25	0.25～0.75	0.75～1	>1

二、渗流计算

(一) 计算目的

计算闸基地下轮廓线各点的渗压水头、渗透坡降、渗透流速，求解闸基的渗透压力，并验算地基土在初步拟定的地下轮廓线下的抗渗稳定性。

(二) 渗流计算方法

常用的有全截面直线分布法、改进阻力系数法、流网法等；直线法一般用于地下轮廓比较简单，地基也不复杂的中、小型工程。

(三) 全截面直线分布法计算渗透压力（岩基上）

(1) 当岩基上水闸闸基设有水泥灌浆帷幕和排水孔时，闸底板底面上游端的渗透压力作用水头为 $H-h_s$，排水孔中心线处为 $\alpha(H-h_s)$，下游端为 0，其间各段依次以直线连接（图 2-12）。

作用于闸底板底面上的渗透压力 U 可按式（2-38）计算：

$$U=\frac{1}{2}\gamma(H-h_s)(L_1+\alpha L) \tag{2-38}$$

式中 L_1——排水孔中心线与闸底板底面上游端的水平距离，m；

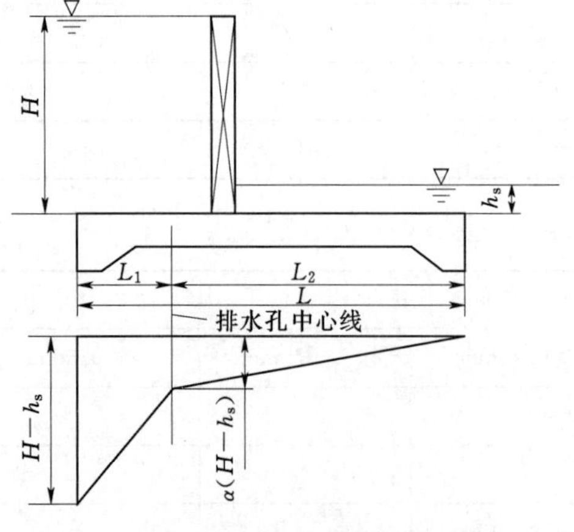

图 2-12 岩基上水闸闸底板底面的渗透压力（设有水泥灌浆帷幕和排水孔时）

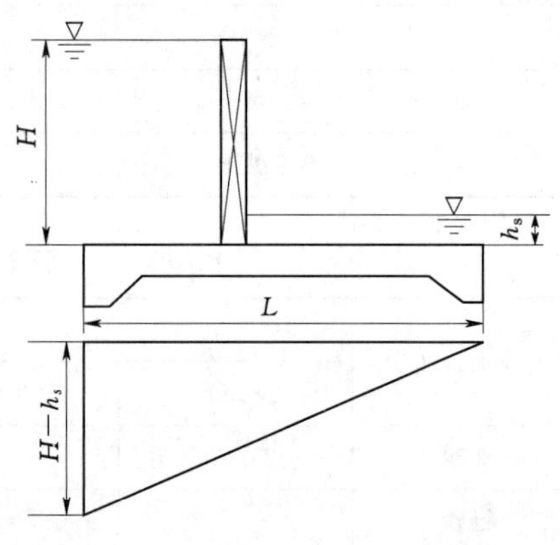

图 2-13 岩基上水闸闸底板底面的渗透压力（未设水泥灌浆帷幕和排水孔时）

L——闸底板底面的水平投影距离，m；

α——渗透压力强度系数，可采用0.25。

（2）当岩基上水闸闸基未设水泥灌浆帷幕和排水孔时，闸底板底面上游端的渗透压力作用水头为 $H-h_s$，下游端为0，其间以直线连接（图2-13）。

作用于闸底板底面上的渗透压力 U 可按式(2-39)计算。

$$U=\frac{1}{2}\gamma(H-h_s)L \tag{2-39}$$

式中符号意义同前。

（四）改进阻力系数法计算渗透压力（土基上）

1. 基本原理

改进阻力系数法是一种以流体力学为基础的近似解法。对于比较复杂的地下轮廓，先将实际的地下轮廓进行适当简化，使之成为垂直和水平两个主要部分。再从简化的地下轮廓线上各角点和板桩尖端引出等势线，将整个渗流区域划分成几个简单的典型流段，即进出口段、内部垂直段和水平段，由公式计算出各典型段的阻力系数，即可算出任一流段的水头损失。将各段的水头损失由出口向上游依次叠加，即可求得各段分界线处的渗透压力以及其他渗流要素。

2. 确定有效深度

（1）有效深度值 T_e。土基上水闸的地基有效深度值 T_e 可按式（2-40）确定。

$$\left.\begin{aligned}T_e&=0.5L_0 && \left(\frac{L_0}{S_0}\geqslant 5\right)\\ T_e&=\frac{5L_0}{1.6\dfrac{L_0}{S_0}+2} && \left(\frac{L_0}{S_0}<5\right)\end{aligned}\right\} \tag{2-40}$$

式中　T_e——土基上水闸的地基有效深度值，m；

L_0——地下轮廓的水平投影长度，m；

S_0——地下轮廓的垂直投影长度，m。

（2）计算深度值 T。

1）当 $T_e<T_{实际}$（透水地基的实际深度）时，取 $T=T_e$。

2）当 $T_e>T_{实际}$ 时，取 $T=T_{实际}$。

3. 典型段的划分

简化地下轮廓，使之成为垂直和水平的两个主要部分，出口处的齿墙或短板桩的入土深度应予保留，以便得到实有的出口坡降。用通过已经简化了的地下轮廓不透水部分各角点和板桩尖端的等势线，将地基分成若干段，使之成为典型渗流段，如图2-14所示。

4. 计算各典型段的阻力系数

（1）进口、出口段（图2-15）。

$$\xi_0=1.5\left(\frac{S}{T}\right)^{\frac{3}{2}}+0.441 \tag{2-41}$$

式中 ξ_0——进口、出口段的阻力系数；

S——板桩或齿墙的入土深度，m；

T——地基透水层计算深度值，m。

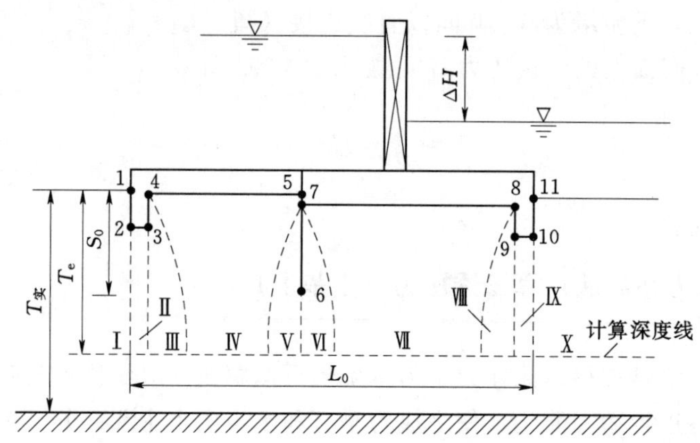

图 2-14 改进阻力系数法计算

(2) 内部垂直段（图 2-16）。

$$\xi_y=\frac{2}{\pi}\ln\cot\left[\frac{\pi}{4}\left(1-\frac{S}{T}\right)\right] \tag{2-42}$$

式中 ξ_y——内部垂直段的阻力系数。

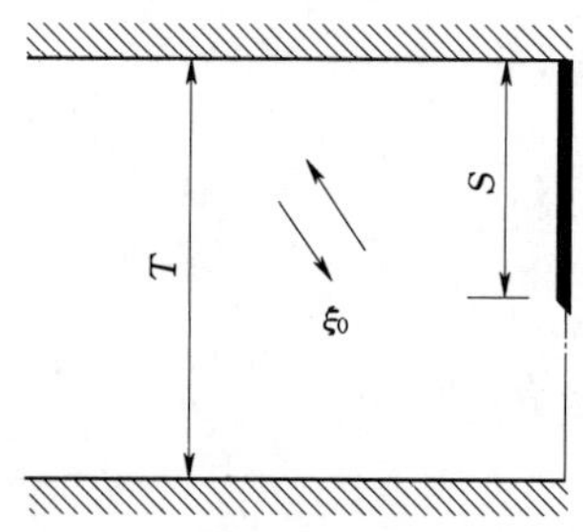

图 2-15 进口、出口段阻力系数计算图

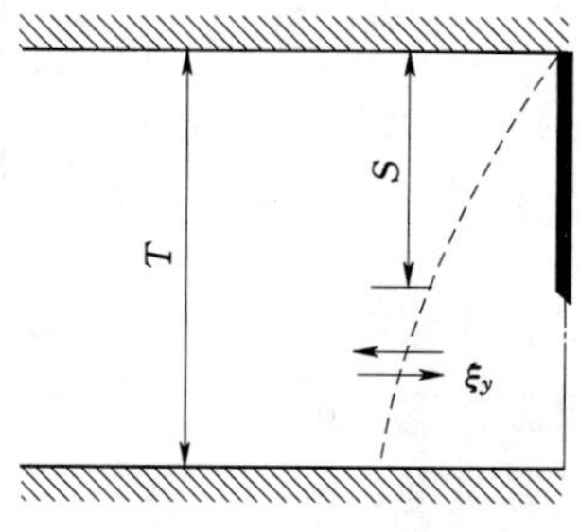

图 2-16 内部垂直段阻力系数计算图

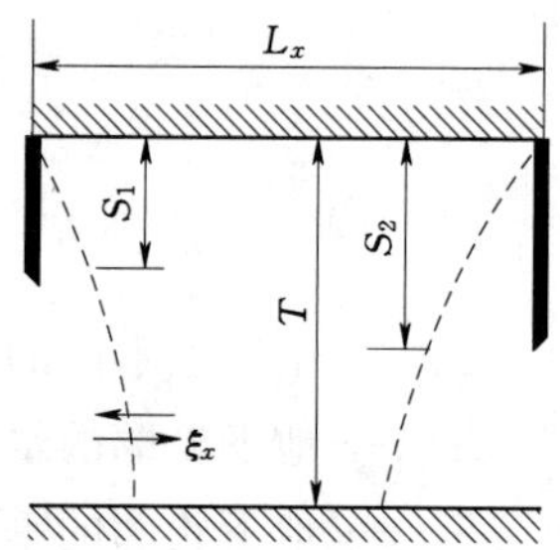

图 2-17 水平段阻力系数计算图

(3) 水平段（图 2-17）。

$$\xi_x=\frac{L_x-0.7(S_1+S_2)}{T} \tag{2-43}$$

式中 ξ_x——水平段的阻力系数；

L_x——水平段长度，m；

S_1、S_2——进口、出口段板桩或齿墙的入土深度，m。

5. 计算各分段的水头损失

各分段的水头损失 h_i（m）计算式如下：

$$h_i = \xi_i \frac{\Delta H}{\sum_{i=1}^{n} \xi_i} \tag{2-44}$$

式中　ξ_i——各分段的阻力系数；

n——总分段数。

6. 进口、出口段水头损失值和渗透压力分布图形

以直线连接各分段计算点的水头值，即得渗透压力的分布图形。进口、出口段水头损失值和渗透压力分布图形可按下列方法进行局部修正：

(1) 当进口、出口板桩较短时，进口、出口处的渗流坡降呈急变曲线型式，由式(2-39)计算得到的进、出口水头损失与实际情况相差较大，需进行必要的修正。进口、出口段修正后的水头损失值按式(2-45)～式(2-47)计算，如图2-18(a)所示。

$$h_0' = \beta' h_0 \tag{2-45}$$

$$\Delta H = \sum_{i=1}^{n} h_i \tag{2-46}$$

$$\beta' = 1.21 - \frac{1}{\left[12\left(\frac{T'}{T}\right)^2 + 2\right]\left(\frac{S'}{T} + 0.059\right)} \tag{2-47}$$

式中　h_0'——进口、出口段修正后的水头损失值，m；

h_0——进口、出口段水头损失值，按式(2-44)计算，m；

β'——阻力修正系数，可按式(2-47)计算，当计算的$\beta' \geqslant 1.0$时，采用$\beta'=1.0$；

ΔH——上、下游水头差，m；

S'——底板埋深与板桩入土深度之和，m；

T'——板桩另一侧地基透水层深度或齿墙底部至计算深度线的竖直距离，m。

(2) 当计算的$\beta'<1.0$时，应修正。修正后水头损失的减小值Δh为

$$\Delta h = (1-\beta') h_0 \tag{2-48}$$

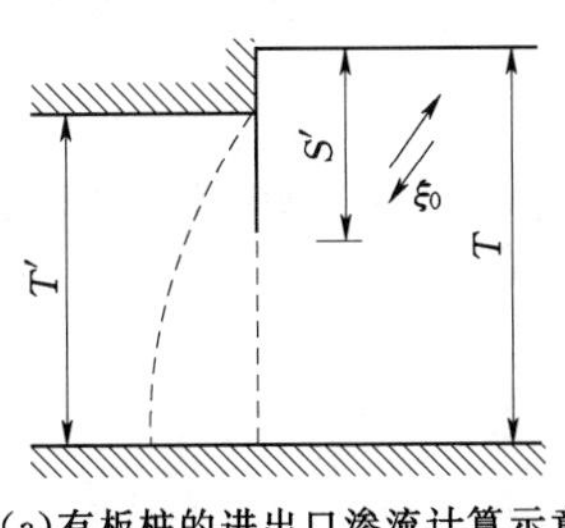

(a)有板桩的进出口渗流计算示意

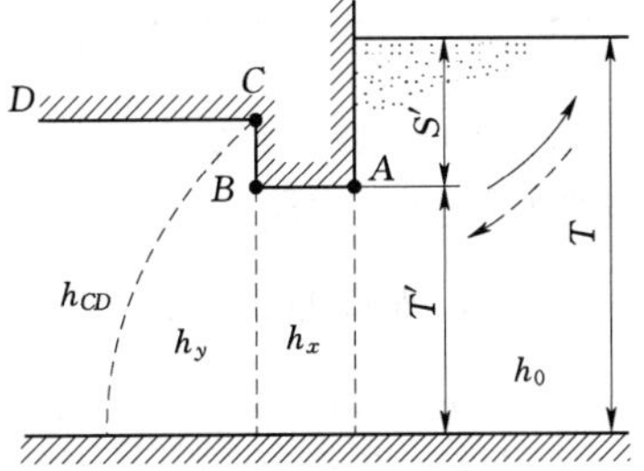

(b)有齿墙的进出口渗流计算示意

图2-18　进口、出口渗流计算示意图

（3）水力坡降呈急变型式的长度 L'_x 可按式（2-49）计算。

$$L'_x=\frac{\Delta h}{\dfrac{\Delta H}{\sum_{i=1}^{n}\xi_i}}T \tag{2-49}$$

（4）出口段渗透压力分布图形可按下列方法进行修正（图 2-19）。图 2-19 中的 QP' 为原有水力坡降线，根据式（2-48）和式（2-49）计算的 Δh 和 L'_x 值，分别定出 P 点和 O 点，连接 QOP，即为修正后的水力坡降线。

7. 进、出口段齿墙不规则部位的修正

水头损失值的详细计算如下，先用进、出口段的前一段水头损失与修正后水头损失的减小值相比较，如图 2-18（b）所示。

（1）当 $h_x \geqslant \Delta h$ 时，按照式（2-50）修正：

$$h'_x=h_x+\Delta h \tag{2-50}$$

式中 h_x——水平段的水头损失值，m；

h'_x——修正后的水平段水头损失值，m。

（2）当 $h_x<\Delta h$ 时，则与进、出口段的前两段水头损失的和相比较。

1）若 $h_x+h_y\geqslant \Delta h$，则按照式（2-51）修正：

$$h'_x=2h_x,\ h'_y=h_y+\Delta h-h_x \tag{2-51}$$

式中 h_y——内部垂直段的水头损失值，m；

h'_y——修正后的内部垂直段水头损失值，m。

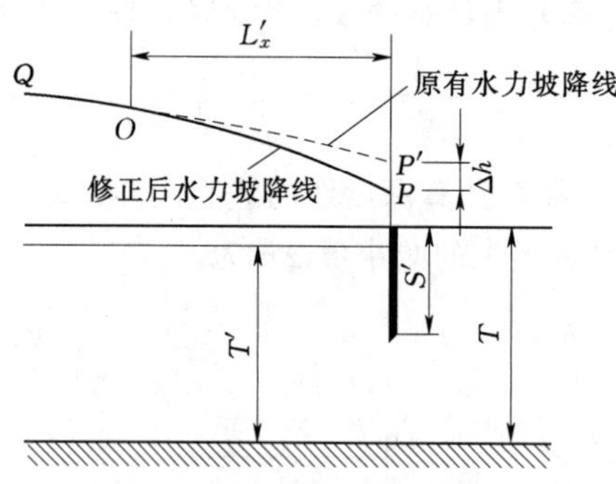

图 2-19 出口段渗透压力分布图形修正示意图

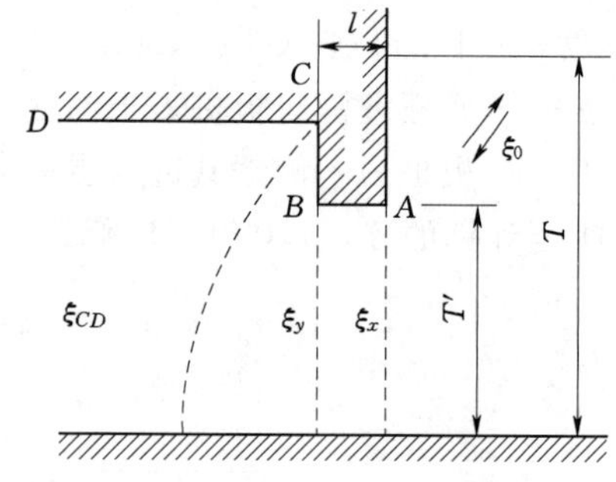

图 2-20 进、出口段齿墙不规则部位修正示意图

2）若 $h_x+h_y<\Delta h$，则按照式（2-52）修正：

$$h'_x=2h_x,h'_y=2h_y,h'_{CD}=h_{CD}+\Delta h-(h_x+h_y) \tag{2-52}$$

式中 h_{CD}——图 2-20 中 CD 段的水头损失值，m；

h'_{CD}——修正后的 CD 段水头损失值，m。

8. 列表计算

根据公式进行计算，并填入表 2-17。

表 2-17　各典型段水头损失计算表

编号	名称	S	S_1	S_2	T	L	ξ	h_i	h_i'
Ⅰ									
Ⅱ									
Ⅲ									
⋮									

9. 绘制闸下渗压分布图

以直线连接修正后的各分段计算点的水头值，即得修正后的渗透压力水头分布图形。

10. 出口段渗流坡降值

为了保证闸基的抗渗稳定性，要求出口段的渗流坡降值（逸出坡降值）$J_{出}$必须小于规定的允许值$[J]_{出口}$。

出口段渗流坡降值$J_{出口}$按式（2-53）计算。

$$J_{出口}=\frac{h_0'}{S'} \tag{2-53}$$

式中　h_0'——出口段修正后的水头损失值，m；

S'——底板埋深与板桩入土深度之和，m。

11. 验算闸基抗渗稳定性

验算闸基抗渗稳定性时，要求水平段和出口段的渗流坡降必须分别小于规定的水平段允许值$[J]_{水平}$和出口段允许值$[J]_{出口}$（表 2-18）。

表 2-18　水平段和出口段的允许渗流坡降 $[J]_{水平}$、$[J]_{出口}$值

分段	地基类别										
	粉砂	细砂	中砂	粗砂	中砾、细砾	粗砾夹卵石	砂壤土	壤土	软黏土	坚硬黏土	极坚硬黏土
水平段	0.05～0.07	0.07～0.10	0.10～0.13	0.13～0.17	0.17～0.22	0.22～0.28	0.15～0.25	0.25～0.35	0.30～0.40	0.40～0.50	0.50～0.60
出口段	0.25～0.30	0.30～0.35	0.35～0.40	0.40～0.45	0.45～0.50	0.50～0.55	0.40～0.50	0.50～0.60	0.60～0.70	0.70～0.80	0.80～0.90

注　当渗流出口处设反滤层时，表列数值可加长 30%。

三、排水设计

排水设施是指铺设在护坦、浆砌石海漫底部或闸底板下部下游端起导渗作用的砂砾石层。排水常与反滤层结合使用。

（一）排水设计

1. 水平排水的布置

土基上的水平排水采用直径为 1～2cm 的卵石、砾石或碎石等平铺在预定范围内，最

常见的是在护坦底部和浆砌石海漫底部，或伸入底板下游齿墙稍前方，厚0.2～0.3m。为防止渗透变形，应在排水与地基接触处做好反滤层。

反滤层一般由两层或三层无黏性土料组成，它们的粒径沿渗流方向逐渐加大。设计反滤层应遵循的原则为：较细一层的颗粒不应穿过颗粒较大一层的孔隙；被保护土的颗粒不应穿过反滤层而被带走，但特别小的颗粒例外；每一层内的颗粒在层内不应发生移动；反滤层不应被堵塞。

2. 竖直排水的布置

常见的竖直排水为设置在消力池前端的出流平台上的减压井和护坦中、后部设置的排水孔。

减压井周围设反滤层，防止溢出坡降大而产生管涌和流土。

护坦中后部设排水孔，孔径一般为5～10cm，间距应不小于3m，按梅花形排列。排水孔下应设反滤层，防止渗透变形。

3. 侧向排水的布置

为排除渗水，单向水头的水闸可在下游翼墙和护坡上设置排水设施。排水设施可根据墙后回填土的性质选用不同的型式，如图2-21所示。

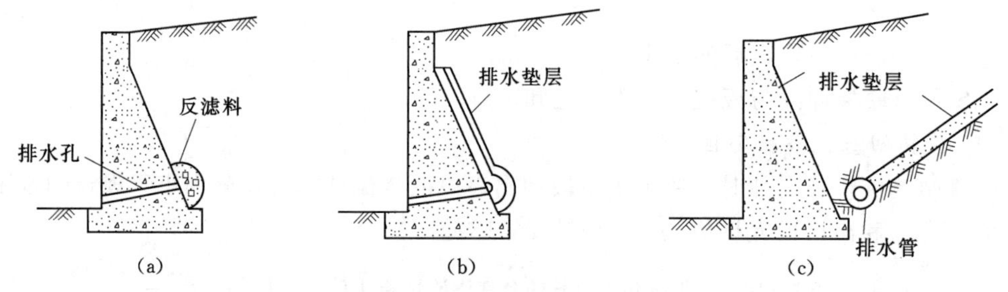

图2-21 下游翼墙后的排水设施

(1) 排水孔。为排除墙后的渗水，在下游墙上，每隔2～4m留一直径5～10cm的排水孔，孔端包土工布，外设反滤层。这种布置适用于透水性较强的砂性回填土。

(2) 连续排水垫层。在墙背上覆盖一层用透水材料做成的排水垫层，使渗水经排水孔排向下游。这种布置适用于透水性很差的黏性回填土。连续排水垫层也可沿开挖边坡铺设。

(二) 细部构造

位于防渗范围内的永久缝应设一道止水；大型水闸的永久缝应设两道止水。止水的型式应能适应不均匀沉降和温度变化的要求，止水材料应耐久。止水分水平止水和竖向止水两种。

水平止水设置在铺盖、消力池与底板和翼墙、底板与闸墩间以及混凝土铺盖及消力池本身的温度沉降缝内（图2-22）。

竖向止水设置在闸墩中间，边墩与翼墙间以及上游翼墙本身（图2-23）。

竖向止水与水平止水相交处必须构成密封系统。

在无防渗要求的缝中，一般铺贴沥青毛毡、聚氯乙烯闭孔泡沫板或其他柔性材料。缝

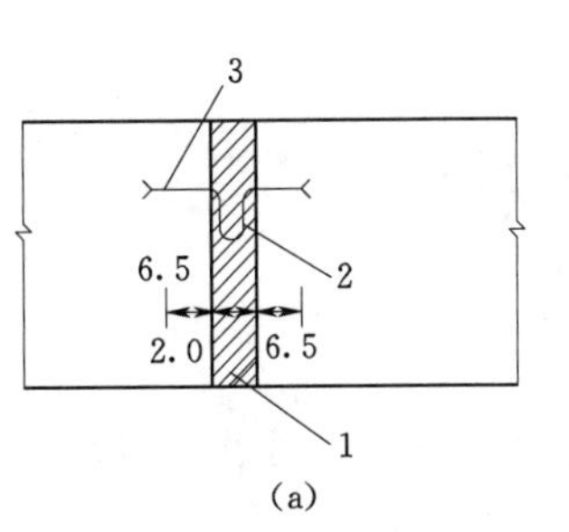

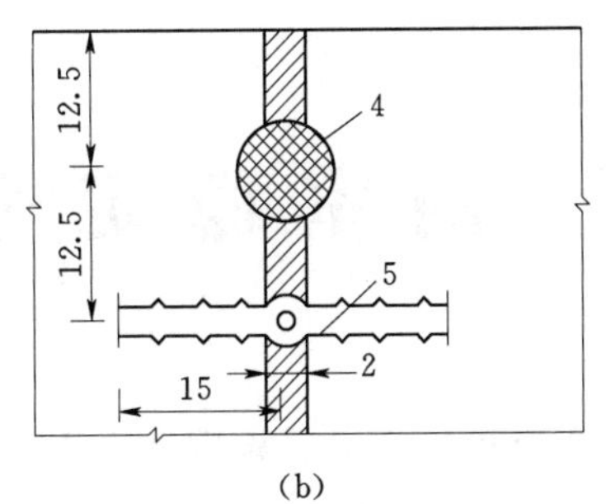

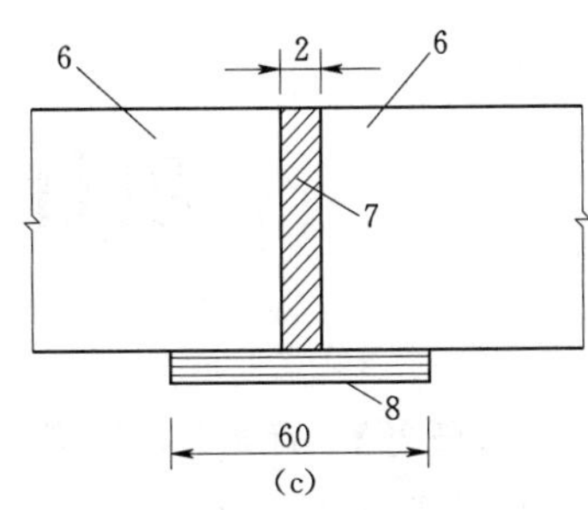

图 2-22　水平止水（单位：cm）

1—柏油油毛毡伸缩缝；2—灌 3 号松香柏油；3—紫铜片 0.1cm（或镀锌铁片 0.12cm）；4—ϕ7 柏油麻绳；5—橡胶止水片；6—护坦；7—柏油油毛毡；8—三层麻袋两层油毡浸沥青

下土质地基上宜铺设土工织物带。

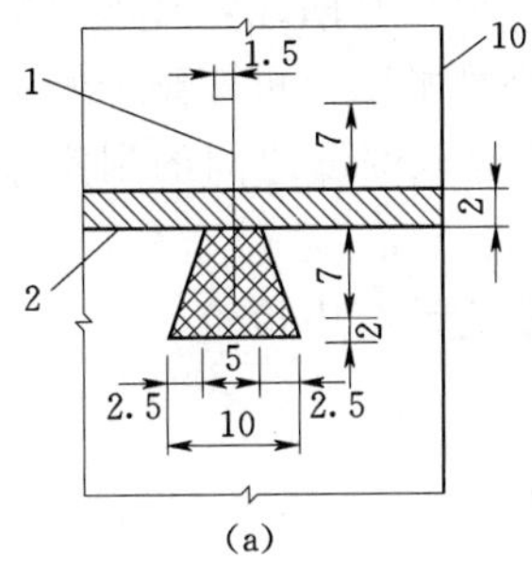

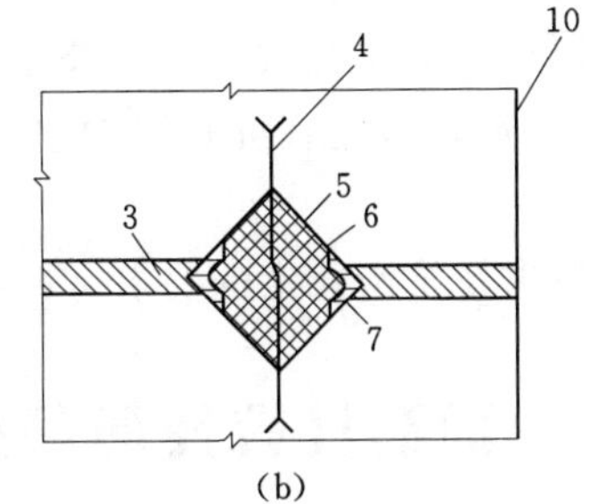

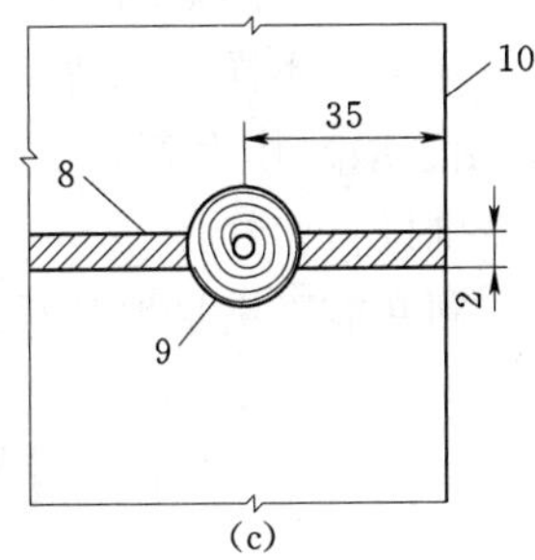

图 2-23　竖向止水连接图（单位：cm）

1—紫铜片和镀锌铁片（厚 0.1cm，宽 18cm）；2—两侧各 0.25cm 柏油油毛毡伸缩缝，其余为柏油沥青席；3—沥青油毛毡及沥青杉板；4—金属止水片；5—沥青填料；6—加热设备；7—角铁（镀锌铁片）；8—柏油油毛毡伸缩缝；9—ϕ10 柏油油毛毡；10—临水面

【项目二考核】

项目二考核成绩按照知识占 30%、技能占 50%、态度占 20%的比例给出。考核依据是项目二考试答卷、答辩成绩、提交的成果、平时表现等。

项目三　闸室稳定分析

【任务】 荷载计算及荷载组合分析；闸室基底压力验算；闸室抗滑稳定验算；岸墙、翼墙稳定验算。

水闸竣工时，地基所受的压力最大，沉降也较大。过大的沉降，特别是不均匀沉降，会使闸室倾斜，影响水闸的正常运行。当地基承受的荷载过大，超过其容许承载力时，将使地基整体发生破坏。

水闸在运用期间，受水平推力的作用，有可能沿地基面或深层滑动。因此，必须分别验算水闸在不同工作情况下的稳定性。对于孔数较少而未分缝的小型水闸，可取整个闸室（包括边墩）作为验算单元；对于孔数较多设有沉降缝的水闸，则应取两缝之间的闸室单元分别进行验算。

闸室能否满足地基承载力的要求及抗滑稳定的要求，在闸室稳定计算中检验。

任务一　荷载计算及荷载组合

目　　标： 会计算水闸荷载（结构自重、垂直水压力、水平水压力、扬压力、浪压力、泥沙压力、土压力、地震荷载等）；能进行水闸荷载组合；具有用文字、符号、简图、表格正确表达设计思路的能力；能清楚、完善地书写设计说明书；具有刻苦学习的精神和严谨、科学的态度。

执行步骤： 教师提问→教师讲解几种荷载的计算方法及注意事项→引导学生讨论、计算各种荷载→学生互检→教师个别辅导→教师抽查→教师讲解荷载组合→引导学生分析组合荷载→学生自检→教师个别辅导→编写设计报告→教师抽查。

检　　查： 在教学组织过程中，教师在现场指导学生完成荷载计算及分析组合工作，然后学生自检、组内成员互检、教师再抽查（思路、方法、步骤、结果及说明书的编写情况）。

考 核 点： 闸室荷载计算的方法、步骤、结果是否正确；荷载组合分析是否正确；报告书是否条理清晰，语言描述是否简练、完整；工作态度是否认真、踏实。

一、设计工况

根据水闸运用过程中可能出现的所有情况进行分析，寻找最不利的情况进行闸室稳定及地基承载力验算。

完建无水期是水闸建成后尚未投入使用的时期，此时竖向荷载最大，且无扬压力，最容易发生沉降及不均匀沉降，是地基承载力验算的控制情况。

正常运用期工作闸门关门挡水，下游无水，此时上下游水位差最大，水平推力大，且闸底板下扬压力最大，最容易发生闸室滑动失稳破坏，是抗滑稳定的控制情况。

完建无水期和正常挡水期均为基本荷载组合。

二、荷载计算

水闸承受的主要荷载有水闸结构自重、水重、水平水压力、扬压力、浪压力、泥沙压力、土压力、冰压力、土的冻胀力及地震荷载等。

（一）计算水闸结构自重

水闸结构自重包括底板自重、闸墩自重、胸墙自重、启闭机自重、工作桥自重、交通桥自重、检修桥自重等。水闸结构自重应按其几何尺寸及材料重度计算确定。水闸结构使用的建筑材料主要有混凝土、钢筋混凝土、浆砌块石。混凝土的重度可采用23.5～24.0kN/m³，钢筋混凝土的重度可采用24.5～25.0kN/m³，浆砌块石的重度可采用21.0～23.0kN/m³。

闸门、启闭机及其他永久设备应尽量采用实际重量。但是，一般在稳定计算时，闸门设计还没有完成，因此可以根据门型参照下列经验公式计算。

（1）露顶式平面钢闸门。

当 $H\leqslant 8$m 时
$$G=K_zK_cK_gH^{1.43}B^{0.88} \tag{3-1}$$

当 $H>8$m 时
$$G=0.12K_zK_cH^{1.65}B^{1.85} \tag{3-2}$$

（2）露顶式弧形闸门。

当 $H\leqslant 10$m 时
$$G=K_cK_bH_sH^{0.42}B^{0.33} \tag{3-3}$$

当 $H>10$m 时
$$G=K_cK_bH_sH^{0.63}B^{1.1} \tag{3-4}$$

（3）潜孔式平面滚轮闸门。

$$G=0.073K_1K_2K_3A^{0.93}H_s^{0.79} \tag{3-5}$$

（4）潜孔式平面滑动闸门。

$$G=0.022K_1K_2K_3A^{1.34}H_s^{0.65} \tag{3-6}$$

（5）潜孔式弧形闸门。

$$G=0.012K_2A^{1.27}H_s^{1.06} \tag{3-7}$$

以上各式中　G——闸门重力，10kN；

H——闸门孔口高度，m；

B——闸门孔口宽度，m；

H_s——设计水头，m；

A——闸门孔口面积，m²；

K_z——闸门行走支承系数，滑动式支承 $K_z=0.81$，滚轮式支承 $K_z=1.0$，台车式支承 $K_z=1.3$；

K_c——材料系数，普通碳素钢 $K_c=1.0$；普通低合金结构钢 $K_c=0.8$；

K_g——孔口高度系数，当 $H<5$m 时，$K_g=0.156$，当 $5\text{m}\leqslant H\leqslant 8$m 时，$K_g=0.13$；

K_b——孔口宽度系数，当 $B\leqslant 5$m 时，$K_b=0.29$，当 $5\text{m}<B\leqslant 10$m 时，$K_b=0.472$，当 $10\text{m}<B<20$m 时，$K_b=0.075$，当 $B\geqslant 20$m 时，$K_b=0.105$；

K_1——闸门工作性质系数，对于潜孔式平面滚轮闸门，工作闸门 $K_1=1.0$，检修闸门 $K_1=0.9$，对于潜孔式平面滑动闸门，工作闸门 $K_1=1.1$，检修闸门 $K_1=1.0$；

K_2——孔口高宽比修正系数，对于潜孔式平面闸门，当 $H/B<1$ 时，$K_2=1.10$，当 $1\leqslant H/B<2$ 时，$K_2=1.00$，当 $H/B\geqslant 2$ 时，$K_2=0.93$；对于潜孔式弧形闸门，当 $H/B<3$ 时，$K_2=1.00$，当 $H/B\geqslant 3$ 时，$K_2=1.2$；

K_3——设计水头修正系数，对于潜孔式平面滚轮闸门，当 $H_s<60$m 时，$K_3=1.0$，当 $H_s\geqslant 60$m 时，$K_3=(H_s/A)^{1/4}$；对于潜孔式平面滑动闸门，当 $H_s<70$m 时，$K_3=1.0$，当 $H_s\geqslant 70$m 时，$K_3=(H_s/A)^{1/4}$。

（二）计算水重

作用在水闸底板上的水重应按其实际体积及水的重度计算，水的重度可采用 9.8 kN/m³。在多泥沙河流上的水闸，还应考虑含沙量对水的重度的影响，浑水的重度可采用 10.5～11.0kN/m³。

（三）计算水平静水压力

水平静水压力指作用于胸墙、闸门、闸墩及底板上的水平水压力。上、下游应分别计算，应根据水闸不同运用情况时的上、下游水位组合条件确定。

对于黏土铺盖，如图 3-1（a）所示，a 点压强按静水压力计算，b 点取该点的扬压力值，两者之间按线性规律考虑。

$$p_a=\gamma H_a \tag{3-8}$$

$$p_b=u_{bs}+u_{bf}=\gamma H_{bs}+\gamma H_{bf} \tag{3-9}$$

式中 p_a——a 点的压强值，kN/m²；

γ——水的重度，kN/m³；

H_a——a 点距上游水位的距离，m；

p_b——b 点的压强值，kN/m²；

u_{bs}——b 点的渗透压强值，kN/m²；

u_{bf}——b 点的浮托力压强值，kN/m²；

H_{bs}——b 点的渗压水头值，m；

H_{bf}——b 点的浮托力水头值，m。

对混凝土铺盖，止水片以上仍按静水压力计算，以下按梯形分布，如图 3-1（b）所示，d 点取该点的扬压力值，止水片底面 c 点的水压力等于该点的浮托力加 e 点处的渗透压力，即认为 c、e 点间无渗压水头损失，即

$$p_{c下}=u_{es}+u_{cf}=\gamma H_{es}+\gamma H_{cf} \tag{3-10}$$

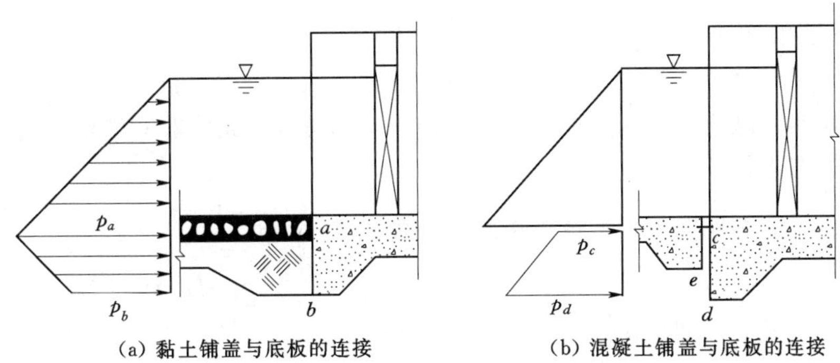

(a) 黏土铺盖与底板的连接　　(b) 混凝土铺盖与底板的连接

图 3-1　上游水压力计算图

$$p_d = u_{ds} + u_{df} = \gamma H_{ds} + \gamma H_{df} \tag{3-11}$$

式中　$p_{c下}$——c 点（止水片下方）的压强值，kN/m^2；

u_{es}——e 点的渗透压强值，kN/m^2；

u_{cf}——c 点的浮托力压强值，kN/m^2；

H_{es}——e 点的渗压水头值，m；

H_{cf}——c 点的浮托力水头值，m；

p_d——d 点的压强值，kN/m^2；

u_{ds}——d 点的渗透压强值，kN/m^2；

u_{df}——d 点的浮托力压强值，kN/m^2；

H_{ds}、H_{df}——d 点的渗压水头值、浮托力水头值，m。

（四）计算基底扬压力

作用在水闸基础底面的扬压力应根据地基类别、防渗排水布置及水闸上、下游水位组合条件确定。

计算方法参见防渗设计。

（五）计算淤沙压力

淤沙压力应根据水闸上、下游可能淤积的厚度及泥沙重度等计算确定（图 3-2）。单位闸宽上的水平淤沙压力 P_s（kN/m）为

$$P_s = \frac{1}{2}\gamma_{sd} h_n^2 \tan^2\left(45° - \frac{\varphi_s}{2}\right) \tag{3-12}$$

$$\gamma_{sb} = \gamma_{sd} - (1-n)\gamma$$

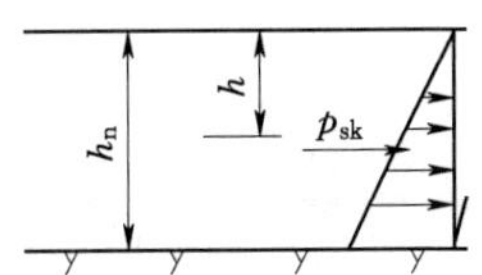

图 3-2　淤沙压力计算图

式中　γ_{sb}——淤沙的浮重度，kN/m^3；

γ_{sd}——淤沙的干重度，kN/m^3；

γ——水的重度，kN/m^3；

n——淤沙的孔隙率；

h_n——闸前估算的泥沙淤积厚度，m；

φ_s——淤沙的内摩擦角，（°）。

（六）计算浪压力

应按以下步骤分别计算波浪要素以及波浪压力。波浪要素可根据水闸运用条件、计算情况下闸前风向、风速、风区长度、风区内的平均水深等因素计算；波浪压力应根据闸前水深和实际波态进行计算。

（1）平原、滨海地区水闸按莆田试验站公式计算$\frac{gh_m}{v_0^2}$和$\frac{gT_m}{v_0}$。

$$\frac{gh_m}{v_0^2}=0.13\text{th}\left[0.7\left(\frac{gH_m}{v_0^2}\right)^{0.7}\right]\text{th}\left\{\frac{0.0018\left(\frac{gD}{v_0{}^2}\right)^{0.45}}{0.13\text{th}\left[0.7\left(\frac{gH_m}{v_0{}^2}\right)^{0.7}\right]}\right\} \tag{3-13}$$

$$\frac{gT_m}{v_0}=13.9\left(\frac{gh_m}{v_0^2}\right)^{0.5} \tag{3-14}$$

双曲正切函数
$$\text{th}(x)=\frac{e^x-e^{-x}}{e^x+e^{-x}} \tag{3-15}$$

式中 h_m——平均波高，m；

v_0——计算风速，m/s，当浪压力参与荷载的基本组合时，可采用当地气象台站提供的重现期为50年的年最大风速，当浪压力参与荷载的特殊组合时，可采用当地气象台站提供的多年平均年最大风速；

D——风区长度，m，当闸前水域较宽广或对岸最远水面距离不超过水闸前沿水面宽度5倍时，可采用对岸至水闸前沿的直线距离，当闸前水域较狭窄或对岸最远水面距离超过水闸前沿宽度5倍时，可采用水闸前沿水面宽度的5倍；

H_m——风区内的平均水深，m，可由沿风向作出的地形剖面图求得，其计算水位应与相应计算情况下的静水位一致；

T_m——平均波周期，s。

（2）根据水闸级别，由表3-1查得水闸的设计波列累积频率p（%）值。

表3-1 p 值

水闸级别	1	2	3	4	5
p/%	1	2	5	10	20

（3）相应于波列累积频率p的波高h_p与平均波高h_m的比值可由表3-2查得，从而计算出h_p。

表3-2 h_p/h_m 值表

$\frac{h_p}{H_m}$	p/%					
	1	2	5	10	20	50
0.0	2.42	2.23	1.95	1.71	1.43	0.94
0.1	2.26	2.09	1.87	1.65	1.41	0.96
0.2	2.09	1.96	1.76	1.59	1.37	0.98
0.3	1.93	1.82	1.66	1.52	1.34	1.00
0.4	1.78	1.68	1.56	1.44	1.30	1.01
0.5	1.63	1.56	1.46	1.37	1.25	1.01

（4）确定平均波长。平均波长 L_m 值可按式（3-16）计算，也可由表 3-3 查得。

$$L_m=\frac{gT_m^2}{2\pi}\text{th}\,\frac{2\pi H}{L_m} \tag{3-16}$$

式中　H——闸前水深，m。

表 3-3　L_m　值

H /m	T_m/s														
	1	2	3	4	5	6	7	8	9	10	12	14	16	18	20
1.0	1.56	5.22	8.69	12.00	15.24	18.44	21.62	24.79	27.96	31.11	37.41	43.70	49.98	56.26	62.54
2.0	—	6.05	11.31	16.23	20.95	25.58	30.16	34.69	39.20	43.70	52.66	61.59	70.50	79.40	88.29
3.0	—	6.22	12.68	18.96	24.93	30.72	36.41	42.03	47.61	53.16	64.19	75.17	86.12	97.04	107.95
4.0	—	—	13.41	20.86	27.95	34.77	41.44	48.01	54.51	60.96	73.77	86.50	99.18	111.82	124.44
5.0	—	—	13.76	22.20	30.31	38.09	45.66	53.08	60.41	67.68	82.08	96.37	110.59	124.76	138.90
6.0	—	—	13.93	23.13	32.19	40.87	49.27	57.50	65.61	73.62	89.49	105.20	120.82	136.38	151.90
7.0	—	—	—	23.78	33.69	43.22	52.42	61.41	70.24	78.96	96.19	113.23	130.15	147.00	163.79
8.0	—	—	—	24.21	34.89	45.22	55.19	64.90	74.43	83.82	102.33	120.62	138.77	156.82	174.80
9.0	—	—	—	24.49	35.84	46.94	57.65	68.05	78.24	88.27	108.01	127.49	146.79	165.98	185.09
10.0	—	—	—	24.68	36.59	48.41	59.82	70.90	81.73	92.37	113.30	133.91	154.31	174.58	194.76
12.0	—	—	—	24.87	37.64	50.73	63.49	75.85	87.90	99.73	122.89	145.64	168.13	190.44	212.62
14.0	—	—	—	—	38.25	52.42	66.40	79.98	93.20	106.14	131.42	156.18	180.61	204.82	228.87
16.0	—	—	—	—	38.61	53.62	68.72	83.45	97.78	111.78	139.09	165.76	192.02	218.02	243.83
18.0	—	—	—	—	38.80	54.47	70.55	86.35	101.75	116.79	146.03	174.53	202.55	230.25	257.72
20.0	—	—	—	—	—	55.05	71.98	88.79	105.21	121.24	152.36	182.62	212.33	241.66	270.72
22.0	—	—	—	—	—	55.44	73.10	90.83	108.22	125.21	158.15	190.12	221.45	252.35	282.95
24.0	—	—	—	—	—	55.71	73.96	92.53	110.85	128.75	163.47	197.10	230.00	262.42	294.49
26.0	—	—	—	—	—	55.88	74.61	93.94	113.13	131.93	168.36	203.61	238.05	271.94	305.44
28.0	—	—	—	—	—	—	75.10	95.10	115.10	134.76	172.87	209.70	245.64	280.96	315.85
30.0	—	—	—	—	—	—	75.47	96.05	116.82	137.29	177.04	215.41	252.81	289.54	325.78

（5）计算浪压力。作用于水闸竖直或近似竖直迎水面上的浪压力，应根据闸前水深和实际波态，分别按下列规定计算：

1）当 $H\geqslant H_k$ 和 $H\geqslant\frac{L_m}{2}$ 时，浪压力可按式（3-17）和式（3-18）计算，临界水深可按式（3-19）计算。计算示意图如图 3-3 所示。

$$P_1=\frac{1}{4}\gamma L_m(h_p+h_z) \tag{3-17}$$

$$h_z=\frac{\pi h_p^2}{L_m}\text{cth}\,\frac{2\pi H}{L_m} \tag{3-18}$$

$$H_k=\frac{L_m}{4\pi}\ln\frac{L_m+2\pi h_p}{L_m-2\pi h_p} \tag{3-19}$$

式中　P_1——作用于水闸迎水面上的浪压力，kN/m；

h_p——累积频率为 p（%）的波高，m；

h_z——波浪中心超出计算水位的高度，m；

H_k——使波浪破碎的临界水深，m；

$\mathrm{cth}x$——双曲余切函数，$\mathrm{cth}x=\dfrac{e^x+e^{-x}}{e^x-e^{-x}}$。

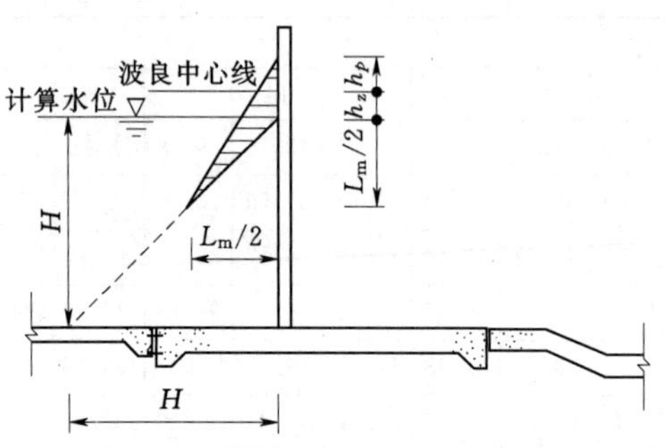

图 3-3 浪压力计算示意图（一）

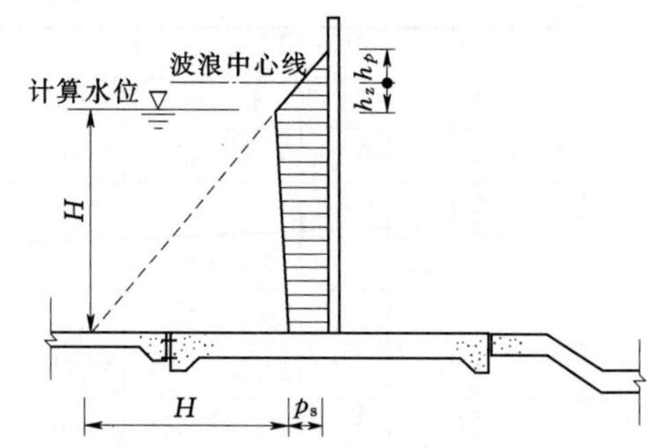

图 3-4 浪压力计算示意图（二）

2）当 $H\geqslant H_k$ 和 $H<\dfrac{L_m}{2}$时，浪压力按式（3-20）和式（3-21）计算，计算示意图如图 3-4 所示。

$$P_1=\frac{1}{2}[(h_p+h_z)(\gamma H+p_s)+Hp_s] \tag{3-20}$$

$$p_s=\gamma h_p \mathrm{sech}\frac{2\pi H}{L_m} \tag{3-21}$$

式中 p_s——闸墩（闸门）底面处的剩余浪压力强度，kPa；

$\mathrm{sech}x$——双曲正割函数，$\mathrm{sech}x=\dfrac{2}{e^x+e^{-x}}$。

3）当 $H<H_k$ 时，浪压力可按式（3-22）和式（3-23）计算，计算示意图如图3-5所示。

$$P_1=\frac{1}{2}P_j[(1.5-0.5\lambda)(h_p+h_z)+(0.7+\lambda)H] \tag{3-22}$$

$$P_j=K_i\gamma(h_p+h_z) \tag{3-23}$$

式中 P_j——计算水位处的浪压力强度，kPa；

λ——闸墩（闸门）底面处的浪压力强度折减系数，当 $H\leqslant 1.7(h_p+h_z)$时，可采用 0.6，当 $H>1.7(h_p+h_z)$时，可采用 0.5；

K_i——闸前河（渠）底坡影响系数，可按表 3-4 采用。

表 3-4 K_i 值

i	1/10	1/20	1/30	1/40	1/50	1/60	1/80	≤1/100
K_i	1.89	1.61	1.48	1.41	1.36	1.33	1.29	1.25

注 表中 i 为闸前一定距离内河（渠）底坡的平均值。

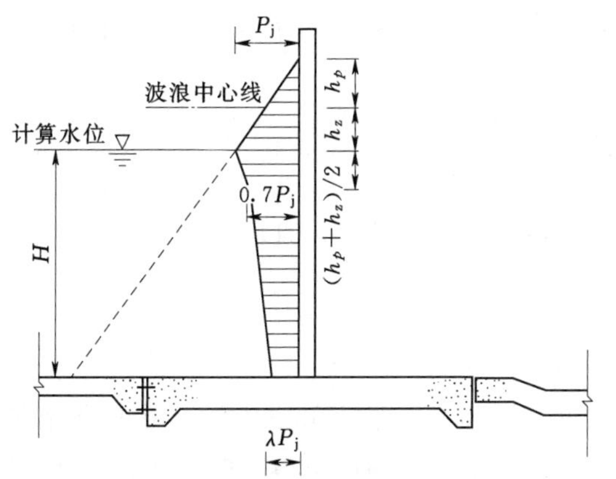

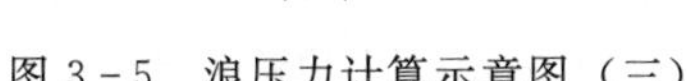
图 3-5　浪压力计算示意图（三）

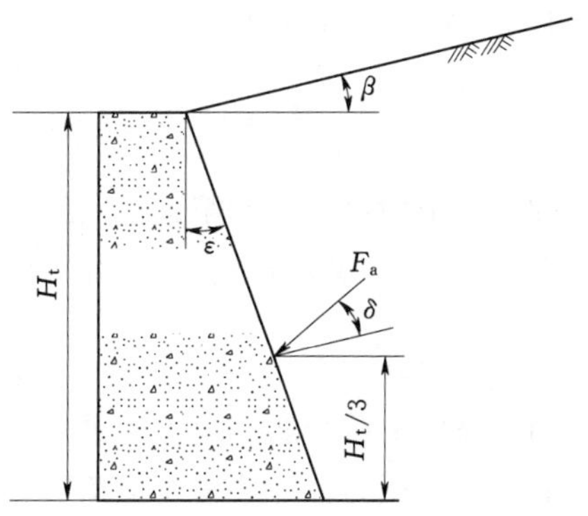

图 3-6　重力式挡土结构计算示意图

（七）计算土压力

土压力应根据填土性质、挡土高度、填土内的地下水位、填土顶面坡角及超荷载等计算确定。对于向外侧移动或转动的挡土结构，可按主动土压力计算；对于保持静止不动的挡土结构，可按静止土压力计算。

1. 重力式挡土结构的土压力计算

对于重力式挡土结构，当墙后填土为均质无黏性土时，主动土压力按式（3-24）和式（3-25）计算。计算简图如图 3-6 所示。

$$F_a=\frac{1}{2}\gamma_t H_t^2 K_a \tag{3-24}$$

$$K_a=\frac{\cos^2(\varphi_t-\varepsilon)}{\cos^2\varepsilon\cos(\varepsilon+\delta)\left[1+\sqrt{\dfrac{\sin(\varphi_t+\delta)\sin(\varphi_t-\beta)}{\cos(\varepsilon+\delta)\cos(\varepsilon-\beta)}}\right]^2} \tag{3-25}$$

式中　F_a——作用在水闸挡土结构上的主动土压力，kN/m，其作用点距墙底为墙高的$\frac{1}{3}$处，作用方向与水平面的夹角为$\varepsilon+\delta$；

γ_t——挡土结构墙后填土重度，kN/m³，地下水位以下取浮重度；

H_t——挡土结构高度，m；

K_a——主动土压力系数；

φ_t——挡土结构墙后填土的内摩擦角，（°）；

ε——挡土结构墙背面与竖直面的夹角，（°）；

δ——挡土结构墙后填土对墙背的外摩擦角，（°），可按表 3-5 采用；

β——挡土结构墙后填土表面坡角，（°）。

表 3-5　δ　值

挡土结构墙背面排水状况	δ 值	挡土结构墙背面排水状况	δ 值
墙背光滑，排水不良	$(0.00\sim0.33)\varphi_t$	墙背很粗糙，排水良好	$(0.50\sim0.67)\varphi_t$
墙背粗糙，排水良好	$(0.33\sim0.50)\varphi_t$	墙背与填土之间不可能滑动	$(0.67\sim1.00)\varphi_t$

2. 扶壁式或空箱式挡土结构的土压力计算

（1）对于扶壁式或空箱式挡土结构，当墙后填土为砂性土时，主动土压力按式（3-24）

和式（3-26）计算。计算简图如图 3-7 所示，图中主动土压力 F_a 的作用方向与水平面呈 β 夹角，即与填土表面平行。

$$K_a=\cos\beta\frac{\cos\beta-\sqrt{\cos^2\beta-\cos^2\varphi_t}}{\cos\beta+\sqrt{\cos^2\beta-\cos^2\varphi_t}} \tag{3-26}$$

（2）对于扶壁式或空箱式挡土结构，当墙后填土为砂性土，且填土表面水平时，主动土压力按式（3-24）和式（3-27）计算。

$$K_a=\tan^2\left(45°-\frac{\varphi_t}{2}\right) \tag{3-27}$$

（3）当挡土结构墙后填土为黏性土时，可采用等值内摩擦角法计算作用于墙背或 AB 面上的主动土压力。等值内摩擦角可根据挡土结构高度、墙后所填黏性土性质及其浸水情况等因素，参照已建工程实践经验确定，挡土结构高度在 6m 以下者，墙后所填黏性土水上部分等值内摩擦角可采用 28°～30°，水下部分等值内摩擦角可采用 25°～28°；挡土结构高度在 6m 以上（含 6m）者，墙后所填黏性土采用的等值内摩擦角应随挡土结构高度的增大而相应降低。

（4）当挡土结构墙后填土表面有均布荷载作用时，可将均布荷载换算成等效的填土高度，计算作用于墙背或 AB 面上的主动土压力。此种情况下，作用于墙背或 AB 面上的主动土压力应按梯形分布计算。

（5）当挡土结构墙后填土表面有车辆荷载作用时，可将车辆荷载近似地按均布荷载换算成等效的填土高度，计算作用于墙背或 AB 面上的主动土压力。

（6）对于墙背竖直、墙后填土表面水平的水闸挡土结构，静止土压力按式（3-28）和式（3-29）计算，计算简图如图 3-8 所示。

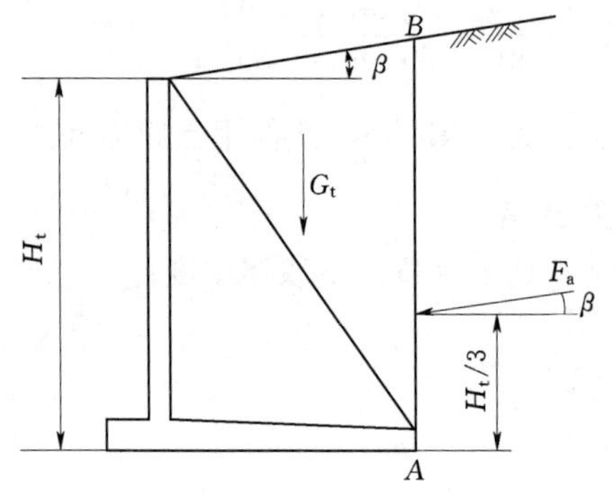

图 3-7 扶壁式或空箱式挡土结构计算示意图

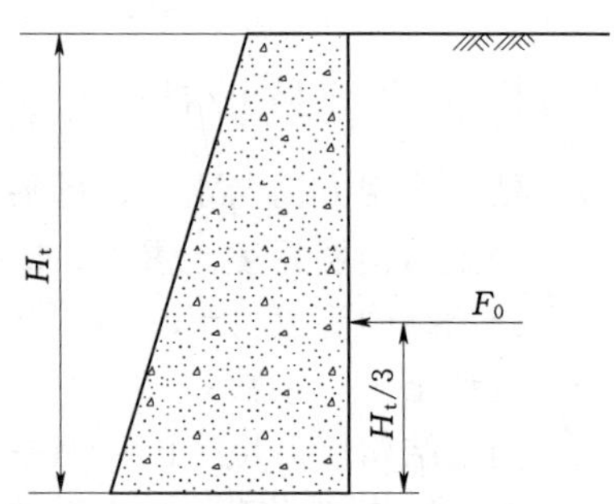

图 3-8 墙背竖直、墙后填土表面水平的挡土结构计算示意图

$$F_0=\frac{1}{2}\gamma_t H_t^2 K_0 \tag{3-28}$$

$$K_0=1-\sin\varphi_t' \tag{3-29}$$

式中 F_0——作用在水闸挡土结构上的静止土压力，kN/m；

K_0——静止土压力系数，应通过试验确定，在没有试验资料的情况下，也可按表 3-6选用。

表 3-6　K_0　　值

墙后填土类型	K_0	墙后填土类型	K_0
碎石土	0.22～0.40	壤土	0.60～0.62
砂土	0.36～0.42	黏土	0.70～0.75

（八）地震荷载

在地震区修建水闸，当设计烈度为Ⅶ度或大于Ⅶ度时，需考虑地震影响。地震荷载应包括建筑物自重以及其上的设备自重所产生的地震惯性力、地震动水压力和地震动土压力。

1. 地震惯性力

采用拟静力法计算作用于质点的水平向地震惯性力 F_i 时，计算公式如下

$$F_i=\frac{\alpha_n \zeta G_{E_i} \alpha_i}{g} \tag{3-30}$$

式中　F_i——作用在质点 i 的水平向地震惯性力代表值；

α_n——水平向设计地面加速度代表值；

ζ——地面作用的效应折减系数，除另有规定外，取 0.25；

G_{E_i}——集中在质点 i 的重力作用标准值；

α_i——质点 i 的动态分布系数，见表 3-7；

g——重力加速度。

2. 地震动水压力

作用在水闸上的地震动水压力的计算可参照重力坝地震动水压力公式计算。

3. 地震动土压力

作用在水闸岸墙和翼墙上的地震主动动土压力的计算可参照重力坝地震动土压力公式进行计算。

表 3-7　水闸动态分布系数 α_i

水闸闸墩		闸顶机架		岸墙、翼墙	
竖向及顺河流方向地震	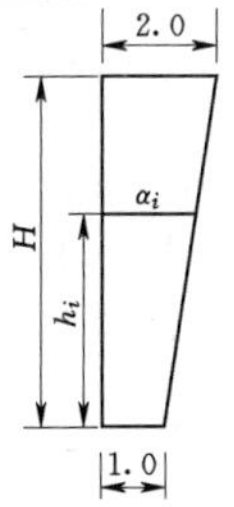	顺河流方向地震	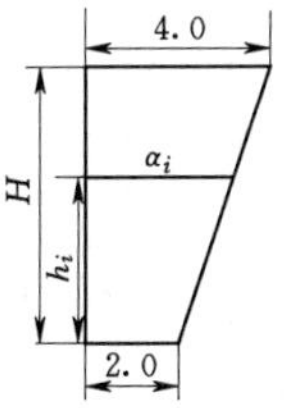	顺河流方向地震	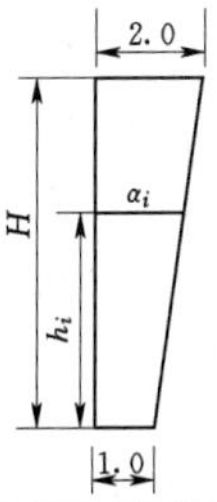
垂直河流方向地震	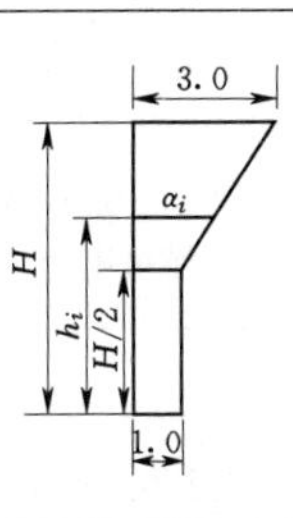	垂直河流方向地震	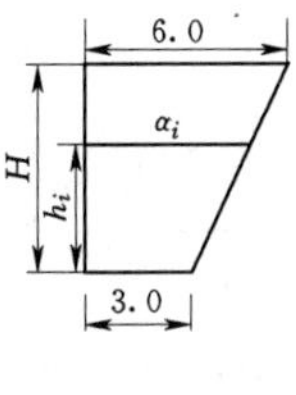	垂直河流方向地震	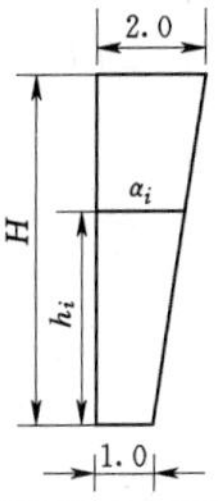

注　水闸墩底以下 α_i 取 1.0；H 为建筑物高度。

（九）其他荷载

作用在水闸上的冰压力、土的冻胀力等可按国家现行的有关标准的规定计算确定。施工过程中各个阶段的临时荷载应根据工程实际情况确定。

三、荷载组合

荷载组合分为基本组合和特殊组合。基本组合由同时出现的基本荷载组成；特殊组合由同时出现的基本荷载再加一种或几种特殊荷载组成。但地震荷载只应与正常蓄水位情况下的相应荷载组合。

计算闸室稳定和应力时的荷载组合可按表 3-8 的规定采用，必要时可考虑其他可能的不利组合。

表 3-8 荷载组合表

荷载组合	计算情况	荷载												说明
		自重	水重	静水压力	扬压力	土压力	淤沙压力	风压力	浪压力	冰压力	土的冻胀力	地震荷载	其他	
基本组合	完建情况	√	—	—	—	√	—	—	—	—	—	—	√	必要时，可考虑地下水产生的扬压力
	正常蓄水位情况	√	√	√	√	√	√	√	√	—	—	—	√	按正常蓄水位组合计算水重、静水压力、扬压力、浪压力
	设计洪水位情况	√	√	√	√	√	√	√	√	—	—	—	—	按设计洪水位组合计算水重、静水压力、扬压力、浪压力
	冰冻情况	√	√	√	√	√	√	√	—	√	√	—	√	按正常蓄水位组合计算水重、静水压力、扬压力、浪压力
特殊组合	施工情况	√	—	—	—	√	—	—	—	—	—	—	√	应考虑施工过程中各个阶段的临时荷载
	检修情况	√	—	√	√	√	√	√	√	—	—	—	√	按正常蓄水位组合（必要时可按设计洪水位组合或冬季低水位条件）计算静水压力、扬压力、浪压力
	校核洪水位情况	√	√	√	√	√	√	√	√	—	—	—	—	按校核洪水位组合计算水重、静水压力、扬压力、浪压力
	地震情况	√	√	√	√	√	√	√	√	—	—	√	—	按正常蓄水位组合计算水重、静水压力、扬压力、浪压力

注 "其他"为其他出现机会较多的荷载等。

以一联为计算单元，画出该联闸室的荷载计算简图，并在图上标出荷载作用位置，如图 3-9 所示，并列表进行计算（表 3-9）。

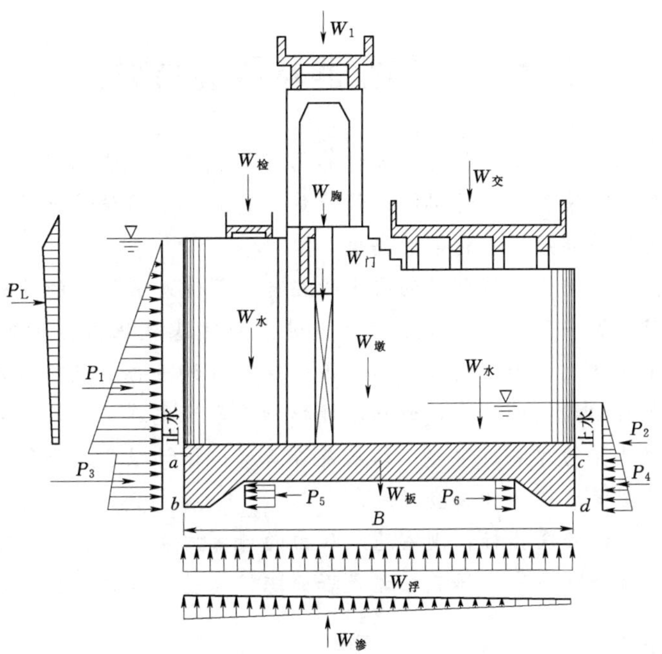

图 3-9　水闸荷载计算简图

表 3-9　荷 载 计 算 表

荷载名称 \ 项目		力的大小及方向 /kN				力臂 /m	力矩大小及方向 /(kN·m)	
		→	←	↓	↑		+	−
自重	……							
	……							
	……							
垂直水压力	上游							
	下游							
水平水压力	上游							
	……							
	下游							
	……							
浪压力								
扬压力	渗透压力							
	……							
	浮托力							
……								
合　计								

任务二　闸室地基承载力验算

目　　标： 熟悉闸室的安全指标；会计算闸室基底压力；能正确地用文字、符号、简图、表格表达设计思路；能清楚、完整地书写设计说明书；具有刻苦学习的精神和严谨、科学的态度。

执行步骤： 教师提问、讲解闸室的安全性指标及闸室基底压力的计算方法及应注意的问题等→引导学生分组讨论→进行闸室基底压力分析验算→教师个别辅导→学生自检→教师个别辅导→编写设计报告→教师抽查。

检　　查： 在教学组织过程中，教师在现场指导学生完成工作，学生互检闸室基底压力计算的方法、步骤、结果是否正确；设计报告是否条理清晰、语言是否缜密简洁；教师抽查评判。

考 核 点： 闸室的安全指标；闸室基底压力的计算方法、步骤、判别、结果；报告书是否条理清晰，语言描述是否简练、完整；工作态度是否认真、踏实。

一、计算单元

取两相邻顺水流向永久缝之间的闸段作为计算单元。

二、验算要求

1. 土基上

(1) 在各种计算情况下，闸室平均基底压力$\overline{P}$小于等于地基允许承载力$[P_{地基}]$（表3-10），即

$$\overline{P}=\frac{P_{max}+P_{min}}{2}\leqslant[P_{地基}] \tag{3-31}$$

表3-10　碎石土地基允许承载力　　单位：kPa

颗粒骨架＼密实度	密实	中密	稍密	颗粒骨架＼密实度	密实	中密	稍密
卵石	1000～800	800～500	500～300	圆砾	700～500	500～300	300～200
碎石	900～700	700～400	400～250	角砾	600～400	400～250	250～150

注　1. 碎石土密实度的鉴别见表3-11，分类方法见表3-12。
2. 表中数值适用于骨架颗粒孔隙全部由中砂、粗砂或坚硬的黏性土所充填的情况。
3. 当粗颗粒为弱风化或强风化时，可按其风化程度适当降低允许承载力；当颗粒间呈半胶结状时，可适当提高允许承载力。

表3-11　碎石土密实度鉴别

密实度	骨架颗粒含量及排列	开挖情况	钻探情况
密实	骨架颗粒含量大于总重的70%，呈交错排列，连续接触	用锹镐很难挖掘，用撬棍方能松动；坑壁一般较稳定	钻探极困难；冲击钻探时，钻杆、吊锤跳动剧烈；孔壁较稳定

续表

密实度	骨架颗粒含量及排列	开挖情况	钻探情况
中密	骨架颗粒含量=总重的60%~70%，呈交错排列，大部分接触	可用锹镐挖掘；坑壁有掉块现象，从坑壁取出大颗粒后，该处坑壁仍保持凹面状况	钻进较难；冲击钻探时，钻杆、吊锤跳动不甚剧烈；孔壁有坍塌现象
稍密	骨架颗粒含量小于总重的60%，排列乱，大部分不接触	可用锹挖掘；坑壁易坍塌，从孔壁取出大颗粒后，该处的砂土立即塌落	钻进较容易；冲击钻探时，钻杆稍有跳动；孔壁易坍塌

注　骨架颗粒指碎石土中含有的卵石、碎石、圆砾或角砾。

表3-12　碎石土按砾的含量分类

碎石土类别	骨架颗粒形状	砾（60~2mm）的含量/%	
		>60mm	>2mm
卵石	圆形或亚圆形为主	75~50	—
碎石	角棱状为主	50~15	—
砾类土	圆形或角棱状为主	—	>50
砂类土	圆形为主	—	≤50

注　骨架颗粒指碎石土中含有的卵石、碎石、圆砾或角砾。

（2）闸室最大基底应力小于地基允许承载力的1.2倍。

（3）闸室基底应力的最大值与最小值之比η小于表3-13规定的允许值。对于特别重要的大型水闸，采用值按表列数值适当减小；对于地震情况，采用值按表3-13所列数值适当增大；对于地基特别坚硬或可压缩土层甚薄的水闸，可不受本表的规定限制，但要求闸室基底不出现拉应力，即

$$\eta=\frac{P_{max}}{P_{min}}\leqslant[\eta] \qquad (3-32)$$

表3-13　土基上闸室基底应力最大值与最小值之比的允许值$[\eta]$

地基土质	荷载组合	
	基本组合	特殊组合
松软	1.50	2.00
中等坚实	2.00	2.50
坚实	2.50	3.00

注　1. 对于特别重要的大型水闸，其闸室基底应力的最大值与最小值之比的允许值可按表列数值适当减小。
2. 对于地震区的水闸，其闸室基底应力的最大值与最小值之比的允许值可按表列数值适当增大。
3. 对于地基特别坚实或可压缩土层很薄的水闸，可不受本表的规定限制，但要求闸室基底不出现拉应力。

2. 岩基上

（1）在各种计算情况下，闸室最大基底压力P_{max}小于等于地基允许承载力$[P_{地基}]$（表3-14）。

$$P_{max}\leqslant[P_{地基}] \qquad (3-33)$$

（2）在非地震情况下，闸室基底不出现拉应力。

（3）在地震情况下，闸室基底拉应力小于100kPa。

表3-14　岩石地基允许承载力　　单位：kPa

岩类类别＼风化程度	未风化	微风化	弱风化	强风化	全风化
硬质岩石	≥4000	4000~3000	3000~1000	1000~500	<500
软质岩石	≥2000	2000~1000	1000~500	500~200	<200

注　1. 岩石风化程度的鉴别见参考资料。
2. 强风化岩石改变埋藏条件后，如强度降低，宜按降低程度选用较低值。

三、闸室基底应力

闸室基底应力根据结构布置及受力情况分别计算。

1. 结构布置及受力情况对称时的闸室基底应力

当结构布置及受力情况对称时，按式（3-34）计算。

$$P_{\substack{max\\min}}=\frac{\sum G}{A}\pm\frac{\sum M}{W}=\frac{\sum G}{LB}\pm\frac{6\sum M}{L^2B} \tag{3-34}$$

式中 $P_{\substack{max\\min}}$——闸室基底应力的最大值和最小值，kPa；

$\sum G$——作用在闸室上的全部竖向荷载（包括闸室基础底面上的扬压力在内），kN；

$\sum M$——作用在闸室上的竖向和水平向荷载对于基础底面垂直水流方向的形心轴的力矩，kN·m；

A——闸室基础底面的面积，m^2；

W——闸室基础底面对于该底面垂直水流方向的形心轴的截面矩，m^3；

B——闸室底板计算单元宽度，m；

L——闸室底板计算单元长度，m。

2. 结构布置及受力情况不对称时的闸室基底应力

当结构布置及受力情况不对称时，按式（3-35）计算。

$$P_{\substack{max\\min}}=\frac{\sum G}{A}\pm\frac{\sum M_x}{W_x}\pm\frac{\sum M_y}{W_y} \tag{3-35}$$

式中 $\sum M_x$、$\sum M_y$——作用在闸室上的全部竖向和水平向荷载对于基础底面形心轴 x、y 的力矩，kN·m；

W_x、W_y——闸室基础底面对于该底面形心轴 x、y 的截面矩，m^3。

四、水闸的地基沉降计算及处理

1. 地基沉降计算

由于土基压缩变形大，容易引起较大的沉降和不均匀沉降。沉降过大，会使闸顶高程降低，达不到设计要求；不均匀沉降过大时，会使底板倾斜，甚至断裂及止水破坏，严重地影响水闸正常工作。因此，应计算闸基的沉降，以便分析了解地基的变形情况，作出合理的设计方案。计算时应选择有代表性的计算点进行。计算点确定后，用分层总和法计算其最终沉降量，其计算式如下：

$$S_\infty = m\sum_{i=1}^{n}\frac{e_{1i}-e_{2i}}{1+e_{1i}}h_i \tag{3-36}$$

式中 S_∞——土质地基最终沉降量，m；

m——地基沉降修正系数，1.0～1.6；

n——土质地基压缩层计算深度范围内的土层数；

e_{1i}——基础底面以下第 i 层土在平均自重应力作用下，由压缩曲线查得的相应孔隙比；

e_{2i}——基础底面以下第 i 层土在平均自重应力加平均附加应力作用下，由压缩曲线查得的相应孔隙比；

h_i——基础底面以下第 i 层土的厚度，m。

土质地基允许最大沉降量和最大沉降差应以保证水闸安全和正常使用为原则，根据具体情况研究确定（图 3－10）。天然土质地基上水闸地基最大沉降量不宜超过 15cm，最大沉降差不宜超过 5cm。为了减小不均匀沉降，可采用以下措施：

（1）尽量使相邻结构的重量不要相差太大。

（2）重量大的结构先施工，使地基先行预压。

（3）尽量使地基反力分布趋于均匀，闸室结构布置匀称。

（4）必要时对地基进行人工加固。

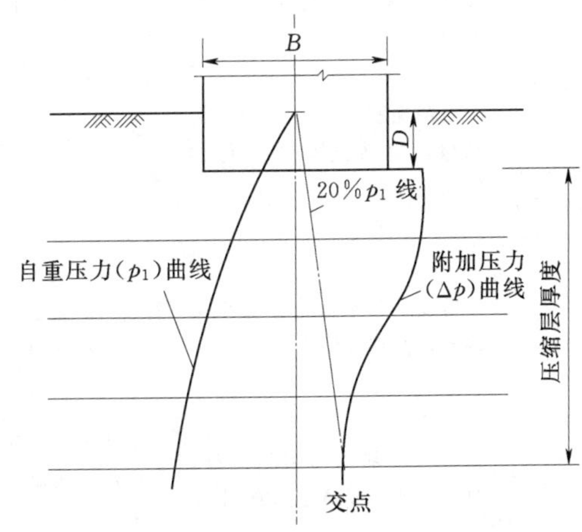

图 3－10 沉降计算深度的确定

2. 地基处理

根据工程实践，当黏性土地基的标准贯入击数大于 5，砂性土地基的标准贯入击数大于 8 时，可直接在天然地基上建闸，不需要进行处理；否则，需要对闸底板下的土质地基进行处理。常用的处理方法见表 3－15。

表 3－15 土基常用的处理方法

处理方法	基本作用	适用范围	说明
换土垫层法	提高地基承载力，改善地基应力分布，减少沉降量，适当提高地基稳定性和抗渗稳定性	厚度较薄的软土地基	当软土土层深厚时，下卧软弱土层在荷载下的长期变形可能依然很大，仍有较大的沉降量
预压法	预先加载，加速场地土排水固结，减少地基沉降量，提高地基承载力	在持续荷载作用下体积会发生很大压缩、强度会明显增长的饱和黏性土地基（淤泥质土、冲填土等）	降水难度大，场地土往往需要较长时间的预压才能完成，固结沉降较慢，不适宜工期紧的工程
真空-堆载联合预压法	在真空吸力作用下土体中的封闭气泡易于排出，使土的渗透性提高、固结过程快。土体密实度提高，提高地基承载力	适用范围较广，主要适用于能在加固区形成稳定负压边界条件的软土地基（淤泥质土、淤泥、素填土、吹填土和冲填土等）	浅层处理效果较显著；加固区周围土体具有先向加固区内、后向外移动的特点，需要控制加荷的速率
水泥搅拌桩法	在地基深处就地将水泥与软土强制搅拌、充分拌和，经物理、化学反应，形成水泥土桩。抗压强度高、整体性好、水稳定性好。桩与桩间土共同构成复合地基	淤泥、淤泥质土、粉土、饱和黄土、素填土、无地下水的饱和松散砂土、含水量较高且地基承载力标准值不大于 120kPa 的黏性土等地基	泥炭土、有机质土、塑性指数 I_p 大于 25 的黏土、地下水具有腐蚀性时以及无工程经验的地区，必须通过现场试验确定其适用性

续表

处理方法	基本作用	适用范围	说明
强夯法	增加地基承载力，减少沉降量，提高抗振动液化的能力	透水性较好的松软地基，尤其适用于稍密的碎石土或松砂地基	用于淤泥或淤泥质土地基时，需采取有效的排水措施
振动水冲法（湿法碎石桩法）	增加地基承载力，减少沉降量，提高抗振动液化的能力	松砂、软弱的砂壤土或卵石地基	处理后地基的均匀性和防止渗透变形的条件较差；用于不排水抗剪强度小于20kPa的软土地基时，处理效果不显著
桩基法	增加地基承载力，减少沉降量，提高抗滑稳定性	竖向荷载大而集中或受大面积地面荷载影响的结构，在沉降方面有较高要求的建筑物和精密设备的基础	桩尖未嵌入硬土层的摩擦桩，仍有一定的沉降量；用于松砂、砂壤土地基时，应注意渗透变形问题
沉井基础	除与桩基础作用相同外，对防止地基渗透变形有利	适用于上部为松软土层或粉细砂层、下部为硬土层或岩层的地基	不宜用于上部夹有蛮石、树根等杂物的松软地基或下部为顶面倾斜度较大的岩基

注 深层搅拌法、高压喷射法等其他处理方法，经过论证后也可采用。

任务三 闸室抗滑稳定验算

目　　标： 掌握闸室的稳定性指标；具有正确进行闸室稳定性验算的能力；能正确选择抗滑稳定措施；能正确地用文字、符号、简图、表格表达设计思路；能清楚、完整地书写设计说明书；具有刻苦学习的精神和严谨、科学的态度。

执行步骤： 教师讲解闸室稳定性指标→在各种组合工况下的验算方法及应注意的问题等→引导学生分组讨论、计算→教师个别辅导→学生自检→教师讲解抗滑措施等→引导学生判断是否需要采取抗滑措施→教师个别辅导→学生编写设计报告→教师抽查。

检　　查： 在教学组织过程中，教师在现场指导学生完成工作。学生自检闸室稳定验算的方法、步骤是否正确，采取的抗滑稳定措施是否得当，报告书是否条理清晰、缜密；教师抽查评判。

考 核 点： 闸室的抗滑稳定验算的方法、步骤、结果是否正确；选取的闸室抗滑措施是否必要、合理；设计报告是否条理清晰，语言描述是否简练、完整；工作态度是否认真、踏实。

一、计算单元

取两相邻顺水流向永久缝之间的闸段作为计算单元。

二、验算要求

1. 土基上

沿闸室基础底面的抗滑稳定安全系数 K_c 按式（3－37）或式（3－38）计算，并应大于

表 3－16 规定的允许值。表中特殊组合Ⅰ适用于施工情况、检修情况及校核洪水位情况；特殊组合Ⅱ适用于地震情况。黏性土地基上的大型水闸计算 K_c 时宜按式（3－38）计算。

$$K_c=\frac{f\sum G}{\sum P}\geqslant[K_c] \tag{3-37}$$

$$K_c=\frac{\tan\phi_0\sum G+c_0A}{\sum P}\geqslant[K_c] \tag{3-38}$$

式中　f——闸室基底面与地基之间的摩擦系数，在没有试验资料的情况下，可根据地基类别按表 3－17 所列数值选用；

$\sum P$——作用在闸室上的全部水平向荷载，kN；

ϕ_0——闸室基底面与土质地基之间的摩擦角，(°)，可按表 3－18 所列数值选用，表中 ϕ 为室内饱和固结快剪（黏性土）或饱和快剪（砂性土）试验测得的内摩擦角值；

c_0——闸室基底面与土质地基之间的黏聚力，kPa，可按表 3－18 所列数值选用，表中 c 为室内饱和固结快剪试验测得的黏聚力值。

表 3－16　土基上沿闸室基底面抗滑稳定安全系数的允许值$[K_c]$

荷载组合		水闸级别			
		1	2	3	4、5
基本组合		1.35	1.30	1.25	1.20
特殊组合	Ⅰ	1.20	1.15	1.10	1.05
	Ⅱ	1.10	1.05	1.05	1.00

注　1. 特殊组合Ⅰ适用于施工情况、检修情况及校核洪水位情况。
　　2. 特殊组合Ⅱ适用于地震情况。

若采用钻孔灌注桩基础，验算沿闸室底板底面的抗滑稳定性时，应计入桩体材料的抗剪断能力。

表 3－17　闸室基底面与地基之间的摩擦系数 f

地基类别		f	地基类别		f
黏土	软弱	0.20～0.25	砾石、卵石		0.50～0.55
	中等坚硬	0.25～0.35	碎石土		0.40～0.50
	坚硬	0.35～0.45	软质岩石	极软	0.40～0.45
壤土、粉质壤土		0.25～0.40		软	0.45～0.55
砂壤土、粉砂土		0.35～0.40		较软	0.55～0.60
细砂、极细砂		0.40～0.45	坚硬岩石	较坚硬	0.60～0.65
中砂、粗砂		0.45～0.50		坚硬	0.65～0.70
砂砾石		0.40～0.50			

2. 岩基上

沿闸室基础底面的抗滑稳定安全系数 K_c 按式（3－37）或式（3－39）计算，并不小于表 3－19 规定的允许值。表中特殊组合Ⅰ适用于施工情况、检修情况及校核洪水位情况；特殊组合Ⅱ适用于地震情况。

$$K_c=\frac{f'\sum G+c'A}{\sum P} \quad (3-39)$$

式中 f'——闸室基底面与岩石地基之间的抗剪断摩擦系数，可根据室内岩石抗剪断试验成果，并参照类似工程实践经验及表3-20所列数值选用，但选用的值不应超过闸室基础混凝土本身的抗剪断参数值；

c'——闸室基底面与岩石地基之间的抗剪断黏聚力，kPa，可根据室内岩石抗剪断试验成果，并参照类似工程实践经验及表3-20所列数值选用，但选用的值不应超过闸室基础混凝土本身的抗剪断参数值。

表3-18 ϕ_0、c_0 值（土质地基）

土质地基类别	ϕ_0	c_0
黏性土	0.9ϕ	$(0.2\sim0.3)c$
砂性土	$(0.85\sim0.90)\phi$	0

注 1. 表中 ϕ(°) 为室内饱和固结快剪（黏性土）或饱和快剪（砂性土）试验测得的内摩擦角；
2. c(kPa) 为室内饱和固结快剪试验测得的黏聚力。

表3-19 岩基上沿闸室基底面抗滑稳定安全系数的允许值[K_c]

荷载组合		按公式 $K_c=\frac{f\sum G}{\sum P}$ 计算时			按公式 $K_c=\frac{f'\sum G+c'A}{\sum P}$ 计算时
		水闸级别			
		1	2、3	4、5	
基本组合		1.10	1.08	1.05	3.00
特殊组合	Ⅰ	1.05	1.03	1.00	2.50
	Ⅱ	1.00	1.00	1.00	2.30

注 1. 特殊组合Ⅰ适用于施工情况、检修情况及校核洪水位情况。
2. 特殊组合Ⅱ适用于地震情况。

表3-20 f'、c' 值（岩石地基）

岩石地基		f'	c'/MPa	说明
硬质岩石	坚硬	1.5～1.3	1.5～1.3	如果岩石地基内存在结构面、软弱层（带）或断层的情况，应按新勘察规范的规定选用
	较坚硬	1.3～1.1	1.3～1.1	
软质岩石	较软	1.1～0.9	1.1～0.7	
	软	0.9～0.7	0.7～0.3	
	极软	0.7～0.4	0.3～0.05	

三、抗滑措施

当沿闸室基础底面的抗滑稳定安全系数计算值 K_c 小于允许值[K_c]时，可在原有结构布置的基础上，结合工程的具体情况，采用下列一种或几种抗滑措施：

（1）将闸门位置移向低水位一侧，或将水闸底板向高水位一侧加长。

（2）适当增大闸室结构尺寸。

（3）增加闸室底板的齿墙深度。

（4）增加铺盖长度或帷幕灌浆深度，或在不影响防渗安全的条件下将排水设施向水闸底板靠近。

(5) 利用钢筋混凝土铺盖作为阻滑板，但闸室自身的抗滑稳定安全系数不应小于1.0（计算由阻滑板增加的抗滑力时，阻滑板效果的折减系数可采用0.80），阻滑板应满足限裂要求。

阻滑板所增加的抗滑力可由式（3-40）计算。

$$S=0.8f(G_1+G_2-V) \tag{3-40}$$

式中　G_1、G_2——阻滑板上的水重和自重；

V——阻滑板下的扬压力；

f——阻滑板与地基间的摩擦系数。

闸室自身的抗滑稳定安全系数 $K_{闸室}$ 为

$$K_{闸室}=\frac{\tan\phi_0\sum G+c_0A}{\sum P}\geqslant 1.0 \tag{3-41}$$

闸室加阻滑板共同作用下的抗滑稳定安全系数 $K_{室\cdot板}$ 为

$$K_{室\cdot板}=\frac{\tan\phi_0\sum G+c_0A+0.8f(G_1+G_2-V)}{\sum P}\geqslant[K_c] \tag{3-42}$$

(6) 增设钢筋混凝土抗滑桩或预应力锚固结构。

四、抗浮稳定验算

当闸室设有两道检修闸门或只设一道检修闸门，利用工作闸门与检修闸门进行检修时，应该按照式（3-43）进行抗浮稳定计算。

$$K_f=\frac{\sum V}{\sum U} \tag{3-43}$$

式中　K_f——闸室抗浮稳定安全系数；

$\sum V$——作用在闸室上全部向下的铅直力之和，kN；

$\sum U$——作用在闸室基础底面上的扬压力之和，kN。

不论水闸级别和地基条件如何，在基本荷载组合条件下，闸室抗浮稳定安全系数不应小于1.10；在特殊荷载组合条件下，闸室抗浮稳定安全系数不应小于1.05。

任务四　岸墙、翼墙稳定验算

目　　标： 掌握水闸岸墙、翼墙的稳定性指标；具有正确进行岸墙、翼墙稳定性验算的能力；能正确选择抗滑稳定措施；能正确地用文字、符号、简图、表格表达设计思路；能清楚、完整地书写设计说明书；具有刻苦钻研的精神和严谨、科学的态度。

执行步骤： 教师讲解水闸岸墙、翼墙的稳定性指标以及在各种组合工况下的验算方法、应注意的问题等→引导学生分组讨论、计算→教师个别辅导→学生自检→教师讲解抗滑稳定措施等→引导学生判断是否需要采取抗滑措施→教师个别辅导→学生编写设计报告→教师抽查、答辩。

检　　查： 在教学组织过程中，教师在现场指导学生完成工作。学生自检水闸岸墙、翼墙的稳定验算的方法、步骤是否正确，采取的抗滑稳定措施是否得当，报告书是否条理清晰、缜密；教师抽查评判。

考 核 点： 水闸岸墙、翼墙的抗滑稳定验算的方法、步骤、结果是否正确；所选取的水闸岸墙、翼墙的抗滑措施是否必要、合理；设计报告是否条理清晰，语言描述是否简练、完整；工作态度是否认真、踏实。

一、计算单元

取单位长度或分段长度的墙体作为计算单元。即对于未设横向永久缝的重力式岸墙、翼墙结构，取单位长度墙体作为稳定计算单元；对于设有横向永久缝的重力式、扶壁式、空箱式岸墙、翼墙结构，取分段长度墙体作为稳定计算单元。

二、验算要求

（一）土基上

1. 抗滑稳定验算

沿岸墙、翼墙基础底面的抗滑稳定安全系数 K_c 应按式（3-44）或式（3-45）计算。

$$K_c=\frac{抗滑力之和}{滑动力之和}=\frac{f\cdot\sum G}{\sum P}\geqslant[K_c] \tag{3-44}$$

$$K_c=\frac{抗滑力之和}{滑动力之和}=\frac{\tan\phi_0\sum G+c_0A}{\sum P}\geqslant[K_c] \tag{3-45}$$

$$f_0=\frac{\tan\phi_0\sum G+c_0A}{\sum G} \tag{3-46}$$

式中 f——岸墙、翼墙基底面与土质地基之间的抗剪断摩擦系数，在没有试验资料的情况下，可根据地基类别按照表3-17所列数值选用；

f_0——折算的综合摩擦系数；

A——岸墙、翼墙基底面的面积，m^2；

$\sum P$——作用在岸墙、翼墙上的全部水平向荷载（包括墙前填土的被动土压力），kN；

$\sum G$——作用在岸墙、翼墙上的全部垂直向荷载，kN；

$[K_c]$——土基上沿岸墙、翼墙基底面抗滑稳定安全系数的允许值，按表3-16取值；

ϕ_0、c_0——岸墙、翼墙基底面与土质地基之间的摩擦角，(°)、黏聚力，kPa，可根据土质地基类别按表3-18的规定采用，此时应按式（3-46）折算墙基底面与土质地基之间的综合摩擦系数 f_0；如果折算的综合摩擦系数对于黏性土地基来说大于0.45，或对于砂性土地基来说大于0.50，则采用的 ϕ_0 值和 c_0 值均应有论证。对于特别重要的大型水闸工程，所采用的 ϕ_0 值和 c_0 值还应经现场地基土对混凝土板的抗滑强度试验验证。

土压力计算应根据挡土墙型式、挡土高度、墙后所填土的性质、填土内的地下水位、填土顶面坡角及超荷载等参照式（3-24）～（3-29）计算确定。对于向外侧移动或转动的挡土结构，可按主动土压力计算；对于保持静止不动的挡土结构，可按静止土压力计算。目前，我国的水闸工程中，对于土基上的岸墙、翼墙结构，无论是重力式、扶壁式还是空箱式，由于墙后填土的作用，岸墙、翼墙往往产生离开填土方向的移动和转动，其位移量足以达到形成主动土压力的数量级，所以绝大多数是按照主动土压力计算其墙后土压力的。当挡土墙结构墙后填土为黏性土或墙后填土表面有超荷载作用时，可采用等值内摩擦角法或将超荷载换算成等效的填土高度进行计算。

2. 地基承载力及不均匀系数验算

为了防止水闸的岸墙及上下游的翼墙地基发生浅层剪切破坏，需要验算基底的应力。

(1) 岸墙、翼墙最大的基底应力常出现在完建期墙前无水的情况，也可能出现在运用期墙后地下水位高于外水位的情况。基底应力按式（3-47）计算。

$$P_{\substack{max \\ min}}=\frac{\sum G}{A}\pm\frac{\sum M}{W} \tag{3-47}$$

式中　$P_{\substack{max \\ min}}$——岸墙、翼墙基底应力的最大值和最小值，kPa；

$\sum G$——作用在岸墙、翼墙上的全部竖向荷载，kN；

$\sum M$——作用在岸墙、翼墙上的全部竖向荷载和水平向荷载对于基础底面的形心轴的力矩，kN·m；

A——岸墙、翼墙基础底面的面积，m^2；

W——岸墙、翼墙基础底面对于形心轴的截面矩，m^3。

(2) 在各种计算情况下，岸墙、翼墙平均基底压力$\overline{P}$小于地基允许承载力［$P_{地基}$］。

(3) 在各种计算情况下，岸墙、翼墙最大基底应力小于地基允许承载力的1.2倍。

(4) 岸墙、翼墙基底应力的最大值与最小值之比η小于表3-13规定的允许值。

（二）岩基上

有的水闸建造于岩石地基上，对于这类岩基上的水闸岸墙和翼墙，其稳定性应满足下列要求。

1. 翼墙抗倾覆稳定验算

岸墙、翼墙抗倾安全系数K_0按式（3-48）计算：

$$K_0=\frac{\sum M_V}{\sum M_H} \tag{3-48}$$

式中　K_0——岸墙、翼墙抗倾安全系数；

$\sum M_V$——对岸墙、翼墙前趾的抗倾覆力矩之和，kN·m；

$\sum M_H$——对岸墙、翼墙前趾的倾覆力矩之和，kN·m。

岩基上岸墙、翼墙抗倾覆稳定安全系数允许值的确定，以在各种荷载作用下不倾倒为原则，但应有一定的安全储备。不论水闸级别，在基本荷载组合条件下，岩基上岸墙、翼墙的抗倾覆安全系数不应小于1.50；在特殊荷载组合条件下，岩基上岸墙、翼墙的抗倾覆安全系数不应小于1.30。

2. 抗滑稳定验算

抗滑稳定验算按式（3-44）或式（3-49）计算。岩基上沿岸墙、翼墙基础底面的抗滑稳定安全系数不小于表3-19所列数值［K_c］。

$$K_c=\frac{抗滑力之和}{滑动力之和}=\frac{f'\cdot\sum G+c'A}{\sum P}\geqslant[K_c] \tag{3-49}$$

式中 f'——岸墙、翼墙基底面与岩石地基之间的抗剪断摩擦系数，可根据室内岩石抗剪断试验成果，并参照类似工程实践经验及表 3-20 所列数值选用。但选用的值不应超过岸墙、翼墙混凝土本身的抗剪断参数值；

A——岸墙、翼墙基底面的面积，m^2；

c'——岸墙、翼墙基底面与岩石地基之间的抗剪断黏聚力，kPa，可根据室内岩石抗剪断试验成果，并参照类似工程实践经验及表 3-20 所列数值选用，但选用的值不应超过岸墙、翼墙混凝土本身的抗剪断参数值；

$\sum P$——作用在岸墙、翼墙上的全部水平向荷载，kN；

$\sum G$——作用在岸墙、翼墙上的全部垂直向荷载，kN；

$[K_c]$——岩基上沿岸墙、翼墙基底面抗滑稳定安全系数的允许值，按表 3-19 取值。

对于岩基上的水闸挡土结构，由于挡土结构底部嵌固在岩基上，而且当断面刚度比较大时，移动量和转动量较小，因此可按照静止土压力计算。因此，作用在其上的土压力计算同样应根据挡土墙型式、挡土高度、墙后所填土的性质、填土内的地下水位、填土顶面坡角及超荷载等参照式（3-28）和式（3-29）计算确定。

3. 地基承载力及不均匀系数验算

基底应力按式（3-47）计算。在各种计算情况下，岸墙、翼墙最大基底应力小于地基允许承载力。在非地震情况下，岸墙、翼墙基底不出现拉应力；在地震情况下，基底拉应力小于 100kPa。

三、抗滑措施

当沿岸墙、翼墙基底面的抗滑稳定安全系数计算值 K_c 小于允许值 $[K_c]$，不能满足设计要求时，或抗倾覆安全系数不满足要求时，可采用各种旨在提高岸墙、翼墙抗滑、抗倾稳定性的工程措施。工程中常用的有：①适当增加岸墙、翼墙底部支撑板的宽度，以增加底板上的有效重量；②在基底增加凸榫或增加齿墙，依靠被动土压力提高墙身抗滑能力；③在墙后增设阻滑板或锚杆；④在岸墙、翼墙后改填摩擦角较大的土料，以减小主动土压力；⑤在岸墙、翼墙后增设排水设施；⑥在不影响水闸正常运用的条件下，适当限制墙后的填土高度；⑦在不影响水闸正常运用的条件下，在墙后采取其他减少荷载措施。

【项目三考核】

项目三考核成绩按照知识占 30%、技能占 50%、态度占 20%的比例给出。考核依据是项目三考试答卷、答辩成绩、提交的成果、平时表现等。

项目四　整体式闸底板结构计算

【任务】 计算闸底纵向地基反力；计算板条及墩条上的不平衡剪力；不平衡剪力在闸墩和底板上的分配；计算基础梁上的荷载；计算地基反力及梁的内力。

闸室为一受力比较复杂的空间结构。一般都将它分解为若干部件（如闸墩、底板、胸墙、工作桥、交通桥等）分别进行结构计算，同时又考虑相互之间的连接作用。通过对各个部件的内力的计算，从而进行配筋及裂缝验算。

整体式平底板的平面尺寸远较厚度为大，可视为地基上的受力复杂的一块板。目前工程实际仍用近似简化计算方法进行强度分析。一般认为闸墩刚度较大，底板顺水流方向弯曲变形远较垂直水流方向的小，假定顺水流方向地基反力呈直线分布，故常在垂直水流方向截取单宽板条进行内力计算。

任务一　计算闸底纵向地基反力

目　　标： 能正确选择闸底纵向地基反力的计算方法；熟悉弹性地基梁法；会计算闸底纵向地基反力；能正确地用文字、符号、简图、表格表达设计思路；能清楚、完整地书写设计说明书；具有刻苦学习的精神和严谨、科学的态度。

执行步骤： 教师讲解整体式底板的结构计算方法的选择及用弹性地基梁法计算底板内力的原理、步骤→引导学生分组讨论、计算→教师个别辅导→学生自检→教师个别辅导→学生编写设计报告→教师抽查。

检　　查： 在教学组织过程中，教师在现场指导学生完成工作。学生自检选定的计算方法是否得当，计算方法、步骤是否正确，报告书是否条理清晰、缜密。

考 核 点： 弹性地基梁法的基本原理、适用范围、步骤、计算结果；反力直线法的基本原理、适用范围、步骤;倒置梁法的基本原理、适用范围、步骤；报告书情况。

一、计算方法的选择

按照不同的地基情况采用不同的底板应力计算方法。

对于黏性土地基或相对密度 D_r 大于 0.5 的砂土地基，因为固结时间较长、地基变形较慢或在荷载作用下的地基变形较难调整或调整较少，可按照弹性地基的假定确定地基的反力和梁的内力，应采用弹性地基梁法计算。

对于相对密度 D_r 不大于 0.5 的砂土地基，因地基松软，底板刚度相对较大，变形容易得到调整，即地基反力可以假定为直线分布，可以采用地基反力沿水流流向呈直线分布、垂直水流流向为均匀分布的反力直线分布法。

对小型水闸，则常采用倒置梁法。

二、计算工况的选择

闸底板结构计算情况一般选择完建无水期和正常挡水运用期。主要原因是完建无水期地基反力最大，正常挡水期上、下游水位差最大，均为最不利情况。

三、弹性地基梁法

弹性地基梁法认为底板和地基都是弹性体，底板变形和地基沉降协调一致，垂直水流方向地基反力呈不均匀分布，据此计算地基反力和底板内力。此法考虑了底板变形和地基沉降相协调，又计入边荷载的影响，比较合理，与实际情况接近，但计算较复杂。

当采用弹性地基梁法分析水闸闸底板应力时，应考虑可压缩土层厚度 T 与弹性地基梁半长 $L/2$ 之比值的影响。当 $2T/L<0.25$ 时，可按基床系数法计算（文克尔假定：假定地基单位面积上所受的压力与该面积上的地基沉降成正比，其比例系数称基床系数。因此，基底应力值的计算未考虑基础范围以外的地基变形的影响）；当 $2T/L>2.0$ 时，可按半无限深的弹性地基梁法计算（假定地基为半无限大理想弹性体，认为土体应力与变形之间是线性关系，可利用弹性理论中的半无限大弹性体的沉降公式计算地基的沉降，再根据基础挠度与地基变形协调一致的原则，求解地基反力，并可计及基础范围以外的边荷载作用的影响）；当 $2T/L$ 为 0.25～2.0 时，可按有限深的弹性地基梁计算。

弹性地基梁法计算地基反力和底板内力的具体步骤如下：

(1) 计算闸底板纵向（顺水流方向）地基反力。

(2) 计算板条及墩条上的不平衡剪力。

(3) 确定不平衡剪力在闸墩和底板上的分配。

(4) 计算基础梁上的荷载。

(5) 考虑边荷载的影响。

(6) 计算地基反力及梁的内力。

四、计算闸底板纵向（顺水流方向）地基反力

地基反力分完建无水期和正常挡水期两种情况，其数值与地基承载力大小相等，方向相反。用偏心受压公式计算如下：

$$P_{\substack{max\\min}}=\frac{\sum G}{A}\pm\frac{\sum M}{W}=\frac{\sum G}{A}\left(1\pm\frac{6e}{B}\right) \tag{4-1}$$

$$\overline{P}=\frac{P_{max}+P_{min}}{2} \tag{4-2}$$

式中 $P_{\substack{max\\min}}$——闸室基底承载力最大值和最小值，kPa；

$\overline{P}$——闸室基底承载力平均值，kPa；

$\sum G$——作用在闸室上的全部竖向荷载（包括闸室基础底面上的扬压力在内），kN；

$\sum M$——作用在闸室上的竖向和水平向荷载对于基础底面垂直水流方向的形心轴的

力矩，kN·m；

A——闸室基础底面的面积，m^2；

W——闸室基础底面对于该底面垂直水流方向的形心轴的截面矩，m^3。

任务二　计算板条及墩条上的不平衡剪力

目　　标： 会运用弹性地基梁法计算整体式闸底板板条及墩条上的不平衡剪力；能正确地用文字、符号、简图、表格表达设计思路；能清楚、完整地书写设计说明书；具有刻苦学习的精神和严谨、科学的态度。

执行步骤： 教师提问、引导学生复习弹性地基梁法→教师讲解整体式闸底板板条及墩条上的不平衡剪力计算方法、步骤、应注意的问题等→引导学生分组讨论、计算→教师个别辅导→学生自检→教师个别辅导→学生编写设计报告→教师抽查。

检　　查： 在教学组织过程中，教师在现场指导学生完成工作。学生互检方法、步骤是否正确，教师抽查计算步骤、结果，报告书是否条理清晰、完整，工作态度是否认真、踏实。

考 核 点： 整体式平底板板条及墩条上的不平衡剪力计算方法、步骤。

一、选取计算单元

在垂直水流方向截取单宽板条及墩条，计算板条及墩条上的不平衡剪力。

以闸门槽上游边缘为界，将底板分为上、下游两段，分别在两段的中央截取单宽板条及墩条进行分析，如图 4-1（a）所示。作用在板条及墩条上的力有底板自重（q_1）、水重

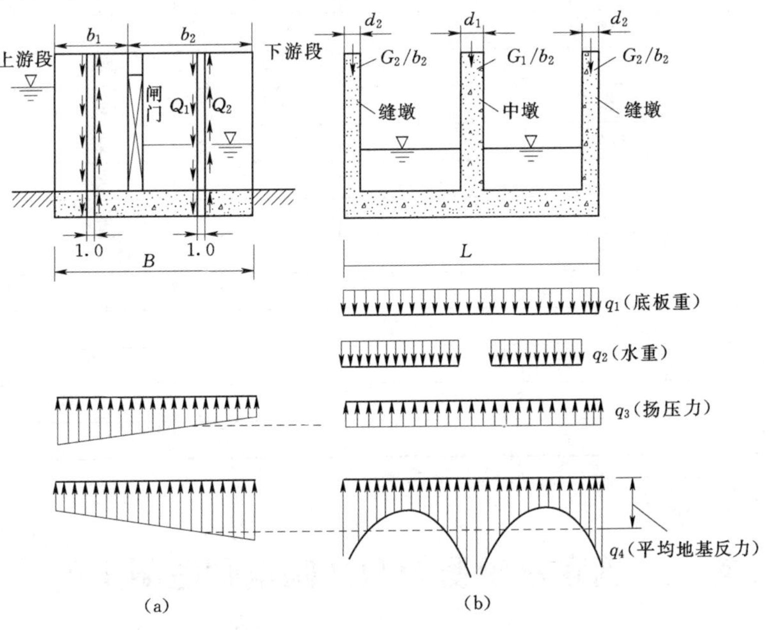

图 4-1　作用在单宽板条上的荷载及地基反力示意图

(q_2)、中墩重（G_1/b_2）及缝墩重（G_2/b_2）（中墩重及缝墩重中，包括其上部结构及设备自重在内），底板的底面有扬压力（q_3）及地基反力（q_4），如图 4-1（b）所示。

由于底板上的荷载在顺水流方向是有突变的，而地基反力是连续变化的，所以，作用在单宽板条及墩条上的力是不平衡的，即在板条及墩条的两侧必然作用有剪力 Q_1 及 Q_2，并由 Q_1 及 Q_2 的差值来维持板条及墩条上力的平衡，差值 $\Delta Q=Q_1-Q_2$，称为不平衡剪力。以下游段为例，根据板条及墩条上力的平衡条件，取 $\sum F_Y=0$，则

$$\frac{G_1}{b_2}+2\frac{G_2}{b_2}+\Delta Q+(q_1+q_2'-q_3-q_4)L=0 \tag{4-3}$$

$$q_2'=\frac{q_2(L-2d_2-d_1)}{L} \tag{4-4}$$

由式（4-3）可求出 ΔQ，式中假定 ΔQ 的方向向下，如算得结果为负值，则 ΔQ 的实际作用方向应向上。

二、列表计算

将不平衡剪力计算结果填入表 4-1。

表 4-1 不平衡剪力计算表

荷载名称		完建无水期		正常挡水期	
		上游段	下游段	上游段	下游段
结构重力	中墩			—	—
	缝墩			—	—
	交通桥	—		—	—
	启闭机			—	—
	检修桥		—	—	—
	启闭机房			—	—
	闸门	—		—	—
	工作桥			—	—
	排架			—	—
	底板			—	—
(1) 合计					
(2) 水重		—	—		—
(3) 渗透压力		—	—		
(4) 浮托力		—	—		
(5) 地基反力					
(6) 不平衡力					
(7) 不平衡剪力					

注 (6)=(1)+(2)+(3)+(4)+(5)，(6) 与 (7) 方向相反。

任务三 确定不平衡剪力在闸墩和底板上的分配

目　标： 能够正确计算不平衡剪力在闸墩和底板上的分配；能正确地用文字、符

号、简图、表格表达设计思路；能清楚、完整地书写设计说明书；具有刻苦学习的精神和严谨、科学的态度。

执行步骤： 教师提问、引导学生复习弹性地基梁法及板条及墩条上不平衡剪力的计算方法、步骤→教师讲解不平衡剪力在闸墩和底板上的分配方法、步骤等有关知识、应注意事项等→引导学生分组讨论、计算→教师个别辅导→学生自检→教师个别辅导→学生编写设计报告→教师抽查。

检　　查： 在教学组织过程中，教师在现场指导学生完成工作。学生互检分配的步骤是否正确，教师抽查计算步骤、结果，报告书是否条理清晰、完整，工作态度是否认真、踏实。

考 核 点： 在闸墩和底板上分配不平衡剪力的步骤等。

一、计算中性轴位置

如图 4-2 所示图形的中轴位置是

$$e=\frac{(d_1+2d_2)Gy_1+2y_2Ly_2}{(d_1+2d_2)G+2y_2L} \tag{4-5}$$

$$f=e-2y_2 \tag{4-6}$$

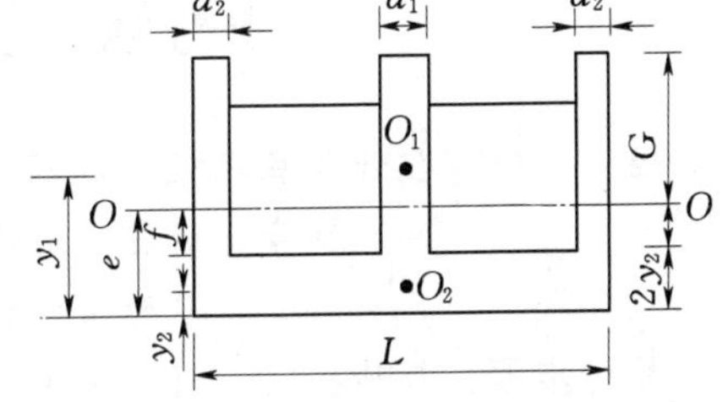

图 4-2　中性轴计算简图

O_1—闸墩形心；O_2—闸底板形心

二、不平衡剪力在闸墩和底板上的分配

不平衡剪力 Q 应由闸墩及底板共同承担，各自承担的数值，可根据剪应力分面图面积按比例确定。为此，需要绘制计算板条及墩条截面上的剪应力分布图。对于简单的板条和墩条截面，可直接应用积分法求得，如图 4-3 所示。

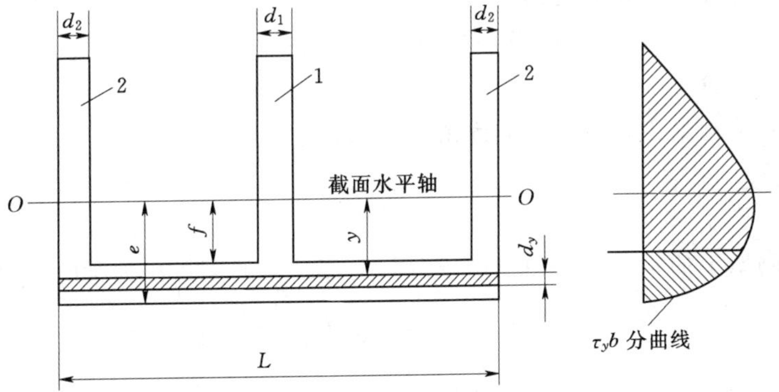

图 4-3　不平衡剪力 ΔQ 分配计算简图

1—中墩；2—缝墩

由材料力学得知，截面上的剪应力 τ_y(kPa) 为

$$\tau_y=\frac{\Delta Q}{bJ}S \text{ 或 } b\tau_y=\frac{\Delta Q}{J}S \tag{4-7}$$

式中　ΔQ——不平衡剪力，kN；

J——横断面惯性矩，m^4；

S——计算截面以下的面积对全截面形心轴的面积矩，m^3；

b——截面在 y 处的宽度，底板部分 $b=L$，闸墩部分 $b=d_1+2d_2$，m。

显然，底板截面上的不平衡剪力 $\Delta Q_{板}$ 应为

$$\Delta Q_{板}=\int_f^e \tau_y L\mathrm{d}y=\int_f^e \frac{\Delta QS}{JL}L\mathrm{d}y=\frac{\Delta Q}{J}\int_f^e S\mathrm{d}y$$

$$=\frac{\Delta Q}{J}\int_f^e (e-f)L\left(y+\frac{e-y}{2}\right)\mathrm{d}y=\frac{\Delta QL}{2J}\left[\frac{2}{3}e^3-e^2f+\frac{1}{3}f^3\right] \tag{4-8}$$

$$\Delta Q_{墩}=\Delta Q-\Delta Q_{板}$$

一般情况下，不平衡剪力的分配比例是：底板占 10%～15%，闸墩占 85%～90%。

任务四　计算基础梁上的荷载

目　　标：会计算基础梁上的荷载，同时全面考虑到边荷载的影响；能正确地用文字、符号、简图、表格表达设计思路；能清楚、完整地书写设计说明书；具有刻苦学习的精神和严谨、科学的态度。

执行步骤：教师提问、引导学生复习整体式平底板板条及墩条上的不平衡剪力的计算方法、步骤→提问、复习不平衡剪力在闸墩和底板上的分配方法、步骤→教师讲解基础梁上荷载的计算方法、思路，如何考虑边荷载的影响→引导学生分组讨论、计算→教师个别辅导→学生自检→教师个别辅导→学生编写设计报告→教师抽查。

检　　查：在教学组织过程中，教师在现场指导学生完成基础梁上荷载的计算，同时要考虑边荷载的影响。学生互检计算步骤是否正确，教师抽查计算步骤、结果，报告书是否条理清晰、完整，工作态度是否认真、踏实，综合评价。

考 核 点：基础梁上荷载的计算方法、步骤。

一、集中力

将分配给闸墩上的不平衡剪力与闸墩及其上部结构的重量作为梁的集中力。

$$\left.\begin{aligned}&\text{中墩集中力}\quad P_1=\frac{G_1}{b_2}+\Delta Q_{墩}\left(\frac{d_1}{2d_2+d_1}\right)\\&\text{缝墩集中力}\quad P_2=\frac{G_2}{b_2}+\Delta Q_{墩}\left(\frac{d_2}{2d_2+d_1}\right)\end{aligned}\right\} \tag{4-9}$$

二、不平衡剪力的处理

将分配给底板的不平衡剪力化为均布荷载，并与底板自重、水重及扬压力等合并，作为梁的均布荷载，即

$$q=q_1+q_2'-q_3+\frac{\Delta Q_{板}}{L} \tag{4-10}$$

底板自重 q_1 的取值因地基性质而异：由于黏性土地基固结缓慢，计算中可采用底板自重的50%～100%；而对砂性土地基，因其在底板混凝土达到一定刚度以前，地基变形几乎全部完成，底板自重对地基变形影响不大，在计算中可以不计。

三、考虑边荷载的影响

边荷载是指计算闸段底板两侧的闸室或边墩背后回填土及岸墙等作用于计算闸段上的荷载。如图4-4所示，计算闸段左侧的边荷载为其相邻闸孔的闸基压应力，右侧的边荷载为回填土的重力以及侧向土压力产生的弯矩。

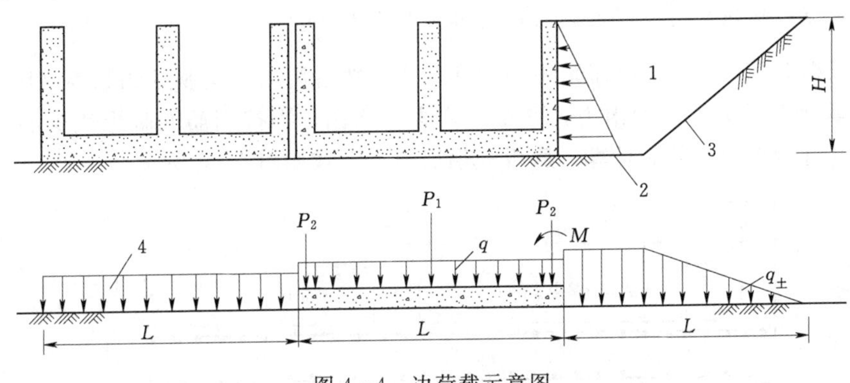

图4-4　边荷载示意图

1—回填土；2—侧向土压力；3—开挖线；4—相邻闸孔的闸基压应力

边荷载对底板内力的影响与地基性质和施工程序有关，在实际工程中，可按表4-2的规定计入边荷载的计算百分数。对于黏性土地基上的老闸加固，边荷载的影响可按表4-2的规定适当减小；计算采用的边荷载作用范围可根据基坑开挖及墙后土料回填的实际情况研究确定，通常可采用弹性地基梁长度的1倍或可压缩层厚度的1.2倍。

表4-2　边荷载计算百分数表　　%

地基类型	边荷载施加程序	边荷载对弹性地基梁的影响	
		使计算闸段底板内力减少	使计算闸段底板内力增加
砂性土	计算闸段底板浇筑以前施加边荷载	0	50
	计算闸段底板浇筑以后施加边荷载	50	100
黏性土	计算闸段底板浇筑以前施加边荷载	0	100
	计算闸段底板浇筑以后施加边荷载	0	100

任务五　计算地基反力及梁的内力

目　　标：会计算地基反力及梁的内力；理解反力直线法、倒置梁法；能正确地用文字、符号、简图、表格表达设计思路；能清楚、完整地书写设计说明书；

具有刻苦学习的精神和严谨、科学的态度。

执行步骤： 教师提问、复习不平衡剪力在闸墩和底板上的分配方法、步骤，提问、复习基础梁上荷载的计算方法、步骤→教师讲解地基反力及梁内力计算的方法、步骤→引导学生分组讨论、计算→教师个别辅导→学生自检→教师个别辅导→学生编写设计报告→教师抽查。

检　　查： 在教学组织过程中，教师在现场指导学生完成地基反力及梁内力的计算。学生互检计算步骤是否正确，教师抽查计算步骤、结果，报告书是否条理清晰、完整，工作态度是否认真、踏实，综合评价。

考 核 点： 地基反力及梁的内力的计算方法、步骤。

首先根据 $2T/L$ 值判别所需采用的计算方法，然后利用已编制好的数表（附表 1～附表 22）计算地基反力和梁的内力，并绘出内力包络图，再按钢筋混凝土或少筋混凝土结构配筋，并进行抗裂或限裂计算，底板的钢筋布置型式如图 4－5 所示。

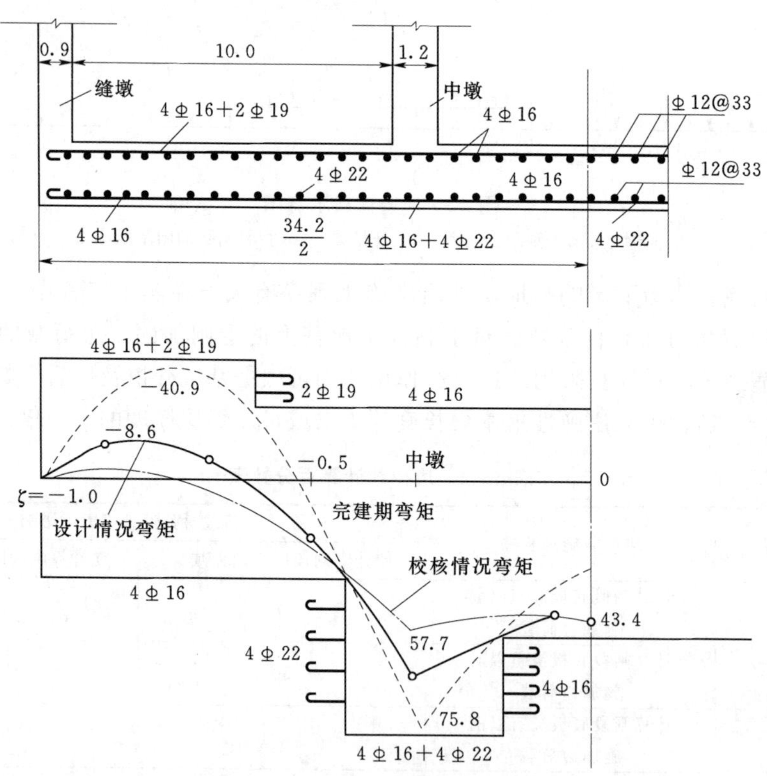

图 4－5　底板的钢筋布置型式

（单位：长度 m；弯矩 kN·m；直径 mm；间距 cm）

底板的主拉应力一般不大，可由混凝土承担，不需要配置横向钢筋，故面层、底层钢筋作分离式布置。受力钢筋每米不少于 3 根，直径不宜小于 12mm 或大于 32mm，一般为 12～25mm，构造钢筋直径为 10～12mm。底板底层如计算不需配筋，施工质量有保证时，可不配置。面层如计算不需配筋，每米可配 3～4 根构造钢筋以抵抗表面水流的剧烈冲刷。

垂直于受力钢筋方向，每米可配置 3～4 根直径为 10～12mm 的分布钢筋。受力钢筋在中墩处不切断，相邻两跨直通至边墩或缝墩外侧处切断，并留保护层。构造筋伸入墩下长度不小于 30 倍钢筋直径。

【项目四考核】

项目四考核成绩按照知识占 30%、技能占 50%、态度占 20%的比例给出。考核依据是项目四考试答卷、答辩成绩、提交的成果、平时表现等。

以上项目一至项目四为水闸设计部分，考核成绩占本课程成绩的 60%。

项目五　水闸施工组织设计

任务一　施工导截流设计

目　　标：能进行施工导流方案设计。具有敬业精神和严谨、科学的态度。

执行步骤：教师讲解施工导流、截流的方法，以及需要注意的问题→结合工程案例具体讲解各种导流方法的特点和适用条件→根据某工程的基本资料，给学生布置工作任务→组织学生填写工作任务书，按要求完成水闸施工导流方案设计→编写设计报告。

检　　查：在教学组织过程中，教师在现场指导学生完成水闸施工导流方案设计工作。

考 核 点：在教学组织过程中，教师在现场对其设计方法、设计步骤、工作态度进行评定，并结合其成果质量进行综合评价，即设计方法是否正确；设计步骤是否缜密、完善；工作态度是否认真、踏实。

一、导流方案选择

平原河道上修建拦河闸通常采用全段围堰法明渠导流。

全段围堰法导流是在河床主体工程的上、下游各修建一道拦河围堰，使上游来水通过预先修筑的临时或永久泄水建筑物（如明渠、隧洞等）泄向下游，主体建筑物在排干的基坑中进行施工，主体工程建成或接近建成时再封堵临时泄水道。这种方法的优点是工作面大，河床内的建筑物在一次性围堰的围护下建造，如能利用水利枢纽中的永久泄水建筑物导流，可大大节约工程投资。

上、下游围堰一次拦断河床形成基坑，保护主体建筑物干地施工，天然河道水流经河岸或滩地上开挖的导流明渠泄向下游的导流方式称为明渠导流。

采用明渠导流时，应符合下列规定：

(1) 在导流流量大，河床岸坡平缓或有较宽广滩地、垭口或古河道的河流上宜采用明渠导流。

(2) 明渠底宽、底坡和进出口高程应使上、下游水流衔接条件良好，满足导流、截流和施工期通航、过木、排冰要求。设在软基上的明渠，应采取有效消能抗冲设施。

(3) 明渠断面型式应方便后期填筑。应在分析地质条件、水力条件并进行技术经济比较后确定衬砌方式。当施工场地狭窄、施工条件受限、无法满足放坡要求时，应对导流明渠两侧进行支护，确保岸坡稳定。

(4) 导流明渠布置应考虑对周边建筑物安全的影响。

国内外工程实践证明，在导流方案比较过程中，如明渠导流和隧洞导流均可采用时，一般是倾向明渠导流，这是因为明渠开挖可采用大型设备，加快施工进度，对主体工程提前开工有利。对于施工期间河道有通航、过木和排冰要求时，明渠导流更有利。

二、导流设计流量确定

1. 导流标准

导流设计流量的大小取决于导流设计的洪水频率标准，通常简称为导流设计标准。

施工期可能遭遇的洪水是一个随机事件。如果标准太低，不能保证工程的施工安全，反之则使导流工程设计规模过大，不仅导流费用增加，而且可能因其规模太大而无法按期完工，造成工程施工的被动局面。因此，导流设计标准的确定，实际是要在经济性与风险性之间加以抉择。

（1）导流建筑物的级别。根据《水利水电工程施工组织设计规范》（SL 303—2017），在确定导流设计标准时，首先根据导流建筑物（指枢纽工程施工期所使用的临时性挡水和泄水建筑物）所保护对象、失事后果、使用年限和围堰工程规模划分为3～5级，具体按表5-1确定。然后再根据导流建筑物级别及导流建筑物类型确定导流标准（表5-2）。

表5-1　导流建筑物级别划分

级别	保护对象	失事后果	使用年限/年	导流建筑物规模	
				围堰高度/m	库容/亿 m^3
3	有特殊要求的1级永久性水工建筑物	淹没重要城镇、工矿企业、交通干线或推迟工程总工期及第一台（批）机组发电，造成重大灾害和损失	>3	>50	>1.0
4	1、2级永久性水工建筑物	淹没一般城镇、工矿企业、或推迟工程总工期及第一台（批）机组发电而造成较大经济损失	1.5～3	15～50	0.1～1.0
5	3、4级永久性水工建筑物	淹没基坑，但对总工期及第一台（批）机组发电影响不大，经济损失较小	<1.5	<15	<0.1

注　1. 导流建筑物包括挡水和泄水建筑物，两者级别相同。
2. 表中所列四项指标均按导流分期划分。
3. 有、无特殊要求的永久性水工建筑物均系针对施工期而言，有特殊要求的1级永久建筑物系指施工期不允许过水的土石坝及其他有特殊要求的永久性水工建筑物。
4. 使用年限系指导流建筑物每一导流分期的工作年限，两个或两个以上导流分期共用的导流建筑物，如分期导流，一、二期共用的纵向围堰，其使用年限不能叠加计算。
5. “导流建筑物规模”一栏中，“围堰高度”指挡水围堰最大高度，“库容”指堰前设计水位所拦蓄的水量，两者必须同时满足。

表5-2　导流建筑物洪水标准划分

导流建筑物类型	导流建筑物级别		
	3	4	5
	洪水重现期/年		
土石结构	50～20	20～10	10～5
混凝土、浆砌石结构	20～10	10～5	5～3

在确定导流建筑物的级别时，当导流建筑物根据表5-1指标分属不同级别时，应以其中最高级别为准。但列为3级导流建筑物时，至少应有两项指标符合要求；不同级别的

导流建筑物或同级导流建筑物的结构形式不同时，应分别确定洪水标准、堰顶超高值和结构设计安全系数；导流建筑物级别应根据不同的施工阶段按表 5-1 划分，同一施工阶段中的各导流建筑物的级别应根据其不同作用划分；各导流建筑物的洪水标准必须相同，一般以主要挡水建筑物的洪水标准为准；利用围堰挡水发电时，围堰级别可提高一级，但必须经过技术经济论证；导流建筑物与永久建筑物结合时，结合部分结构设计应采用永久建筑物级别标准，但导流设计级别与洪水标准仍按表 5-1 及表 5-2 规定执行。

当 4～5 级导流建筑物地基地质条件非常复杂，或工程具有特殊要求必须采用新型结构，或失事后淹没重要厂矿、城镇时，结构设计级别可以提高一级，但设计洪水标准不相应提高。

确定导流建筑物级别的因素复杂，当按表 5-1 和上述各条件确定的级别不合理时，可根据工程具体条件和施工导流阶段的不同要求，经过充分论证，予以提高或降低。

（2）导流建筑物设计洪水标准。根据建筑物的类型和级别在表 5-2 规定的幅度内选择，并结合风险度综合分析，使所选择标准经济合理，对失事后果严重的工程，要考虑对超标准洪水的应急措施。

导流建筑物洪水标准，在下述情况下可用表 5-2 中的上限值：

1）河流水文实测资料系列较短（小于 20 年），或工程处于暴雨中心区。

2）采用新型围堰结构型式。

3）处于关键施工阶段，失事后可能导致严重后果。

4）工程规模、投资和技术难度用上限值与下限值相差不大。

枢纽所在河段上游建有水库时，导流建筑物采用的洪水标准及设计流量应考虑上游梯级水库调蓄及调度的影响，工程截流期间还可通过上游水库调度降低出库流量。

过水围堰的挡水标准，应结合水文特点、施工工期、挡水时段，经技术经济比较后，在重现期 3～20 年范围内选定。当水文系列较长（不小于 30 年）时，也可按实测流量资料分析选用。过水围堰级别按表 5-2 确定的各项指标以过水围堰挡水期情况作为衡量依据。围堰过水时的设计洪水标准根据过水围堰的级别和表 5-2 选定。当水文系列较长（不小于 30 年）时，也可按实测典型年资料分析选用。并可通过水力学计算或水工模型试验，采用围堰过水时最不利流量作为设计依据。

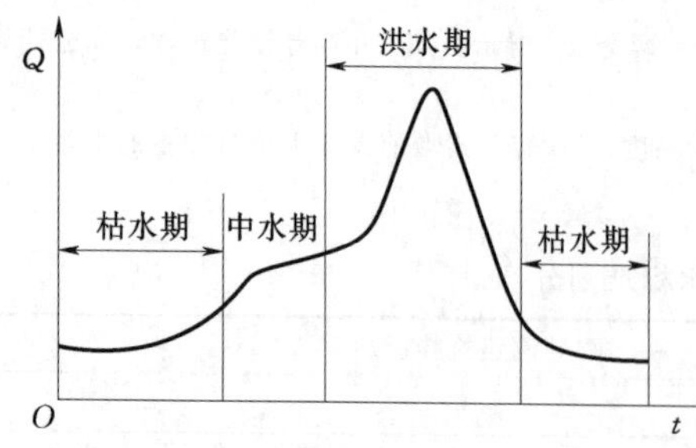

图 5-1 河流全年流量变化过程线

2. 导流时段划分

导流时段就是按照导流程序划分的各施工阶段的延续时间。

导流时段的划分与河流的水文特征、水工建筑物的型式、导流方案、施工进度有关系。在我国，一般河流全年的流量变化过程线如图 5-1 所示。

当施工期较长，而洪水来临前又不能完建时，导流时段就要考虑以全年为标准，其导流设计流量，就应按导流设计标准确定的有一定频率的全年最大流量。但如果安排的施工进度能够保证在洪水来临之前完建时，则导流时段即可按洪水来临前的施工时段为标准，导流设计流量即为该时段内按导流标准确定的有一定频率的最大流量。

三、导流建筑物布置与设计

1. 导流明渠布置

导流明渠布置分为岸坡布置和滩地布置两种形式，如图 5-2 所示。

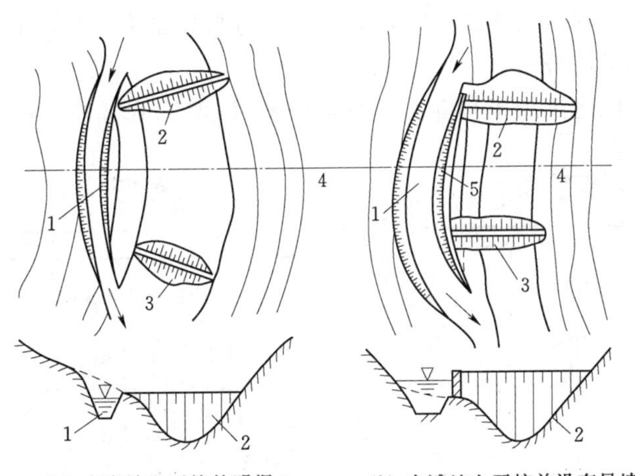

(a) 在岸坡上开挖的明渠　(b) 在滩地上开挖并设有导墙的明渠

图 5-2　明渠导流示意图

1—导流明渠；2—上游围堰；3—下游围堰；4—坝轴线；5—明渠外导墙

(1) 导流明渠轴线的布置。导流明渠应布置在较宽广的滩地、垭口或古河道一岸；渠身轴线要伸出上下游围堰外坡脚，水平距离要满足防冲要求，一般为 50～100m；明渠进出口应与上下游水流相衔接，与河道主流的交角宜小于 30°；为保证水流畅通，明渠转弯半径不宜小于 3 倍渠底宽；明渠轴线布置应尽可能缩短明渠长度和避免深挖方。

(2) 明渠进出口位置和高程的确定。明渠进出口力求不冲、不淤和不产生回流，可通过水力学模型试验调整进出口形状和位置，以达到这一目的；进口高程按截流设计选择，出口高程一般由下游消能控制；进出口高程和渠道水流流态应满足施工期通航、过木和排冰要求；在满足上述条件下，尽可能抬高进出口高程，以减少水下开挖量。

2. 导流明渠断面设计

(1) 明渠断面尺寸的确定。明渠断面尺寸由导流设计流量控制，并受地形地质和允许抗冲流速影响，应按不同的明渠断面尺寸与围堰的组合，通过综合分析确定。

(2) 明渠断面型式的选择。明渠断面一般设计成梯形，渠底为坚硬基岩时，可设计成矩形。有时为满足截流和通航的不同目的，也可设计成复式梯形断面。

(3) 明渠糙率的确定。明渠糙率大小直接影响到明渠的泄水能力，而影响糙率大小的因素有衬砌的材料、开挖的方法、渠底的平整度等，可根据具体情况查阅有关手册确定，对大型明渠工程，应通过模型试验选取糙率。

3. 围堰设计

根据《水利水电工程施工组织设计规范》(SL 303—2017) 围堰型式选择应遵守下列原则：

(1) 安全可靠，能满足稳定、防渗、防冲要求。

(2) 结构简单，施工方便，易于拆除，并优先利用当地材料及开挖渣料。

(3) 堰体防渗体便于与基础、岸坡或已有建筑物连接。

(4) 堰基易于处理，并与堰基地形、地址条件相适应。

(5) 能在预定施工期内修筑到需要的断面及高程，满足施工进度要求。

(6) 围堰堰体与永久建筑物相结合时，其型式应与永久建筑物型式相适应。

(7) 具有良好的技术经济指标。

结合工程实际，应优先选用土石围堰（图 5-3），以便就地取材，降低工程造价。

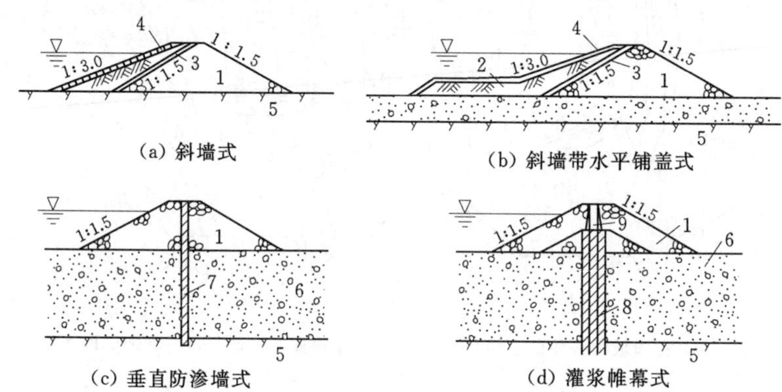

图 5-3 土石围堰

1—堆石体；2—黏土斜墙、铺盖；3—反滤层；4—护面；5—隔水层；6—覆盖层；7—垂直防渗墙；8—灌浆帷幕；9—黏土心墙

(1) 堰顶高程的确定。堰顶高程取决于导流设计流量及围堰的工作条件。

1) 下游横向围堰堰顶高程可按下式计算：

$$H_d = h_d + \delta \tag{5-1}$$

式中 H_d——下游围堰的堰顶高程，m；

h_d——下游水位，m，可直接由天然河道水位流量关系曲线查得；

δ——围堰的安全加高，一般结构不过水围堰可按表 5-3 查得，对于过水围堰采用 0.2～0.5m；土石围堰防渗体顶部在设计洪水静水位以上的加高值：斜墙式防渗体应为 0.6～0.8m；心墙式防渗体应为 0.5～0.6m。

表 5-3 不过水围堰堰顶安全加高下限值

单位：m

围堰型式	围堰级别	
	3 级	4～5 级
土石围堰	0.7	0.5
混凝土围堰、浆砌石围堰	0.4	0.3

2) 上游围堰的堰顶高程由式（5-2）确定。

$$H_u = h_d + Z + h_a + \delta \tag{5-2}$$

其中

$$Z = \frac{1}{\varphi^2}\frac{v_c^2}{2g} - \frac{v_0^2}{2g} \tag{5-3}$$

$$v_c = \frac{Q}{W_c} \tag{5-4}$$

$$W_c = b_c t_{cp} \tag{5-5}$$

式中　H_u——上游围堰堰顶高程，m；

h_a——波浪高度，可参照永久建筑物的有关规定和其他专业规范计算，一般情况可以不计算 h_a，但应适当增加超高；

Z——上、下游水位差，m；

v_0——行近流速，m/s；

g——重力加速度（取 9.80m/s^2）；

φ——流速系数（与围堰布置型式有关，见表 5-4）；

v_c——束窄河床平均流速，m/s；

Q——计算流量，m^3/s；

W_c——收缩断面有效过水断面，m^2；

b_c——束窄河段过水宽度，m；

t_{cp}——河道下游平均水深，m。

表 5-4　不同围堰布置的 φ 值

布置型式	矩　形	梯　形	梯形且有导水墙	梯形且有上导水坝	梯形且有顺流丁坝
布置简图					
φ	0.70～0.80	0.80～0.85	0.85～0.90	0.70～0.80	0.80～0.85

纵向围堰的堰顶高程，应与堰侧水面曲线相适应。通常纵向围堰顶面往往作成阶梯形或倾斜状，其上下游高程分别与相应的横向围堰同高。

（2）围堰边坡系数和顶宽的确定。围堰边坡系数可根据土质确定，围堰顶宽可根据交通条件来确定。

（3）围堰的拆除。围堰工程是临时性水工建筑物，导流任务完成后，应按设计要求拆除，以免影响永久水工建筑物的施工及运转。因此，围堰拆除应符合下列规定：①围堰拆除前应编制拆除方案并根据上下游水位、土质等情况明确堰内充水、闸门开度等方法、程序；②围堰拆除前应对围堰保护区进行清理并完成淹没水位以下工程验收；③围堰拆除应满足设计要求，土石围堰水下部分宜采用疏浚设备拆除。例如，在采用分段围堰法导流时，第一期横向围堰的拆除，如果不符合要求，势必会增加上下游水位差，从而增加截流工作的难度，增大截流料物的重量及数量。这类经验教训在国内外是不少的，如苏联的伏尔谢水电站截流时，上下游水位差是 1.88m，其中由于引渠和围堰没有拆除干净，造成的水位差就有 1.73m。另外，下游围堰拆除不干净，会抬高尾水位，影响水轮机的利用水头。浙江省富春江水电站曾受此影响，降低了水轮机出力，造成不应有的损失。

土石围堰相对来说断面较大，拆除工作一般是在运行期限的最后一个汛期过后，随上游水位的下降，逐层拆除围堰的背水坡和水上部分（图 5-4）。但必须保证依次拆除后所残留的断面，能继续挡水和维持稳定，以免发生安全事故，使基坑过早淹没，影响施工。土石围堰的拆除一般可用挖土机或爆破开挖等方法。

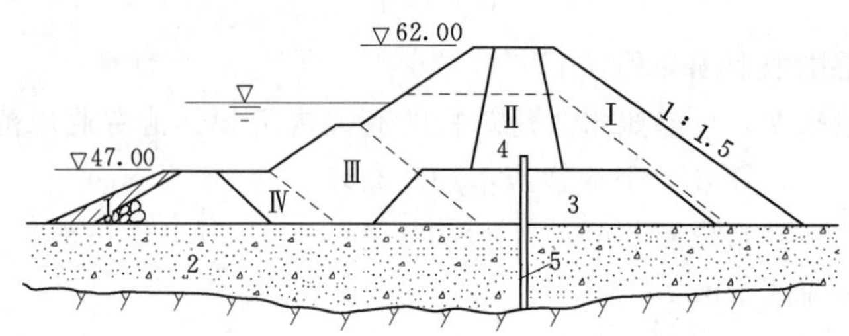

图 5-4 葛洲坝一期土石围堰的拆除程序图

1—黏土斜墙；2—覆盖层；3—堆渣；4—心墙；5—防渗墙

四、截流设计

施工导流过程中，当导流泄水建筑物建成后，应抓住有利时机，迅速截断原河床水流，迫使河水经完建的导流泄水建筑物下泄，然后在河床中全面展开主体建筑物的施工，这就是截流工程。

截流过程一般为：先在河床的一侧或两侧向河床中填筑截流戗堤，逐步缩窄河床，称为进占。戗堤进占到一定程度，河床束窄，形成流速较大的泄水缺口称为龙口。为了保证龙口两侧堤端和底部的抗冲稳定，通常采用工程防护措施，如抛投大块石、铅丝笼等，这种防护堤端称为裹头。封堵龙口的工作称为合龙。合龙以后，龙口段及戗堤本身仍然漏水，必须在戗堤全线设置防渗措施，这一工作称为闭气。所以整个截流过程包括戗堤进占、龙口裹头及护底、合龙、闭气等四项工作。截流后，对戗堤进一步加高培厚，修筑成设计围堰。

由此可见，截流在施工中占有重要地位，如不能按时完成，就会延误整个建筑物施工，河槽内的主体建筑物就无法施工，甚至可能拖延工期一年，所以在施工中常将截流作为关键性工程。

（一）截流方式

截流方式分戗堤法截流和无戗堤法截流两种。戗堤法截流主要有立堵法截流、平堵法截流和综合法截流；无戗堤法截流主要有建闸截流、水力冲填法、定向爆破法、浮运结构截流等。

1. 戗堤法截流

（1）立堵法截流。立堵法截流是将截流材料从龙口一端或两端向中间抛投进占，逐渐束窄河床，直至全部拦断，如图 5-5 所示。

立堵法截流不需架设浮桥，准备工作比较简单，造价较低。但截流时水力条件较为不利，龙口单宽流量较大，出现的流速也较大，同时水流绕截流戗堤端部使水流产生强烈的立轴旋涡，在水流分离线附近造成紊流，易造成河床冲刷，且流速分布很不均匀，需抛投单个重量较大的截流材料。截流时由于工作前线狭窄，抛投强度受到限制。

立堵法截流适用于大流量、岩基或覆盖层较薄的岩基河床，对于软基河床应采用护底措施后才能使用。

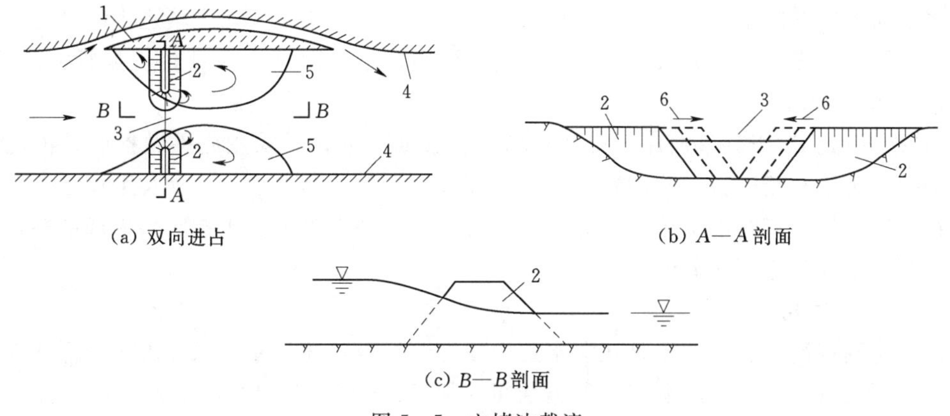

(a) 双向进占　(b) A—A 剖面　(c) B—B 剖面

图 5-5　立堵法截流

1—分流建筑物；2—截流戗堤；3—龙口；4—河岸；5—回流区；6—进占方向

立堵法截流又分为单戗、双戗和多戗立堵截流，单戗适用于截流落差不超过 3m 的情况。

(2) 平堵法截流。平堵法截流是沿整个龙口宽度全线抛投，抛投料堆筑体全面上升，直至露出水面，如图 5-6 所示。这种方法的龙口一般是部分河宽，也可以是全河宽。因此，合龙前必须在龙口架设浮桥，由于它是沿龙口全宽均匀地抛投，所以其单宽流量小，出现的流速也较小，需要的单个材料的重量也较轻，抛投强度较大，施工速度快，但有碍于通航，适用于软基河床，河流架桥方便且对通航影响不大的河流。

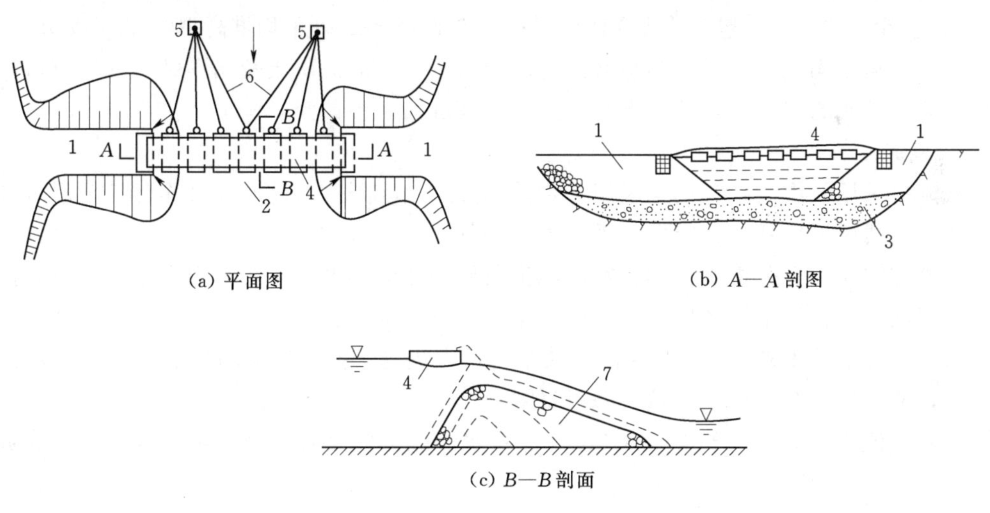

(a) 平面图　(b) A—A 剖图　(c) B—B 剖面

图 5-6　平堵法截流

1—截流戗堤；2—龙口；3—覆盖层；4—浮桥；5—锚墩；6—钢缆；7—平堵截流抛石体

(3) 综合法截流。

1) 立平堵。为了充分发挥平堵水力学条件较好的优点，同时又降低架桥的费用，有的工程采用先立堵，后在栈桥上平堵的方式。如苏联布拉茨克水电站，在截流流量 $3600m^3/s$，最大落差 3.5m 的条件下，采用先立堵进占，缩窄龙口至 100m，然后利用管柱栈桥全面平堵合龙。

多瑙河上的铁门工程，经过方案比较，决定采取立平堵方式，立堵进占结合管柱栈桥平堵。立堵段首先进占，完成长度 149.5m，平堵段龙口 100m，由栈桥上抛投完成截流，最终落差达 3.72m。

2）平立堵。对于软基河床，单纯立堵易造成河床冲刷，采用先平抛护底，再立堵合龙，平抛多利用驳船进行。我国青铜峡、丹江口、大化及葛洲坝等工程均采用此法，三峡工程在二期大江截流时也采用了该方法，取得了满意的效果。由于护底均为局部性，故这类工程本质上同属立堵法截流。

2. 无戗堤法截流

（1）建闸截流。建闸截流是在泄水道中预先建闸墩，并建截流闸分流，降低戗堤的水头，待抛石截流后，再下闸截流。该方法可克服 7～8m 以上的截流落差，但这种方法需要具备建闸的地形地质条件。该法在三门峡和乌江渡工程曾成功采用。

（2）水力冲填法。河流在某种流量下有一定的挟砂能力，当水流含砂量远大于该挟砂能力时，粗颗粒泥砂将沉淀河底进行冲填。冲填开始时，大颗粒泥砂首先沉淀，而小颗粒则冲至其下游逐渐沉落。随着冲填的进展，上游水位逐步壅高，部分流量通过泄水通道下泄。随着河床过水断面的缩窄，某些颗粒逐渐达到抗冲极限，一部分泥沙仍向下游移动，结果使戗堤下游坡逐渐向下游扩展，一直到冲填体表面摩阻造成上游水位更大壅高，而迫使更多水量流向泄水道，围堰坡脚才不再扩展，而高度急剧增加，直至高出水面。

（3）定向爆破法。工程地处深山峡谷，岸坡陡峻、交通不便可采用此方法。利用定向爆破瞬间截断水流。1971 年 3 月碧口水电站在流量 $105m^3/s$ 的情况下，将龙口宽度缩窄到 20m，在左岸布置三个药包实施定向爆破，抛投堆渣 $6800m^3$，平均堆高 10m 截流成功。

（4）浮运结构截流。浮运结构就是将旧的驳船、钢筋混凝土等箱形结构托至龙口，在埽捆、柴排护底的情况下，装载土砂料充水使其沉没水中截流。

3. 截流方法选择

截流多采用戗堤法，宜优先采用立堵截流方式；在条件特殊时，经充分论证后可选用建造浮桥及栈桥平堵截流、定向爆破、建闸等其他截流方式。

截流方式应综合分析水力学参数、施工条件和截流难度、抛投材料数量和性质、抛投强度等因素，进行技术经济比较，并应根据下列条件选择：

（1）节流落差不超过 4.0m 和流量较小时，宜优先选择单戗立堵截流。当龙口水流能量较大，流速较高时，应制备重大抛投材料。

（2）截流流量大且落差大于 4.0m 和龙口水流能量较大时，可采用双戗、多戗或宽戗立堵截流。

（二）截流时间和设计流量的确定

1. 截流时间的选择

截流时间应根据枢纽工程施工控制性进度计划或总进度计划决定，至于时段选择，一般应考虑以下原则，经过全面分析比较而定：

（1）尽可能在较小流量时截流，但必须全面考虑河道水文特性和截流应完成的各项控制工程量，合理使用枯水期。

（2）对于具有通航、灌溉、供水、过木等特殊要求的河道，应全面兼顾这些要求，尽量使截流对河道综合利用的影响最小。

(3) 有冰冻河流，一般不在流冰期截流，避免截流和闭气工作复杂化，如特殊情况必须在流冰期截流时应有充分论证，并有周密的安全措施。

根据以上所述，截流时间应根据河流水文特征、气候条件、工程施工进度及通航等因素综合分析选定。一般安排在汛后枯水时段、非凌汛期和低潮位，低潮位具有下述含义：一是在一年中的低潮季节，二是指以15d为周期的低潮时段，两者均属于优选时段，要充分利用优选时段的低潮位。在该时段抢堵合龙，潮位低，到位率最高。利用高平潮时次之，有潮差时投料均须测定流速，定位投料。严寒地区应尽量避开河道流冰及封冻期。

2. 截流设计流量的确定

截流设计流量是指某一确定的截流时间的截流设计流量。一般按频率法确定，根据已选定截流时段，采用该时段内一定频率的流量作为设计流量，截流设计标准一般可采用截流时段重现期5～10年的月或旬平均流量。

除了频率法以外，也有不少工程采用实测资料分析法。当水文资料系列较长，河道水文特性稳定时，这种方法可应用。至于预报法，因当前的可靠预报期较短，一般不能在初设中应用，但在截流前夕有可能根据预报流量适当修改设计。

在大型工程截流设计中，通常多以选取一个流量为主，再考虑较大、较小流量出现的可能性，用几个流量进行截流计算和模型试验研究。对于有深槽和浅滩的河道，如分流建筑物布置在浅滩上，对截流的不利条件，要特别进行研究。

(三) 截流材料种类、尺寸和数量的确定

1. 材料种类选择

截流时采用当地材料在我国已有悠久的历史，主要有块石、石串、装石竹笼等。此外，当截流水利条件较差时，还须采用混凝土块体。

石块容重较大，抗冲能力强，一般工程较易获得，通常也比较经济。因此，凡有条件者，均应优先选用石块截流。

在大中型工程截流中，混凝土块体的应用较普遍。这种人工块体的制作、使用方便，抗冲能力强，故为许多工程采用（如三峡工程、葛洲坝工程等）。

在中小型工程截流中，因受起重运输设备能力限制，所采用的单个石块或混凝土块体的重量不能太大。石笼（如竹笼、铅丝笼、钢筋笼）或石串，一般使用在龙口水力条件不利的条件下。大型工程中除了石笼、石串外，也采用混凝土块体串。某些工程，因缺乏石料，或因河床易冲刷，则也可根据当地条件采用梢捆、草土等材料截流。

2. 材料尺寸的确定

采用块石和混凝土块体截流时，所需材料尺寸可通过水力计算初步确定，然后考虑该工程可能拥有的起重运输设备能力，作出最后抉择。

3. 材料数量的确定

(1) 不同粒径材料数量的确定。无论是平堵或立堵截流，原则上可以按合龙过程中水力参数的变化来计算相应的材料粒径和数量。常用的方法是将合龙过程按高程（平堵）或宽度（立堵）划分成若干区段，然后按分区最大流速计算出所需材料的粒径和数量。实际

上，每个区段也不是只用一种粒径材料，所以设计中均参照国内外已有工程经验来决定不同粒径材料的比例。例如平堵截流时，最大粒径材料数量可按实际使用区段［$Z=(0.42\sim0.6)Z_{max}$］考虑，也可按最大流速出现时起，直到戗堤出水时所用材料总量的70%～80%考虑。立堵截流时，最大粒径材料数量，常按困难区段抛投总量的1/3考虑。根据国内外十几个工程的截流资料统计，特殊材料数量约占合龙段总工程量的10%～30%，一般为15%～20%。如仅按最终合龙段统计，特殊材料所占比例约为60%。

（2）备料量。备料量的计算可以设计戗堤体积为准，另外还得考虑各项损失。平堵截流的设计戗堤体积计算比较复杂，需按戗堤不同阶段的轮廓计算。立堵截流戗堤断面为梯形，设计戗堤体积计算比较简单。戗堤顶宽视截流施工需要而定，通常取10～18m者较多，可保证2～3辆汽车同时卸料。

备料量的多少取决于对流失量的估计。实际工程的备料量与设计用量之比多为1.3～1.5，个别工程达到2.0。例如，铁门工程达到1.35，青铜峡采用1.5。实际合龙后还剩下很多材料。《水利水电工程施工组织设计规范》（SL 303—2017）规定，备用系数取1.2～1.5，龙口段备用系数宜取1.5～2.0。实际截流前夕，可根据水情变化适当调整。

4. 分区用料规划

在合龙过程中，必须根据龙口的流速流态变化采用相应的抛投技术和材料。这一点在截流规划时就应予考虑。

任务二 基 坑 排 水

目　　标： 能进行基坑排水方案设计。具有敬业精神和严谨、科学的态度。

执行步骤： 教师讲解基坑排水的方法，以及需要注意的问题→并结合工程案例具体讲解各种方法的特点和适用条件→根据某工程的基本资料，给学生布置工作任务→组织学生填写工作任务书，按要求完成水闸基坑排水方案设计→编写设计报告。

检　　查： 在教学组织过程中，教师在现场指导学生完成水闸基坑排水案设计工作。

考 核 点： 在教学组织过程中，教师在现场对其设计方法、设计步骤、工作态度进行评定，并结合其成果质量进行综合评价，即设计方法是否正确；设计步骤是否缜密、完善；工作态度是否认真、踏实。

一、排水方案选择

基坑的排水工作按排水时间和性质可分为初期排水和经常性排水；按排水方法可分为明沟排水和人工降低地下水位（暗式排水）。

在进行设计时，应根据地质与水文地质条件、施工的难易程度和资金的利用等多方面综合考虑，选择基坑排水方法。

一般水闸大多修建在平原河道上，故其排水方法常采用人工降低地下水位。人工降低地下水位的方法按排水原理可分为管井法和井点法两类。

（1）管井法排水。管井法是单纯利用重力作用排水，抽水设备有离心泵、潜水泵和深井泵等。它适用于渗透系数较大（K=10～250m/d）、地下水埋藏较浅（基坑低于地下水位）、颗粒较粗的砂砾及岩石裂隙发育的地层。

（2）井点法排水。井点法还附有真空或电渗排水作用，适用于渗透系数较小（真空法）K=0.1～50m/d、（电渗法）K<0.1 m/d、开挖深度较大，且土质又不好的地层。

对于以上两种方法，又以井点法排水较为常用。

二、排水量计算

（一）基坑大小的确定及井型判别

1. 基坑尺寸的拟定

为了便于施工，基坑四周开挖线应较建筑物在基坑平面上的外轮廓线宽1～2m。

采用暗式排水开挖边坡可以较陡，一般黏性土坡度取1∶1～1∶1.5，砂性土坡度取1∶1.5～1∶2，开挖深度较深的基坑，在边坡上应留宽2m左右的马道，井点管距基坑一般不宜小于0.7～1.0m，以防局部发生漏气。

由此，可以计算出顺水流方向长度 L 及垂直水流方向宽度 B。

2. 井型判别

当 $L/B<10$ 时，可视为圆形基坑，则折算半径为

$$R_0=\sqrt{\frac{A}{\pi}} \tag{5-6}$$

式中　R_0——折算半径，m；

A——井点系统包围面积，m^2，$A=LB$。

根据降水深度及不透水层的深度，可知井底是否达到不透水层、地下水是否承受水压力，从而可以判断井的类型。井的类型一般有无压非完整井、无压完整井、有压非完整井、有压完整井四种。

对于平原地区的水闸来说，基坑排水一般按无压非完整井计算。

（二）基坑涌水量计算

1. 确定计算式

无压非完整井涌水量计算式为

$$Q=1.366K\frac{(2H_0-S_0)S_0}{\lg(R+R_0)-\lg R_0} \tag{5-7}$$

式中　Q——基坑涌水量，m^3/d；

K——闸基渗透系数，m/d；

H_0——含水层有效深度，m；

S_0——基坑中心水位降落值，m；

R——抽水影响半径，m。

2. 确定 S 和 S_0

S 和 S_0 按下式计算：

$$S=S_0+R_0I \tag{5-8}$$

$$S_0 = 地下水位 - 基坑底部高程 + \delta$$

式中 δ——安全深度，一般取0.5～1.0m；

I——基坑内水力坡降，一般取 $I=1/10$。

3. 计算含水层有效深度 H_0

H_0 为经验值，根据表5-5计算。

表5-5 H_0 与 $\frac{S}{S+l}$ 关系计算

$\frac{S}{S+l}$	H_0	$\frac{S}{S+l}$	H_0
0.2	1.3 $(S+l)$	0.5	1.7 $(S+l)$
0.3	1.5 $(S+l)$	0.8	1.85 $(S+l)$

注 S 为井点管内水位降落值；l 为井点管内水深，根据型号取滤管的长度计算。

在计算时，可采用直线内插法或直线外插法。

4. 计算渗透系数 K

渗透系数 K 值是否准确对计算结果影响很大。对重大的工程应通过现场抽水试验确定，对于一般工程可参考有关资料确定。

对于多层不同厚度、不同土质的基坑，渗透系数应取其加权平均值，即

$$K_{权} = \frac{\sum K_i h_i}{\sum h_i} \tag{5-9}$$

$$\overline{K} = \frac{K_{左} + K_{右} + 2K_{中}}{4} \tag{5-10}$$

计算时，根据地质情况，可能还需先计算 $K_{左}$、$K_{右}$、$K_{中}$，再计算 $K_{权}$。为了计算方便，常采用列表法计算。

5. 计算抽水影响半径尺

抽水影响半径与排水量有关，一般排水量达到稳定数值后，虽然抽水影响半径仍在随时间逐渐增加，但增长速度极慢，可以认为降落曲线已经稳定，而将此时的影响半径作为计算半径，采用下式计算：

$$R = 2S\sqrt{H_0 K} \tag{5-11}$$

三、排水设施的确定

基坑的排水设施，应根据坑内的积水量、地下水渗流量、围堰渗流量及降雨量等计算确定。基坑排水设施的能力，在围堰合龙后的初期，一般按坑内积水量的2～3倍来配备。在以后的阶段可结合水文地质情况、围堰渗水量、最大降雨量、施工进度等因素计算确定。

1. 确定单井点出水量 q

$$q_{max} = 2\pi r_0 l v_\phi \tag{5-12}$$

$$v_\phi = 65\sqrt[4]{K} \tag{5-13}$$

$$q = 0.8 q_{max} \tag{5-14}$$

式中 q_{max}——单井点的最大允许抽水能力，m^3/d；

r_0——滤水管半径，m；

v_{ϕ}——土壤允许不冲流速，m/d；

l——滤水管长度，m。

2. 井（点）布置

（1）井点数目 n 的初步计算。

$$n=\frac{Q}{q}(\text{取整}) \tag{5-15}$$

（2）确定井点的间距 d。考虑到井点管在扬水的过程中可能会造成堵塞，井点数目应增加 5%～10%，则

$$d=\frac{L}{(1.05\sim1.1)n} \tag{5-16}$$

式中　L——井点布设线周长，m。

根据工程经验，井点间距 d 的取值应在下述范围内：

1）深井点：$d=(15\sim25)2\pi r_0$。

2）浅井点：$d=(5\sim10)2\pi r_0$。

间距过小，井的侧面进水量减少；间距过大，则降水时间过长，特别是对于渗透系数极小的土壤。

此外，对浅井点采用的间距应与抽水总管的接合间距相适应，一般取 0.8m 的倍数。

根据以上条件，综合分析确定出井点的间距 d。

（3）井点局部加密。基坑 4 个转角约有井点总长 1/5 的地方，井点间距应减少 30%～50%；靠近来水方向（基坑上下游、明渠）的一侧井点来水较多，布置也应密些。

（4）计算井点数目 n。局部加密后，求出井点数目。

3. 设备选择

根据 Q（或 q）及 S 选择设备，由于受真空泵的影响，水泵生产率只能按额定的 65% 考虑。

任务三　水闸主体工程施工

目　　标： 能独立完成水闸主体工程施工方案选择。具有敬业精神和严谨、科学的态度。

执行步骤： 教师讲解有关闸底板施工、闸墩和胸墙施工、闸门槽施工、接缝和止水施工、铺盖与反滤层施工的知识→根据某工程的基本资料，给学生布置工作任务→组织学生填写工作任务书，按要求完成水闸主体工程施工方案选择→编写设计报告。

检　　查： 在教学组织过程中，教师在现场指导学生完成水闸主体工程施工方案选择工作。

考 核 点： 在教学组织过程中，教师在现场对其设计方法、设计步骤、工作态度进行评定，并结合其成果质量进行综合评价。即设计方法是否正确；设计步骤是否缜密、完善；工作态度是否认真、踏实。

一、概述

1. 水闸的施工特点

平原地区水闸一般有以下施工特点：

(1) 施工场地较开阔，便于施工场地布置。

(2) 地基多为软土地基，开挖时施工排水较困难，地基处理较复杂。

(3) 拦河闸施工导流较困难，常常需要一个枯水期完成主要工作量，施工强度高。

(4) 砂石料需要外运，运输费用高。

(5) 由于水闸多为薄而小的结构，施工工作面较小。

2. 水闸的施工内容

水闸由上游连接段、闸室段和下游连接段三部分组成。水闸施工一般包括以下内容：

(1)“四通一平”与临时设施的建设。

(2) 施工导流、基坑排水。

(3) 地基的开挖、处理及防渗排水设施的施工。

(4) 闸室工程的底板、闸墩、胸墙、工作桥、公路桥等的施工。

(5) 上下游连接段工程的铺盖、护坦、海漫、防冲槽的施工。

(6) 两岸工程的上下游翼墙、刺墙、上下游护坡等的施工。

(7) 闸门及启闭设备的安装。

3. 水闸施工程序

一般大、中型水闸的闸室多为混凝土及钢筋混凝土工程，其施工原则是：以闸室为主，岸翼墙为辅，穿插进行上下游连接段的施工。闸室是水闸的主体部位，它的施工程序安排是否恰当，施工组织是否紧凑合理，对提高质量、保证安全、缩短工期、降低造价，有着十分重要的影响。

水闸施工中混凝土浇筑是施工的主要环节，各部分应遵循以下施工程序：

(1) 先深后浅。即先浇深基础，后浇浅基础，以避免深基础的施工而扰动破坏浅基础土体，并可降低排水工作的困难。

(2) 先重后轻。即先浇荷重较大的部分，待其完成部分沉陷以后，再浇筑与其相邻的荷重较小的部分，以减小两者间的沉陷差。

(3) 先高后矮。先浇影响上部施工或高度较大的工程部位。如闸底板与闸墩应尽量安排先施工，以便上部工作桥、公路桥、检修桥和启闭机房施工。而翼墙、消力池的护坦铺盖等部位的混凝土，则可穿插其中施工，以利施工力量的平衡。

(4) 先主后次。即先集中力量突击下部工程，以后再进行上部墩，墙和桥梁的施工。合理确定施工程序，既基于施工安全考虑，亦可节省投资、缩短工期。

(5) 相邻间隔，跳仓浇筑。既为了给混凝土的硬化、拆模、搭脚手架、立模、扎筋和施工缝及结构缝的处理等工作以必要的时间，左、右或上、下相邻筑块的浇筑必须间隔一定时间。

二、水闸混凝土分缝与分块

水闸混凝土通常由结构缝（包括沉陷缝与温度缝）将其分为许多结构块。为了施工方便，确保混凝土的浇筑质量，当结构块较大时，需用施工缝将大的结构块分为若干小的浇筑块，称为筑块。筑块的大小必须根据混凝土的生产能力、运输浇筑能力等，对筑块的体积、面积和高度等进行控制。

1. 筑块的面积

筑块的面积应能保证在混凝土浇筑中不发生冷缝。筑块的面积为

$$A \leqslant \frac{Q_c k(t_2 - t_1)}{h} \tag{5-17}$$

式中　A——筑块的面积，m^2；

Q_c——混凝土拌和站的实用生产率，m^3/h；

k——时间利用系数，可取 0.80～0.85；

t_2——混凝土的初凝时间，h；

t_1——混凝土的运输、浇筑所占的时间，h；

h——混凝土铺料厚度，m。

当采用斜层浇筑法或台阶浇筑法时，筑块的面积可以不受限制。

2. 筑块的体积

筑块的体积不应大于混凝土拌和站的实际生产能力（当混凝土浇筑工作采用昼夜三班连续作业时，不受此限制）。筑块的体积为

$$V \leqslant Q_c m \tag{5-18}$$

式中　V——筑块的体积，m^3；

m——按一班或二班制施工时，拌和站连续生产的时间，h。

3. 浇筑块的高度

浇筑块的高度一般根据立模条件确定，目前 8m 高的闸墩可以一次立模浇筑到顶。施工中如果不采用三班制作业时，还要受到混凝土在相应时间内的生产量限制。浇筑块的高度为

$$H \leqslant \frac{Q_c m}{A} \tag{5-19}$$

式中　H——筑块的高度，m。

水闸混凝土筑块划分时，除了应满足上述条件外，还应考虑以下原则：

（1）筑块的数量不宜过多，应尽可能少一些，以利于确保混凝土的质量和加快施工速度。

（2）在划分筑块时，要考虑施工缝的位置。施工缝的位置和形式应在不影响结构的强度及外观的原则下设置。

（3）施工缝的设置还要有利于组织施工。如闸墩与底板从结构上是一个整体，但在底板施工之前，难以进行闸墩的扎筋、立模等工作，因此，闸墩与底板的结合处往往要留设施工缝。

（4）施工缝的处理按混凝土的硬化程度，采用凿毛、喷毛、冲毛或刷毛等方法清除老混凝土表层的水泥浆薄膜和松软层，并冲洗干净，排除积水后，方可进行上层混凝土浇筑的准备工作；临浇筑前水平缝应铺一层 1～2cm 的水泥砂浆，垂直缝应刷一层净水泥净浆，其水灰比应较混凝土减少 0.03～0.05；新老混凝土接合面的混凝土应细致捣实。

三、底板施工

（一）平底板施工

1. 底板模板与脚手架安装

在基坑内距模板 1.5～2m 处埋设地龙木，在外侧用木桩固定，作为模板斜撑。沿底板样桩拉出的铅丝线位置立上模板，随即安放底脚围图，并用搭头板将每块模板临时固定。经检查校正模板位置，水平、垂直无误后，用平撑固定底脚围图，再立第二层模板。在两层模板的接缝处外侧安设横围图，再沿横围图撑上斜撑，一端与地龙木固定。斜撑与地面夹角要小于 45°。经仔细校正底部模板的平面位置和高程无误后，最后固定斜撑。对横围图与模板结合不紧密处，可用木楔塞紧，防止模板走动（图 5-7）。

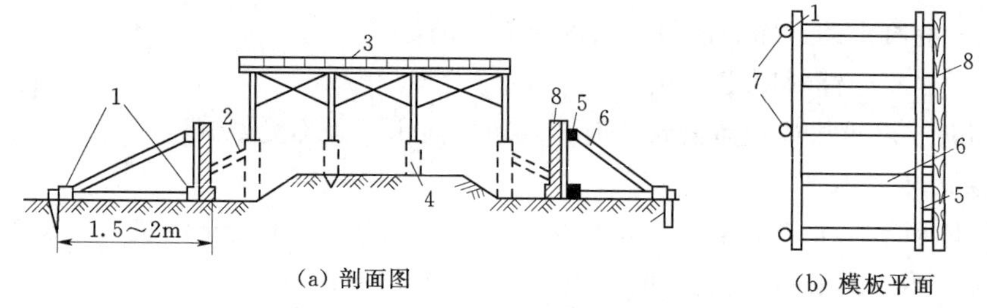

图 5-7 底板立模与仓面脚手架

1—地龙木；2—内撑；3—仓面脚手架；4—混凝土柱；5—横围图；6—斜撑；7—木桩；8—模板

若采用满堂红脚手架，在搭设脚手架前，应根据需要预制混凝土柱（断面约为 15cm×15cm 的方形)，表面凿毛。搭设脚手架时，先在浇筑块的模板范围内竖立混凝土柱，然后在柱顶上安设立柱、斜撑、横梁等。混凝土柱间距视脚手架横梁的跨度而定，一般可为 2～3m，柱顶高程应低于闸底板表面，如图 5-7 所示。当底板浇筑接近完成时，可将脚手架拆除，并立即把混凝土表面抹平，混凝土柱则埋入浇筑块内。

2. 底板混凝土浇筑

对于平原地基上的水闸，在基坑开挖以后，一般要进行垫层铺筑，以方便在其上浇筑混凝土。浇筑底板时，运送混凝土入仓的方法较多，可以用吊罐入仓，此法不需在仓面搭设脚手架。采用满堂红脚手架，可以通过架子车或翻斗车等运输工具运送混凝土入仓。

当底板厚度不大时，由于受到拌和站生产能力的限制，混凝土浇筑可采用斜层浇筑法，一般先浇上、下游齿墙，然后再从一端向另一端浇筑。

当底板顺水流长度在 12m 以内时，通常采用连坯滚法浇筑，安排两个作业组分层浇筑，首先两个作业组同时浇筑下游齿墙，待浇筑平后，将第二组调至上游浇筑上游齿墙，第一组则从下游向上游浇筑第一坯混凝土，当浇到底板中间时，第二组将上游齿墙基本浇平，并立即自下游向上游浇筑第二坯混凝土，当第一组浇到上游底板边缘时，第二组将第二坯浇到底板中间，此时第一组再转入第三坯，如此连续进行。这样可缩短每坯时间间隔，从而避免了冷缝的发生，提高混凝土质量，加快了施工进度。

为了节约水泥，底板混凝土中可适当埋入一些块石，但受拉区混凝土中不宜埋块石。

块石要新鲜坚硬，尺寸以30～40cm为宜，最大尺寸不得大于浇筑块最小尺寸的1/4，长条或片状块石不宜采用。块石在入仓前要冲洗干净，均匀地安放在新浇的混凝土上，不得抛扔，也不得在已初凝的混凝土层上安放。块石要避免触及钢筋，与模板的距离不小于30cm。块石间距最好不小于混凝土骨料最大粒径的2.5倍，以不影响混凝土振捣为宜。埋石方法是在已振捣过的混凝土层上安放一层块石，然后在块石间的空隙中灌入混凝土并加以振捣，最后再浇筑上层混凝土，把块石盖住，并作第二次振捣，分层铺筑两次振捣，能保证埋石混凝土的质量。混凝土骨料最大粒径为80mm时，埋石率可达8%～15%。为改善埋块石混凝土的和易性，可适当提高坍落度或掺加适量的塑化剂。

（二）反拱底板的施工

1. 施工程序

考虑地基的不均匀沉陷对反拱底板的影响，通常采用以下两种施工程序：

（1）先浇闸墩及岸墙，后浇反拱底板。为了减少水闸各部分在自重作用下的不均匀沉陷，可将自重较大的闸墩、岸墙等先行浇筑，并在控制基底不致产生塑性开展的条件下，尽快均衡上升到顶。对于岸墙还应考虑尽量将墙后还土夯填到顶。这样，使闸墩岸墙预压沉实，然后再浇反拱底板，从而底板的受力状态得到改善。此法目前采用较多，对于黏性土或砂性土均可采用。但对于砂土，特别是粉砂地基，由于土模较难成型，适宜于较平坦的矢跨比。

（2）反拱底板与闸墩岸墙底板同时浇筑。此法适用于地基条件较好的水闸，对于反拱底板的受力状态较为不利，但保证了建筑物的整体性，同时减少了施工工序。

2. 施工技术要点

（1）反拱底板一般采用土模，因此必须做好排水工作。尤其是砂土地基，不做好排水工作，拱模控制将很困难。

（2）挖模前必须将基土夯实，放样时应严格控制曲线。土模挖出后，应先铺一层10cm厚的砂浆，待其具有一定强度后加盖保护，以待浇筑混凝土。

（3）采用先浇闸墩及岸墙，后浇反拱底板。在浇筑岸墙、墩墙底板时，应将接缝钢筋一头埋在岸墙、墩墙底板之内，另一头插入土模中，以备下一阶段浇入反拱底板。岸墙、墩墙浇筑完毕后，应尽量推迟底板的浇筑，以便岸墙、墩墙基础有更多的时间沉陷。为了减小混凝土的温度收缩应力，底板混凝土浇筑应尽量选择在低温季节进行，并注意施工缝的处理。

（4）采用反拱底板与闸墩岸墙底板同时浇筑。为了减少不均匀沉降对整体浇筑的反拱底板的不利影响，可在拱脚处预留一缝，缝底设临时铁皮止水，缝顶设“假铰”，待大部分上部结构荷载施加以后，便在低温期浇筑二期混凝土。

（5）在拱腔内浇筑门槛时，需在底板留槽浇筑二期混凝土，且不应使两者成为一个整体。

四、闸墩与胸墙施工

（一）闸墩施工

1. 闸墩模板安装

（1）“对销螺栓、铁板螺栓、对拉撑木”支模法。闸墩高度大、厚度薄、钢筋稠密、预埋件多、工作面狭窄，因而闸墩施工具有施工不便、模板易变形等特点。可以先绑扎钢筋，也可以先立模板。闸墩立模一要保证闸墩的厚度，二要保证闸墩的垂直度，立模应先立墩侧的平面模板，然后架立墩头的曲面模板。

单墩浇筑，一般多采用对销螺栓固定模板，斜撑和缆风固定整个闸墩模板；多墩同时浇筑，则采用对销螺栓、铁板螺栓、对拉撑木固定，如图 5-8（a）所示。对销螺栓为 $\phi12 \sim 19$ 的圆钢，长度略大于闸墩厚度，两端套丝。铁板螺栓为一端套丝，另一端焊接钻有两个孔眼的扁铁。为了方便立模时穿入螺栓，模板外的横向和纵向围囹均可采用双夹围囹，如图 5-8（b）所示。对销螺栓与铁板螺栓应相间放置。对销螺栓与毛竹管或混凝土空心管的作用主要是保证闸墩的厚度；铁板螺栓和对拉撑木的作用主要是保证闸墩的垂直度。调整对拉撑木与纵向围囹间的木楔块，可以使闸墩模板左右移动。当模板位置调整好后，即可在铁板螺栓的两个孔中钉入马钉。另外，再绑扎纵、横撑杆和剪刀撑，模板的位置就可以全部固定（图 5-9）。注意脚手架与模板支撑系统不能相连，以免脚手架变位影响模板位置的准确性。然后安装墩头模板，如图 5-10 所示。

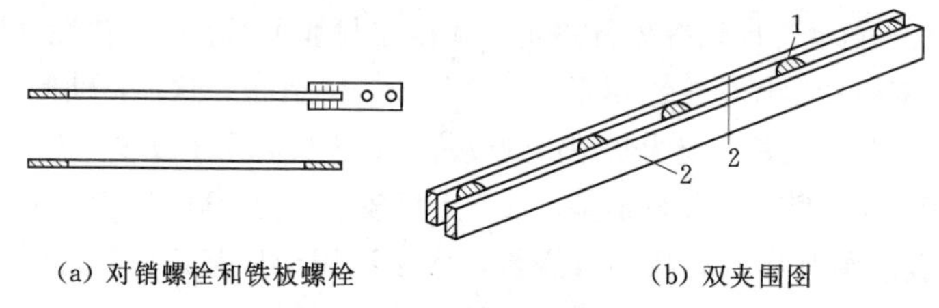

(a) 对销螺栓和铁板螺栓　　(b) 双夹围囹

图 5-8　对销螺栓及双夹围囹

1—每隔 1m 一块 2.5cm 的小木板；2—5cm×15cm 的木板

（2）钢组合模板翻模法。钢组合模板在闸墩施工中应用广泛，常采用翻模法施工。立模时一次至少立 3 层，当第二层模板内的混凝土浇至腰箍下缘时，第一层模板内腰箍以下部分的混凝土必须达到脱模强度（以 98kPa 为宜），这样便可拆掉第一层模板，用于第四层支模，并绑扎钢筋。以此类推，以避免产生冷缝，保持混凝土浇筑的连续性。具体组装如图 5-11 所示。

2. 闸墩混凝土浇筑

闸墩模板立好后，随即进行清仓工作。用压力水冲洗模板内侧和闸墩底面，污水由底层模板上的预留孔排出。清仓完毕堵塞小孔后，即可进行混凝土浇筑。闸墩混凝土一般采用溜管进料，溜管间距为 2～4m，溜管底距混凝土面的高度应不大于 2m。施工中应注意控制混凝土面上升的速度，以免产生跑模现象。

由于仓内工作面窄，浇捣人员走动困难，可把仓内浇筑面划分成几个区段，每个区段内固定浇捣工人，这样可提高工效。每坯混凝土厚度可控制在 30cm 左右。

（二）胸墙施工

胸墙施工在闸墩浇筑后工作桥浇筑前进行，全部重量由底梁及下面的顶撑承受。下梁下面立两排排架式立柱，以顶托底板。立好下梁底板并固定后，立圆角板，再立下游面板，然后吊线控制垂直度。接着安放围囹及撑木，使临时固定在下游立柱上，待下梁及墙身扎铁后再由下而上地立上游面模板，再立下游面模板及顶梁。模板用围囹和对销螺栓与

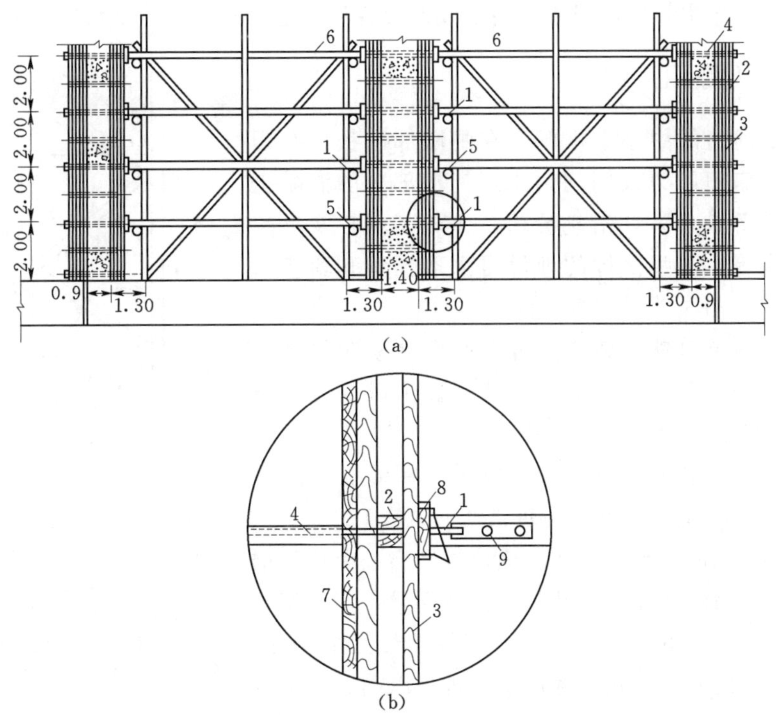

图 5-9　铁板螺栓对拉撑木支撑的闸墩模板（单位：m）
1—铁板螺栓；2—双夹围囹；3—纵向围囹；4—毛竹管；5—马钉；
6—对拉撑木；7—模板；8—木楔块；9—螺栓孔

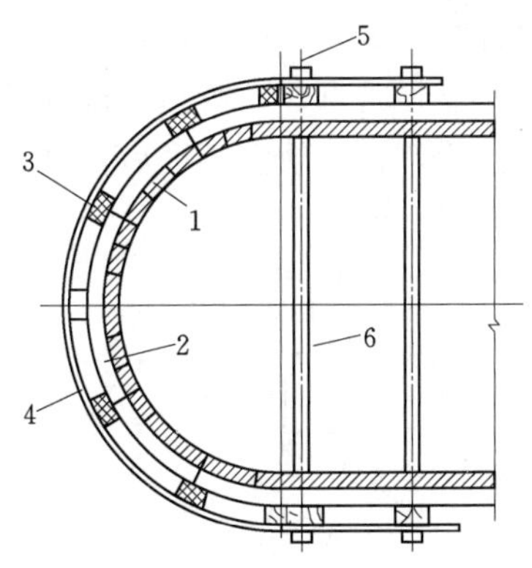

图 5-10　闸墩圆头模板
1—面板；2—板带；3—垂直围囹；
4—钢环；5—螺栓；6—撑管

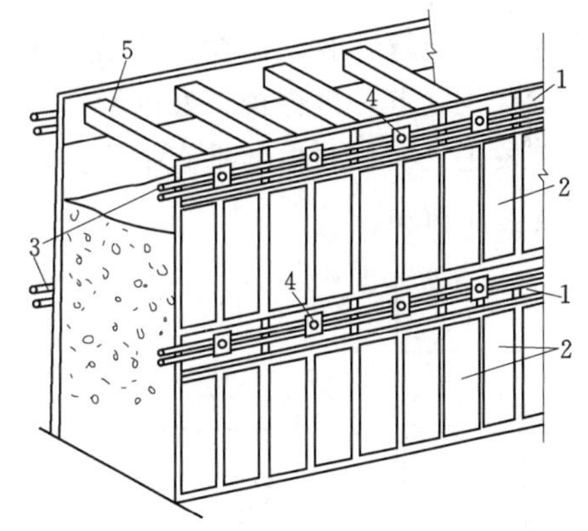

图 5-11　钢模组装图
1—腰箍模板；2—定型钢板；3—双夹围囹（钢管）；
4—对销螺栓；5—水泥撑木

支撑脚手架相连接。

胸墙多属板梁式简支薄壁构件，故在闸墩立胸墙槽模板时，首先，要做好接缝的沥青填料，使胸墙与闸墩分开，保持简支。其次，在立模时，先立外侧模板，等钢筋安装后再立内侧模板，而梁的面层模板应留有浇筑混凝土的洞口，当梁浇好后再封闭。最后，胸墙底关系到闸门顶止水，所以止水设备的安装要特别注意。

五、闸门槽施工

采用平面闸门的中小型水闸，在闸墩部位都设有门槽。为了减小启闭门力及闸门封水，门槽部分的混凝土中需埋设导轨等铁件，如滑动导轨、主轮、侧轮及反轮导轨、止水座等。这些铁件的埋设可采取预埋和留槽后浇两种方法。

小型水闸的导轨铁件较小，可在闸墩立模时将其预先固定在模板的内侧，如图 5-12 所示。闸墩混凝土浇筑时，导轨等铁件即浇入混凝土中。

由于大、中型水闸导轨较大、较重，在模板上固定较为困难，宜采用预留槽浇筑二期混凝土的施工方法。

在浇筑第一期混凝土时，在门槽位置留出一个比门槽宽的槽位，并在槽内预埋一些开脚螺栓或插筋，作为安装导轨的固定埋件，如图5-13所示。一期混凝土达到一定强度后，需用凿毛的方法对施工缝认真处理，以确保二期混凝土与一期混凝土的结合。

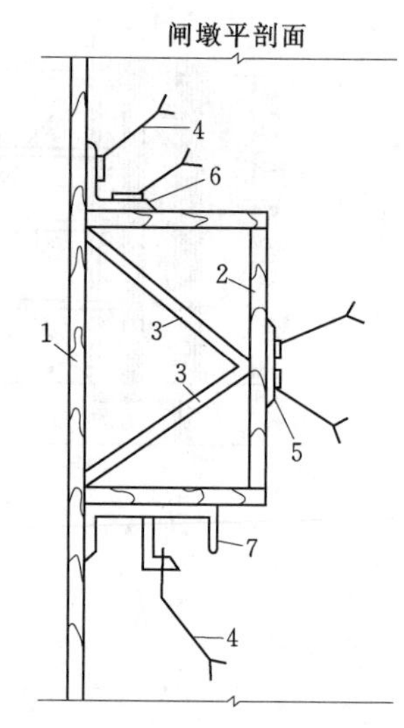

图 5-12 导轨预先埋设方式
1—闸墩模板；2—门槽模板；3—撑头；4—开脚螺栓；5—侧导轨；6—门槽角铁；7—滚轮导轨

安装直升闸门的导轨之前，要对基础螺栓进行校正，再将导轨初步固定在预埋螺栓或钢筋上，然后利用垂球逐点校正，使其竖直无误，最终固定并安装模板。模板安装应随混凝土浇筑逐步进行。

弧形闸门的导轨安装，需在预留槽两侧，先设立垂直闸墩侧面并能控制导轨安装垂直度的若干对称控制点。再将校正好的导轨分段与预埋的钢筋临时点焊结数点，待按设计坐标位置逐一校正无误，并根据垂直平面控制点，用样尺检验调整导轨垂直度后，再电焊牢固，如图 5-14 所示。

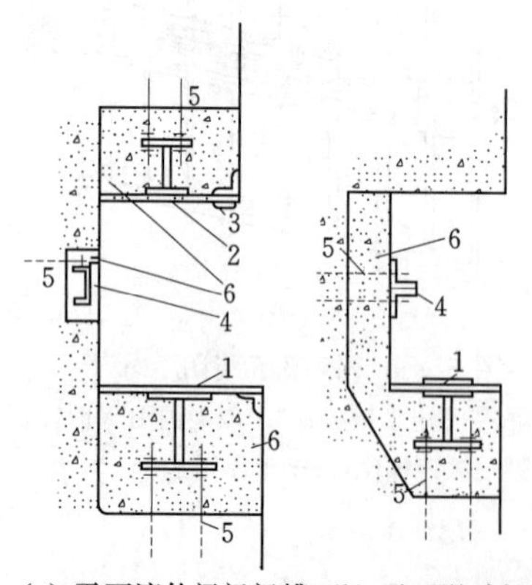

图 5-13 平面闸门槽的二期混凝土
1—主轮或滑动导轨；2—反轮导轨；3—侧水封座；4—侧导轨；5—预埋螺栓；6—二期混凝土

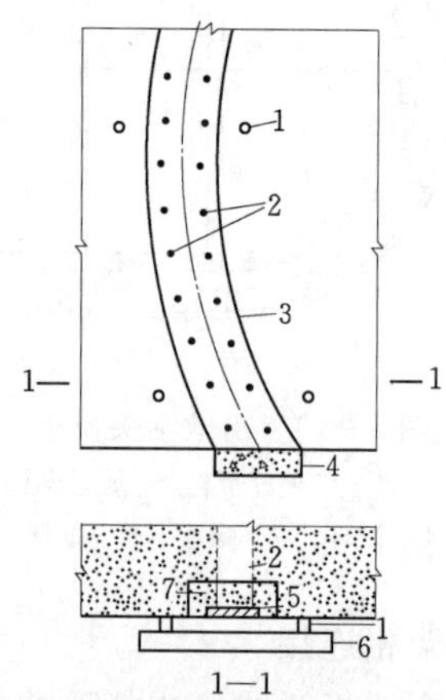

图 5-14 弧形闸门侧轨安装
1—垂直平面控制点；2—预埋钢筋；3—预留槽；4—底槛；5—侧轨；6—样尺；7—二期混凝土

导轨就位后即可立模浇筑二期混凝土。浇筑二期混凝土时，应采用较细骨料混凝土，并细心捣固，不要振动已安装好的金属构件。门槽较高时，不要直接从高处下料，可以分段安装和浇筑。二期混凝土拆模后，应对埋件进行复测，并做好记录，同时检查混凝土表面尺寸，清除遗留的杂物、钢筋头，以免影响闸门启闭。

六、接缝及止水施工

为了适应地基的不均匀沉降和伸缩变形，在水闸设计中均设置温度缝与沉陷缝，并常用沉陷缝兼作温度缝使用。缝有铅直和水平两种，缝宽一般为 2～3cm，缝内应填充材料并设置止水设备。

1. 填料施工

填充材料常用的有沥青油毛毡、沥青杉木板及泡沫板等。其安装方法有以下两种：

（1）先装填料法。将填充材料用铁钉固定在模板内侧，铁钉不能完全钉入，至少要留有 1/3，再浇混凝土，拆模后填充材料即可贴在混凝土上。

（2）后装填料法。先在缝的一侧立模浇筑混凝土，并在模板内侧预先钉好安装填充材料的铁钉数排，并使铁钉的 1/3 留在混凝土外面，然后安装填料、敲弯钉尖，使填料固定在混凝土面上。

缝墩处的填缝材料可借固定模板用的预制混凝土块和对销螺栓夹紧，使填充材料竖立平直。

2. 止水施工

凡是位于防渗范围内的缝，都有止水设施。止水设施分垂直止水和水平止水两种。水闸的水平止水大都采用塑料止水带或橡胶止水带（图 5-15），其安装与沉陷缝填料的安装方法一样，也有两种，具体如图 5-16 所示。

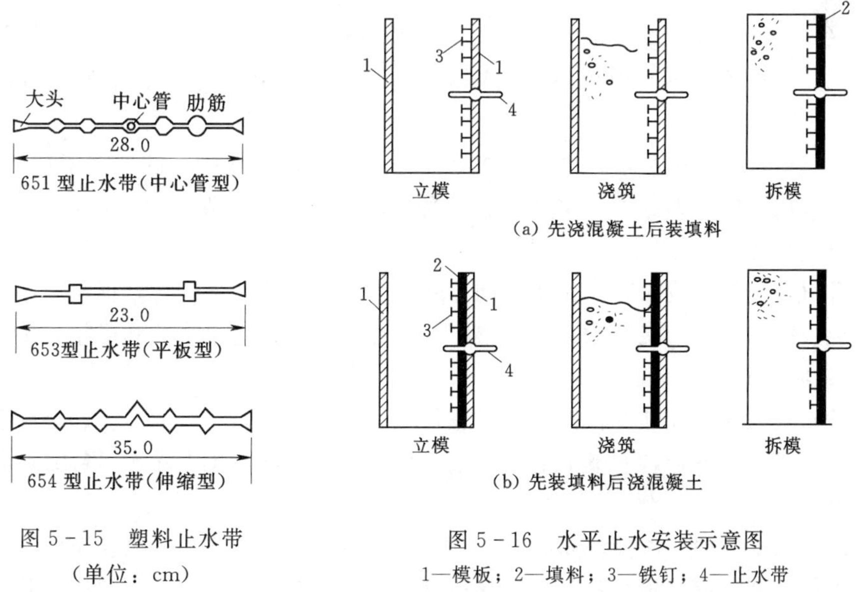

图 5-15　塑料止水带

（单位：cm）

图 5-16　水平止水安装示意图

1—模板；2—填料；3—铁钉；4—止水带

浇筑混凝土时，水平止水片的下部往往是薄弱环节，应注意铺料并加强振捣，以防形成空洞。

垂直止水可以用止水带或金属止水片，常用沥青井加止水片的形式，其施工的方法如图 5－17 和图 5－18 所示。

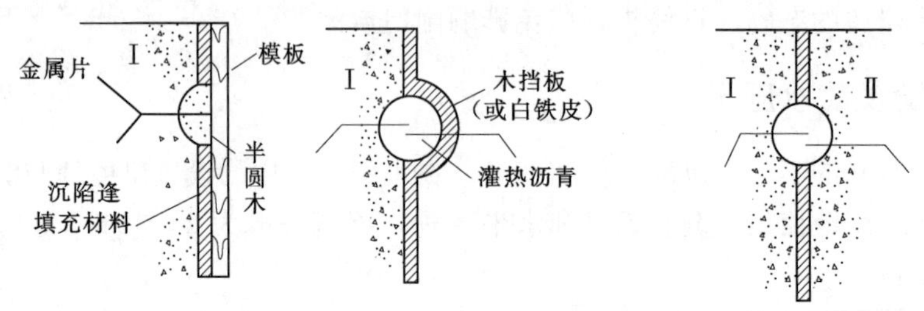

图 5－17　垂直止水施工方法（一）

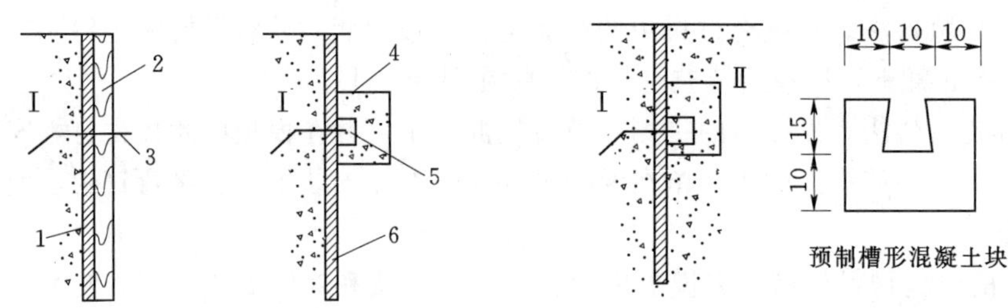

图 5－18　垂直止水施工方法（二）（单位：cm）

1、6—沉陷缝填充材料；2—模板；3—金属片；4—槽形混凝土块；5—灌热沥青

七、铺盖与反滤层施工

1. 铺盖施工

钢筋混凝土铺盖应分块间隔浇筑。在荷载相差过大的邻近部位，应待沉降基本稳定后，再浇筑交接处的分块或预留的二次浇筑带。在混凝土铺盖上行驶重型机械或堆放重物，必须经过验算。

黏土铺盖填筑时，应尽量减少施工接缝。如分段填筑，其接缝的坡度不应陡于1∶3；填筑达到高程后，应立即保护，防止晒裂或受冻；填筑到止水设施时，应认真做好止水，防止止水遭受破坏。

高分子材料组合层或橡胶布作防渗铺盖施工时，应防止沾染油污；铺设要平整，及时覆盖，避免长时间日晒；接缝黏结应紧密牢固，并应有一定的叠合段和搭接长度。

2. 反滤层施工

填筑砂石反滤层应在地基检验合格后进行，反滤层厚度、滤料的粒径、级配和含泥量等均应符合要求；反滤层与护坦混凝土或浆砌石的交界面应加以隔离（多用水泥纸袋），防止砂浆流入。

铺筑砂石反滤层时，应使滤料处于湿润状态，以免颗粒分离，并防止杂物或不同规格的料物混入；相邻层面必须拍打平整，保证层次清楚，互不混杂；每层厚度不得小于设计厚度的 85%；分段铺筑时，应将接头处各层铺成阶梯状，防止层间错位、间断、混杂。

铺筑土工织物反滤层应平整、松紧度均匀，端部应锚固牢固；连接可用搭接、缝接，搭接长度根据受力和地基土的条件而定。

任务四 施工进度计划编制

目　　标： 能独立完成水闸网络图施工进度计划编制。具有敬业精神和严谨、科学的态度。

执行步骤： 教师讲解网络图的基本概念、网络图的绘制、网络计划时间参数的计算方法、双代号时标网络计划的编制方法和参数判定→根据某工程的基本资料，给学生布置工作任务→组织学生填写工作任务书，按要求完成水闸网络图施工进度计划编制→编写设计报告。

检　　查： 在教学组织过程中，教师在现场指导学生完成水闸网络图施工进度计划的编制工作。

考 核 点： 在教学组织过程中，教师在现场对其编制方法、编制步骤、工作态度进行评定，并结合其成果质量进行综合评价，即设计方法是否正确；设计步骤是否缜密、完善；工作态度是否认真、踏实。

施工进度计划是施工组织设计的重要组成部分。它是依据设计图纸、施工条件和规定的工程期限、决定的施工方法，安排施工顺序和工程进度的计划。它主要反映出计划产量与计划时间的对应关系，突出的是时间因素，因此它是工程在时间上的安排。

（1）横道图。横道图是总进度传统的表述形式，图上标有各单项工程的工程量、施工时段、施工工期、施工强度，并有经平衡后汇总的施工强度曲线和劳动力需要量曲线，必要时，尚可表示各期施工导流方式和坝前水位过程线。其优点是图面简单明确，直观易懂；缺点是不能表示各分项工程之间的逻辑关系。

（2）网络图。网络图是系统工程在编制施工进度中的应用。其优点是能明确表示分项工程中之间的逻辑关系，能标出控制工期的关键线路；缺点是不直观明了。

（3）时间坐标网络。集横道图与网络图的优点，在横道图基础上，对关键性工程项目之间加上逻辑关系，这是20世纪80年代末以后常用的表达方式。

目前，编制水闸施工进度计划常用横道图和网络图法。本任务讲述网络图编制施工进度计划。

一、基本概念

（一）网络图和工作

网络图是由箭线和节点组成，用来表示工作流程的有向、有序网状图形。一个网络图表示一项计划任务。网络图中的工作是计划任务按需要的粗细程度划分而成的、消耗时间或同时也消耗资源的一个子项目或子任务。工作可以是单位工程，也可以是分部工程、分项工程，一个施工过程也可以作为一项工作。在一般情况下，完成一项工作既需要消耗时间，也需要消耗劳动力、原材料、施工机具等资源。但也有一些工作只消耗时间而不消耗资源，如混凝土浇筑后的养护过程和墙面抹灰后的干燥过程等。

网络图有双代号网络图和单代号网络图两种。双代号网络图又称箭线式网络图，它是以箭线及其两端节点的编号表示工作；同时，节点表示工作的开始或结束以及工作之间的连接状态。单代号网络图又称节点式网络图，它是以节点及其编号表示工作，箭线表示工作之间的逻辑关系。网络图中工作的表示方法如图 5-19 和图 5-20 所示。

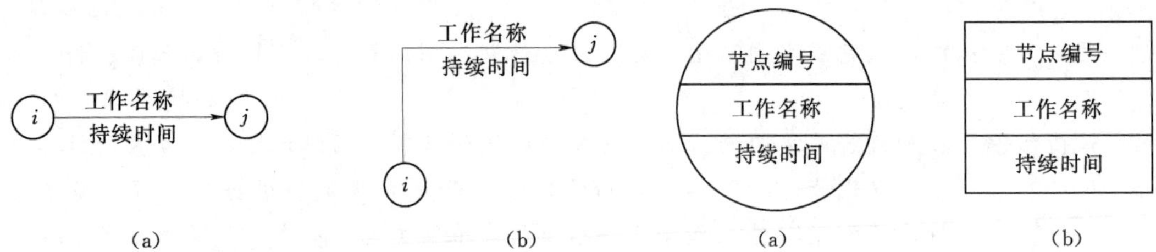

图 5-19 双代号网络图中工作的表示方法　　图 5-20 单代号网络图中工作的表示方法

网络图中的节点都必须有编号，其编号严禁重复，并应使每一条箭线上箭尾节点编号小于箭头节点编号。

在双代号网络图中，一项工作必须有唯一的一条箭线和相应的一对不重复出现的箭尾、箭头节点编号。因此，一项工作的名称可以用其箭尾和箭头节点编号来表示。而在单代号网络图中，一项工作必须有唯一的一个节点及相应的一个代号，该工作的名称可以用其节点编号来表示。

在双代号网络图中，有时存在虚箭线，虚箭线不代表实际工作，称为虚工作。虚工作既不消耗时间，也不消耗资源。虚工作主要用来表示相邻两项工作之间的逻辑关系。但有时为了避免两项同时开始、同时进行的工作具有相同的开始节点和完成节点，也需要用虚工作加以区分。

在单代号网络图中，虚工作只能出现在网络图的起点节点或终点节点处。

(二) 工艺关系和组织关系

工艺关系和组织关系是工作之间先后顺序关系——逻辑关系的组成部分。

1. 工艺关系

生产性工作之间由工艺过程决定的、非生产性工作之间由工作程序决定的先后顺序关系称为工艺关系。如图 5-21 所示，支模 1→扎筋 1→混凝土 1 为工艺关系。

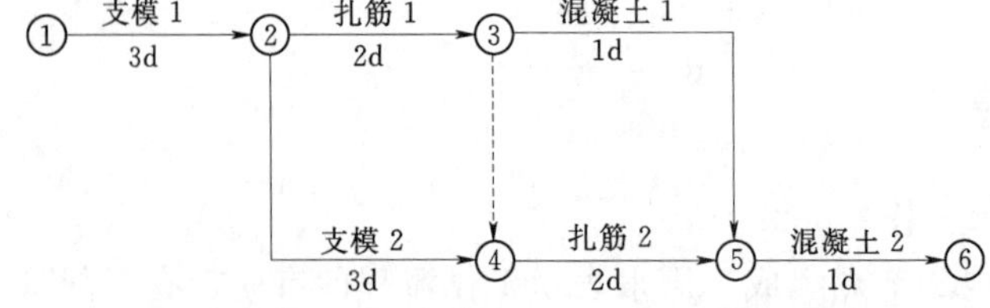

图 5-21 某混凝土工程双代号网络计划

2. 组织关系

工作之间由于组织安排需要或资源（劳动力、原材料、施工机具等）调配需要而规定的先后顺序关系称为组织关系。如图 5-21 所示，支模 1→支模 2；扎筋 1→扎筋 2 等为组织关系。

（三）紧前工作、紧后工作和平行工作

1. 紧前工作

在网络图中，相对于某工作而言，紧排在该工作之前的工作称为该工作的紧前工作。在双代号网络图中，工作与其紧前工作之间可能有虚工作存在。如图 5-21 所示，支模 1 是支模 2 在组织关系上的紧前工作；扎筋 1 和扎筋 2 之间虽然存在虚工作，但扎筋 1 仍然是扎筋 2 在组织关系上的紧前工作。支模 1 则是扎筋 1 在工艺关系上的紧前工作。

2. 紧后工作

在网络图中，相对于某工作而言，紧排在该工作之后的工作称为该工作的紧后工作。在双代号网络图中，工作与其紧后工作之间也可能有虚工作存在。如图 5-21 所示，扎筋 2 是扎筋 1 在组织关系上的紧后工作；混凝土 1 是扎筋 1 在工艺关系上的紧后工作。

3. 平行工作

在网络图中，相对于某工作而言，可以与该工作同时进行的工作即为该工作的平行工作。如图 5-21 所示，扎筋 1 和支模 2 互为平行工作。

紧前工作、紧后工作及平行工作是工作之间逻辑关系的具体表现，只要能根据工作之间的工艺关系和组织关系明确其紧前或紧后关系，即可据此绘出网络图，它是正确绘制网络图的前提条件。

（四）先行工作和后续工作

1. 先行工作

相对于某工作而言，从网络图的第一个节点（起点节点）开始，顺箭头方向经过一系列箭线与节点到达该工作为止的各条通路上的所有工作，都称为该工作的先行工作。如图 5-21 所示，支模 1、扎筋 1、混凝土 1、支模 2、扎筋 2 均为混凝土 2 的先行工作。

2. 后续工作

相对于某工作而言，从该工作之后开始，顺箭头方向经过一系列箭线与节点到网络图最后一个节点（终点节点）的各条通路上的所有工作，都称为该工作的后续工作。如图 5-21所示，扎筋 1 的后续工作有混凝土 1、扎筋 2 和混凝土 2。

在建设工程进度控制中，后续工作是一个非常重要的概念。因为在工程网络计划的实施过程中，如果发现某项工作进度出现拖延，则受到影响的工作必然是该工作的后续工作。

（五）线路、关键线路和关键工作

1. 线路

网络图中从起点节点开始，沿箭头方向顺序通过一系列箭线与节点，最后到达终点节点的通路称为线路。线路又称为路线。线路既可依次用该线路上的节点编号来表示，也可依次用该线路上的工作名称来表示。如图 5-21 所示，该网络图中有 3 条线路，这 3 条线路既可表示为：①—②—③—⑤—⑥、①—②—③—④—⑤—⑥和①—②—④—⑤—⑥，也可表示为：支模 1→扎筋 1→混凝土 1→混凝土 2、支模 1→扎筋 1→扎筋 2→混凝土 2 和支模 1→支模 2→扎筋 2→混凝土 2。

2. 关键线路和关键工作

在关键线路法（CPM）中，线路上所有工作的持续时间总和称为该线路的总持续时

间。总持续时间最长的线路称为关键线路，关键线路的长度就是网络计划的总工期。如图5-21所示，线路①—②—④—⑤—⑥或支模1→支模2→扎筋2→混凝土2为关键线路，总工期为9d。

在网络计划中，关键线路可能不止一条。而且在网络计划执行过程中，当情况发生变化时，关键线路还会发生转移。

关键线路上的工作称为关键工作。在网络计划的实施过程中，关键工作的实际进度提前或拖后，均会对总工期产生影响。因此，当情况发生变化时，关键工作的实际进度是建设工程进度控制工作中的重点。

二、网络图的绘制

（一）绘图规则

在绘制双代号网络图时，一般应遵循以下基本规则：

（1）网络图必须按照已定的逻辑关系绘制。由于网络图是有向、有序网状图形，所以必须严格按照工作之间的逻辑关系绘制，这同时也是为保证工程质量和资源优化配置及合理使用所必需的。例如，已知工作之间的逻辑关系见表5-6，若绘出网络图5-22（a）则是错误的，因为工作A不是工作D的紧前工作。此时，可用虚箭线将工作A和工作D的联系断开，如图5-22（b）所示。

表5-6 逻辑关系表

工作	A	B	C	D
紧前工作	—	—	A、B	B

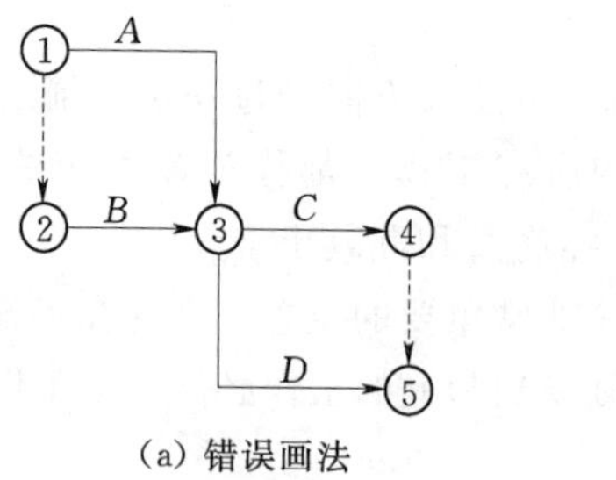

(a) 错误画法

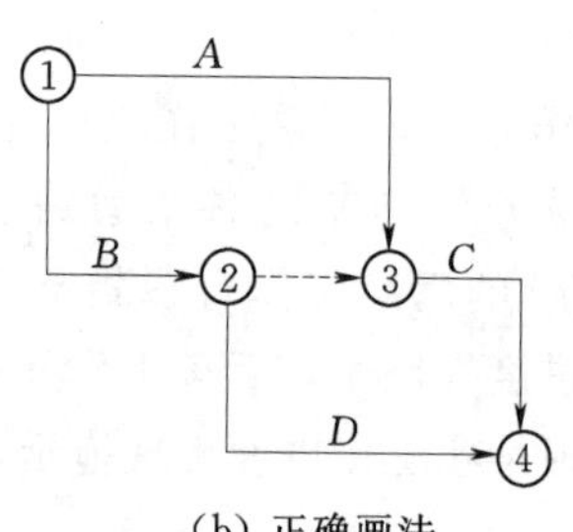

(b) 正确画法

图5-22 按表5-6绘制的网络图

（2）网络图中严禁出现从一个节点出发，顺箭头方向又回到原出发点的循环回路。如果出现循环回路，会造成逻辑关系混乱，使工作无法按顺序进行。如图5-23所示，网络图中存在不允许出现的循环回路$BCGF$。当然，此时节点编号也发生错误。

（3）网络图中的箭线（包括虚箭线，以下同）应保持自左向右的方向，不应出现箭头指向左方的水平箭线和箭头偏向左方的斜向箭线。若遵循该规则绘制网络图，就不会出现循环回路。

（4）网络图中严禁出现双向箭头和无箭头的连线。如图5-24（a）和（b）所示即为错误的工作箭线画法，因为工作进行的方向不明确，因而不能达到网络图有向的要求。

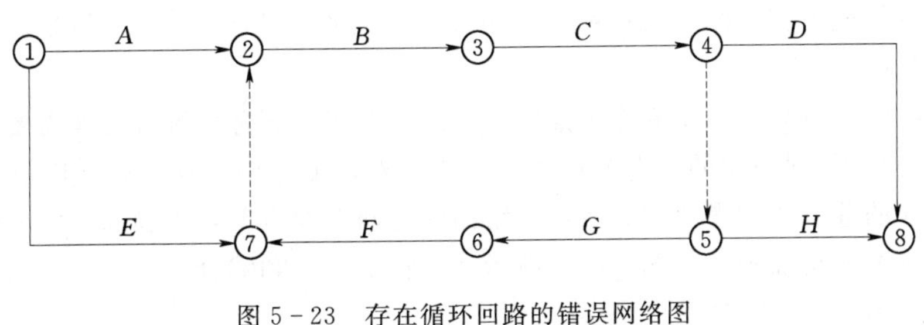

图 5-23　存在循环回路的错误网络图

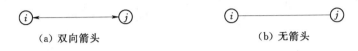

图 5-24　错误的工作箭线画法

(5) 网络图中严禁出现没有箭尾节点的箭线和没有箭头节点的箭线。图 5-25 (a) 和 (b) 即为错误的画法。

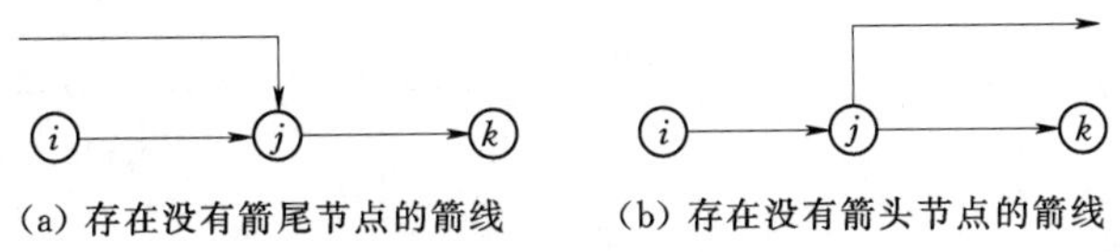

图 5-25　错误的没有箭尾或箭头节点的画法

(6) 严禁在箭线上引入或引出箭线，图 5-26 (a) 和 (b) 即为错误的画法。

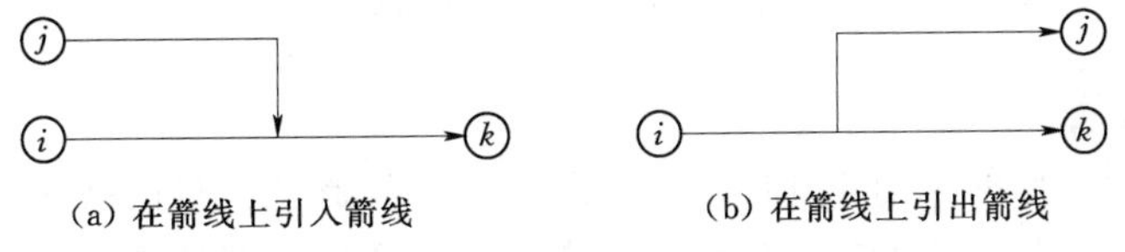

图 5-26　错误的在箭线上引出箭线的画法

但当网络图的起点节点有多条箭线引出（外向箭线）或终点节点有多条箭线引入（内向箭线）时，为使图形简洁，可用母线法绘图。即：将多条箭线经一条共用的垂直线段从起点节点引出，或将多条箭线经一条共用的垂直线段引入终点节点，如图 5-27 所示。对于特殊线型的箭线，如粗箭线、双箭线、虚箭线、彩色箭线等，可在从母线上引出的支线上标出。

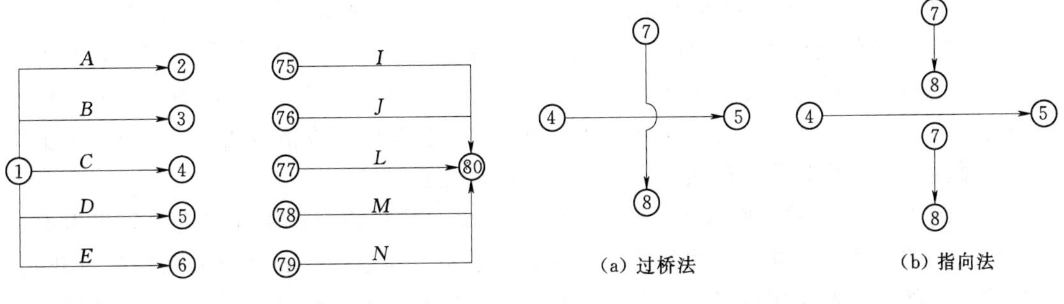

图 5-27　母线法

图 5-28　箭线交叉的表示方法

(7) 应尽量避免网络图中工作箭线的交叉。当交叉不可避免时，可以采用过桥法或指向法处理，如图 5-28 所示。

(8) 网络图中应只有一个起点节点和一个终点节点（任务中部分工作需要分期完成的网络计划除外）。除网络图的起点节点和终点节点外，不允许出现没有外向箭线的节点和没有内向箭线的节点。如图 5-29 所示网络图中有两个起点节点①和②，两个终点节点⑦和⑧。该网络图的正确画法如图 5-30 所示，即将节点①和②合并为一个起点节点，将节点⑦和⑧合并为一个终点节点。

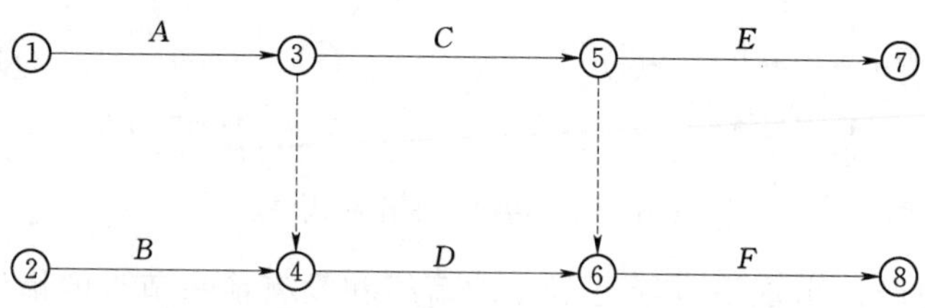

图 5-29 存在多个起点节点和多个终点节点的错误网络图

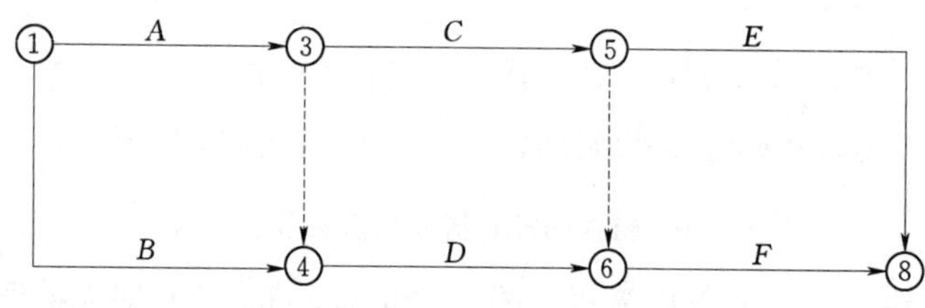

图 5-30 正确的网络图

（二）绘图方法

当已知每一项工作的紧前工作时，可按下述步骤绘制双代号网络图：

(1) 绘制没有紧前工作的工作箭线，使它们具有相同的开始节点，以保证网络图只有一个起点节点。

(2) 依次绘制其他工作箭线。这些工作箭线的绘制条件是其所有紧前工作箭线都已经绘制出来。在绘制这些工作箭线时，应按下列原则进行：

1) 当所要绘制的工作只有一项紧前工作时，则将该工作箭线直接画在其紧前工作箭线之后即可。

2) 当所要绘制的工作有多项紧前工作时，应按以下四种情况分别予以考虑：

a. 对于所要绘制的工作（本工作）而言，如果在其紧前工作之中存在一项只作为本工作紧前工作的工作（即在紧前工作栏目中，该紧前工作只出现一次），则应将本工作箭线直接画在该紧前工作箭线之后，然后用虚箭线将其他紧前工作箭线的箭头节点与本工作箭线的箭尾节点分别相连，以表达它们之间的逻辑关系。

b. 对于所要绘制的工作（本工作）而言，如果在其紧前工作中存在多项只作为本工作紧前工作的工作，应先将这些紧前工作箭线的箭头节点合并，再从合并后的节点开始，画出本工作箭线，最后用虚箭线将其他紧前工作箭线的箭头节点与本工作箭线的箭尾节点分别相连，以表达它们之间的逻辑关系。

c. 对于所要绘制的工作（本工作）而言，如果不存在情况 a 和情况 b 时，应判断本工作的所有紧前工作是否都同时作为其他工作的紧前工作（即在紧前工作栏目中，这几项紧前工作是否均同时出现若干次）。如果上述条件成立，应先将这些紧前工作箭线的箭头节点合并后，再从合并后的节点开始画出本工作箭线。

d. 对于所要绘制的工作（本工作）而言，如果既不存在情况 a 和情况 b，也不存在情况 c 时，则应将本工作箭线单独画在其紧前工作箭线之后的中部，然后用虚箭线将其各紧前工作箭线的箭头节点与本工作箭线的箭尾节点分别相连，以表达它们之间的逻辑关系。

（3）当各项工作箭线都绘制出来之后，应合并那些没有紧后工作的工作箭线的箭头节点，以保证网络图只有一个终点节点（多目标网络计划除外）。

（4）当确认所绘制的网络图正确后，即可进行节点编号。网络图的节点编号在满足前述要求的前提下，既可采用连续的编号方法，也可采用不连续的编号方法，如 1、3、5、…或 5、10、15、…以避免以后增加工作时而改动整个网络图的节点编号。

以上所述是已知每一项工作的紧前工作时的绘图方法，当已知每一项工作的紧后工作时，也可按类似的方法进行网络图的绘制，只是其绘图顺序由前述的从左向右改为从右向左。

（三）绘图示例

现举例说明前述双代号网络图的绘制方法。

【例 5-1】 已知各工作之间的逻辑关系见表 5-7，则可按下述步骤绘制其双代号网络图。

表 5-7　工作逻辑关系表

工　作	*A*	*B*	*C*	*D*
紧前工作	—	—	*A*、*B*	*B*

（1）绘制工作箭线 *A* 和工作箭线 *B*，如图 5-31（a）所示。

（2）按前述原则 2）中的情况 a 绘制工作箭线 *C*，如图 5-31（b）所示。

（3）按前述原则 1）绘制工作箭线 *D* 后，将工作箭线 *C* 和 *D* 的箭头节点合并，以保证网络图只有一个终点节点。当确认给定的逻辑关系表达正确后，再进行节点编号。表 5-7给定逻辑关系所对应的双代号网络图如图 5-31（c）所示。

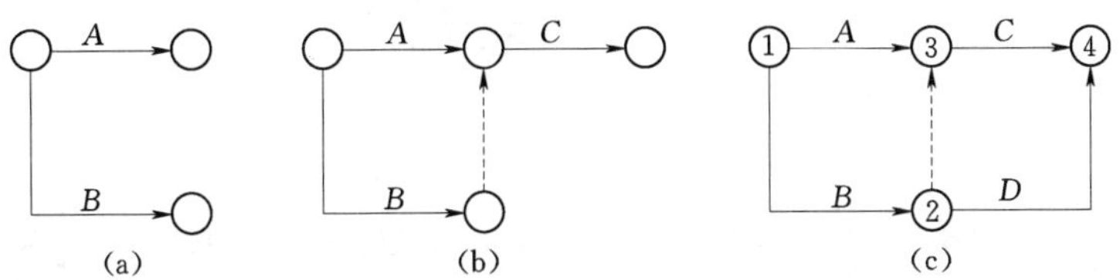

图 5-31 ［例 5-1］绘图过程

【例 5-2】 已知各工作之间的逻辑关系见表 5-8，则可按下述步骤绘制其双代号网络图。

表 5-8 工作逻辑关系表

工 作	A	B	C	D	E	G
紧前工作	—	—	—	A、B	A、B、C	D、E

(1) 绘制工作箭线 A、工作箭线 B 和工作箭线 C，如图 5-32 (a) 所示。

(2) 按前述原则 2) 中的情况 c 绘制工作箭线 D，如图 5-32 (b) 所示。

(3) 按前述原则 2) 中的情况 a 绘制工作箭线 E，如图 5-32 (c) 所示。

(4) 按前述原则 2) 中的情况 b 绘制工作箭线 G。当确认给定的逻辑关系表达正确后，再进行节点编号。表 5-8 给定逻辑关系所对应的双代号网络图如图 5-32 (d) 所示。

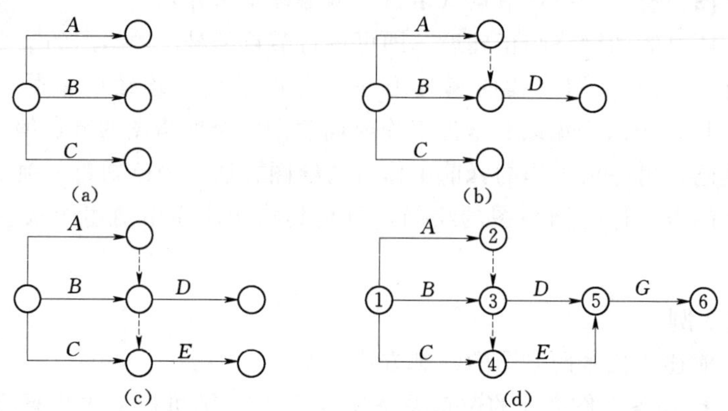

图 5-32 [例 5-2] 绘图过程

【例 5-3】 已知某水闸上游连接段各工作之间的逻辑关系见表 5-9，绘制其双代号网络图。

表 5-9 工作逻辑关系表

工作名称	土方开挖	翼墙施工	上游护坡	钢筋混凝土铺盖	墙后回填	上游护底
工作代号	A	B	C	D	E	F
紧前工作	—	A	A	B	B	D
持续时间/d	5	30	40	20	15	30

表 5-9 给定逻辑关系所对应的双代号网络图如图 5-33 所示。

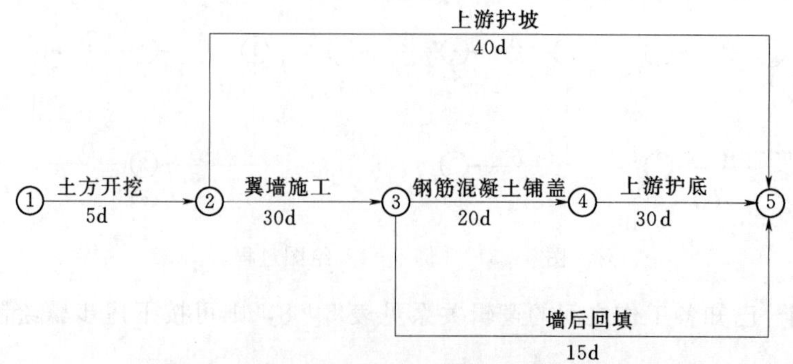

图 5-33 某水闸上游连接段双代号网络图

【例 5-4】 已知某水闸各工作之间的逻辑关系见表 5-10，绘制其双代号网络图。

表 5-10　工作逻辑关系表

工作名称	基坑开挖	闸底板施工	闸墩施工	闸门安装	桥面板吊装及面层铺装	桥面板预制	闸门制作及运输
工作代号	*A*	*B*	*C*	*D*	*E*	*F*	*G*
紧前工作	—	*A*	*B*	*C*、*G*	*D*、*F*	*A*	—
持续时间/d	30	20	100	5	30	50	100

表 5-10 给定某水闸逻辑关系所对应的双代号网络图如图 5-34 所示。

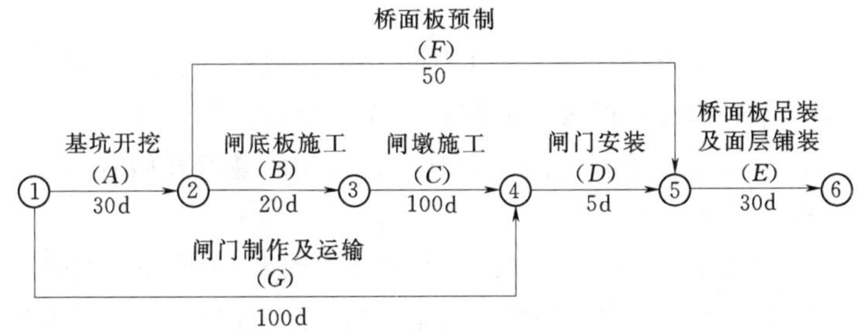

图 5-34　某水闸双代号网络图

三、网络计划时间参数的计算

所谓网络计划，是指在网络图上加注时间参数而编制的进度计划。网络计划时间参数的计算应在各项工作的持续时间确定之后进行。

（一）网络计划时间参数的概念

所谓时间参数，是指网络计划、工作及节点所具有的各种时间值。

1. 工作持续时间和工期

（1）工作持续时间。工作持续时间是指一项工作从开始到完成的时间。在双代号网络计划中，工作 $i-j$ 的持续时间用 D_{i-j} 表示；在单代号网络计划中，工作 i 的持续时间用 D_i 表示。

（2）工期。工期泛指完成一项任务所需要的时间。在网络计划中，工期一般有以下三种：

1）计算工期。计算工期是根据网络计划时间参数计算而得到的工期，用 T_c 表示。

2）要求工期。要求工期是任务委托人所提出的指令性工期，用 T_r 表示。

3）计划工期。计划工期是指根据要求工期和计算工期所确定的作为实施目标的工期，用 T_p 表示。

a. 当已规定了要求工期时，计划工期不应超过要求工期，即

$$T_p \leqslant T_r \tag{5-20}$$

b. 当未规定要求工期时，可令计划工期等于计算工期，即

$$T_p = T_c \tag{5-21}$$

2. 工作的 6 个时间参数

除工作持续时间外，网络计划中工作的 6 个时间参数是：最早开始时间、最早完成时间、最迟完成时间、最迟开始时间、总时差和自由时差。

(1) 最早开始时间和最早完成时间。工作的最早开始时间是指在其所有紧前工作全部完成后，本工作有可能开始的最早时刻。工作的最早完成时间是指在其所有紧前工作全部完成后，本工作有可能完成的最早时刻。工作的最早完成时间等于本工作的最早开始时间与其持续时间之和。

在双代号网络计划中，工作 $i-j$ 的最早开始时间和最早完成时间分别用 ES_{i-j} 和 EF_{i-j} 表示；在单代号网络计划中，工作 i 的最早开始时间和最早完成时间分别用 ES_i 和 EF_i 表示。

(2) 最迟完成时间和最迟开始时间。工作的最迟完成时间是指在不影响整个任务按期完成的前提下，本工作必须完成的最迟时间。工作的最迟开始时间是指在不影响整个任务按期完成的前提下，本工作必须开始的最迟时间。工作的最迟开始时间等于本工作的最迟完成时间与其持续时间之差。

在双代号网络计划中，工作 $i-j$ 的最迟完成时间和最迟开始时间分别用 LF_{i-j} 和 LS_{i-j} 表示；在单代号网络计划中，工作 i 的最迟完成时间和最迟开始时间分别用 LF_i 和 LS_i 表示。

(3) 总时差和自由时差。工作的总时差是指在不影响总工期的前提下，本工作可以利用的机动时间。但是在网络计划的执行过程中，如果利用某项工作的总时差，则有可能使该工作后续工作的总时差减小。在双代号网络计划中，工作 $i-j$ 的总时差用 TF_{i-j} 表示；在单代号网络计划中，工作 i 的总时差用 TF_i 表示。

工作的自由时差是指在不影响其紧后工作最早开始时间的前提下，本工作可以利用的机动时间。在网络计划的执行过程中，工作的自由时差是该工作可以自由使用的时间。在双代号网络计划中，工作 $i-j$ 的自由时差用 FF_{i-j} 表示；在单代号网络计划中，工作 i 的自由时差用 FF_i 表示。

从总时差和自由时差的定义可知，对于同一项工作而言，自由时差不会超过总时差。当工作的总时差为零时，其自由时差必然为零。

3. 节点最早时间和最迟时间

(1) 节点最早时间。节点最早时间是指在双代号网络计划中，以该节点为开始节点的各项工作的最早开始时间。节点 i 的最早时间用 ET_i 表示。

(2) 节点最迟时间。节点最迟时间是指在双代号网络计划中，以该节点为完成节点的各项工作的最迟完成时间。节点 j 的最迟时间用 LT_j 表示。

4. 相邻两项工作之间的时间间隔

相邻两项工作之间的时间间隔是指本工作的最早完成时间与其紧后工作最早开始时间之间可能存在的差值。工作 i 与工作 j 之间的时间间隔用 $LAG_{i,j}$ 表示。

(二) 双代号网络计划时间参数的计算

双代号网络计划的时间参数的计算可以采用多种方法，如表算法、图上计算法及电算法。下面介绍图上计算法，其他方法的计算原理相同，这里不再重复。

1. 按工作计算法

所谓按工作计算法，就是以网络计划中的工作为对象，直接计算各项工作的时间参数。这些时间参数包括工作的最早开始时间和最早完成时间、工作的最迟开始时间和最迟完成时间、工作的总时差和自由时差。此外，还应计算网络计划的计算工期。

在计算各种时间参数时，为了与数字坐标轴的规定一致，规定无论是工作的开始时间或完成时间，都一律以时间单位的终了时刻为准。例如，坐标上某工作的开始（或结束）时间为第5天，指的是第5个工作日的下班时，即第6个工作日的上班时。计算中均规定网络计划的起始工作从第0天开始，实际上指的是第1个工作日的上班时间开始。

下面以图5-35所示双代号网络计划为例，说明按工作计算法计算时间参数的过程。其计算结果如图5-36所示。

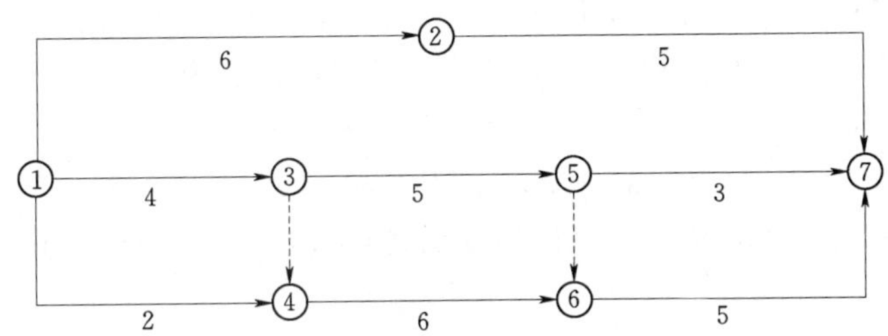

图5-35　双代号网络计划

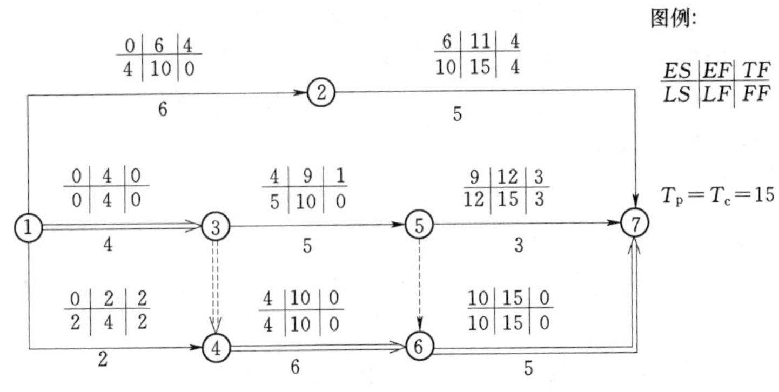

图5-36　双代号网络计划（六时标注法）

(1) 计算工作的最早开始时间和最早完成时间。工作最早开始时间和最早完成时间的计算应从网络计划的起点节点开始，顺着箭线方向依次进行。其计算步骤如下：

1) 以网络计划起点节点为开始节点的工作，当未规定其最早开始时间时，其最早开始时间为零。例如在本例中，工作1—2、工作1—3和工作1—4的最早开始时间都为零，即

$$ES_{1-2}=ES_{1-3}=ES_{1-4}=0$$

2) 工作的最早完成时间可利用式（5-22）进行计算。

$$EF_{i-j}=ES_{i-j}+D_{i-j} \tag{5-22}$$

式中　EF_{i-j}——工作 i—j 的最早完成时间；

ES_{i-j}——工作 i—j 的最早开始时间；

D_{i-j}——工作 i—j 的持续时间。

在本例中，工作 1—2、工作 1—3 和工作 1—4 的最早完成时间分别为

$$EF_{1-2}=ES_{1-2}+D_{1-2}=0+6=6$$

$$EF_{1-3}=ES_{1-3}+D_{1-3}=0+4=4$$

$$EF_{1-4}=ES_{1-4}+D_{1-4}=0+2=2$$

3）其他工作的最早开始时间应等于其紧前工作最早完成时间的最大值，即

$$ES_{i-j}=\max\{EF_{h-i}\}=\max\{ES_{h-i}+D_{h-i}\} \tag{5-23}$$

式中 ES_{i-j}——工作 $i-j$ 的最早开始时间；

EF_{h-i}——工作 i—j 的紧前工作 h—i（非虚工作）的最早完成时间；

ES_{h-i}——工作 i—j 的紧前工作 h—i（非虚工作）的最早开始时间；

D_{h-i}——工作 i—j 的紧前工作 h—i（非虚工作）的持续时间。

在本例中，工作 3—5 和工作 4—6 的最早开始时间分别为

$$ES_{3-5}=EF_{1-3}=4$$

$$ES_{4-6}=\max\{EF_{1-3},EF_{1-4}\}=\max\{4,2\}=4$$

4）网络计划的计算工期应等于以网络计划终点节点为完成节点的工作的最早完成时间的最大值，即

$$T_c=\max\{EF_{i-n}\}=\max\{ES_{i-n}+D_{i-n}\} \tag{5-24}$$

式中 T_c——网络计划的计算工期；

EF_{i-n}——以网络计划终点节点 n 为完成节点的工作的最早完成时间；

ES_{i-n}——以网络计划终点节点 n 为完成节点的工作的最早开始时间；

D_{i-n}——以网络计划终点节点 n 为完成节点的工作的持续时间。

在本例中，网络计划的计算工期为

$$T_c=\max\{EF_{2-7},EF_{5-7},EF_{6-7}\}=\max\{11,12,15\}=15$$

（2）确定网络计划的计划工期。网络计划的计划工期应按式（5-20）或式（5-21）确定。在本例中，假设未规定要求工期，则其计划工期就等于计算工期，即

$$T_p=T_c=15$$

计划工期应标注在网络计划终点节点的右上方，如图 5-36 所示。

（3）计算工作的最迟完成时间和最迟开始时间。工作最迟完成时间和最迟开始时间的计算应从网络计划的终点节点开始，逆着箭线方向依次进行。其计算步骤如下：

1）以网络计划终点节点为完成节点的工作，其最迟完成时间等于网络计划的计划工期，即

$$LF_{i-n}=T_p \tag{5-25}$$

式中 LF_{i-n}——以网络计划终点节点 n 为完成节点的工作的最迟完成时间；

T_p——网络计划的计划工期。

在本例中，工作 2—7、工作 5—7 和工作 6—7 的最迟完成时间为

$$LF_{2-7}=LF_{5-7}=LF_{6-7}=T_p=15$$

2）工作的最迟开始时间可利用式（5-26）进行计算。

$$LS_{i-j}=LF_{i-j}-D_{i-j} \tag{5-26}$$

式中　LS_{i-j}——工作 i—j 的最迟开始时间；

LF_{i-j}——工作 i—j 的最迟完成时间；

D_{i-j}——工作 i—j 的持续时间。

在本例中，工作 2—7、工作 5—7 和工作 6—7 的最迟开始时间分别为

$$LS_{2-7}=LF_{2-7}-D_{2-7}=15-5=10$$

$$LS_{5-7}=LF_{5-7}-D_{5-7}=15-3=12$$

$$LS_{6-7}=LF_{6-7}-D_{6-7}=15-5=10$$

3）其他工作的最迟完成时间应等于其紧后工作最迟开始时间的最小值，即

$$LF_{i-j}=\min\{LS_{j-k}\}=\min\{LF_{j-k}-D_{j-k}\} \tag{5-27}$$

式中　LF_{i-j}——工作 i—j 的最迟完成时间；

LS_{j-k}——工作 i—j 的紧后工作 j—k（非虚工作）的最迟开始时间；

LF_{j-k}——工作 i—j 的紧后工作 j—k（非虚工作）的最迟完成时间；

D_{j-k}——工作 i—j 的紧后工作 j—k（非虚工作）的持续时间。

在本例中，工作 3—5 和工作 4—6 的最迟完成时间分别为

$$LF_{3-5}=\min\{LS_{5-7},LS_{6-7}\}=\min\{12,10\}=10$$

$$LF_{4-6}=LS_{6-7}=10$$

（4）计算工作的总时差。工作的总时差等于该工作最迟完成时间与最早完成时间之差，或该工作最迟开始时间与最早开始时间之差，即

$$TF_{i-j}=LF_{i-j}-EF_{i-j}=LS_{i-j}-ES_{i-j} \tag{5-28}$$

式中　TF_{i-j}——工作 i—j 的总时差；

其余符号同前。

在本例中，工作 3—5 的总时差为

$$TF_{3-5}=LF_{3-5}-EF_{3-5}=10-9=1$$

或

$$TF_{3-5}=LS_{3-5}-ES_{3-5}=5-4=1$$

（5）计算工作的自由时差。工作自由时差的计算应按以下两种情况分别考虑：

1）对于有紧后工作的工作，其自由时差等于本工作之紧后工作最早开始时间减本工作最早完成时间所得之差的最小值，即

$$\begin{aligned}FF_{i-j}&=\min\{ES_{j-k}-EF_{i-j}\}\\&=\min\{ES_{j-k}-ES_{i-j}-D_{i-j}\}\end{aligned} \tag{5-29}$$

式中　FF_{i-j}——工作 i—j 的自由时差；

ES_{j-k}——工作 i—j 的紧后工作 j—k（非虚工作）的最早开始时间；

EF_{i-j}——工作 i—j 的最早完成时间；

ES_{i-j}——工作 i—j 的最早开始时间；

D_{i-j}——工作 i—j 的持续时间。

在本例中，工作 1—4 和工作 3—5 的自由时差分别为

$$FF_{1-4}=ES_{4-6}-EF_{1-4}=4-2=2$$

$$\begin{aligned} FF_{3-5} &= \min\{ES_{5-7} - EF_{3-5}, ES_{6-7} - EF_{3-5}\} \\ &= \min\{9-9, 10-9\} \\ &= 0 \end{aligned}$$

2）对于无紧后工作的工作，也就是以网络计划终点节点为完成节点的工作，其自由时差等于计划工期与本工作最早完成时间之差，即

$$FF_{i-n} = T_p - EF_{i-n} = T_p - ES_{i-n} - D_{i-n} \tag{5-30}$$

式中 FF_{i-n}——以网络计划终点节点 n 为完成节点的工作 i—n 的自由时差；

T_p——网络计划的计划工期；

EF_{i-n}——以网络计划终点节点 n 为完成节点的工作 i—n 的最早完成时间；

ES_{i-n}——以网络计划终点节点 n 为完成节点的工作 i—n 的最早开始时间；

D_{i-n}——以网络计划终点节点 n 为完成节点的工作 i—n 的持续时间。

在本例中，工作 2—7、工作 5—7 和工作 6—7 的自由时差分别为

$$FF_{2-7} = T_p - EF_{2-7} = 15 - 11 = 4$$

$$FF_{5-7} = T_p - EF_{5-7} = 15 - 12 = 3$$

$$FF_{6-7} = T_p - EF_{6-7} = 15 - 15 = 0$$

需要指出的是，对于网络计划中以终点节点为完成节点的工作，其自由时差与总时差相等。此外，由于工作的自由时差是其总时差的构成部分，所以，当工作的总时差为零时，其自由时差必然为零，可不必进行专门计算。在本例中，工作 1—3、工作 4—6 和工作 6—7 的总时差全部为零，故其自由时差也全部为零。

(6) 确定关键工作和关键线路。在网络计划中，总时差最小的工作为关键工作。特别地，当网络计划的计划工期等于计算工期时，总时差为零的工作就是关键工作。在本例中，工作 1—3、工作 4—6 和工作 6—7 的总时差均为零，故它们都是关键工作。

找出关键工作之后，将这些关键工作首尾相连，便至少构成一条从起点节点到终点节点的通路，通路上各项工作的持续时间总和最大的就是关键线路。在关键线路上可能有虚工作存在。

关键线路一般用粗箭线或双线箭线标出，也可以用彩色箭线标出。在本例中，线路①—③—④—⑥—⑦即为关键线路。关键线路上各项工作的持续时间总和应等于网络计划的计算工期，这一特点也是判别关键线路是否正确的准则。

在上述计算过程中，是将每项工作的 6 个时间参数均标注在图中，故称为六时标注法，如图 5-36 所示。为使网络计划的图面更加简洁，在双代号网络计划中，除各项工作的持续时间以外，通常只需标注两个最基本的时间参数——各项工作的最早开始时间和最迟开始时间即可，而工作的其他 4 个时间参数（最早完成时间、最迟完成时间、总时差和自由时差）均可根据工作的最早开始时间、最迟开始时间及持续时间导出。这种方法称为二时标注法，如图 5-37 所示。

2. 按节点计算法

所谓按节点计算法，就是先计算网络计划中各个节点的最早时间和最迟时间，然后再据此计算各项工作的时间参数和网络计划的计算工期。

下面仍以图 5-35 所示双代号网络计划为例，说明按节点计算法计算时间参数的过

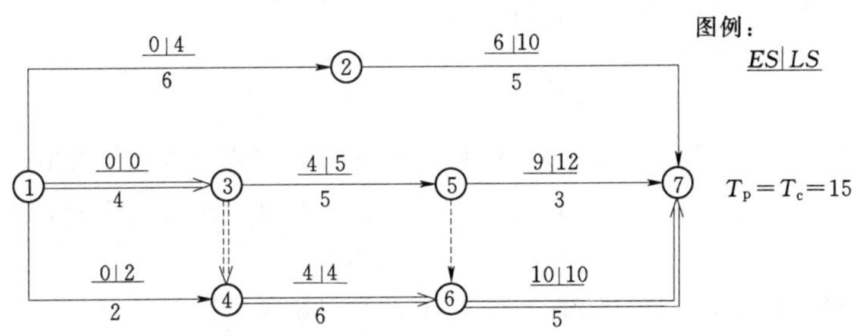

图 5-37　双代号网络计划（二时标注法）

程。其计算结果如图 5-38 所示。

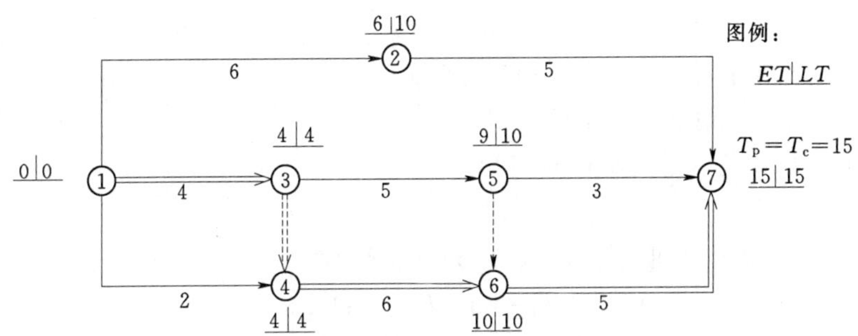

图 5-38　双代号网络计划（按节点计算法）

（1）计算节点的最早时间和最迟时间。

1）计算节点的最早时间。节点最早时间的计算应从网络计划的起点节点开始，顺着箭线方向依次进行。其计算步骤如下：

a. 网络计划起点节点，如未规定最早时间时，其值等于零。在本例中，起点节点①的最早时间为零，即

$$ET_1=0$$

b. 其他节点的最早时间应按式（5-31）进行计算。

$$ET_j=\max\{ET_i+D_{i-j}\} \tag{5-31}$$

式中　ET_j——工作 i—j 的完成节点 j 的最早时间；

ET_i——工作 i—j 的开始节点 i 的最早时间；

D_{i-j}——工作 i—j 的持续时间。

在本例中，节点③和节点④的最早时间分别为

$$ET_3=ET_1+D_{1-3}=0+4=4$$

$$\begin{aligned}ET_4&=\max\{ET_1+D_{1-4},ET_3+D_{3-4}\}\\&=\max\{0+2,4+0\}\\&=4\end{aligned}$$

c. 网络计划的计算工期等于网络计划终点节点的最早时间，即

$$T_c=ET_n \tag{5-32}$$

式中　T_c——网络计划的计算工期；

ET_n——网络计划终点节点 n 的最早时间。

在本例中，其计算工期为

$$T_c = ET_7 = 15$$

2）确定网络计划的计划工期。网络计划的计划工期应按式（5-20）或式（5-21）确定。在本例中，假设未规定要求工期，则其计划工期就等于计算工期，即

$$T_p = T_c = 15 \quad (5-33)$$

计划工期应标注在终点节点的右上方，如图 5-38 所示。

3）计算节点的最迟时间。节点最迟时间的计算应从网络计划的终点节点开始，逆着箭线方向依次进行。其计算步骤如下：

a. 网络计划终点节点的最迟时间等于网络计划的计划工期，即

$$LT_n = T_p \quad (5-34)$$

式中 LT_n——网络计划终点节点 n 的最迟时间；

T_p——网络计划的计划工期。

在本例中，终点节点⑦的最迟时间为

$$LT_7 = T_p = 15$$

b. 其他节点的最迟时间应按式（5-35）进行计算。

$$LT_i = \min\{LT_j - D_{i-j}\} \quad (5-35)$$

式中 LT_i——工作 i—j 的开始节点 i 的最迟时间；

LT_j——工作 i—j 的完成节点 j 的最迟时间；

D_{i-j}——工作 i—j 的持续时间。

在本例中，节点⑥和节点⑤的最迟时间分别为

$$LT_6 = LT_7 - D_{6-7} = 15 - 5 = 10$$

$$\begin{aligned} LT_5 &= \min\{LT_6 - D_{5-6}, LT_7 - D_{5-7}\} \\ &= \min\{10 - 0, 15 - 3\} \\ &= 10 \end{aligned}$$

（2）根据节点的最早时间和最迟时间判定工作的 6 个时间参数。

1）工作的最早开始时间等于该工作开始节点的最早时间，即

$$ES_{i-j} = ET_i \quad (5-36)$$

在本例中，工作 1—2 和工作 2—7 的最早开始时间分别为

$$ES_{1-2} = ET_1 = 0$$

$$ES_{2-7} = ET_2 = 6$$

2）工作的最早完成时间等于该工作开始节点的最早时间与其持续时间之和，即

$$EF_{i-j} = ET_i + D_{i-j} \quad (5-37)$$

在本例中，工作 1—2 和工作 2—7 的最早完成时间分别为

$$EF_{1-2} = ET_1 + D_{1-2} = 0 + 6 = 6$$

$$EF_{2-7} = ET_2 + D_{2-7} = 6 + 5 = 11$$

3）工作的最迟完成时间等于该工作完成节点的最迟时间，即

$$LF_{i-j} = LT_j \quad (5-38)$$

在本例中，工作 1—2 和工作 2—7 的最迟完成时间分别为

$$LF_{1-2}=LT_2=10$$

$$LF_{2-7}=LT_7=15$$

4）工作的最迟开始时间等于该工作完成节点的最迟时间与其持续时间之差，即

$$LS_{i-j}=LT_j-D_{i-j} \tag{5-39}$$

在本例中，工作 1—2 和工作 2—7 的最迟开始时间分别为

$$LS_{1-2}=LT_2-D_{1-2}=10-6=4$$

$$LS_{2-7}=LT_7-D_{2-7}=15-5=10$$

5）工作的总时差可根据式（5-28）、式（5-37）和式（5-38）得到

$$\begin{aligned}TF_{i-j}&=LF_{i-j}-EF_{i-j}\\&=LT_j-(ET_i+D_{i-j})\\&=LT_j-ET_i-D_{i-j}\end{aligned} \tag{5-40}$$

由式（5-40）可知，工作的总时差等于该工作完成节点的最迟时间减去该工作开始节点的最早时间所得差值再减去其持续时间。在本例中，工作 1—2 和工作 3—5 的总时差分别为

$$TF_{1-2}=LT_2-ET_2-D_{1-2}=10-0-6=4$$

$$TF_{3-5}=LT_5-ET_3-D_{3-5}=10-4-5=1$$

6）工作的自由时差可根据式（5-24）和式（5-31）得到。

$$\begin{aligned}FF_{i-j}&=\min\{ES_{j-k}-ES_{i-j}-D_{i-j}\}\\&=\min\{ES_{j-k}\}-ES_{i-j}-D_{i-j}\\&=\min\{ET_j\}-ET_i-D_{i-j}\end{aligned} \tag{5-41}$$

由式（5-41）可知，工作的自由时差等于该工作完成节点的最早时间减去该工作开始节点的最早时间所得差值再减去其持续时间。在本例中，工作 1—2 和工作 3—5 的自由时差分别为

$$FF_{1-2}=ET_2-ET_1-D_{1-2}=6-0-6=0$$

$$FF_{3-5}=ET_5-ET_3-D_{3-5}=9-4-5=0$$

特别需要注意的是，如果本工作与其各紧后工作之间存在虚工作时，其中的 ET_j 应为本工作紧后工作开始节点的最早时间，而不是本工作完成节点的最早时间。

（3）确定关键线路和关键工作。在双代号网络计划中，关键线路上的节点称为关键节点。关键工作两端的节点必为关键节点，但两端为关键节点的工作不一定是关键工作。关键节点的最迟时间与最早时间的差值最小。特别地，当网络计划的计划工期等于计算工期时，关键节点的最早时间与最迟时间必然相等。在本例中，节点①、③、④、⑥、⑦就是关键节点。关键节点必然处在关键线路上，但由关键节点组成的线路不一定是关键线路。在本例中，由关键节点①、④、⑥、⑦组成的线路就不是关键线路。

当利用关键节点判别关键线路和关键工作时，还要满足下列判别式：

$$ET_i+D_{i-j}=ET_j \tag{5-42}$$

或

$$LT_i + D_{i-j} = LT_j \tag{5-43}$$

式中 ET_i——工作 i—j 的开始节点（关键节点）i 的最早时间；

D_{i-j}——工作 i—j 的持续时间；

ET_j——工作 i—j 的完成节点（关键节点）j 的最早时间；

LT_i——工作 i—j 的开始节点（关键节点）i 的最迟时间；

LT_j——工作 i—j 的完成节点（关键节点）j 的最迟时间。

如果两个关键节点之间的工作符合上述判别式，则该工作必然为关键工作，它应该在关键线路上；否则，该工作就不是关键工作，关键线路也就不会从此处通过。在本例中，工作 1—3、虚工作 3—4、工作 4—6 和工作 6—7 均符合上述判别式，故线路①—③—④—⑥—⑦为关键线路。

（4）关键节点的特性。在双代号网络计划中，当计划工期等于计算工期时，关键节点具有以下一些特性，掌握好这些特性，有助于确定工作的时间参数。

1）开始节点和完成节点均为关键节点的工作，不一定是关键工作。例如在图 5-38 所示网络计划中，节点①和节点④为关键节点，但工作 1—4 为非关键工作。由于其两端为关键节点，机动时间不可能为其他工作所利用，故其总时差和自由时差均为 2。

2）以关键节点为完成节点的工作，其总时差和自由时差必然相等。例如在图 5-38 所示网络计划中，工作 1—4 的总时差和自由时差均为 2；工作 2—7 的总时差和自由时差均为 4；工作 5—7 的总时差和自由时差均为 3。

3）当两个关键节点间有多项工作，且工作间的非关键节点无其他内向箭线和外向箭线时，则两个关键节点间各项工作的总时差均相等。在这些工作中，除以关键节点为完成的节点的工作自由时差等于总时差外，其余工作的自由时差均为零。例如在图 5-38 所示网络计划中，工作 1—2 和工作 2—7 的总时差均为 4。工作 2—7 的自由时差等于总时差，而工作 1—2 的自由时差为零。

4）当两个关键节点间有多项工作，且工作间的非关键节点有外向箭线而无其他内向箭线时，则两个关键节点间各项工作的总时差不一定相等。在这些工作中，除以关键节点为完成的节点的工作自由时差等于总时差外，其余工作的自由时差均为零。例如在图 5-38 所示网络计划中，工作 3—5 和工作 5—7 的总时差分别为 1 和 3。工作 5—7 的自由时差等于总时差，而工作 3—5 的自由时差为零。

3. 标号法

标号法是一种迅速寻求网络计划计算工期和关键线路的方法。它利用按节点计算法的基本原理，对网络计划中的每一个节点进行标号，然后利用标号值确定网络计划的计算工期和关键线路。

下面仍以图 5-35 所示网络计划为例，说明标号法的计算过程。其计算结果如图 5-39所示。

（1）网络计划起点节点的标号值为零。在本例中，节点①的标号值为零，即

$$b_1 = 0$$

（2）其他节点的标号值应根据式（5-44）按节点编号从小到大的顺序逐个进行计算

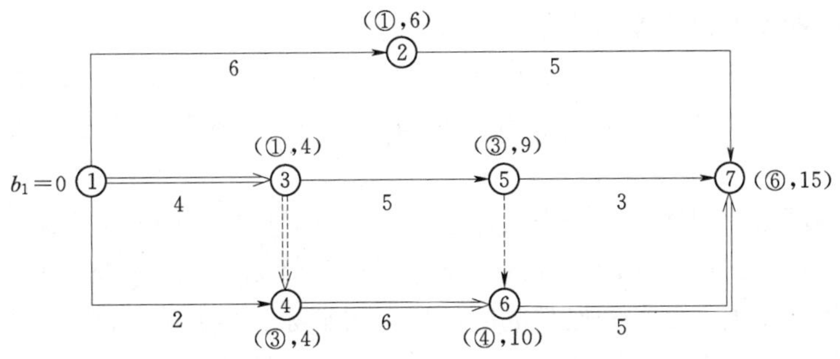

图 5-39　双代号网络计划（标号法）

$$b_j=\max\{b_i+D_{i-j}\} \tag{5-44}$$

式中　b_j——工作 i—j 的完成节点 j 的标号值；

b_i——工作 i—j 的开始节点 i 的标号值；

D_{i-j}——工作 i—j 的持续时间。

在本例中，节点③和节点④的标号值分别为

$$b_3=b_1+D_{1-3}=0+4=4$$

$$\begin{aligned}b_4&=\max\{b_1+D_{1-4},b_3+D_{3-4}\}\\&=\max\{0+2,4+0\}\\&=4\end{aligned}$$

当计算出节点的标号值后，应该用其标号值及其源节点对该节点进行双标号。所谓源节点，就是用来确定本节点标号值的节点。在本例中，节点④的标号值 4 是由节点③所确定的，故节点④的源节点就是节点③。如果源节点有多个，应将所有源节点标出。

（3）网络计划的计算工期就是网络计划终点节点的标号值。在本例中，其计算工期就等于终点节点⑦的标号值 15。

（4）关键线路应从网络计划的终点节点开始，逆着箭线方向按源节点确定。在本例中，从终点节点⑦开始，逆着箭线方向按源节点可以找出关键线路为①—③—④—⑥—⑦。

四、双代号时标网络计划

双代号时标网络计划（简称“时标网络计划”）必须以水平时间坐标为尺度表示工作时间。时标的时间单位应根据需要在编制网络计划之前确定，可以是小时、天、周、月或季度等。

在时标网络计划中，以实箭线表示工作，实箭线的水平投影长度表示该工作的持续时间；以虚箭线表示虚工作，由于虚工作的持续时间为零，故虚箭线只能垂直画；以波形线表示工作与其紧后工作之间的时间间隔（以终点节点为完成节点的工作除外，当计划工期等于计算工期时，这些工作箭线中波形线的水平投影长度表示其自由时差）。

时标网络计划既具有网络计划的优点，又具有横道计划直观易懂的优点，它将网络计划的时间参数直观地表达出来。

（一）时标网络计划的编制方法

时标网络计划宜按各项工作的最早开始时间编制。因此，在编制时标网络计划时应使每一个节点和每一项工作（包括虚工作）尽量向左靠，直至不出现从右向左的逆向箭线为止。

在编制时标网络计划之前，应先按已经确定的时间单位绘制时标网络计划表。时间坐标可以标注在时标网络计划表的顶部或底部。当网络计划的规模比较大，且比较复杂时，可以在时标网络计划表的顶部和底部同时标注时间坐标。必要时，还可以在顶部时间坐标之上或底部时间坐标之下同时加注日历时间。时标网络计划表见表 5－11。表 5－11 中部的刻度线宜为细线。为使图面清晰简洁，此线也可不画或少画。

表 5－11 时标网络计划表

日历																
（时间单位）	1	2	3	4	5	6	7	8	9	10	11	12	13	14	15	16
网络计划																
（时间单位）	1	2	3	4	5	6	7	8	9	10	11	12	13	14	15	16

编制时标网络计划应先绘制无时标的网络计划草图，然后按间接绘制法或直接绘制法进行。

1. 间接绘制法

所谓间接绘制法，是指先根据无时标的网络计划草图计算其时间参数并确定关键线路，然后在时标网络计划表中进行绘制。在绘制时应先将所有节点按其最早时间定位在时标网络计划表中的相应位置，然后再用规定线型（实箭线和虚箭线）按比例绘出工作和虚工作。当某些工作箭线的长度不足以到达该工作的完成节点时，须用波形线补足，箭头应画在与该工作完成节点的连接处。

2. 直接绘制法

所谓直接绘制法，是指不计算时间参数而直接按无时标的网络计划草图绘制时标网络计划。现以图 5－40 所示网络计划为例，说明时标网络计划的绘制过程。

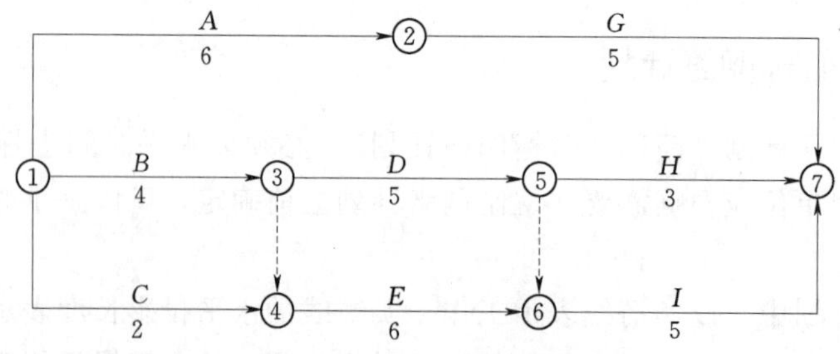

图 5－40 双代号网络计划

（1）将网络计划的起点节点定位在时标网络计划表的起始刻度线上。如图 5－41 所示，节点①就是定位在时标网络计划表的起始刻度线“0”位置上。

（2）按工作的持续时间绘制以网络计划起点节点为开始节点的工作箭线。如图 5－41

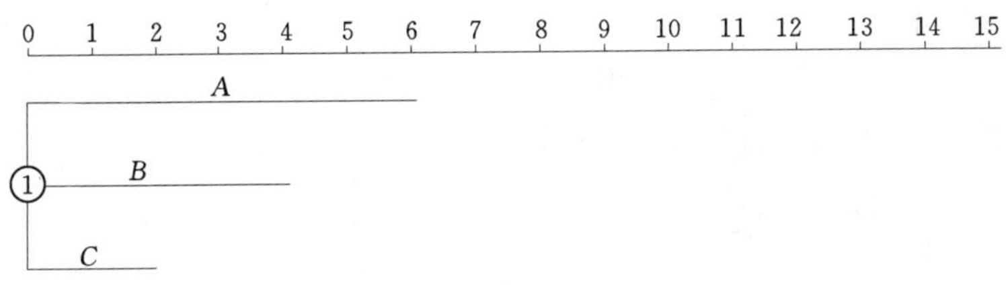

图 5-41　直接绘制法第一步

所示，分别绘出工作箭线 A、B 和 C。

(3) 除网络计划的起点节点外，其他节点必须在所有以该节点为完成节点的工作箭线均绘出后，定位在这些工作箭线中最迟的箭线末端。当某些工作箭线的长度不足以到达该节点时，须用波形线补足，箭头画在与该节点的连接处。在本例中，节点②直接定位在工作箭线 A 的末端；节点③直接定位在工作箭线 B 的末端；节点④的位置需要在绘出虚箭线 3—4 之后，定位在工作箭线 C 和虚箭线 3—4 中最迟的箭线末端，即坐标“4”的位置上。此时，工作箭线 C 的长度不足以到达节点④，因而用波形线补足，如图 5-42 所示。

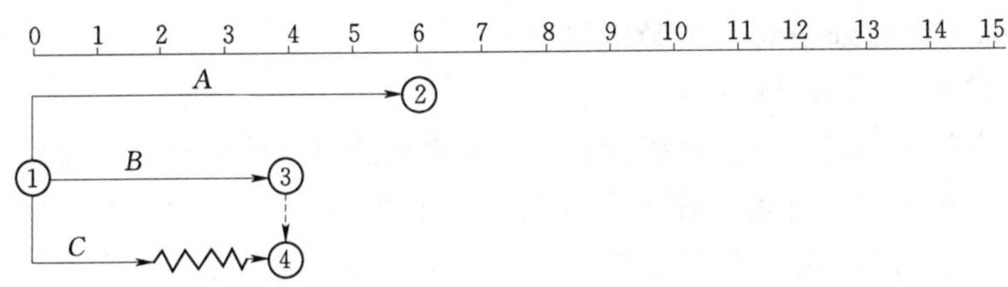

图 5-42　直接绘制法第二步

(4) 当某个节点的位置确定之后，即可绘制以该节点为开始节点的工作箭线。在本例中，在图 5-42 基础之上，可以分别以节点②、节点③和节点④为开始节点绘制工作箭线 G、工作箭线 D 和工作箭线 E，如图 5-43 所示。

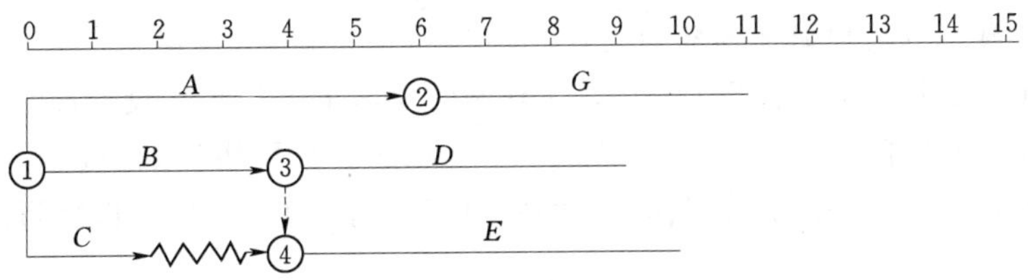

图 5-43　直接绘制法第三步

(5) 利用上述方法从左至右依次确定其他各个节点的位置，直至绘出网络计划的终点节点。例如在本例中，在图 5-43 的基础之上，可以分别确定节点⑤和节点⑥的位置，并在它们之后分别绘制工作箭线 H 和工作箭线 J，如图 5-44 所示。

最后，根据工作箭线 G、工作箭线 H 和工作箭线 I 确定出终点节点的位置。本例所对应的时标网络计划如图 5-45 所示，图中双箭线表示的线路为关键线路。

在绘制时标网络计划时，特别需要注意的问题是处理好虚箭线。首先，应将虚箭线与实箭线等同看待，只是其对应工作的持续时间为零；其次，尽管它本身没有持续时间，但可能存在波形线，因此，要按规定画出波形线。在画波形线时，其垂直部分仍应画为虚线

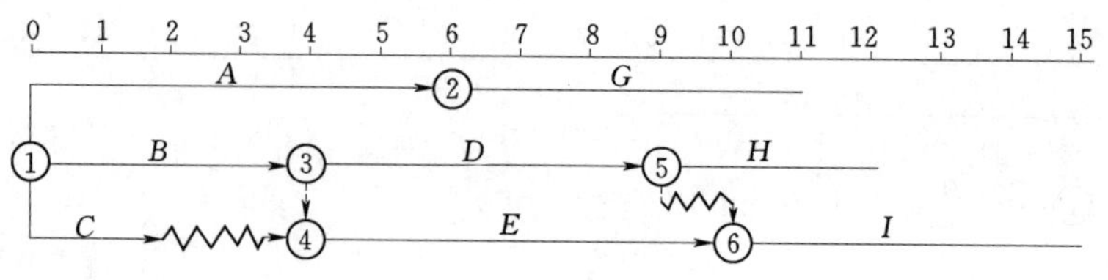

图 5-44 直接绘制法第四步

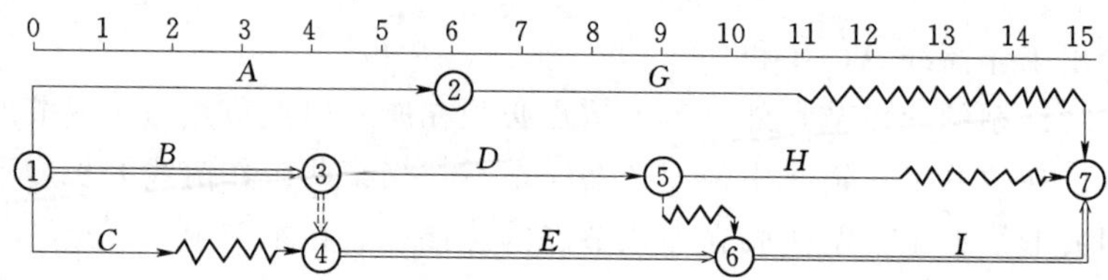

图 5-45 双代号时标网络计划

（如图 5-45 所示时标网络计划中的虚箭线 5—6）。

（二）时标网络计划中时间参数的判定

1. 关键线路和计算工期的判定

（1）关键线路的判定。时标网络计划中的关键线路可从网络计划的终点节点开始，逆着箭线方向进行判定。凡自始至终不出现波形线的线路即为关键线路。因为不出现波形线，就说明在这条线路上相邻两项工作之间的时间间隔全部为零，也就是在计算工期等于计划工期的前提下，这些工作的总时差和自由时差全部为零。例如，在图 5-45 所示时标网络计划中，线路①—③—④—⑥—⑦即为关键线路。

（2）计算工期的判定。网络计划的计算工期应等于终点节点所对应的时标值与起点节点所对应的时标值之差。例如，图 5-45 所示时标网络计划的计算工期为

$$T_c=15-0=15$$

2. 相邻两项工作之间时间间隔的判定

除以终点节点为完成节点的工作外，工作箭线中波形线的水平投影长度表示工作与其紧后工作之间的时间间隔。例如，在图 5-45 所示的时标网络计划中，工作 C 和工作 E 之间的时间间隔为 2；工作 D 和工作 I 之间的时间间隔为 1；其他工作之间的时间间隔均为零。

3. 工作 6 个时间参数的判定

（1）工作最早开始时间和最早完成时间的判定。工作箭线左端节点中心所对应的时标值为该工作的最早开始时间。当工作箭线中不存在波形线时，其右端节点中心所对应的时标值为该工作的最早完成时间；当工作箭线中存在波形线时，工作箭线实线部分右端点所对应的时标值为该工作的最早完成时间。例如，在图 5-45 所示的时标网络计划中，工作 A 和工作 H 的最早开始时间分别为 0 和 9，而它们的最早完成时间分别为 6 和 12。

（2）工作总时差的判定。工作总时差的判定应从网络计划的终点节点开始，逆着箭线方向依次进行。

1）以终点节点为完成节点的工作，其总时差应等于计划工期与本工作最早完成时间

之差，即

$$TF_{i-n}=T_p-EF_{i-n} \tag{5-45}$$

式中　TF_{i-n}——以网络计划终点节点 n 为完成节点的工作的总时差；

T_p——网络计划的计划工期；

EF_{i-n}——以网络计划终点节点 n 为完成节点的工作的最早完成时间。

例如，在图 5-45 所示的时标网络计划中，假设计划工期为 15，则工作 G、工作 H 和工作 I 的总时差分别为

$$TF_{2-7}=T_p-EF_{2-7}=15-11=4$$
$$TF_{5-7}=T_p-EF_{5-7}=15-12=3$$
$$TF_{6-7}=T_p-EF_{6-7}=15-15=0$$

2）其他工作的总时差等于其紧后工作的总时差加本工作与该紧后工作之间的时间间隔所得之和的最小值，即

$$TF_{i-j}=\min\{TF_{j-k}+LAG_{i-j,j-k}\} \tag{5-46}$$

式中　TF_{i-j}——工作 i—j 的总时差；

TF_{j-k}——工作 i—j 的紧后工作 j—k（非虚工作）的总时差；

$LAG_{i-j,j-k}$——工作 i—j 与其紧后工作 j—k（非虚工作）之间的时间间隔。

例如，在图 5-45 所示的时标网络计划中，工作 A、工作 C 和工作 D 的总时差分别为

$$TF_{1-2}=TF_{2-7}+LAG_{1-2,2-7}=4+0=4$$
$$TF_{1-4}=TF_{4-6}+LAG_{1-4,4-6}=0+2=2$$
$$\begin{aligned}TF_{3-5}&=\min\{TF_{5-7}+LAG_{3-5,5-7},TF_{6-7}+LAG_{3-5,6-7}\}\\&=\min\{3+0,0+1\}\\&=1\end{aligned}$$

（3）工作自由时差的判定。

1）以终点节点为完成节点的工作，其自由时差应等于计划工期与本工作最早完成时间之差，即

$$FF_{i-n}=T_p-EF_{i-n} \tag{5-47}$$

式中　FF_{i-n}——以网络计划终点节点 n 为完成节点的工作的总时差；

T_p——网络计划的计划工期；

EF_{i-n}——以网络计划终点节点 n 为完成节点的工作的最早完成时间。

例如，在图 5-45 所示的时标网络计划中，工作 G、工作 H 和工作 I 的自由时差分别为

$$FF_{2-7}=T_p-EF_{2-7}=15-11=4$$
$$FF_{5-7}=T_p-EF_{5-7}=15-12=3$$
$$FF_{6-7}=T_p-EF_{6-7}=15-15=0$$

事实上，以终点节点为完成节点的工作，其自由时差与总时差必然相等。

2）其他工作的自由时差就是该工作箭线中波形线的水平投影长度。但当工作之后只紧接虚工作时，则该工作箭线上一定不存在波形线，而其紧接的虚箭线中波形线水平投影长度的最短者为该工作的自由时差。

例如，在图 5－45 所示的时标网络计划中，工作 A、工作 B、工作 D 和工作 E 的自由时差均为零，而工作 C 的自由时差为 2。

（4）工作最迟开始时间和最迟完成时间的判定。

1）工作的最迟开始时间等于本工作的最早开始时间与其总时差之和，即

$$LS_{i-j}=ES_{i-j}+TF_{i-j} \tag{5-48}$$

式中 LS_{i-j}——工作 i—j 的最迟开始时间；

ES_{i-j}——工作 i—j 的最早开始时间；

TF_{i-j}——工作 i—j 的总时差。

例如，在图 5－45 所示的时标网络计划中，工作 A、工作 C、工作 D、工作 G 和工作 H 的最迟开始时间分别为

$$LS_{1-2}=ES_{1-2}+TF_{1-2}=0+4=4$$
$$LS_{1-4}=ES_{1-4}+TF_{1-4}=0+2=2$$
$$LS_{3-5}=ES_{3-5}+TF_{3-5}=4+1=5$$
$$LS_{2-7}=ES_{2-7}+TF_{2-7}=6+4=10$$
$$LS_{5-7}=ES_{5-7}+TF_{5-7}=9+3=12$$

2）工作的最迟完成时间等于本工作的最早完成时间与其总时差之和，即

$$LF_{i-j}=EF_{i-j}+TF_{i-j} \tag{5-49}$$

式中 LF_{i-j}——工作 i—j 的最迟完成时间；

EF_{i-j}——工作 i—j 的最早完成时间；

TF_{i-j}——工作 i—j 的总时差。

例如，在图 5－45 所示的时标网络计划中，工作 A、工作 C、工作 D、工作 G 和工作 H 的最迟完成时间分别为

$$LF_{1-2}=EF_{1-2}+TF_{1-2}=6+4=10$$
$$LF_{1-4}=EF_{1-4}+TF_{1-4}=2+2=4$$
$$LF_{3-5}=EF_{3-5}+TF_{3-5}=9+1=10$$
$$LF_{2-7}=EF_{2-7}+TF_{2-7}=11+4=15$$
$$LF_{5-7}=EF_{5-7}+TF_{5-7}=12+3=15$$

图 5－45 所示时标网络计划中时间参数的判定结果应与图 5－36 所示网络计划时间参数的计算结果完全一致。

（三）时标网络计划的坐标体系

时标网络计划的坐标体系有计算坐标体系、工作日坐标体系和日历坐标体系 3 种。

1. 计算坐标体系

计算坐标体系主要用于网络计划时间参数的计算。采用该坐标体系便于时间参数的计算，但不够明确。如按照计算坐标体系，网络计划所表示的计划任务从第零天开始，就不容易理解。实际上应为第 1 天开始或明确示出开始日期。

2. 工作日坐标体系

工作日坐标体系可明确示出各项工作在整个工程开工后第几天（上班时刻）开始和第

几天（下班时刻）完成。但不能示出整个工程的开工日期和完工日期以及各项工作的开始日期和完成日期。

在工作日坐标体系中，整个工程的开工日期和各项工作的开始日期分别等于计算坐标体系中整个工程的开工日期和各项工作的开始日期加 1；而整个工程的完工日期和各项工作的完成日期就等于计算坐标体系中整个工程的完工日期和各项工作的完成日期。

3．日历坐标体系

日历坐标体系可以明确示出整个工程的开工日期和完工日期以及各项工作的开始日期和完成日期，同时还可以考虑扣除节假日休息时间。

图 5－46 所示的时标网络计划中同时标出了 3 种坐标体系。其中上面为计算坐标体系，中间为工作日坐标体系，下面为日历坐标体系。这里假定 4 月 24 日（星期三）开工，星期六、星期日和“五一”国际劳动节休息。

（四）形象进度计划表

形象进度计划表也是建设工程进度计划的一种表达方式，它包括工作日形象进度计划表和日历形象进度计划表。

1．工作日形象进度计划表

工作日形象进度计划表是一种根据带有工作日坐标体系的时标网络计划编制的工程进度计划表。根据图 5－46 所示时标网络计划编制的工作日形象进度计划见表 5－12。

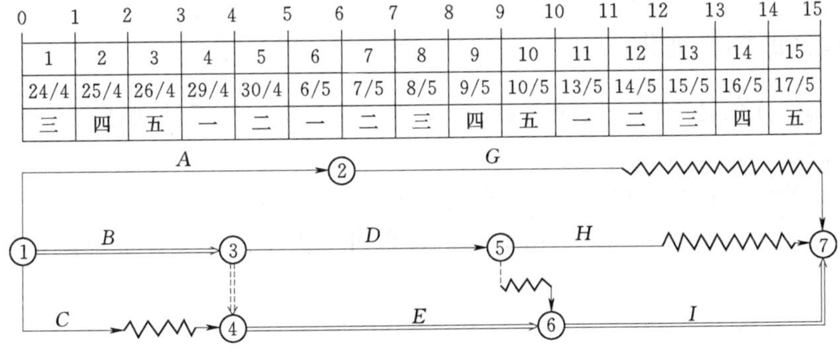

图 5－46　双代号时标网络计划

表 5－12　工作日形象进度计划表

序号	工作代号	工作名称	持续时间/d	最早开始时间	最早完成时间	最迟开始时间	最迟完成时间	自由时差/d	总时差/d	关键工作
1	1—2	*A*	6	1	6	5	10	0	4	否
2	1—3	*B*	4	1	4	1	4	0	0	是
3	1—4	*C*	2	1	2	3	4	2	2	否
4	3—5	*D*	5	5	9	6	10	0	1	否
5	4—6	*E*	6	5	10	5	10	0	0	是
6	2—7	*G*	5	7	11	11	15	4	4	否
7	5—7	*H*	3	10	12	13	15	3	3	否
8	6—7	*I*	5	11	15	11	15	0	0	是

2. 日历形象进度计划表

日历形象进度计划表是一种根据带有日历坐标体系的时标网络计划编制的工程进度计划表。根据图 5-46 所示时标网络计划编制的日历形象进度计划见表 5-13。

表 5-13 日历形象进度计划表

序号	工作代号	工作名称	持续时间	最早开始日期	最早完成日期	最迟开始日期	最迟完成日期	自由时差	总时差	关键工作
1	1—2	*A*	6	4月24日	5月6日	4月30日	5月10日	0	4	否
2	1—3	*B*	4	4月24日	4月29日	4月24日	4月29日	0	0	是
3	1—4	*C*	2	4月24日	4月29日	4月26日	4月29日	2	2	否
4	3—5	*D*	5	4月30日	5月9日	5月6日	5月10日	0	1	否
5	4—6	*E*	6	4月30日	5月10日	4月30日	5月10日	0	0	是
6	2—7	*G*	5	5月7日	5月13日	5月13日	5月17日	4	4	否
7	5—7	*H*	3	5月10日	5月14日	5月15日	5月17日	3	3	否
8	6—7	*I*	5	5月13日	5月17日	5月13日	5月17日	0	0	是

五、网络计划的优化

网络计划的优化是指在一定约束条件下，按既定目标对网络计划进行不断改进，以寻求满意方案的过程。

网络计划的优化目标应按计划任务的需要和条件选定，包括工期目标、费用目标和资源目标。根据优化目标的不同，网络计划的优化可分为工期优化、费用优化和资源优化三种。

（一）工期优化

所谓工期优化，是指网络计划的计算工期不满足要求工期时，通过压缩关键工作的持续时间以满足要求工期目标的过程。

1. 工期优化方法

网络计划工期优化的基本方法是在不改变网络计划中各项工作之间逻辑关系的前提下，通过压缩关键工作的持续时间来达到优化目标。在工期优化过程中，按照经济合理的原则，不能将关键工作压缩成非关键工作。此外，当工期优化过程中出现多条关键线路时，必须将各条关键线路的总持续时间压缩相同数值；否则，不能有效地缩短工期。

网络计划的工期优化可按下列步骤进行：

（1）确定初始网络计划的计算工期和关键线路。

（2）按要求工期计算应缩短的时间 ΔT。

$$\Delta T = T_c - T_r \tag{5-50}$$

式中 T_c——网络计划的计算工期；

T_r——要求工期。

(3) 选择应缩短持续时间的关键工作。选择压缩对象时宜在关键工作中考虑下列因素：

1) 缩短持续时间对质量和安全影响不大的工作。

2) 有充足备用资源的工作。

3) 缩短持续时间所需增加的费用最少的工作。

(4) 将所选定的关键工作的持续时间压缩至最短，并重新确定计算工期和关键线路。若被压缩的工作变成非关键工作，则应延长其持续时间，使之仍为关键工作。

(5) 当计算工期仍超过要求工期时，则重复上述 (2) ～ (4)，直至计算工期满足要求工期或计算工期已不能再缩短为止。

(6) 当所有关键工作的持续时间都已达到其能缩短的极限而寻求不到继续缩短工期的方案，但网络计划的计算工期仍不能满足要求工期时，应对网络计划的原技术方案、组织方案进行调整，或对要求工期重新审定。

2. 工期优化示例

已知某工程双代号网络计划如图 5-47 所示，图中箭线下方括号外数字为工作的正常持续时间，括号内数字为最短持续时间；箭线上方括号内数字为优选系数，该系数综合考虑质量、安全和费用增加情况而确定。选择关键工作压缩其持续时间时，应选择优选系数最小的关键工作。若需要同时压缩多个关键工作的持续时间时，则它们的优选系数之和（组合优选系数）最小者应优先作为压缩对象。现假设要求工期为 15，试对其进行工期优化。

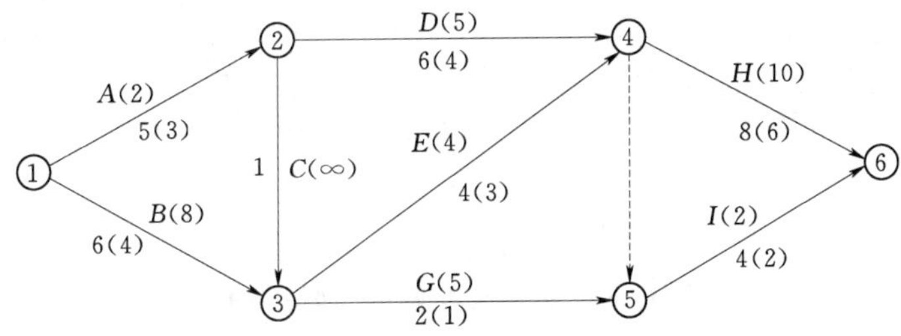

图 5-47 初始网络计划

该网络计划的工期优化可按以下步骤进行。

(1) 根据各项工作的正常持续时间，用标号法确定网络计划的计算工期和关键线路，如图 5-48 所示。此时关键线路为①—②—④—⑥。

(2) 应缩短的时间为

$$\Delta T = T_c - T_r = 19 - 15 = 4$$

(3) 由于此时关键工作为工作 A、工作 D 和工作 H，而其中工作 A 的优选系数最小，故应将工作 A 作为优先压缩对象。

(4) 将关键工作 A 的持续时间压缩至最短持续时间 3，利用标号法确定新的计算工期和关键线路，如图 5-49 所示。此时，关键工作 A 被压缩成非关键工作，故将其持续时间 3 延长为 4，使之成为关键工作。工作 A 恢复为关键工作之后，网络计划中出现两条关键线路，即①—②—④—⑥和①—③—④—⑥，如图 5-50 所示。

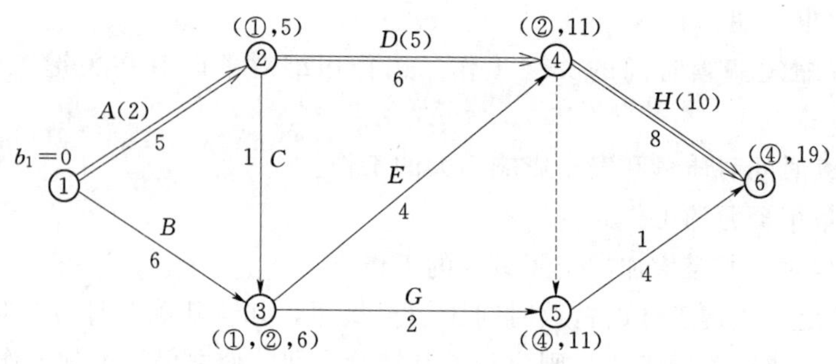

图 5-48 初始网络计划中的关键线路

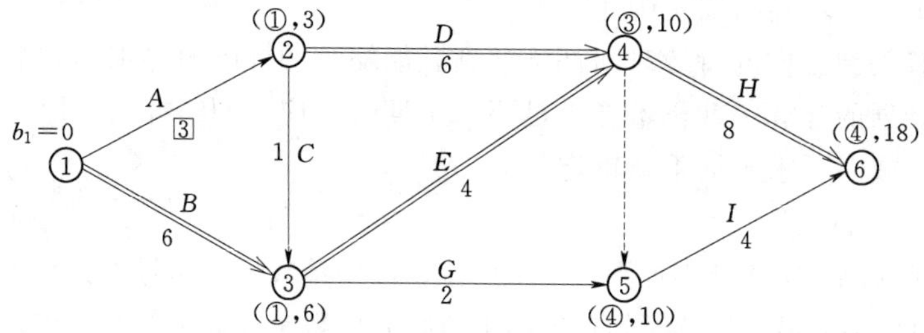

图 5-49 工作压缩最短时的关键线路

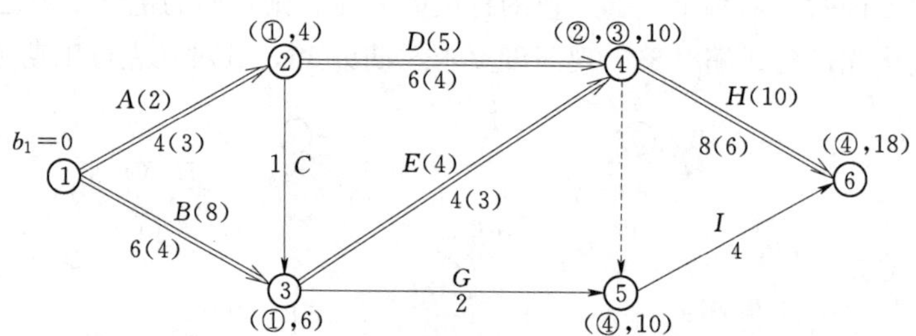

图 5-50 第一次压缩后的网络计划

（5）由于此时计算工期为 18，仍大于要求工期，故需继续压缩。

需要缩短的时间 $\Delta T_1=18-15=3$，在图 5-50 所示网络计划中，有以下五个压缩方案：

1）同时压缩工作 A 和工作 B，组合优选系数为 $2+8=10$。

2）同时压缩工作 A 和工作 E，组合优选系数为 $2+4=6$。

3）同时压缩工作 B 和工作 D，组合优选系数为 $8+5=13$。

4）同时压缩工作 D 和工作 E，组合优选系数为 $5+4=9$。

5）压缩工作 H，优选系数为 10。

在上述压缩方案中，由于工作 A 和工作 E 的组合优选系数最小，故应选择同时压缩工作 A 和工作 E 的方案。将这两项工作的持续时间各压缩 1（压缩至最短），再用标号法确定计算工期和关键线路，如图 5-51 所示。此时，关键线路仍为两条，即①—②—④—⑥和①—③—④—⑥。

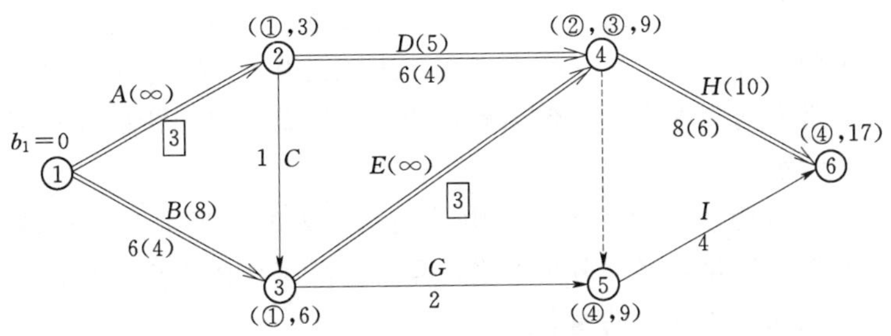

图 5-51 第二次压缩后的网络计划

在图 5-51 中，关键工作 A 和 E 的持续时间已达最短，不能再压缩，它们的优选系数变为无穷大。

(6) 由于此时计算工期为 17，仍大于要求工期，故需继续压缩。需要缩短的时间 $\Delta T_2=17-15=2$。在图 5-51 所示网络计划中，由于关键工作 A 和 E 已不能再压缩，故此时只有两个压缩方案：

1) 同时压缩工作 B 和工作 D，组合优选系数为 8+5=13。

2) 压缩工作 H，优选系数为 10。

在上述压缩方案中，由于工作 H 的优选系数最小，故应选择压缩工作 H 的方案。将工作 H 的持续时间缩短 2，再用标号法确定计算工期和关键线路，如图 5-52 所示。此时，计算工期为 15，已等于要求工期，故图 5-52 所示网络计划即为优化方案。

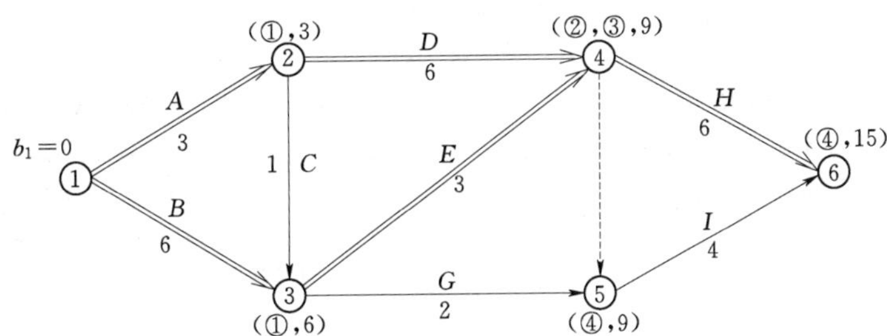

图 5-52 工期优化后的网络计划

(二) 费用优化

费用优化又称工期成本优化，是指寻求工程总成本最低时的工期安排，或按要求工期寻求最低成本的计划安排的过程。

1. 费用和时间的关系

在建设工程施工过程中，完成一项工作通常可以采用多种施工方法和组织方法，而不同的施工方法和组织方法，又会有不同的持续时间和费用。由于一项建设工程往往包含许多工作，所以在安排建设工程进度计划时，就会出现许多方案。进度方案不同，所对应的总工期和总费用也就不同。为了能从多种方案中找出总成本最低的方案，必须首先分析费用和时间之间的关系。

(1) 工程费用与工期的关系。工程总费用由直接费和间接费组成。直接费由人工费、材料费、机械使用费、其他直接费及现场经费等组成。施工方案不同，直接费也就不同；

如果施工方案一定，工期不同，直接费也不同。直接费会随着工期的缩短而增加。间接费包括企业经营管理的全部费用，它一般会随着工期的缩短而减少。在考虑工程总费用时，还应考虑工期变化带来的其他损益，包括效益增量和资金的时间价值等。工程费用与工期的关系如图 5-53 所示。

(2) 工作直接费与持续时间的关系。由于网络计划的工期取决于关键工作的持续时间，为了进行工期成本优化，必须分析网络计划中各项工作的直接费与持续时间之间的关系，它是网络计划工期成本优化的基础。

工作的直接费与持续时间之间的关系类似于工程直接费与工期之间的关系，工作的直接费随着持续时间的缩短而增加，如图 5-54 所示。为简化计算，工作的直接费与持续时间之间的关系被近似地认为是一条直线关系。当工作划分不是很粗时，其计算结果还是比较精确的。

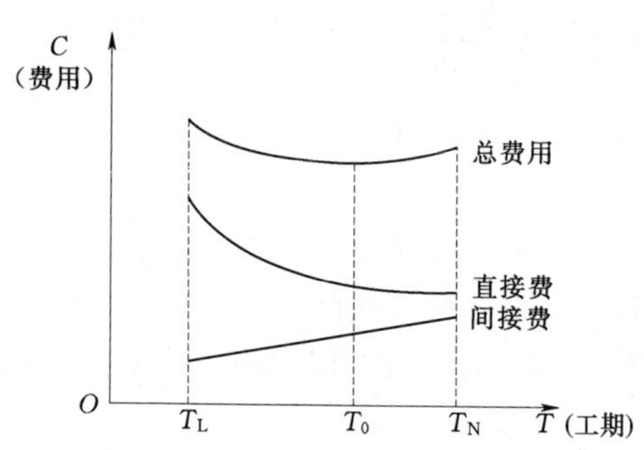

图 5-53 费用-工期曲线
T_L—最短工期；T_0—最优工期；
T_N—正常工期

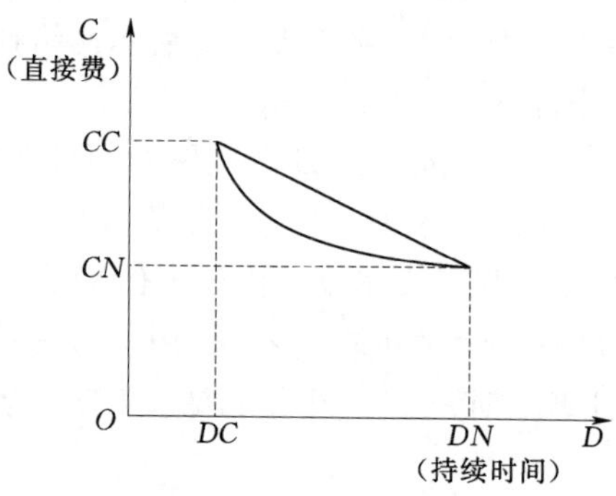

图 5-54 直接费-持续时间曲线
DN—工作的正常持续时间；CN—按正常持续时间完成工作时所需的直接费；DC—工作的最短持续时间；CC—按最短持续时间完成工作时所需的直接费

工作的持续时间每缩短单位时间而增加的直接费称为直接费用率。直接费用率可按式 (5-51) 计算。

$$\Delta C_{i-j}=\frac{CC_{i-j}-CN_{i-j}}{DN_{i-j}-DC_{i-j}} \tag{5-51}$$

式中 ΔC_{i-j}——工作 i—j 的直接费用率；

CC_{i-j}——按最短持续时间完成工作 i—j 时所需的直接费；

CN_{i-j}——按正常持续时间完成工作 i—j 时所需的直接费；

DN_{i-j}——工作 i—j 的正常持续时间；

DC_{i-j}——工作 i—j 的最短持续时间。

从式 (5-51) 可以看出，工作的直接费用率越大，说明将该工作的持续时间缩短一个时间单位，所需增加的直接费就越多；反之，将该工作的持续时间缩短一个时间单位，所需增加的直接费就越少。因此，在压缩关键工作的持续时间以达到缩短工期的目的时，应将直接费用率最小的关键工作作为压缩对象。当有多条关键线路出现而需要同时压缩多个关键工作的持续时间时，应将它们的直接费用率之和（组合直接费用率）最小者作为压缩对象。

2. 费用优化方法

费用优化的基本思路：不断地在网络计划中找出直接费用率（或组合直接费用率）最小的关键工作，缩短其持续时间，同时考虑间接费随工期缩短而减少的数值，最后求得工程总成本最低时的最优工期安排或按要求工期求得最低成本的计划安排。

按照上述基本思路，费用优化可按以下步骤进行：

（1）按工作的正常持续时间确定计算工期和关键线路。

（2）计算各项工作的直接费用率。直接费用率的计算按式（5－51）进行。

（3）当只有一条关键线路时，应找出直接费用率最小的一项关键工作，作为缩短持续时间的对象；当有多条关键线路时，应找出组合直接费用率最小的一组关键工作，作为缩短持续时间的对象。

（4）对于选定的压缩对象（一项关键工作或一组关键工作），首先比较其直接费用率或组合直接费用率与工程间接费用率的大小。

1）如果被压缩对象的直接费用率或组合直接费用率大于工程间接费用率，说明压缩关键工作的持续时间会使工程总费用增加，此时应停止缩短关键工作的持续时间，在此之前的方案即为优化方案。

2）如果被压缩对象的直接费用率或组合直接费用率等于工程间接费用率，说明压缩关键工作的持续时间不会使工程总费用增加，故应缩短关键工作的持续时间。

3）如果被压缩对象的直接费用率或组合直接费用率小于工程间接费用率，说明压缩关键工作的持续时间会使工程总费用减少，故应缩短关键工作的持续时间。

（5）当需要缩短关键工作的持续时间时，其缩短值的确定必须符合下列两条原则：

1）缩短后工作的持续时间不能小于其最短持续时间。

2）缩短持续时间的工作不能变成非关键工作。

（6）计算关键工作持续时间缩短后相应增加的总费用。

（7）重复上述（3）～（6），直至计算工期满足要求工期或被压缩对象的直接费用率或组合直接费用率大于工程间接费用率为止。

（8）计算优化后的工程总费用。

3. 费用优化示例

已知某工程双代号网络计划如图5－55所示，图中箭线下方括号外数字为工作的正常时间，括号内数字为最短持续时间；箭线上方括号外数字为工作按正常持续时间完成时所需的直接费，括号内数字为工作按最短持续时间完成时所需的直接费。该工程的间接费用率为0.8万元/d，试对其进行费用优化。

该网络计划的费用优化可按以下步骤进行：

（1）根据各项工作的正常持续时间，用标号法确定网络计划的计算工期和关键线路，如图5－56所示。计算工期为19，关键线路有两条，即①—③—④—⑥和①—③—④—⑤—⑥。

（2）计算各项工作的直接费用率。

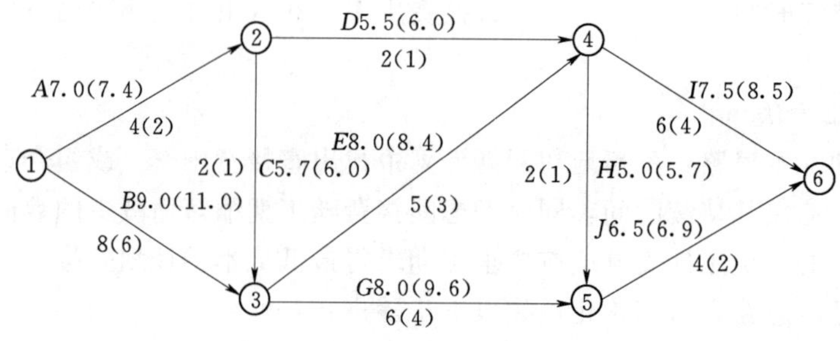

图 5-55 初始网络计划

（费用单位：万元；时间单位：d）

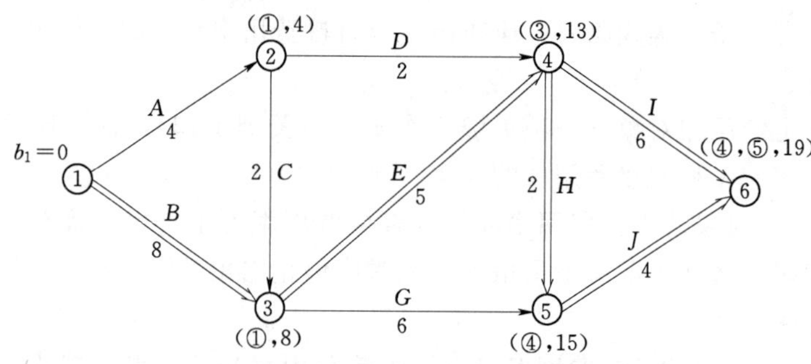

图 5-56 初始网络计划中的关键线路

$$\Delta C_{1-2}=\frac{CC_{1-2}-CN_{1-2}}{DN_{1-2}-DC_{1-2}}=\frac{7.4-7.0}{4-2}=0.2(\text{万元/d})$$

$$\Delta C_{1-3}=\frac{CC_{1-3}-CN_{1-3}}{DN_{1-3}-DC_{1-3}}=\frac{11.0-9.0}{8-6}=1.0(\text{万元/d})$$

$$\Delta C_{2-3}=\frac{CC_{2-3}-CN_{2-3}}{DN_{2-3}-DC_{2-3}}=\frac{6.0-5.7}{2-1}=0.3(\text{万元/d})$$

$$\Delta C_{2-4}=\frac{CC_{2-4}-CN_{2-4}}{DN_{2-4}-DC_{2-4}}=\frac{6.0-5.5}{2-1}=0.5(\text{万元/d})$$

$$\Delta C_{3-4}=\frac{CC_{3-4}-CN_{3-4}}{DN_{3-4}-DC_{3-4}}=\frac{8.4-8.0}{5-3}=0.2(\text{万元/d})$$

$$\Delta C_{3-5}=\frac{CC_{3-5}-CN_{3-5}}{DN_{3-5}-DC_{3-5}}=\frac{9.6-8.0}{6-4}=0.8(\text{万元/d})$$

$$\Delta C_{4-5}=\frac{CC_{4-5}-CN_{4-5}}{DN_{4-5}-DC_{4-5}}=\frac{5.7-5.0}{2-1}=0.7(\text{万元/d})$$

$$\Delta C_{4-6}=\frac{CC_{4-6}-CN_{4-6}}{DN_{4-6}-DC_{4-6}}=\frac{8.5-7.5}{6-4}=0.5(\text{万元/d})$$

$$\Delta C_{5-6}=\frac{CC_{5-6}-CN_{5-6}}{DN_{5-6}-DC_{5-6}}=\frac{6.9-6.5}{4-2}=0.2(\text{万元/d})$$

（3）计算工程总费用。

1）直接费用总和为

$$C_d=7.0+9.0+5.7+5.5+8.0+8.0+5.0+7.5+6.5=62.2(\text{万元})$$

2）间接费总和为

$$C_i = 0.8 \times 19 = 15.2(\text{万元})$$

3）工程总费用为

$$C_t = C_d + C_i = 62.2 + 15.2 = 77.4(\text{万元})$$

（4）通过压缩关键工作的持续时间进行费用优化（优化过程见表 5-13）。

1）第一次压缩。从图 5-56 可知，该网络计划中有两条关键线路，为了同时缩短两条关键线路的总持续时间，有以下四个压缩方案：

a. 压缩工作 B，直接费用率为 1.0 万元/d。

b. 压缩工作 E，直接费用率为 0.2 万元/d。

c. 同时压缩工作 H 和工作 I，组合直接费用率为 0.7+0.5=1.2(万元/d)。

d. 同时压缩工作 I 和工作 J，组合直接费用率为 0.5+0.2=0.7(万元/d)。

在上述压缩方案中，由于工作 E 的直接费用率最小，故应选择工作 E 作为压缩对象。工作 E 的直接费用率为 0.2 万元/d，小于间接费用率 0.8 万元/d，说明压缩工作 E 可使工程总费用降低。将工作 E 的持续时间压缩至最短持续时间 3d，利用标号法重新确定计算工期和关键线路，如图 5-57 所示。此时，关键工作 E 被压缩成非关键工作，故将其持续时间延长为 4d，使成为关键工作。第一次压缩后的网络计划如图 5-58 所示。图中箭线上方括号内的数字为工作的直接费用率。

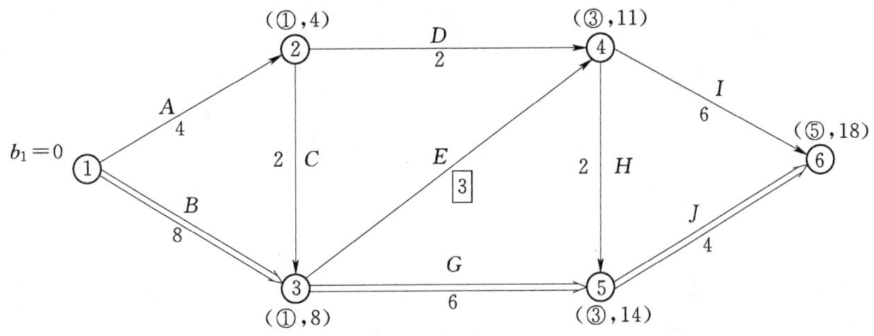

图 5-57　工作 E 压缩至最短时的关键线路

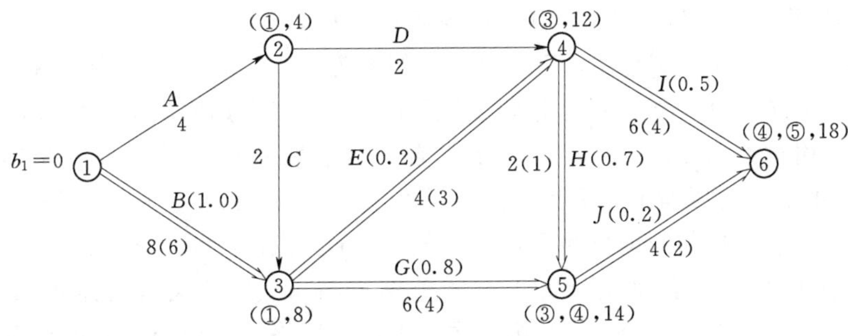

图 5-58　第一次压缩后的网络计划

2）第二次压缩。从图 5-58 可知，该网络计划中有三条关键线路，即①—③—④—⑥、①—③—④—⑤—⑥和①—③—⑤—⑥。为了同时缩短三条关键线路的总持续时间，有以下五个压缩方案：

a. 压缩工作 B，直接费用率为 1.0 万元/d。

b. 同时压缩工作 E 和工作 G，组合直接费用率为 0.2+0.8=1.0(万元/d)。

c. 同时压缩工作 E 和工作 J，组合直接费用率为 0.2+0.2=0.4(万元/d)。

d. 同时压缩工作 G、工作 H 和工作 I，组合直接费用率为 0.8+0.7+0.5=2.0(万元/d)。

e. 同时压缩工作 I 和工作 J，组合直接费用率为 0.5+0.2=0.7(万元/d)。

在上述压缩方案中，由于工作 E 和工作 J 的组合直接费用率最小，故应选择工作 E 和工作 J 作为压缩对象。工作 E 和工作 J 的组合直接费用率为 0.4 万元/d，小于间接费用率 0.8 万元/d，说明同时压缩工作 E 和工作 J 可使工程总费用降低。由于工作 E 的持续时间只能压缩 1d，工作 J 的持续时间也只能随之压缩 1d。工作 E 和工作 J 的持续时间同时压缩 1d 后，利用标号法重新确定计算工期和关键线路。此时，关键线路由压缩前的三条变为两条，即①—③—④—⑥和①—③—⑤—⑥。原来的关键工作 H 未经压缩而被动地成了非关键工作。第二次压缩后的网络计划如图 5-59 所示。此时，关键工作 E 的持续时间已达最短，不能再压缩，故其直接费用率变为无穷大。

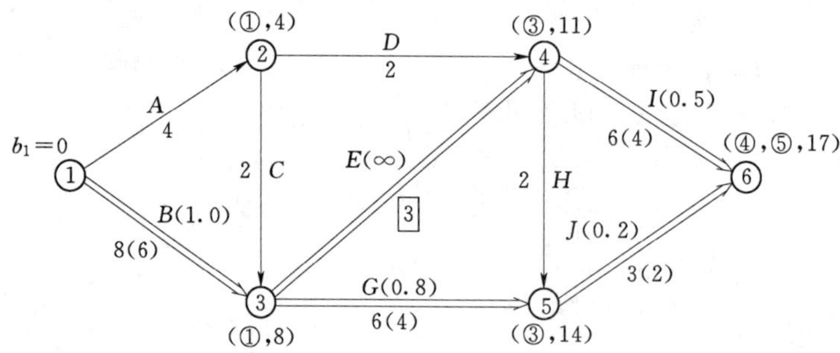

图 5-59 第二次压缩后的网络计划

3）第三次压缩。从图 5-59 可知，由于工作 E 不能再压缩，而为了同时缩短两条关键线路①—③—④—⑥和①—③—⑤—⑥的总持续时间，只有以下三个压缩方案：

a. 压缩工作 B，直接费用率为 1.0 万元/d。

b. 同时压缩工作 G 和工作 I，组合直接费用率为 0.8+0.5=1.3(万元/d)。

c. 同时压缩工作 I 和工作 J，组合直接费用率为 0.5+0.2=0.7(万元/d)。

在上述压缩方案中，由于工作 I 和工作 J 的组合直接费用率最小，故应选择工作 I 和工作 J 作为压缩对象。工作 I 和工作 J 的组合直接费用率 0.7 万元/d，小于间接费用率 0.8 万元/d，说明同时压缩工作 I 和工作 J 可使工程总费用降低。由于工作 J 的持续时间只能压缩 1d，工作 I 的持续时间也只能随之压缩 1d。工作 I 和工作 J 的持续时间同时压缩 1d 后，利用标号法重新确定计算工期和关键线路。此时，关键线路仍然为两条，即①—③—④—⑥和①—③—⑤—⑥。第三次压缩后的网络计划如图 5-60 所示。此时，关键工作 J 的持续时间也已达最短，不能再压缩，故其直接费用率变为无穷大。

4）第四次压缩。从图 5-60 可知，由于工作 E 和工作 J 不能再压缩，而为了同时缩短两条关键线路①—③—④—⑥和①—③—⑤—⑥的总持续时间，只有以下两个压缩方案：

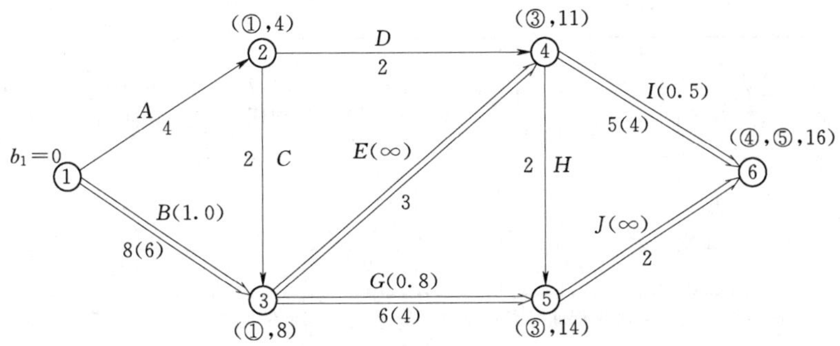

图 5-60　第三次压缩后的网络计划

a. 压缩工作 B，直接费用率为 1.0 万元/d。

b. 同时压缩工作 G 和工作 I，组合直接费用率为 $0.8+0.5=1.3$(万元/d)。

在上述压缩方案中，由于工作 B 的直接费用率最小，故应选择工作 B 作为压缩对象。但是，由于工作 B 的直接费用率为 1.0 万元/d，大于间接费用率 0.8 万元/d，说明压缩工作 B 会使工程总费用增加。因此，不需要压缩工作 B，优化方案已得到，优化后的网络计划如图 5-61 所示。图中箭线上方括号内的数字为工作的直接费。

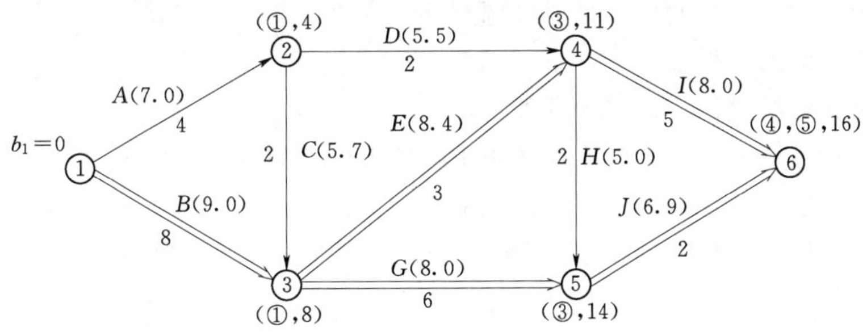

图 5-61　费用优化后的网络计划

(5) 计算优化后的工程总费用。

1) 直接费总和　$C_{d0}=7.0+9.0+5.7+5.5+8.4+8.0+5.0+8.0+6.9=63.5$(万元)

2) 间接费总和　$C_{i0}=0.8\times16=12.8$(万元)

3) 工程总费用　$C_{t0}=C_{d0}+C_{i0}=63.5+12.8=76.3$(万元)

优化表见表 5-14。

表 5-14　优　化　表

压缩次数	被压缩的工作代号	被压缩的工作名称	直接费用率或组合直接费用率/(万元·d^{-1})	费率差/(万元·d^{-1})	缩短时间	费用增加值/万元	总工期/d	总费用/万元
0	—	—	—	—	—	—	19	77.4
1	3—4	E	0.2	−0.6	1	−0.6	18	76.8
2	3—4 5—6	E、J	0.4	−0.4	1	−0.4	17	76.4

续表

压缩次数	被压缩的工作代号	被压缩的工作名称	直接费用率或组合直接费用率/(万元·d^{-1})	费率差/(万元·d^{-1})	缩短时间	费用增加值/万元	总工期/d	总费用/万元
3	4—6 5—6	*I*、*J*	0.7	−0.1	1	−0.1	16	76.3
4	1—3	*B*	1.0	+0.2	—	—	—	—

注 费率差是指工作的直接费用率与工程间接费用率之差，它表示工期缩短单位时间时工程总费用增加的数值。

(三) 资源优化

资源是指为完成一项计划任务所需投入的人力、材料、机械设备和资金等。完成一项工程任务所需要的资源量基本上是不变的，不可能通过资源优化将其减少。资源优化的目的是通过改变工作的开始时间和完成时间，使资源按照时间的分布符合优化目标。

在通常情况下，网络计划的资源优化分为两种："资源有限，工期最短"的优化和"工期固定，资源均衡"的优化。前者是通过调整计划安排，在满足资源限制的条件下，使工期延长最少的过程；而后者是通过调整计划安排，在工期保持不变的条件下，使资源需用量尽可能均衡的过程。

这里所讲的资源优化，其前提条件是：

(1) 在优化过程中，不改变网络计划中各项工作之间的逻辑关系。

(2) 在优化过程中，不改变网络计划中各项工作的持续时间。

(3) 网络计划中各项工作的资源强度（单位时间所需资源数量）为常数，而且是合理的。

(4) 除规定可中断的工作外，一般不允许中断工作，应保持其连续性。

为简化问题，这里假定网络计划中的所有工作需要同一种资源。

1. "资源有限，工期最短"的优化

(1) 优化步骤。"资源有限，工期最短"的优化一般可按以下步骤进行：

1) 按照各项工作的最早开始时间安排进度计划，并计算网络计划每个时间单位的资源需用量。

2) 从计划开始日期起，逐个检查每个时段（每个时间单位资源需用量相同的时间段）资源需用量是否超过所能供应的资源限量。如果在整个工期范围内每个时段的资源需用量均能满足资源限量的要求，则可行优化方案就编制完成；否则，必须转入下一步进行计划的调整。

3) 分析超过资源限量的时段。如果在该时段内有几项工作平行作业，则采取将一项工作 n 安排在与之平行的另一项工作之后进行的方法，以降低该时段的资源需用量。

对于两项平行作业的工作 m 和工作 n 来说，为了降低相应时段的资源需用量，现将工作 n 安排在工作 m 之后进行，如图 5-62 所示。

如果将工作 n 安排在工作 m 之后进行，网络计划的工期延长值为

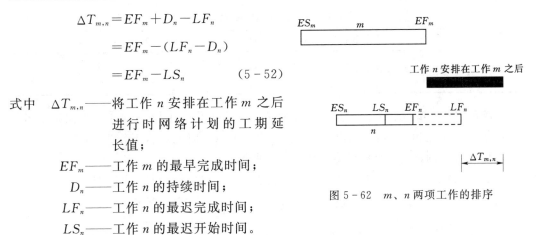

$$
\begin{aligned}
\Delta T_{m,n} &= EF_m + D_n - LF_n \\
&= EF_m - (LF_n - D_n) \\
&= EF_m - LS_n
\end{aligned} \tag{5-52}
$$

式中　$\Delta T_{m,n}$——将工作 n 安排在工作 m 之后进行时网络计划的工期延长值；

EF_m——工作 m 的最早完成时间；

D_n——工作 n 的持续时间；

LF_n——工作 n 的最迟完成时间；

LS_n——工作 n 的最迟开始时间。

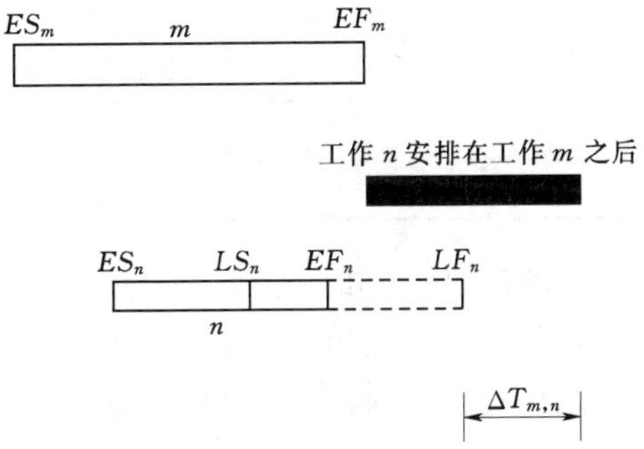

ES_m　m　EF_m

工作 n 安排在工作 m 之后

ES_n　LS_n　EF_n　LF_n

n

$\Delta T_{m,n}$

图 5-62　m、n 两项工作的排序

这样，在有资源冲突的时段中，对平行作业的工作进行两两排序，即可得出若干个 $\Delta T_{m,n}$，选择其中最小的 $\Delta T_{m,n}$，将相应的工作 n 安排在工作 m 之后进行，既可降低该时段的资源需用量，又使网络计划的工期延长最短。

4）对调整后的网络计划安排重新计算每个时间单位的资源需用量。

5）重复上述 2）～4），直至网络计划整个工期范围内每个时间单位的资源需用量均满足资源限量为止。

（2）优化示例。已知某工程双代号网络计划如图 5-63 所示，图中箭线上方的数字为工作的资源强度，箭线下方的数字为工作的持续时间。假定资源限量 $R_a=12$，试对其进行“资源有限，工期最短”的优化。

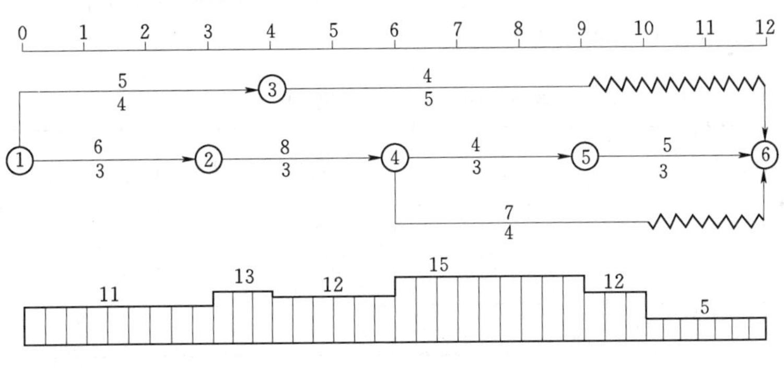

图 5-63　初始网络计划

该网络计划“资源有限，工期最短”的优化可按以下步骤进行：

1）计算网络计划每个时间单位的资源需用量，绘出资源需用量动态曲线，如图5-63下方曲线所示。

2）从计划开始日期起，经检查发现第二个时段［3，4］存在资源冲突，即资源需用量超过资源限量，故应首先调整该时段。

3）在时段［3，4］有工作 1—3 和工作 2—4 两项工作平行作业，利用式（5-52）计算 ΔT 值。其结果见表 5-15。

表 5-15 ΔT 值计算表（1）

工作序号	工作代号	最早完成时间	最迟开始时间	$\Delta T_{1,2}$	$\Delta T_{2,1}$
1	1—3	4	3	1	—
2	2—4	6	3	—	3

由表 5-15 可知，$\Delta T_{1,2}=1$ 最小，说明将第 2 号工作（工作 2—4）安排在第 1 号工作（工作 1—3）之后进行，工期延长最短，只延长 1。因此，将工作 2—4 安排在工作 1—3 之后进行，调整后的网络计划如图 5-64 所示。

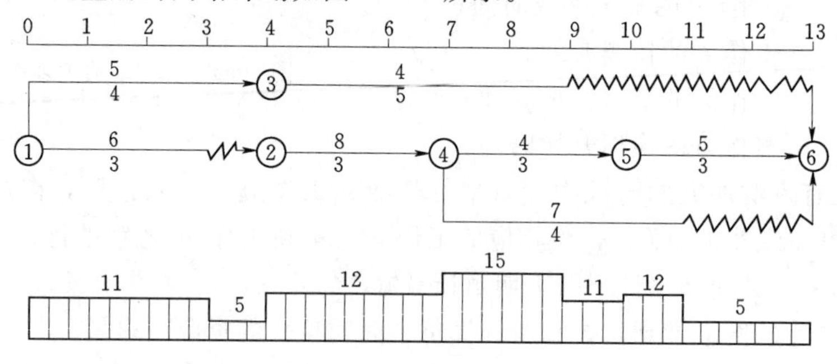

图 5-64 第一次调整后的网络计划

4）重新计算调整后的网络计划每个时间单位的资源需用量，绘出资源需用量动态曲线，如图 5-64 下方曲线所示。从图中可知，在第四时段［7，9］存在资源冲突，故应调整该时段。

5）在时段［7，9］有工作 3—6、工作 4—5 和工作 4—6 三项工作平行作业，利用式（5-52）计算 ΔT 值，其结果见表 5-16。

表 5-16 ΔT 值计算表（2）

工作序号	工作代号	最早完成时间	最迟开始时间	$\Delta T_{1,2}$	$\Delta T_{1,3}$	$\Delta T_{2,1}$	$\Delta T_{2,3}$	$\Delta T_{3,1}$	$\Delta T_{3,2}$
1	3—6	9	8	2	0	—	—	—	—
2	4—5	10	7	—	—	2	1	—	—
3	4—6	11	9	—	—	—	—	3	4

由表 5-16 可知，$\Delta T_{1,3}=0$ 最小，说明将第 3 号工作（工作 4—6）安排在第 1 号工作（工作 3—6）之后进行，工期不延长。因此，将工作 4—6 安排在工作 3—6 之后进行，调整后的网络计划如图 5-65 所示。

6）重新计算调整后的网络计划每个时间单位的资源需用量，绘出资源需用量动态曲线，如图 5-65 下方曲线所示。由于此时整个工期范围内的资源需用量均未超过资源限量，故图 5-65 所示方案即为最优方案，其最短工期为 13。

2.“工期固定，资源均衡”的优化

安排建设工程进度计划时，需要使资源需用量尽可能地均衡，使整个工程每单位时间的资源需用量不出现过多的高峰和低谷，这样不仅有利于工程建设的组织与管理，而且可

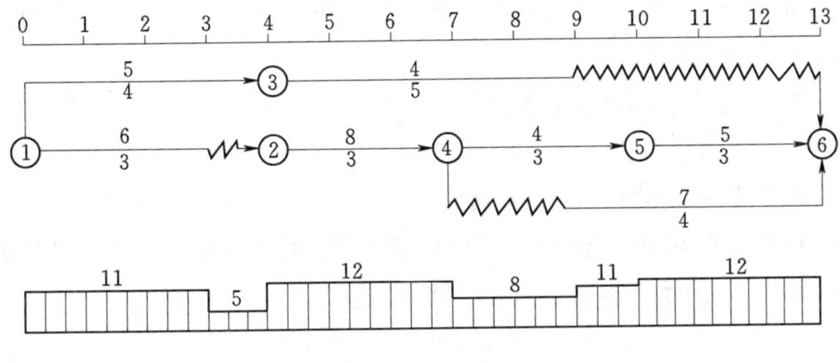

图 5-65　优化后的网络计划

以降低工程费用。

“工期固定，资源均衡”的优化方法有多种，如方差值最小法、极差值最小法、削高峰法等。这里仅介绍方差值最小的优化方法。

（1）方差值最小法的基本原理。现假设已知某工程网络计划的资源需用量，则其方差为

$$\sigma^2 = \frac{1}{T}\sum_{t=1}^{T}(R_t - R_m)^2 \tag{5-53}$$

式中　σ^2——资源需用量方差；

T——网络计划的计算工期；

R_t——第 t 个时间单位的资源需用量；

R_m——资源需用量的平均值。

式（5-53）可以简化为

$$\begin{aligned}\sigma^2 &= \frac{1}{T}\sum_{t=1}^{T}R_t^2 - 2R_m\frac{\sum_{t=1}^{T}R_t}{T} + \frac{1}{T}\sum_{t=1}^{T}R_m^2 \\ &= \frac{1}{T}\sum_{t=1}^{T}R_t^2 - 2R_mR_m + \frac{1}{T}TR_m^2 \\ &= \frac{1}{T}\sum_{t=1}^{T}R_t^2 - R_m^2\end{aligned} \tag{5-54}$$

由式（5-54）可知，由于工期 T 和资源需用量的平均值 R_m 均为常数，为使方差 σ^2 最小，必须使资源需用量的平方和最小。

对于网络计划中某项工作 k 而言，其资源强度为 r_k。在调整计划前，工作 k 从第 i 个时间单位开始，到第 j 个时间单位完成，则此时网络计划资源需用量的平方和为

$$\sum_{t=1}^{T}R_{t0}^2 = R_1^2 + R_2^2 + \cdots + R_i^2 + R_{i+1}^2 + \cdots + R_j^2 + R_{j+1}^2 + \cdots + R_T^2 \tag{5-55}$$

若将工作 k 的开始时间右移一个时间单位，即工作 k 从第 $i+1$ 个时间单位开始，到第 $j+1$ 个时间单位完成，则此时网络计划资源需用量的平方和为

$$\sum_{t=1}^{T}R_{t1}^2 = R_1^2 + R_2^2 + \cdots + (R_i - r_k)^2 + R_{i+1}^2 + \cdots + R_j^2 + (R_{j+1} + r_k)^2 + \cdots + R_T^2 \tag{5-56}$$

比较式(5－55)和式(5－56)可以得到，当工作 k 的开始时间右移一个时间单位时，网络计划资源需用量平方和的增量 Δ 为

$$\Delta=(R_i-r_k)^2-R_i^2+(R_{j+1}+r_k)^2-R_{j+1}^2$$

即

$$\Delta=2r_k\ (R_{j+1}+r_k-R_i) \tag{5-57}$$

如果资源需用量平方和的增量 Δ 为负值，说明工作 k 的开始时间右移一个时间单位能使资源需用量的平方和减小，也就是使资源需用量的方差减小，从而使资源需用量更均衡。因此，工作 k 的开始时间能够右移的判别式是

$$\Delta=2r_k(R_{j+1}+r_k-R_i)\leqslant 0 \tag{5-58}$$

由于工作 k 的资源强度 r_k 不可能为负值，故判别式（5－58）可以简化为

$$R_{j+1}+r_k-R_i\leqslant 0$$

即

$$R_{j+1}+r_k\leqslant R_i \tag{5-59}$$

判别式（5－59）表明，当网络计划中工作 k 完成时间之后的一个时间单位所对应的资源需用量 R_{j+1} 与工作 k 的资源强度 r_k 之和不超过工作 k 开始时所对应的资源需用量 R_i 时，将工作 k 右移一个时间单位能使资源需用量更加均衡。这时，就应将工作 k 右移一个时间单位。

同理，如果判别式（5－60）成立，说明将工作 k 左移一个时间单位能使资源需用量更加均衡。这时，就应将工作 k 左移一个时间单位。

$$R_{i-1}+r_k\leqslant R_j \tag{5-60}$$

如果工作 k 不满足判别式（5－59）或判别式（5－60），说明工作 k 右移或左移一个时间单位不能使资源需用量更加均衡，这时可以考虑在其总时差允许的范围内，将工作 k 右移或左移数个时间单位。

向右移时，判别式为

$$[(R_{j+1}+r_k)+(R_{j+2}+r_k)+(R_{j+3}+r_k)+\cdots]\leqslant[R_i+R_{i+1}+R_{i+2}+\cdots] \tag{5-61}$$

向左移时，判别式为

$$[(R_{i-1}+r_k)+(R_{i-2}+r_k)+(R_{i-3}+r_k)+\cdots]\leqslant[R_j+R_{j-1}+R_{j-2}+\cdots] \tag{5-62}$$

（2）优化步骤。按方差值最小的优化原理，“工期固定，资源均衡”的优化一般可按以下步骤进行：

1）按照各项工作的最早开始时间安排进度计划，并计算网络计划每个时间单位的资源需用量。

2）从网络计划的终点节点开始，按工作完成节点编号值从大到小的顺序依次进行调整。当某一节点同时作为多项工作的完成节点时，应先调整开始时间较迟的工作。

在调整工作时，一项工作能够右移或左移的条件是：

a. 工作具有机动时间，在不影响工期的前提下能够右移或左移。

b. 工作满足判别式（5－59）或式（5－60），或者满足判别式（5－61）或式（5－62）。

只有同时满足以上两个条件，才能调整该工作，将其右移或左移至相应位置。

3）当所有工作均按上述顺序自右向左调整了一次之后，为使资源需用量更加均衡，再按上述顺序自右向左进行多次调整，直至所有工作既不能右移也不能左移为止。

(3) 优化示例。已知某工程双代号网络计划如图 5-66 所示，图中箭线上方的数字为工作的资源强度，箭线下方的数字为工作的持续时间。试对其进行“工期固定，资源均衡”的优化。

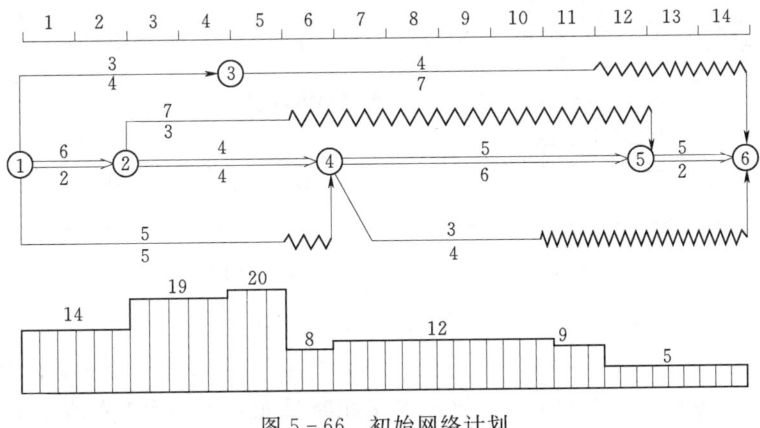

图 5-66 初始网络计划

该网络计划“工期固定，资源均衡”的优化可按以下步骤进行：

1) 计算网络计划每个时间单位的资源需用量，绘出资源需用量动态曲线，如图5-66下方曲线所示。

由于总工期为 14，故资源需用量的平均值为

$$R_m=(2\times14+2\times19+20+8+4\times12+9+3\times5)/14=116/14\approx11.86$$

2) 第一次调整。

a. 以终点节点⑥为完成节点的工作有 3 项，即工作 3—6、工作 5—6 和工作 4—6。其中工作 5—6 为关键工作，由于工期固定而不能调整，只能考虑工作 3—6 和工作 4—6。

(a) 由于工作 4—6 的开始时间晚于工作 3—6 的开始时间，应先调整工作 4—6。在图 5-66 中，按照判别式 (5-59) 有：

a) 由于 $R_{11}+r_{4-6}=9+3=12$，$R_7=12$，两者相等，故工作 4—6 可右移一个时间单位，改为第 8 个时间单位开始。

b) 由于 $R_{12}+r_{4-6}=5+3=8$，小于 $R_8=12$，故工作 4—6 可再右移一个时间单位，改为第 9 个时间单位开始。

c) 由于 $R_{13}+r_{4-6}=5+3=8$，小于 $R_9=12$，故工作 4—6 可再右移一个时间单位，改为第 10 个时间单位开始。

d) 由于 $R_{14}+r_{4-6}=5+3=8$，小于 $R_{10}=12$，故工作 4—6 可再右移一个时间单位，改为第 11 个时间单位开始。

至此，工作 4—6 的总时差已全部用完，不能再右移。工作 4—6 调整后的网络计划如图 5-67 所示。

(b) 工作 4—6 调整后，就应对工作 3—6 进行调整。在图 5-67 中，按照判别式 (5-59)有：

a) 由于 $R_{12}+r_{3-6}=8+4=12$，小于 $R_5=20$，故工作 3—6 可右移一个时间单位，改为第 6 个时间单位开始。

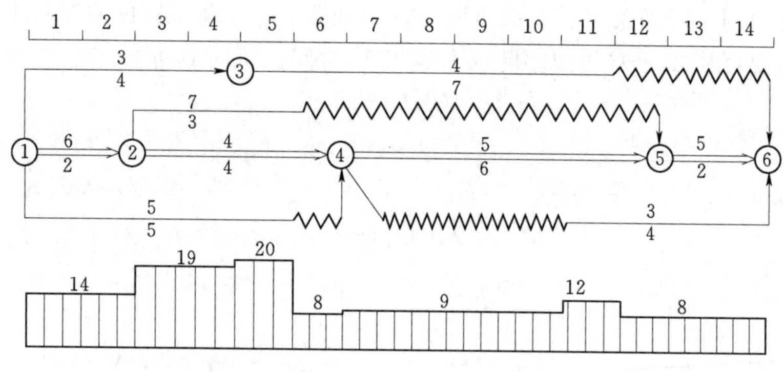

图 5-67 工作 4—6 调整后的网络计划

b）由于 $R_{13}+r_{3-6}=8+4=12$，大于 $R_6=8$，故工作 3—6 不能右移一个时间单位。

c）由于 $R_{14}+r_{3-6}=8+4=12$，大于 $R_7=9$，故工作 3—6 也不能右移两个时间单位。

由于工作 3—6 的总时差只有 3，故该工作此时只能右移一个时间单位，改为第 6 个时间单位开始。工作 3—6 调整后的网络计划如图 5-68 所示。

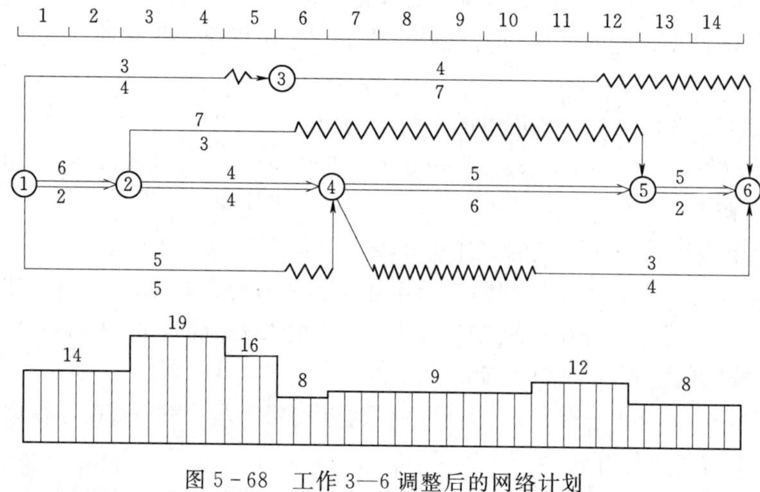

图 5-68 工作 3—6 调整后的网络计划

b. 以节点⑤为完成节点的工作有两项，即工作 2—5 和工作 4—5。其中工作 4—5 为关键工作，不能移动，故只能调整工作 2—5。在图 5-68 中，按照判别式（5-59）有：

(a) 由于 $R_6+r_{2-5}=8+7=15$，小于 $R_3=19$，故工作 2—5 可右移一个时间单位，改为第 4 个时间单位开始。

(b) 由于 $R_7+r_{2-5}=9+7=16$，小于 $R_4=19$，故工作 2—5 可再右移一个时间单位，改为第 5 个时间单位开始。

(c) 由于 $R_8+r_{2-5}=9+7=16$，小于 $R_5=16$，两者相等，故工作 2—5 可再右移一个时间单位，改为第 6 个时间单位开始。

(d) 由于 $R_9+r_{2-5}=9+7=16$，大于 $R_6=8$，故工作 2—5 不可右移一个时间单位。

此时，工作 2—5 虽然还有总时差，但不能满足判别式（5-59）或判别式（5-60），故工作 2—5 不能再右移。至此，工作 2—5 只能右移 3，改为第 6 个时间单位开始。工作

2—5 调整后的网络计划如图 5-69 所示。

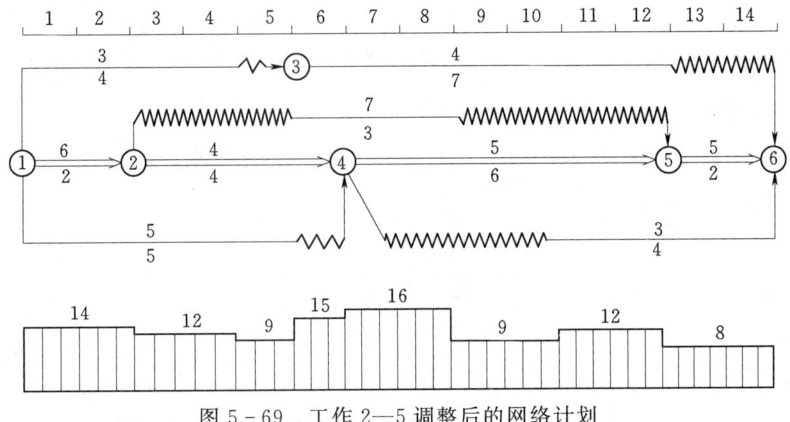

图 5-69　工作 2—5 调整后的网络计划

c. 以节点④为完成节点的工作有两项，即工作 1—4 和工作 2—4。其中工作 2—4 为关键工作，不能移动，故只能考虑调整工作 1—4。

在图 5-69 中，由于 $R_6+r_{1-4}=15+5=20$，大于 $R_1=14$，不满足判别式（5-59），故工作 1—4 不可右移。

d. 以节点③为完成节点的工作只有工作 1—3，在图 5-69 中，由于 $R_5+r_{1-3}=9+3=12$，小于 $R_1=14$，故工作 1—3 可右移一个时间单位。工作 1—3 调整后的网络计划如图 5-70 所示。

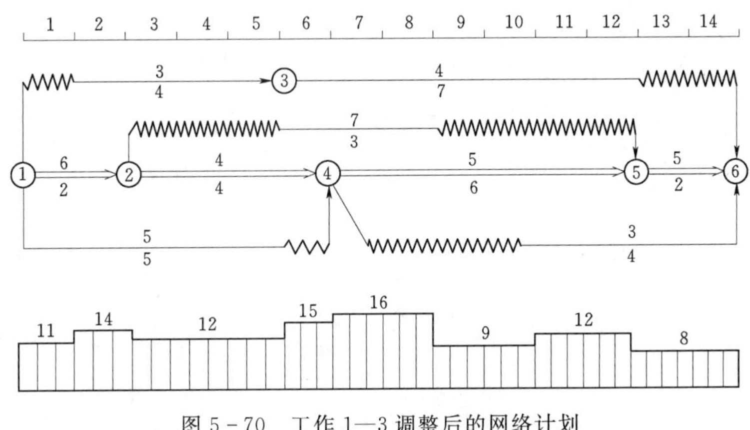

图 5-70　工作 1—3 调整后的网络计划

e. 以节点②为完成节点的工作只有工作 1—2，由于该工作为关键工作，故不能移动。至此，第一次调整结束。

3）第二次调整。从图 5-70 可知，在以终点节点⑥为完成节点的工作中，只有工作 3—6 有机动时间，有可能右移。按照判别式（5-59）有：

a. 由于 $R_{13}+r_{3-6}=8+4=13$，小于 $R_6=15$，故工作 3—6 可右移一个时间单位，改为第 7 个时间单位开始。

b. 由于 $R_{14}+r_{3-6}=8+4=12$，小于 $R_7=16$，故工作 3—6 可再右移一个时间单位，改为第 8 个时间单位开始。

至此，工作 3—6 的总时差已全部用完，不能再右移。工作 3—6 调整后的网络计划如图 5-71 所示。

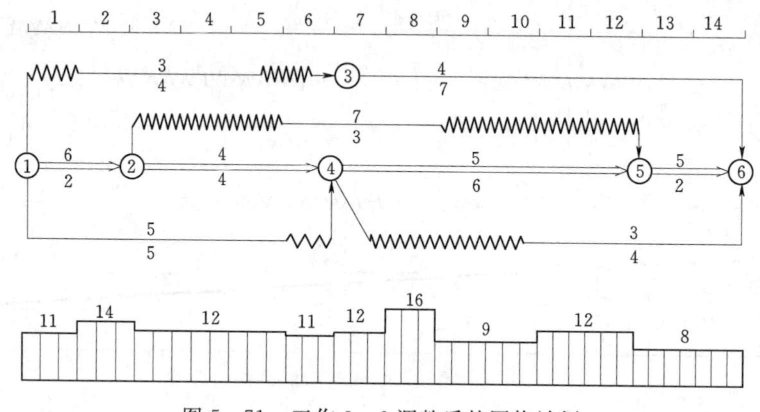

图 5-71 工作 3—6 调整后的网络计划

从图 5-71 可知，此时所有工作右移或左移均不能使资源需用量更加均衡。因此，图 5-71 所示网络计划即为最优方案。

4）比较优化前后的方差值。

a. 根据图 5-71，优化方案的方差值由式（5-54）得

$$\sigma_0^2=\frac{1}{14}[11^2\times2+14^2+12^2\times8+16^2+9^2\times2]-11.86^2$$

$$=\frac{1}{14}\times2008-11.86^2$$

$$=2.77$$

b. 根据图 5-66，初始方案的方差值由式（5-54）得

$$\sigma_0^2=\frac{1}{14}[14^2\times2+19^2\times2+20^2+8^2+12^2\times4+9^2+5^2\times3]-11.86^2$$

$$=\frac{1}{14}\times2310-11.86^2$$

$$=24.34$$

c. 方差降低率为

$$\frac{24.34-2.77}{24.34}\times100\%=88.62\%$$

任务五 施工总布置

目　　标：能独立完成水闸施工总布置，并绘制施工总布置图。具有敬业精神和严谨、科学的态度。

执行步骤：教师讲解施工总布置的作用、内容和布置原则，施工现场布置，施工辅助企业布置，施工临时设施布置→根据某工程的基本资料，给学生布置工作任务→组织学生填写工作任务书，按要求完成水闸施工总布置→编写设计

报告。

检　　查： 在教学组织过程中，教师在现场指导学生完成水闸施工总布置工作。

考 核 点： 在教学组织过程中，教师在现场对其编制方法、编制步骤、工作态度进行评定，并结合其成果质量进行综合评价，即设计方法是否正确；设计步骤是否缜密、完善；工作态度是否认真、踏实。

一、施工总布置概述

（一）施工总布置的作用

施工总平面图是拟建项目施工场地的总布置图，是施工组织设计的重要组成部分，它是根据工程特点和施工条件，对施工场地上拟建的永久建筑物、施工辅助设施和临时设施等进行平面和高程上的布置。施工现场的布置应在全面了解掌握枢纽布置、主体建筑物的特点及其他自然条件等的基础上，合理地组织和利用施工现场，妥善处理施工场地内外交通，使各项施工设施和临时设施能最有效地为工程服务。保证施工质量，加快施工进度，提高经济效益，同时，也为文明施工、节约土地、减少临时设施费用创造了条件。另外，将施工现场的布置成果标在一定比例尺的施工地区地形图上，就构成施工现场布置图。绘制的比例一般为 1∶1000 或者 1∶2000。

（二）施工总布置的内容

施工总布置的内容主要有：

（1）配合选择对外运输方案，选择场内的运输方式以及两岸交通联系的方式，布置线路，确定渡口、桥梁的位置，组织场内运输。

（2）选择合适的施工场地，确定场内区域划分的原则，布置各施工辅助企业及其他生产辅助设施，布置仓库站场、施工管理及生活福利设施。

（3）选择给水、供电、压气、供热以及通信等系统的位置，布置干管、干线。

（4）确定施工场地排水、防洪标准，规划布置排水、防洪沟槽系统。

（5）规划弃渣、堆料场地，做好场地土石方平衡以及开挖土石方调配。

（6）规划施工期环境保护和水土保持措施。

概括起来包括：原有地形已有的地上、地下建筑物、构筑物、铁路、公路和各种管线等；一切拟建的永久建筑物、构筑物、道路和管线；为施工服务的一切临时设施；永久、半永久性的坐标位置，料场和弃渣场位置。

（三）施工总布置的原则及依据

1. 施工总布置的原则

施工总布置方案应遵循因地制宜、因时制宜、有利生产、方便生活、易于管理、安全可靠、经济合理的原则。

（1）施工总布置应综合分析水工枢纽布置、主体建筑物规模、型式、特点、施工条件和工程所在地区社会、自然条件等因素，妥善处理好环境保护和水土保持与施工场地布局的关系，合理确定并统筹规划为工程施工服务的各种临时设施。

（2）施工总布置方案应贯彻执行十分珍惜和合理利用土地的方针，遵循因地制宜、因时制宜、有利生产、方便生活、易于管理、安全可靠、注重环境保护、减少水土流失、充分体现人与自然和谐相处以及经济合理的原则，经全面系统比较论证后选定。

（3）施工总布置设计时应该考虑以下方面：

1）施工临时设施与永久性设施，应研究相互结合、统一规划的可能性。临时性建筑设施，不要占用拟建永久性建筑或设施的位置。

2）确定施工临建设施项目及其规模时，应研究利用以有企业设施为施工服务的可能性与合理性。

3）主要施工工厂设施和临时设施的布置应考虑施工期洪水的影响，防洪标准根据工程规模、工期长短、河流水文特性等情况，分析不同标准洪水对其危害程度，在5～20年重现期范围内酌情采用。高于或低于上述标准，应有充分论证。

4）场内交通规划，必须满足施工需要，适应施工程序、工艺流程；全面协调单项工程、施工企业、地区间交通运输的连接与配合，运输方便，费用少，尽可能减少二次转运；力求使交通联系简便，运输组织合理，节省线路和设施的工程投资，减少管理运营费用。

5）施工总布置应做好土石方挖填平衡，统筹规划堆渣、弃渣场地；弃渣应符合环境保护及水土保持要求。在确保主体工程施工顺利的前提下，要尽量少占农田。

6）施工场地应避开不良地质区域、文物保护区。

7）避免设置施工临时设施的地区有：严重不良地质区域或滑坡体危害地区；泥石流、山洪、沙暴或雪崩可能危害的地区；重点保护文物、古迹、名胜区或自然保护区；与重要资源开发有干扰的地区；受爆破或其他因素严重影响的地区。

施工总布置应该根据施工需要分阶段逐步形成，做好前后衔接，尽量避免后阶段拆迁。初期场地平整范围按施工总布置最终要求确定。

2. 施工总布置依据

（1）《水利水电工程初步设计报告编制规程》（DL 5021—1993）。

（2）可行性研究报告及审批意见、上级单位对本工程建设的要求或批件。

（3）工程所在地区有关基本建设的法规或条例、地方政府、业主对本工程建设的要求。

（4）国民经济各有关部门（铁道、交通、林业、灌溉、旅游、环境保护、城镇供水等）对本工程建设期间的有关要求及协议。

（5）当前水利水电工程建设的施工装备、管理水平和技术特点。

（6）工程所在地区和河流的自然条件（地形、地质、水文、气象特征和当地建材情况等）、施工电源、水源及水质、交通、环境保护、旅游、防洪、灌溉、航运、供水等现状和近期发展规划。

（7）当地城镇现有修配、加工能力，生活、生产物资和劳动力供应条件，居民生活、卫生习惯等。

（8）施工导流及通航等水工模型试验、各种原材料试验、混凝土配合比试验、重要结构模型试验、岩土物理力学试验等成果。

（9）工程有关工艺试验或生产性试验成果。

（10）勘测、设计各专业有关成果。

二、施工总平面的布置

应该指出，上述各设计步骤不是截然分开、各自孤立进行的，而是互相联系、互相制约的，需要综合考虑、反复修正才能确定下来。

（一）应收集的基本资料

（1）当地国民经济现状及发展的前景。

（2）可为工程施工服务的建筑、加工制造、修配、运输等企业的规模、生产能力及其发展规划。

（3）现有水陆交通运输条件和通过能力，近远期发展规划。

（4）水、电以及其他动力供应条件。

（5）邻近居民点、市政建设状况和规划。

（6）当地建筑材料及生活物质供应情况。

（7）施工现场土地状况和征地的有关问题。

（8）工程所在地区行政区规划图、施工现场地形图及主要临时工程剖面图，三角水准网点等测绘资料。

（9）施工现场范围内的工程地质与水文地质资料。

（10）河流水文资料、当地气象资料。

（11）规划、设计各专业设计成果或中间资料。

（12）主要工程项目定额、指标、单价、动杂费率等。

（13）当地及各有关部门对工程施工的要求。

（14）施工现场范围内的环境保护要求。

施工总体布置设计程序如图5-72所示。

（二）编制临时建筑物的项目清单

在充分掌握基本资料的基础上，根据施工条件和特点，结合类似工程经验或有关规定，编制临时建筑物的项目清单。并初步定出它们的服务对象、生产能力、主要设备、风水电等需要量及占地面积、建筑面积和布置的要求。

以混凝土工程为主体的枢纽工程，临建工程项目一般包括以下内容：

（1）混凝土系统。包括搅拌楼、净料堆场、水泥库、制冷楼。

（2）砂石加工系统。包括破碎筛分厂、毛料堆场、净料堆场。

（3）金属结构机电安装系统。包括金属结构加工厂、金属结构拼装场、钢管加工厂、钢管拼装场、制氧厂。

（4）机械修配系统。包括机械修配厂、汽车修配厂、汽车停放保养场、船舶修配厂、机车修配厂。

（5）综合加工系统。包括木材加工厂、钢筋加工厂、混凝土预制厂。

（6）风、水、电、通信系统。包括空压站、水厂、变电站、通信总机房。

（7）基础处理系统。包括基地、灌浆基地。

（8）仓库系统。包括基地冲击钻机仓库、工区仓库、现场仓库、专业仓库。

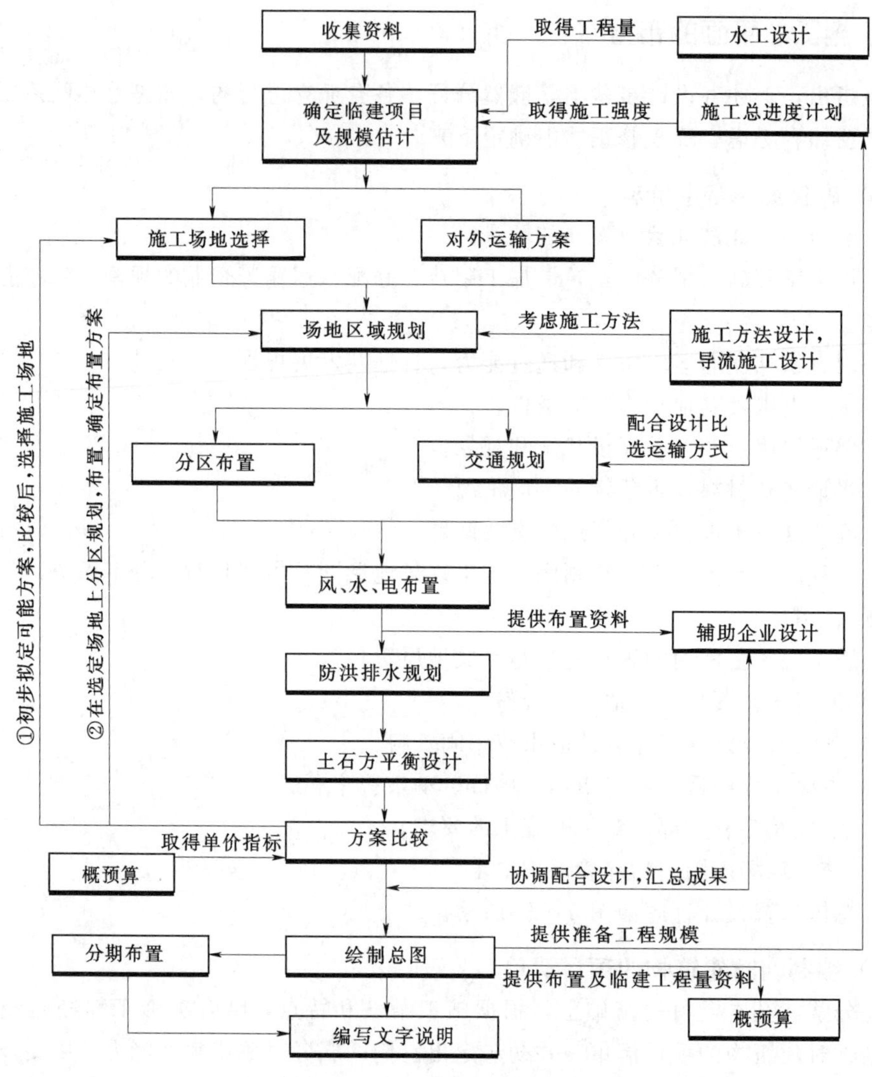

图 5-72 施工总体布置设计程序图

(9) 交通运输系统。包括铁路场站、公路汽车站、码头港区、轮渡。

(10) 办公生活福利系统。包括办公房屋、单身宿舍房屋、家属宿舍房屋、公共福利房屋、招待所。

(三) 场地区域规划

场地区域规划是施工现场布置中的最关键一步。一般施工现场为了方便施工，利于管理，都将现场划分成主体工程施工区，辅助企业区，仓库、站、场、转运站，码头等储运中心，当地建筑材料开采区，机电金属结构和施工机械设备的停放修理场地，工程弃料堆放场，施工管理中心和主要施工分区，生活福利区等。各区域用场内公路沟通，在布置上相互联系，形成统一的、高度灵活的、运行方便的整体。

场地布置方式有集中、分散和混合布置三种方式，水利水电工程一般多采用混合布置。在区域规划时，应该着重解决施工现场布置中的重大原则问题，具体包括：

（1）施工场地是一岸布置还是两岸布置。

（2）施工场地是一个还是多个，如果有多个场地，哪一个是主要场地。

（3）施工场地怎样分区。

（4）临时建筑物和临时设施采取集中布置还是分散布置，哪些集中哪些分散。

（5）施工现场内交通线路的布置和场内外交通的衔接及高程的分布等。

在现场规划布置时，要特别注意场内运输干线的布置，如两岸交通联系的线路，砂石骨料运输线路，上、下游联系的过坝线路等。

（四）交通规划

1. 施工交通的分类

施工交通包括对外交通和场内交通两部分。对外交通是指联系施工工地与国家公路或地方公路、铁路车站、水运港口及航空港之间的交通，一般应充分利用现有设施，选择较短的新建、改建里程，以减少对外交通工程量。场内交通是联系施工工地内部各工区、料场、堆料场及各生产、生活区之间的交通，一般应与对外交通衔接。

2. 交通规划的内容

在进行施工交通运输方案的设计时，主要解决的问题有：选定施工场内外的交通运输方式和场内外交通线路的连接方式；进行场内运输线路的平面布置和纵剖面设计；确定路基、路面标准及各种主要的建筑物（如桥涵、车站、码头等）的位置、规模和型式；提出运输工具和运输工程量、材料和劳动力的数量等。

（1）确定对外交通和场内交通的范围。对外交通方案应确保施工工地与国家或地方公路、铁路车站、水运港口之间的交通联系，具备完成施工期间外来物资运输任务的能力；场内交通方案应确保施工工地内部各工区、当地材料产地、堆渣场、各生产生活区之间的交通联系，主要道路与对外交通衔接。各分区间交通道路布置合理、运输方便可靠、能适应整个工程施工进度和工艺流程要求，尽量避免或减少反向运输和二次倒运。

（2）场外交通运输。方案的选择主要取决于工程所在地区的交通条件、施工期的总运输量及运输强度、最大运件重量和尺寸等因素。水利工程一般情况下应优先采用铁路和公路运输方案，对于水运条件发达的地区，应考虑水运方案为主，其他运输方式为辅。

（3）场内运输。场内运输的特点是物料品种多、运输量大、运距短；物料流向明确，车辆单项运输；运输不均衡；对运输保证性要求高；场内交通的临时性；个别情况允许降低标准；运输方式多样性。场内运输方式的选择主要根据各运输方式自身的特点，场内物料运输量、运输距离对外运输方式、场地分区布置、地形条件和施工方法等。一般采用汽车运输为主，其他运输为辅的运输方式。

（五）分区布置

1. 施工辅助企业

水利水电工程施工的辅助企业主要包括砂石采料厂、混凝土生产系统、综合加工厂（混凝土预制构件厂、钢筋加工厂、木材加工厂等）、机械修配厂、工地供风、供水系统等。一般应将加工厂集中布置在同一个地区，且多处于工地边缘。各种加工厂应与相应仓库或材料堆场布置在同一地区。污染较大的加工厂，如砂石加工厂、沥青加工厂和钢筋加工厂，应尽量远离生活区和办公区，并注意风向。

(1) 砂石骨料加工厂。砂石骨料加工厂布置时，应尽量靠近料场，选择水源充足、运输及供电方便，有足够的堆料场地和便于排水清淤的地段。同时，若砂石料厂不止一处，可将加工厂布置在中心处，并考虑与混凝土生产系统的联系。

砂石骨料加工厂的占地面积和建筑面积与骨料的生产能力有关。

(2) 混凝土生产系统。混凝土生产系统应尽量集中布置，并靠近混凝土工程量集中的地点，如坝体高度不大时，混凝土生产系统高程可布置在坝体重心位置。

混凝土生产系统的面积可依据选择的拌和设备型号的生产能力来确定。

(3) 综合加工厂。综合加工厂尽量靠近主体工程施工现场，若有条件，可与混凝土生产系统一起布置。

1) 钢筋加工厂。一般需要的面积较大，最好布置在来料处，即靠近码头、车站等。占地面积和建筑面积可查表 5-17 确定。

表 5-17 几种施工辅助企业的面积指标

辅助企业	项目	指标			
木材加工厂	生产规模/(m^3/班)	20	30	50	80
	建筑面积/m^2	372	484	1031	1626
	占地面积/m^2	5000	7390	12200	19500
钢筋加工厂	生产规模/(t/班)	5	10	25	50
	建筑面积/m^2	178	224	736	1900
	占地面积/m^2	800	1200	4100	111200
混凝土构件预制厂（露天式）	生产规模/(m^3/年)	5000	10000	20000	30000
	建筑面积/m^2	200	320	620	800
	占地面积/m^2	6200	10000	18000	22000
机械修配厂	生产规模（机床台数）	10	20	40	60
	锻造能力/(t/年)	60	120	250	350
	铸造能力/(t/年)	70	150	350	500
	建筑面积/m^2	545	1040	2018	2917
	占地面积/m^2	1800	3470	6720	9750

2) 木材加工厂。应布置在铁路或公路专用线的近旁，又因其有防火的要求，则必须安排的空旷地带，且在主要建筑物的下风向，以免发生火灾时蔓延。木材加工厂的占地面积和建筑面积可查表 5-17 确定。

3) 混凝土预制构件厂。其位置应布置在有足够大的场地和交通方便的地方，若服务对象主要为大坝主体，应尽量靠近大坝布置。其面积的确定可参照表 5-17。

(4) 机械修配厂。应与汽车修配厂和保养厂统一设置，其位置一般选在平坦、宽阔、交通方便的地段，若采用分散布置时，应分别靠近使用的机械、设备等地段。具体面积可参照表 5-17 选定。

2. 施工临时设施

(1) 仓库。

1) 仓库的分类。工地仓库的主要功能是储存和供应工程施工所需的各种物资、器材和设备。根据它的用途和管理形式分为中心仓库（储存全工地统一调配使用的物料）、转运站仓库（储存待运的物资）、专用仓库（储存一种或特殊的材料）、工区分库（只储存本工区的物资的材料）、辅助企业分库（只储存本企业用的材料等）等。

按照结构形式分为露天式仓库、棚式仓库和封闭式仓库等。

2) 仓库的布置。仓库布置的具体要求是：服务对象单一的仓库、堆场应靠近所服务的企业或施工地点。

a. 当采用铁路运输时，仓库通常沿铁路线布置，并且要留有足够的装卸前线；如果没有足够的装卸前线，必须在附近设置转运仓库。布置铁路沿线仓库时，应将仓库设置在靠近工地一侧，以免内部运输跨越铁路。同时仓库不宜设置在弯道处或坡道上。

b. 当采用水路运输时，一般应在码头附近设置转运仓库，以缩短船只在码头上的停留时间。

c. 当采用公路运输时，仓库的布置较灵活，一般中心仓库布置在工地中央或靠近使用的地方，也可以布置在靠近外部交通连接处。砂石、水泥、石灰、木材等仓库或堆场宜布置在施工对象附近，以免二次搬运。一般笨重设备应尽量放在车间附近，其他设备仓库可布置在其外围或其他空地上。

d. 炸药库应布置在僻静的位置，远离生活区；汽油库应布置在交通方便之处，且不得靠近其他仓库和生活设施，并注意避开多发的风向。

f. 中心仓库应布置在对外交通线路进入工区入口处附近。

g. 仓库的平面布置应尽量满足防火间距的要求。

3) 仓库储存量的计算。仓库储存量应根据施工条件、供应条件、运输条件等具体情况确定。对仓库储存量的要求既不能存储过多，造成积压浪费，又要满足工程施工的需要，且具有一定的存储量。另外，受季节影响的材料，应分析施工和生产的中断因素。水运时需考虑洪水、枯水和严寒季节的影响，材料的储存量可按下式计算：

$$q=\frac{Q}{n}tk \tag{5-63}$$

式中　q——需要材料储存量，t 或 m^3；

Q——一般高峰年材料总需要量，t 或 m^3；

n——年工作日数，d；

t——需要材料的储存天数，d，可参考表 5-18 选取；

k——不均匀系数，可取 1.2～1.5。

4) 仓库面积的计算。材料器材仓库的面积 W_1 可按下式计算：

$$W_1=\frac{q}{pk_1} \tag{5-64}$$

式中　W_1——仓库面积，m^2；

q——材料储存量，t 或 m^3；

p——每平方米有效面积的材料存放量，t 或 m^3，可参照表 5-19 选取；

k_1——仓库面积利用系数，可参照表 5-19 选取。

施工设备仓库面积 W_2 可按下式计算：

$$W_2 = na/k_2 \tag{5-65}$$

式中 W_2——仓库面积，m^2；

n——设备的台数，台；

a——每台设备占地面积，m^2/台，可参考表 5-20 选取；

k_2——面积利用系数，库内有行车时取 0.3，库内无行车时取 0.7。

5）仓库占地面积的估算。其估算式为

$$A = \sum Wk_3 \tag{5-66}$$

式中 A——仓库占面积，m^2；

W——仓库建筑面积或堆存场面积，m^2；

k_3——占地面积系数，可按表 5-21 选取。

表 5-18 各种材料储备天数参考表

材料名称	储备天数/d	备注	材料名称	储备天数/d	备注
钢筋、钢材	120～180		电石、油漆、化工	20～30	
设备配件	180～270	根据同种配件的多少，还要乘以 0.5～1.0 的修正系数	煤	30～90	
			电线、电缆	40～50	
水泥	7～15		钢丝绳	40～50	
炸药、雷管	60～90		地方房产建材材料	10～20	
油料	30～0		砂、石骨料成品	10～20	
木材	30～90	储放的木材，可按一年用量储备	混凝土预制品	10～15	
五金、材料	20～30		劳保、生活用品	30～40	
沥青、玻璃、油毡	20～30		土产杂品	30～40	

表 5-19 每平方米有效面积材料储存量及仓库面积利用系数

材料名称	单位	保管方法	堆高/m	每平方米面积堆置 p	储存方法	仓库面积利用系数 k_1	备注
水泥	t	堆垛	1.50～1.60	1.30～1.50	仓库、料棚	0.45～0.60	
水泥	t		2.00～3.00	2.50～4.00	封闭式料斗机械化	0.70	
圆钢	t	堆垛	1.20	3.10～4.20	料棚、露天	0.66	
方钢	t	堆垛	1.20	3.20～4.30	料棚、露天	0.68	
扁、角钢	t	堆垛	1.20	2.10～2.90	料棚、露天	0.45	
钢板	t	堆垛	1.00	4.00	料棚、露天	0.57	
工字钢、槽钢	t	堆垛	0.50	1.30～2.60	料棚、露天	0.32～0.54	
钢管	t	堆垛	1.20	0.80	料棚、露天	0.11	

续表

材料名称	单位	保管方法	堆高/m	每平方米面积堆置 p	储存方法	仓库面积利用系数 k_1	备注
铸铁管	t	堆垛	1.20	0.90～1.30	露天	0.38	
铜线	t	料架	2.20	1.30	仓库	0.11	
铝线	t	料架	2.20	0.40	仓库	0.11	
电线	t	料架	2.20	0.90	仓库、料架	0.35～0.40	
电缆	t	堆垛	1.40	0.40	仓库、料架	0.35～0.40	
盘条	t	叠放	1.00	1.30～1.50	棚式	0.50	
钉、螺栓铆钉	t	堆垛	2.00	2.50～3.50	仓库	0.60	
炸药	t	堆垛	1.50	0.66	仓库、料架	0.45～0.60	
电石	t	堆垛	1.20	0.90	仓库	0.35～0.40	
油脂	t	堆垛	1.20～1.80	0.45～0.80	仓库	0.35～0.40	
玻璃	箱	堆垛	0.80～1.50	6.00～10.00	仓库	0.45～0.60	
油毡	卷	堆垛	1.00～1.50	15.00～22.00	仓库	0.35～0.45	
石油沥青	t	堆垛	2.00	2.20	仓库	0.50～0.60	
胶合板	张	堆垛	1.50	200.00～300.00	仓库	0.50	
石灰	t	堆垛	1.50	0.85	料棚	0.55	
五金	t	叠放、堆垛	2.20	1.50～2.00	仓库、料架	0.35～0.50	
水暖零件	t	堆垛	1.40	1.30	料棚、露天	0.15	
原木	m^3	叠放	2.00～3.00	1.30～2.00	露天式	0.40～0.50	
锯材	m^3	叠放	2.00～3.00	1.20～1.80	露天式	0.40～0.50	
混凝土管	m	叠放	1.50	0.30～0.40	露天式	0.30～0.40	
卵石、砂、碎石	m^3	堆垛	5.00～6.00	3.00～4.00	露天式	0.60～0.70	
卵石、砂、碎石	m^3	堆垛	1.50～2.50	1.50～2.00	露天式	0.60～0.70	
毛石	m^3	堆垛	1.20	1.00	露天式	0.60～0.70	
砖	块	堆垛	1.50	700.00	露天式		
煤炭	t	堆垛	2.25	2.00	露天	0.60～0.70	
劳保用品	套	叠放		1.00	料架	0.30～0.35	

表 5-20　施工机械停放场所需面积参考指标

施工机械名称		停放场地面积/(m^2/台)	存放方式
起重机	塔式起重机	200～300	露天
	履带式起重机	100～125	露天
	履带式正、反铲，拖式铲运机、轮胎式起重机	70～100	露天
	推土机、拖拉机、压路机	25～35	露天
	汽车式起重机	20～30	露天或室内
	门式起重机（10t，60t）	300～400	解体露天及室内
	缆式起重机（10t，20t）	400～500	解体露天及室内
运输机械类	汽车（室内）	20～30	一般情况下室内不小于10%
	汽车（室外）	46～60	
	平板拖车	100～150	
其他机类	搅拌机、卷扬机、电焊机、电动机、水泵、空压机、油泵等	4～6	一般情况下室内占30%，室外占70%

表 5-21 仓库占地面积系数 k_3 参考指标

仓库种类	k_3	仓库种类	k_3
物资总库、施工设备库	4	炸药库	6
油库	6	钢筋、钢材库、圆木堆场	3～4
机电仓库	8		

(2) 临时房屋。一般工地上的临时房屋主要有行政管理用房（如指挥部、办公室等）、文化娱乐用房（如学校、俱乐部等）、居住用房（如职工宿舍等）、生活福利用房（如医院、商店、浴池等）等。

一般全工地性行政管理用房宜设在全工地入口处，以便对外联系；也可设在工地中间，便于全工地管理；工人用的福利设施应设置在工人较集中的地方，或工人必经之处；生活基地应设在场外，距工地 500～1000m 为宜；食堂可布置在工地内部或工地与生活区之间。应尽量避开危险品仓库和砂石加工厂等位置，以利安全和减少污染。

修建这些临时房屋时，必须注意既要满足实际需要，又要节约修建费用。具体应考虑以下问题：

1）尽可能利用施工区附近原有的房屋建筑。

2）尽可能利用拟建的永久性房屋。

3）结合施工地区新建城镇的规划统一考虑。

4）临时房屋宜采用装配式结构。具体工地各类临时房屋需要量取决于工程规模、工期长短、投资情况和工程所在地区的条件等因素。

3. 内部运输道路布置

根据加工厂、仓库及各施工对象的相对位置，研究货物转运图，区分主要道路和次要道路。

(1) 在规划临时道路时，应充分利用拟建的永久性道路，提前修建永久性道路或者先修路基和简易路面作为施工所需的道路，以达到节约投资的目的。

(2) 道路应有两个以上进出口，道路末端应设置回车场；场内道路干线应采用环形布置，主要道路宜采用双车道，宽度不小于 6m；次要道路宜采用单车道，宽度不小于 3.5m。

(3) 一般场外与省、市公路相连的干线，因其以后会成为永久性道路，因此，一开始就建成高标准路面；场区内的干线和施工机械行驶路线，最好采用碎石级配路面，以利修补；场内支线一般为土路或砂石路。

(六) 风、水、电系统布置

临时水电管网沿主要干道布置干管、主线；临时总变电站应设置在高压电引入处，不应放在工地中心；设置在工地中心或工地中心附近的临时发电设备，沿干道布置主线；施工现场供水管网有环状、枝状和混合式三种形式。

1. 工地供风系统

工地供风主要供石方开挖、混凝土、水泥输送、灌浆等施工作业所需的压缩空气。一般采用的方式是集中供风和分散供风，压缩空气主要由固定式的空气压缩机站或移动的空压机来供应。

一个供风系统主要由空压机站和供风管道组成，空压机站的供风量 Q_f 可以按照下式计算：

$$Q_f = k_1 k_2 k_3 \sum (n_i q_i k_4 k_5) \tag{5-67}$$

式中　Q_f——供风需要量，m^3/min；

k_1——由于空气压缩机效率降低以及未预计到的少量用气所采用的系数，取 1.05%～1.10%；

k_2——管网漏气系数，一般取 1.10～1.30，管网长或铺设质量差时取大值；

k_3——高原修正系数，按表 5-22 选取；

k_4——各类风动机械同时工作系数，按表 5-23 选取；

k_5——风动机械磨操作修正系数，按有关规定选取；

n——同时工作的同类型风动机械台数，台；

q——每台风动机械用气量，m^3/min，一般采用风动机械定额气量。

表 5-22　高原修正系数

海拔/m	0	305	610	914	1219	1524	1829	2134	2433	2743	3049	3653	4572
高原修正系数	1.00	1.03	1.07	1.10	1.14	1.17	1.20	1.23	1.26	1.29	1.32	1.37	1.43

表 5-23　凿岩机同时工作系数

同时工作的凿岩机台数	1	2	3	4	5	6	7	8	9	10	11	12	20	30
k_4	1.00	0.90	0.90	0.85	0.82	0.80	0.78	0.75	0.73	0.71	0.68	0.61	0.59	0.50

为了调节输气管网中的空气压力，清除空气中的水分和油污等，每台空气压缩机都需要设置储气罐，其容量可按下式估算：

$$V = a\sqrt{Q_f} \tag{5-68}$$

式中　V——储气罐的容量，m^3；

Q_f——供风量，m^3/min；

a——系数，对于固定式空压机，空压机生产率为 $10\sim40m^3/min$ 时，采用 1.5；生产率为 $3\sim10m^3/min$ 时，采用 0.9；对于移动式空压机，采用 0.4。

空气压缩机站的位置，应尽量靠近用风量集中的地点，保证用风质量，同时，接近供电、供水系统，并要求有良好的地基，空气压缩机距离用风地点最好在 700m 左右，最大不超过 1000m。

供风管道采用树枝状布置，一般沿地表敷设，必要时可局部埋设或架空敷设（如穿越重要交通道路等），管道坡度大致控制在 0.1%～0.5%的顺坡。

2. 工地供电系统

工地电力网，一般 3～10kV 的高压线采用环状，380/220V 低压线采用枝状布置。工地上通常采用架空布置，距路面或建筑物不小于 6m。工地用电主要包括室内外交通照明用电和各种机械、动力设备用电等。在设计工地供电系统时，主要应该解决的问题是：确定用电地点和需电量、选择供电方式、进行供电系统的设计。

工地的供电方式常见的有施工地区已有的国家电网供电、临时发电厂供电、移动式发电机供电等三种方式，其中国家电网供电的方式最经济方便，宜尽量选用。

工地的用电负荷，按不同的施工阶段分别计算。工地内的供电采用国家电网供电，应先在工地附近设总变电所，将高压电降为中压电，在输送到用户附近时，通过小型变压器（变电站）将中压降压为低压（380/220V）然后输送到各用户；另外，在工地应有备用发电设施，以备国家电网停电时用，其供电半径以300～700m为宜。

施工现场供电网路中，变压器应设在所负担的用电荷集中、用电量大的地方，同时各变压器之间可作环状布置，供电线路一般呈树枝形布置，采用架空线等方式敷设，电杆距为24～25m，并尽量避免供电线路的二次拆迁。

3. 工地供水系统

工地供水系统主要由取水工程、净水工程和输配水工程等组成，其任务在于经济合理地供给生产、生活和消防用水。在进行供水系统设计时，首先应考虑需水地点和需水量、水质要求，再选择水源，最后进行取水、净水建筑物和输水管网的设计等。

（1）生产用水量。生产用水包括进行土石方工程、混凝土工程、灌浆工程施工所需的用水量，以及施工企业和动力设备等消耗的水量，计算公式为

$$Q_i=\frac{k_1k_2\sum(n_iq_i)}{8\times3600} \qquad (5-69)$$

式中 Q_i——施工、机械及辅助企业生产水量，L/s；

k_1——生产用水不均衡系数，参考表5-24选用；

k_3——未计及的用水系数，取1.2；

n_i——某类机械同时工作的生产能力；

q_i——单位用水定额，参照表5-25选用。

表5-24 给水不均衡系数

项目	类别	不均衡系数	项目	类别	不均衡系数
施工、生产用水	工程施工用水	1.50	生活用水	现场生活用水	1.30～1.50
	施工生产企业生产用水	1.25			
	施工机械运输机具用水	2.00		居住区生活用水	2.00～2.50
	动力设备用水	1.05～1.10			

表5-25 施工生产用水定额

用水户类别	单位	用水量定额	备注
机械化石方施工	L/100m³	350～400	不包括机械清压气站用水
填筑砾石土	L/100m³	3500～4500	包括填筑碾压洒水等
填筑黏土	L/m³	50	包括填筑碾压洒水等
填筑砂石	L/m³	20	包括填筑碾压洒水等
内燃发电机组	L/m³	380	
混凝土预制构件厂浇水养护	L/(马力·m³)	15～40	
混凝土预制构件厂蒸汽养护	L/m³	300～400	
机械加工件	L/m³	500～700	

续表

用水户类别	单位	用水量定额	备　注
拌石灰浆	L/t	1000～5000	
拌石灰砂浆	L/m^3	1000～1200	
拌水泥浆	L/m^3	600～1000	
内燃挖掘机	L/(m^3·台班)	200～300	以斗容 m^2 计
内燃起重机	L/(t·台班)	15～18	以起重量 t 计
拖拉机推土机	L/(台·昼夜)	300～600	
内燃压路机	L/(t·台班)	12～15	以机重 t 计
凿岩机	L/(min·台班)	3～8	01～30，01～33 型
轻型汽车	L/(辆·昼夜)	300～400	
砖砌体	L/100 块	200～300	
毛石砌体	L/m^3	50～80	
抹灰	L/m^3	30	
预制件养护	L/(s·处)	5～10	自制预制件

注　1马力＝735.499W。

（2）生活用水量。生活用水量主要是指生活区和现场生活用水。它的计算式为

$$Q_2=\frac{k_2k_4n_3q_3}{24\times3600}+\frac{k_2'k_4n_3'q_3'}{8\times3600} \tag{5-70}$$

式中　Q_2——生活用水量，L/s；

k_2——生活用水不均衡系数，见表5-24；

k_4——未计及的用水系数，取1.1；

n_3——施工高峰工地居住最多人数（包括固定、流动性职工及家属）；

q_3——每人用水量定额，参照表5-26选取；

k_2'——现场生活不均衡系数，见表5-24；

n_3'——在同一班内现场和施工企业内工作的最多人数；

q_3'——每人在现场生活用水量定额，见表5-26。

表5-26　生活用水量定额

用　水　项　目	单　　位	用水量定额
生活用水	L/(人·d)	100～200
食堂	L/(人·d)	15～20
浴室	L/(人·次)	50～60
道路绿化洒水	L/(人·d)	20～30
现场生活	L/(人·班)	10～20
现场淋浴	L/(人·班)	25～30
现场道路洒水	L/(人·班)	10～15

（3）消防用水量。根据工程防火要求，应设立消防站。一般设置在易燃物（木材、仓库、油库、炸药库等）附近，并须有通畅的出口和消防车道，其宽度不宜小于6m；沿道路布置消防栓时，其间距不得大于100m，消防栓到路边的距离不得大于2m。消防用水包

括施工现场消防用水和居住区的消防用水，施工现场的消防用水量与工地范围有关，而居住区的消防用水量由居住区人数来确定，具体消防用水量可查表5-27选取。

表5-27 消防用水定额

用水项目	按火灾同时发生次数计/次	耗水量/t	用水项目	按火灾同时发生次数计/次	耗水量/t
居住区消防用水			施工现场消防用水		
5000人以上	1	10	现场面积在 $25hm^2$ 以内	2	10～15
10000人以上	2	10～15	每增加 $25hm^2$ 递增		5
25000人以上	2	15～20			

（4）工地的总需水量。工地现场的总需水量应满足不同时期高峰生产用水和生活用水的需要，并按消防用水量进行校核，其计算可按以下两式进行：

$$Q_0=Q_1+Q_2 \tag{5-71}$$

$$Q_0=\frac{Q_1+Q_2}{2}+Q_3 \tag{5-72}$$

式中 Q_0——工地的总量需水量，L/s；

Q_3——消防用水量，L/s。

总需水量 Q_0 选取以上两式计算结果的最大值，并考虑不可避免的管网漏水损失，应将总需水 Q_0 增加10%。

供水系统的水源一般根据实际情况确定，但生产、生活用水必须考虑水质的要求，尤其是饮用水源，应尽量取地下水为宜。

布置用水系统时，应充分考虑工地范围的大小，可布置成一个或几个供水系统。供水系统一般由供水站、管道和水塔等组成。水塔的位置应设有用水中心处，高程按供水管网所需的最大水头计算。供水管道一般用树枝状布置，水管的材料根据管内压力大小分为铸铁和钢管两种。

工地供水系统所用水泵，一般每台流量为10～30L/s，扬程应比最高用水点和水源的高差高出10～15m。水泵应有一定的备用台数，同一泵站的水泵型号尽可能统一。

项目六　水闸设计分析与实例

一、基本资料

本工程位于河南省某县城郊区，它是某河流梯级开发中的最末一级工程。该河属稳定性河流，河面宽 110m，深 10m，河床纵向坡降平缓，纵坡约为 1/10000。由于河床下切较深又无适当控制工程，雨季地表径流自由流走，而雨过天晴后经常干旱，加之打井提水灌溉，使地下水位越来越低，严重影响两岸的农业灌溉和人畜用水。为解决当地 40 万亩农田的灌溉问题，经上级批准的规划确定，修建挡水枢纽工程。

拦河闸所担负的任务是：正常情况下拦河截水，抬高水位，以利灌溉，洪水时开闸泄水，以保安全。

本工程建成后，可利用河道一次蓄水 800 万 m^3，调蓄水至两岸沟塘，大量补给地下水，有利于井灌和人畜用水，初步解决 40 万亩农田的灌溉问题并为工业生产提供足够的水源，同时对渔业、航运业的发展，以及改善环境、美化城乡都是极为有利的。

1. 地质、地形资料

根据钻孔了解闸址地层属河流冲积相，河床部分地层属第四纪更新世 Q^3 与第四纪全新世 Q^4 地层交错出现，闸址两岸地面高程均在 40.00m 左右。

闸址处地层向下分布情况见表 6-1。

表 6-1　闸址处地层分布情况

土质名称	重粉质壤土	细　砂	中　砂	重粉质壤土	中粉质壤土
分布范围 由上而下	河床表面 以下深约 3m	高程 28.80m 以下	厚度约 5m	高程 22.00m 以下	厚度 5～8m

闸址处系平原型河段，河流顺直，两岸地势平坦，地面高程平均为 40.00m，河床平均高程为 30.00m，河底宽度为 70m，呈梯形横断面，如图 6-1 所示（其中内边坡系数为 2，糙率取 0.025）。

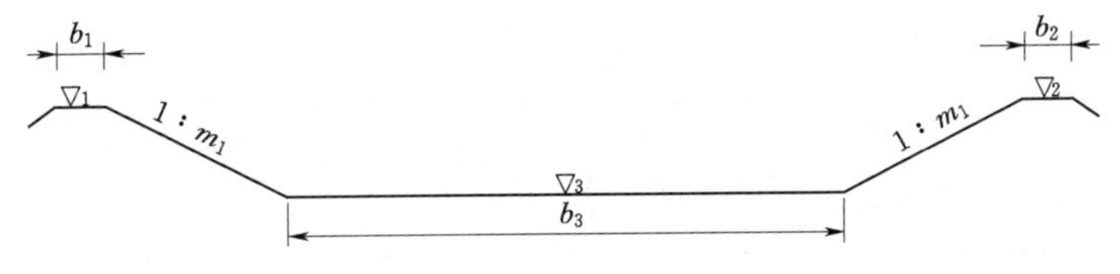

图 6-1　河道断面示意图

2. 水文气象

(1) 气温。本地区年最高气温 42.2℃，最低气温−20.7℃，平均气温 14.4℃。

(2) 风速。最大风速 $V=20\mathrm{m/s}$，吹程 0.6km。

(3) 径流量。非汛期（1—6 月及 10—12 月）9 个月的月平均最大流量为 $9.1\mathrm{m^3/s}$。汛期（7—9 月）3 个月，月平均最大流量为 $149\mathrm{m^3/s}$，年平均最大流量 $Q=26.2\mathrm{m^3/s}$，最大年径流总量为 8.25 亿 $\mathrm{m^3}$。

(4) 冰冻。闸址处河水无冰冻现象。

3. 土的物理力学性质指标

土的物理力学性质指标主要包括物理性质、允许承载力、渗透系数等，具体数字见表 6-2 和表 6-3。

表 6-2 土的物理性质指标表 单位：$\mathrm{kN/m^3}$

湿重度	饱和重度	浮重度	细砂相对密度	细砂干重度
19	21	11	27	15

表 6-3 土的力学性质指标表

内摩擦角	土基允许承载力	摩擦系数	不均匀系数	渗透系数/(cm/s)
自然含水量时 $\varphi=28°$	$[\sigma]=200\mathrm{kN/m^2}$	混凝土、砌石与土基的摩擦系数当土基为密实细砂层时值为 $f=0.36$	黏土 $[\eta]=1.5\sim2.0$	中细砂层 $K=5\times10^{-3}$
饱和含水量时 $\varphi=25°$			砂土 $[\eta]=2.4$	以下土层 $K=5\times10^{-5}$

4. 工程材料

(1) 石料。本地区不产石料，需从外地运进，距公路很近，交通方便。

(2) 黏土。经调查本地区附近有较丰富的黏土材料。

(3) 砂料。闸址处有足够的中细砂。

5. 批准的规划成果

(1) 根据水利电力部《水利水电枢纽工程等级划分及洪水标准》(SD 252—2000) 的规定，本枢纽工程为Ⅲ等工程，其中永久性主要建筑物为 3 级。

(2) 灌溉用水季节，拦河闸正常挡水位为 38.50m。

(3) 洪水标准见表 6-4。

表 6-4 洪 水 标 准

项目	重现期/年	洪水流量/($\mathrm{m^3/s}$)	闸前水位/m	下游水位/m
设计洪水	20	937	39.15	39
校核洪水	50	1220	40.35	40.2

6. 施工条件

(1) 工期为 2 年。

(2) 材料供应情况。水泥由某水泥厂运输 260km 至某市，再运输 80km 至工地仓库；

其他材料由汽车运至工地；电源由电网供电，工地距电源线 1.0km；地下水位平均为 28.00～30.00m。

二、闸址的选择

闸址、闸轴线的选择关系到工程的安全可靠、施工难易、操作运用、工程量及投资大小等方面的问题。在选择过程中首先应根据地形、地质、水流、施工管理应用及拆迁情况等方面进行分析研究，权衡利弊，经全面分析比较，合理确定。

本次设计中闸轴线的位置已由规划给出。

三、闸孔型式选择及闸底板高程确定

1. 闸孔型式选择

本工程的主要任务是正常情况下拦河截水，以利灌溉，而当洪水来临时，开闸泄水，以保防洪安全。由于是建于平原河道上的拦河闸，应具有较大的超泄能力，并利于排除漂浮物，因此采用不设胸墙的开敞式水闸。

2. 闸底板高程确定

由于河槽蓄水，闸前淤积对洪水位影响较大，为便于排出淤沙，闸底板高程应尽可能低。因此，采用无底坎平顶板宽顶堰，堰顶高程与河床同高，即闸底板高程为 30.00m。

四、闸孔尺寸拟定

由于已知上、下游水位，可推算上游水头及下游水深，见表 6-5。

表 6-5　上游水头计算

流　量 Q /(m^3/s)	下游水深 h_s /m	上游水深 H /m	过水断面积 /m^2	行进流速 /(m^3/s)	$\frac{v_0^2}{2g}$	上游水头 H_0 /m
设计流量 937	9	9.15	995.768	0.941	0.045	9.195
校核流量 1220	10.20	10.35	1166.768	1.046	0.056	10.406

注　考虑壅高 15～20cm。

1. 判别堰的出流流态

闸门全开泄洪时，为平底板宽顶堰堰流，根据公式判别是否为淹没出流，判别表见表 6-6。

表 6-6　淹没出流判别表

计 算 情 况	下游水深 h_s/m	上游水头 H_0/m	$h_s \geqslant 0.8H_0$	流　态
设计水位	9	9.195	$9 \geqslant 7.357$	淹没出流
校核水位	10.20	10.406	$10.20 \geqslant 8.325$	淹没出流

2. 确定闸孔总净宽及墩厚

按照闸门总净宽计算式 (2-2)，根据设计洪水和校核洪水两种情况分别计算（表 6-7）。其中 ε 为堰流侧收缩系数，取 0.96；m 为堰流流量系数，取 0.385。

表 6-7 闸孔总净宽计算表

流量 Q /(m³/s)	下游水深 h_s /m	上游水头 H_0 /m	$\frac{h_s}{H_0}$	淹没系数 σ	B_0 /m
设计流量 937	9	9.195	0.979	0.478	42.95
校核流量 1220	10.20	10.406	0.98	0.470	47.24

根据《水利水电工程钢闸门设计规范》(SL 74—2013) 中闸孔尺寸和水头系列标准，选定单孔净宽 $b_0=8$m，同时为了保证闸门对称开启，防止不良水流形态，选用 7 孔，闸室总宽度为

$$L=7\times8+2\times1.6+4\times1.2+2\times1.0=66(\text{m})$$

拟定闸墩厚度：由于闸基为软基河床，选用整体式底板，缝设在闸墩上，中墩厚 1.2m，缝墩厚 1.6m，边墩厚 1m，如图 6-2 所示。

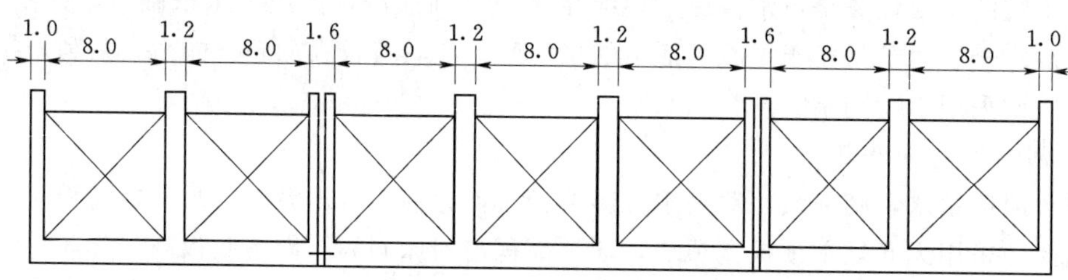

图 6-2 闸孔尺寸布置图（单位：m）

3. 校核泄洪能力

根据孔口与闸墩的尺寸可计算侧收缩系数，查 SL 265—2001，结果如下：

对于中孔，$\frac{b_0}{b_s}=\frac{8}{8+2\times0.6}=0.870$，得 $\varepsilon_{中1}=0.976$；

靠缝墩孔，$\frac{b_0}{b_s}=\frac{8}{8+\frac{1.2+1.6}{2}}=0.851$，得 $\varepsilon_{中2}=0.976$；

对于边孔，$\frac{b_0}{b_s}=\frac{8}{8+41.05}=0.163$，得 $\varepsilon_{中3}=0.909$；

所以 $$\varepsilon=\frac{n_1\varepsilon_{中1}+n_2\varepsilon_{中2}+n_3\varepsilon_{中3}}{n_1+n_2+n_3}=\frac{1\times0.976+4\times0.976+2\times0.909}{1+4+2}=0.957$$

与假定接近，根据选定的孔口尺寸与上下游水位，进一步换算流量见表 6-8。

表 6-8 过流能力校核计算表

计算情况 /(m³/s)	堰上水头 H_0 /m	$\frac{h_s}{H_0}$	σ	ε	Q /(m³/s)	校核过流能力
设计流量 937	9.195	0.979	0.48	0.957	1226.36	25.7%
校核流量 1220	10.406	0.98	0.47	0.957	1445.68	18.5%

两种工况均超过了规定 5%的要求，说明孔口尺寸有些偏大，但根据校核情况满足要求，所以不再进行孔口尺寸的调整。

4. 辅助曲线的绘制（略）

五、消能设计

1. 消能防冲设计的控制情况

由于本闸位于平原地区，河床的抗冲刷能力较低，所以采用底流式消能。

设计水位或校核水位时闸门全开宣泄洪水，为淹没出流无需消能。闸前为正常高水位38.50m，部分闸门局部开启，只宣泄较小流量时，下流水位不高，闸下射流速度较大，才会出现严重的冲刷河床现象，需设置相应的消能设施。为了保证无论何种开启高度的情况下均能发生淹没式水跃消能，所以采用闸前水深 $H=8.5$m，闸门局部开启情况，作为消能防冲设计的控制情况。

为了降低工程造价，确保水闸安全运行，可以规定闸门的操作规程，本次设计按1、3、5、7孔对称方式开启，分别对不同开启孔数和开启度进行组合计算，找出消力池池深和池长的控制条件。

按式（2-17）～式（2-19）及式（2-21）计算，结果列入表6-9。

表6-9　消力池池深、池长估算表

开启孔数 n	开启高度 h_e	收缩系数 ε'	泄流量 Q /(m³/s)	单宽流量 q/[m³/(m·s)]	收缩水深 h_c /m	跃后水深 h''_c /m	下游水深 h_s /m	流态判别	消力池尺寸			备　注
									池深 d /m	池长 L_{sj} /m	水跃长 L_j /m	
1	0.8	0.554	44	5.44	0.49	3.27	2.40	自由出流	1.03	21.5	19.2	
	1.0	0.616	60	7.55	0.62	4.03	2.65		1.6	24.5	23.5	
	1.2	0.617	73	9.08	0.74	4.41	2.95		1.7	25.7	25.3	
	1.5	0.619	91	11.4	0.93	4.90	3.25		1.9	27.2	27.4	池深控制
	2.0	0.621	122	15.3	1.24	5.53	3.62		2.2	31.7	29.6	限开
3	0.8	0.554	131	5.44	0.44	3.27	3.75	淹没出流				
	1.0	0.616	181	7.55	0.62	4.03	4.25					
	1.2	0.617	217	9.08	0.74	4.41	4.58					
	1.5	0.619	273	11.4	0.93	4.90						
	2.0	0.621	366	15.3	1.24	5.53						

通过计算，为了节省工程造价，防止消力池过深，对开启1孔、开启高度为2.0m限开，得出开启1孔、开启高度为2m为消力池的池深控制条件。

2. 消力池尺寸及构造

（1）消力池深度计算。根据所选择的控制条件，估算池深为2m，用式（2-22）、式（2-19）、式（2-23）计算挖池后的收缩水深 h_c 和相应的出池落差 ΔZ 及跃后水深 h''_c，验算水跃淹没系数符合在1.05～1.10的要求。

$$\sigma_0=\frac{d+h_s+\Delta Z}{h''_c}=\frac{2+3.25+0.01}{5.00}=1.05$$

(2) 消力池池长。根据池深为2m，用式（2-27）及式（2-28）计算出相应的消力池长度为32m。

(3) 消力池的构造。采用挖深式消力池。为了便于施工，消力池的底板做成等厚，为了降低底板下部的渗透压力，在水平底板的后半部设置排水孔，孔下铺设反滤层，排水孔孔径为10cm，间距为2m，呈梅花形布置。

根据抗冲要求，按式（2-29）计算消力池底板厚度。其中 k_1 为消力池底板计算系数，取0.18；q 为确定池深时的过闸单宽流量；$\Delta H'$ 为相应于单宽流量的上、下游水位差。

$$t=0.18\sqrt{11.4\sqrt{8.5-3.25}}=0.9(\text{m})$$

根据实际工程经验，取消力池底板的厚度 $t=1.4$m。

消力池构造尺寸如图6-3所示。

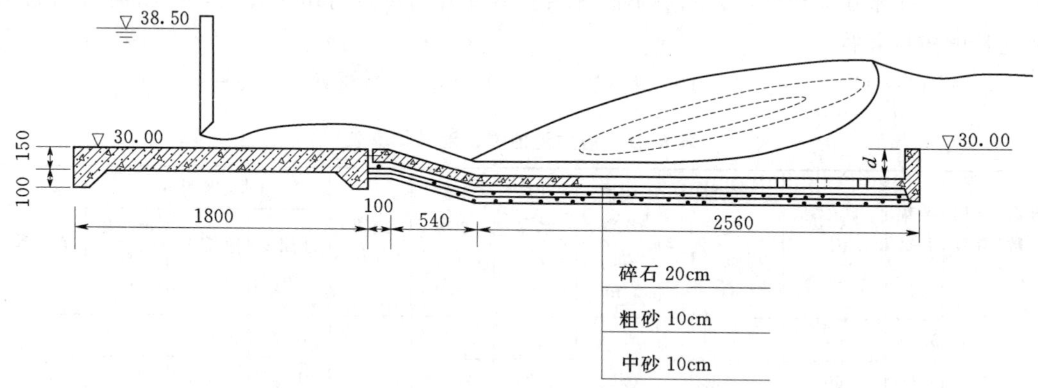

图6-3 消力池构造尺寸图（单位：高程 m；尺寸 cm）

3. 海漫设计

(1) 海漫长度计算。用式（2-31）计算海漫长度，结果列入表6-10。其中 k_s 为海漫长度计算系数，根据闸基土质为中粉质壤土选12。取计算表中的大值，确定海漫长度为40m。

表6-10 海漫长度计算表

流量 Q /(m³/s)	上游水深 H /m	下游水深 h_s' /m	q /[m³/(s·m)]	$\Delta H'$ /m	L_P /m
100	8.5	3.35	1.56	5.25	22.7
200	8.5	4.30	3.13	4.20	30.4
300	8.5	5.25	4.69	3.25	34.9
400	8.5	5.95	6.25	2.55	37.9
500	8.5	6.62	7.81	1.88	39.3
600	8.5	7.20	9.38	1.30	39.2
700	8.5	7.80	10.9	0.70	36.2

（2）海漫构造。因为对海漫的要求为有一定的粗糙度以便进一步消除余能，有一定的透水性，有一定的柔性。所以选择在海漫的起始段为10m长的浆砌石水平段，因为浆砌石的抗冲性能较好，其顶面高程与护坦齐平。后30m做成坡度为1∶15的干砌石段，以使水流均匀扩散，调整流速分布，保护河床不受冲刷。海漫厚度为0.6m，下面铺设15cm厚的砂垫层。

4. 防冲槽设计

海漫末端河床冲刷坑深度按式（2-32）计算，按不同情况计算见表6-11。

表6-11　冲刷坑深度计算表

计算情况	q'' /[m³/(s·m)]	相应过水面积 A /m²	湿周 χ /m	$R^{1/5}$ /m$^{1/5}$	$[v_0]$ /(m/s)	h''_s /m	d' /m
校核情况	15.25	1422.52	157.16	1.554	1.243	11.80	1.700
设计情况	11.71	1243	149.57	1.527	1.222	10.60	−0.056

注　h''_s为海漫末端河床水深，m。

河床土质的不冲流速$[v_0]$可按下式计算：

$$[v_0]=v_0(R^{1/4\sim1/5})$$

式中　$[v_0]$——河床土质的不冲流速，m/s；

v_0——此处取0.8m/s；

R——水力半径，$R=\dfrac{A}{\chi}$。

根据计算确定防冲槽的深度为1.70m。采用宽浅式，底宽取3.4m，上游坡率为2，下游坡率为3，出槽后做成坡率为5的斜坡与下游河床相连，如图6-4所示。

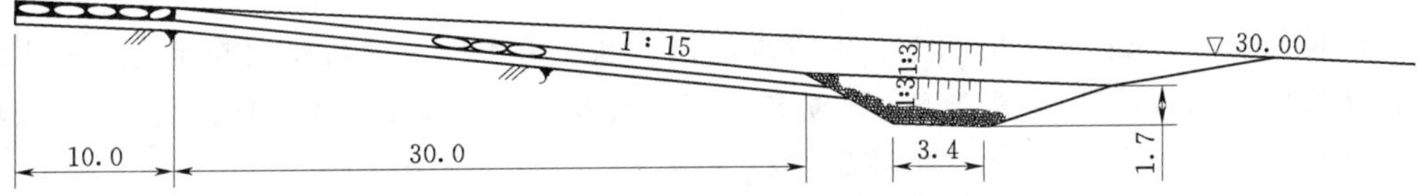

图6-4　海漫防冲槽构造图（单位：m）

5. 上、下游岸坡防护

为了保护上、下游翼墙以外的河道两岸岸坡不受水流的冲刷，需要进行护坡。采用浆砌石护坡，厚0.3m，下设0.1m的粗砂垫层。保护范围上游自铺盖向上延伸2～3倍的水头，下游自防冲槽向下延伸4～6倍的水头。

六、防渗排水设计

1. 闸底地下轮廓线的布置

（1）防渗设计的目的。防止闸基渗透变形；减小闸基渗透压力；减少水量损失；合理选用地下轮廓尺寸。

（2）布置原则。防渗设计一般采用防渗和排水相结合的原则，即在高水位侧采用铺盖、板桩、齿墙等防渗设施，用以延长渗径减小渗透坡降和闸底板下的渗透压力；在低水位侧设置排水设施，如面层排水、排水孔排水或减压井与下游连通，使地下渗水尽快排出，以减小渗透压力，并防止在渗流出口附近发生渗透变形。

(3) 地下轮廓线布置。

1) 闸基防渗长度的确定。根据式 (2-35) 计算闸基理论防渗长度为 59.5m。其中 C 为渗径系数，因为地基土质为重粉质壤土，查表取 7。

$$L=7\times 8.5=59.5(\text{m})$$

2) 防渗设备。由于闸基土质以黏性土为主，防渗设备采用黏土铺盖，闸底板上、下游侧设置齿墙，为了避免破坏天然的黏土结构，不宜设置板桩。

3) 防渗设备尺寸和构造。

a. 闸底板顺水流方向长度计算。根据闸基土质为重粉质壤土 A 取 2.0，则

$$L_{底}=2\times 8.5=17(\text{m})$$

底板长度综合考虑上部结构布置及地基承载力等要求，确定为 18m。

b. 闸底板厚度为 $t=\frac{1}{5}\times 8=1.6$ (m)，实际取为 1.5m。

c. 齿墙具体尺寸见闸底板尺寸图，如图 6-5 所示。

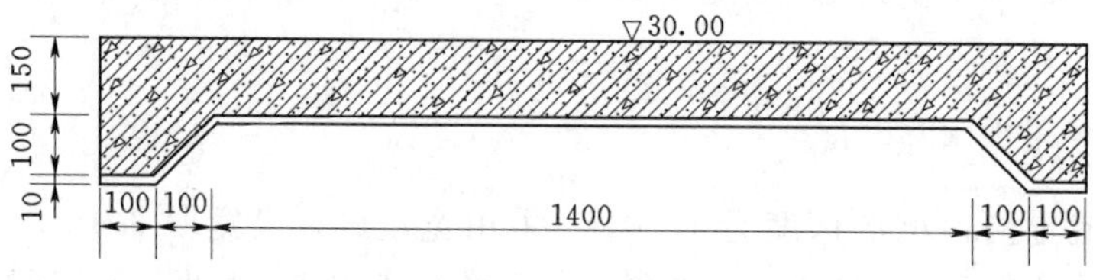

图 6-5 闸底板尺寸图（单位：cm）

d. 铺盖长度根据 3～5 倍的上、下游水位差，确定为 40m。铺盖厚度确定为：便于施工上游端取为 0.6m，末端为 1.5m 以便和闸底板连接。为了防止水流冲刷及施工时破坏黏土铺盖，在其上设置 30cm 厚的浆砌块石保护层，10cm 厚的砂垫层。

(4) 校核地下轮廓线的长度。根据以上设计数据，实际的地下轮廓线布置长度应大于理论的地下轮廓线长度，通过校核，满足要求。

$$地下轮廓线长度=0.6+40+1+(1+1.41)\times 2+14+1.1=62.36(\text{m})>L_{理}=59.5\text{m}$$

2. 排水设备的细部构造

(1) 排水设备的作用。采用排水设备，可降低渗透水压力，排除渗水，避免渗透变形，增加下游的稳定性。排水的位置直接影响渗透压力的大小和分布，应根据闸基土质情况和水闸的工作条件，做到既减少渗压又避免渗透变形。

(2) 排水设备的设计。

1) 水平排水。水平排水为加厚反滤层中的大颗粒层，形成平铺式。反滤层一般是由 2～3 层不同粒径的砂和砂砾石组成的。层次排列应尽量与渗流的方向垂直，各层次的粒径则按渗流方向逐层增大，其构造如图 6-6 所示。

反滤层的材料应该是能抗风化的砂石料，并满足：被保护土壤的颗粒不得穿过反滤

层；各层的颗粒不得发生移动；相邻两层间，较小一层的颗粒不得穿过较粗一层的空隙；反滤层不能被阻塞，应具有足够的透水性，以保证排水通畅；同时还应保证耐久、稳定，其工作性能和效果应不随时间的推移和环境的改变而变差。

本次设计中的反滤层由碎石、粗砂和中砂组成，其中上部为20cm厚的碎石，中间为10cm厚的粗砂，下部为10cm厚的中砂。

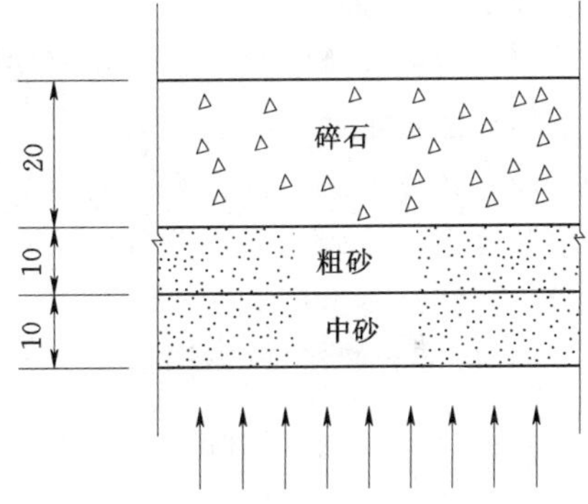

图6-6　反滤层构造图（单位：cm）

2）竖直排水设计。本工程在护坦的中后部设排水孔，孔距为2m，孔径为10cm，呈梅花形布置，孔下设反滤层。

3）侧向排水设计。侧向防渗排水布置（包括刺墙、板桩、排水孔等）应根据上、下游水位，墙体材料和墙后土质以及地下水位变化等情况综合考虑，并应与闸基的防渗排水布置相适应，在空间上形成防渗整体。

在消力池两岸翼墙设2～5排排水孔，呈梅花形布置，孔后设反滤层或碎石加土工布，排出墙后的侧向绕渗水流。

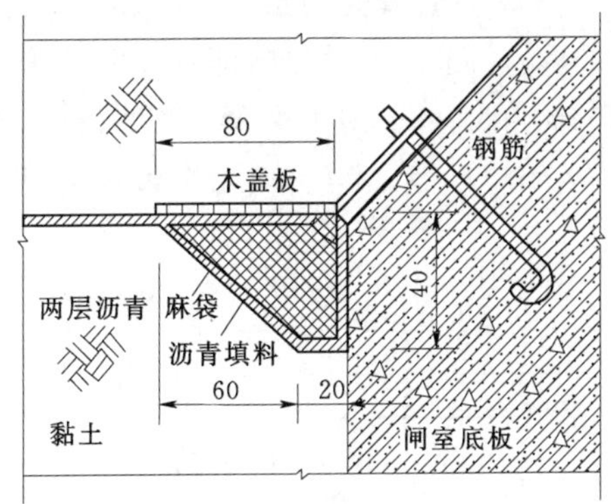

图6-7　止水详图（1）（单位：cm）

（3）止水设计。凡具有防渗要求的缝，都应设止水设备。止水分铅直和水平止水两种。前者设在闸墩中间，边墩与翼墙间以及上游翼墙铅直缝中；后者设在黏土铺盖保护层上的温度沉陷缝、消力池与底板温度沉陷缝、翼墙、消力池本身的温度沉降缝内。在黏土铺盖与闸底板沉陷缝中设置沥青麻袋止水，止水详图如图6-7所示。在混凝土铺盖与闸底板之间的缝中设置橡胶止水或金属止水片，如图6-8和图6-9所示。缝中填塞材料可使用闭孔泡沫板。

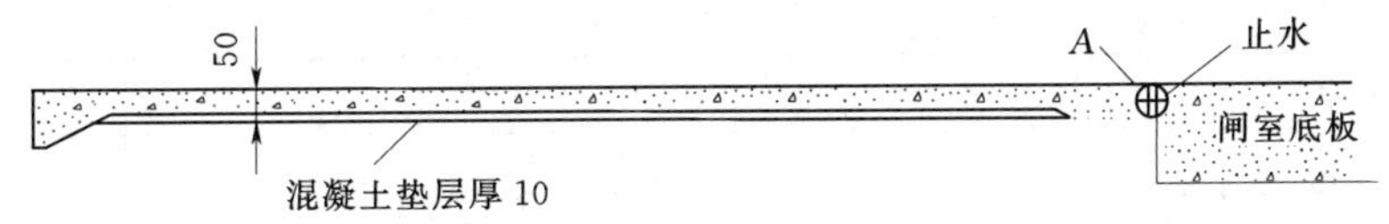

图6-8　止水详图（2）（单位：cm）

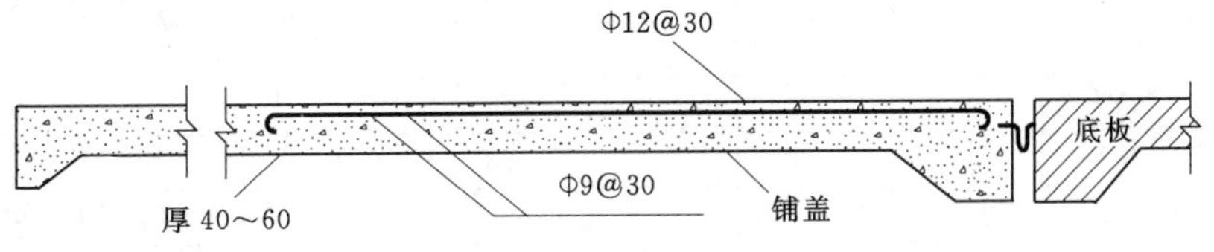

图6-9　止水详图（3）（单位：cm）

3. 防渗计算

(1) 渗流计算的目的：计算闸底板各点渗透压力；验算地基土在初步拟定的地下轮廓线下的渗透稳定性。

(2) 计算方法。计算方法有直线比例法、流网法和改进阻力系数法，由于改进阻力系数法计算结果精确，采用此种方法进行渗流计算。

(3) 计算渗透压力。

1) 地基有效深度的计算。

根据式 (2-38) 判断$\frac{L_0}{S_0}=23.2>5$。

地基有效深度 T_e 为

$$T_e=0.5\times l_0=0.5\times 58=29(\text{m})$$

由于计算所得的地基有效深度 T_e 大于实际的地基透水层深度 8m，所以在以下计算中，地基有效深度取小值 $T_e=8\text{m}$。

2) 分段阻力系数的计算。通过地下轮廓的各角点和尖端将渗流区域分成 9 个典型段，如图 6-10 所示。其中①、⑨段为进出口段，用式 (2-39) 计算阻力系数；②、④、⑥、⑧段为水平段，用式 (2-41) 计算相应的阻力系数；③、⑤、⑦段为内部垂直段，用式 (2-40) 计算相应的阻力系数。各典型段的水头损失用式 (2-42) 计算。结果列入表 6-12中。对于进、出口段的阻力系数修正，按公 (2-43)、式 (2-44) 及式 (2-45) 计算。计算结果见表 6-13。

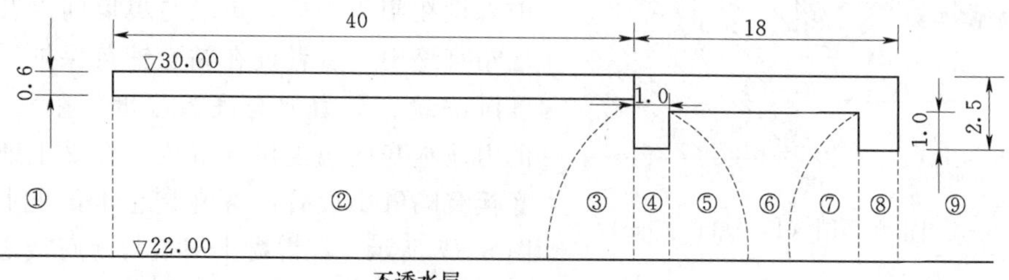

图 6-10 渗流区域分段图（单位：m）

表 6-12 各段渗透压力水头损失

分段编号	分段名称	S	S_1	S_2	T	L	ξ_i	h_i	h_i'
①	进口	0.6	—	—	8.0	—	0.47	0.424	0.259
②	水平	—	0	1.9	7.4	40.0	5.25	4.714	4.879
③	垂直	1.9	—	—	7.4	—	0.26	0.234	0.234
④	水平	—	0	0	5.5	1.0	0.18	0.162	0.162
⑤	垂直	1.0	—	—	6.5	—	0.16	0.144	0.144
⑥	水平	—	1.0	1.0	6.5	16.0	2.25	2.029	2.029
⑦	垂直	1.0	—	—	6.5	—	0.16	0.144	0.148
⑧	水平	—	0	0	5.5	1.0	0.18	0.162	0.324
⑨	出口	1.1	—	—	7.0	—	0.54	0.487	0.321
合计							9.43	$H=8.500$	$H=8.500$

表 6-13　进、出口段的阻力系数修正表

参数 段别	S'	T'	β'	h_0'	Δh	h_x'	h_y'
进口段	0.600	7.400	0.610	0.259	0.165	4.879	0.234
出口段	1.100	5.500	0.660	0.321	0.166	0.324	0.148

3）计算各角点的渗透压力值。用表 6-12 计算的各段的水头损失进行计算，总的水头差为正常挡水期的上、下游水头差 8.5m。各段后角点渗压水头＝该段前角点渗压水头－此段的水头损失值，结果列入表 6-14。

表 6-14　闸基各角点渗透压力值

H_1	H_2	H_3	H_4	H_5	H_6	H_7	H_8	H_9	H_{10}
8.500	8.241	3.362	3.128	2.966	2.822	0.793	0.645	0.321	0

4）验算渗流逸出坡降。出口段的逸出坡降为 $J=\dfrac{h_i'}{S'}=\dfrac{0.321}{1.1}=0.292$，小于壤土出口段允许渗流坡降值［$J$］＝0.50～0.60（查表得），满足要求，不会发生渗透变形。绘制闸底板的渗透压力分布图 6-11。

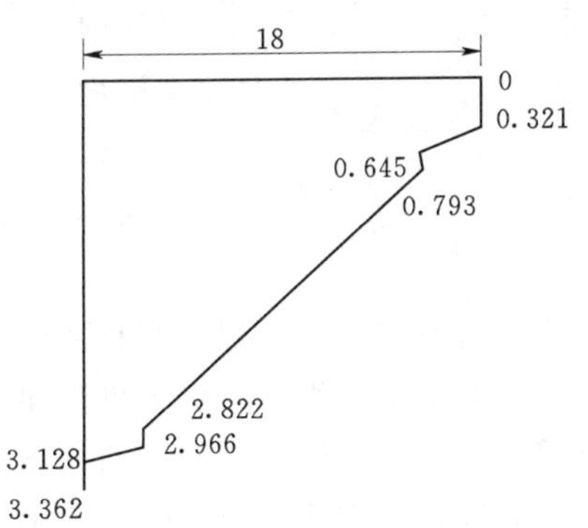

图 6-11　闸底板下渗透压力分布图（单位：m）

七、闸室布置

1. 底板和闸墩

（1）闸底板的设计。

1）作用。闸底板是闸室的基础，承受闸室及上部结构的全部荷载，并较均匀地传给地基，还有防冲、防渗等作用。

2）型式。常用的闸底板有平底板和钻孔灌注桩底板。由于在平原地区软基上修建水闸，采用整体式平底板，沉陷缝设在闸墩中间。

3）长度。根据前边设计已知闸底板长度为 18m。

4）厚度。根据前边设计已知闸底板厚度为 1.5m。

（2）闸墩设计。

1）作用。分隔闸孔并支承闸门、工作桥等上部结构，使水流顺利地通过闸室。

2）外形轮廓。应能满足过闸水流平顺、侧向收缩小、过流能力大的要求。上游墩头采用半圆形，下游墩头采用流线型。其长度采用与底板同长，为 18m。

3）厚度。为中墩 1.2m，缝墩 1.6m，边墩 1.0m。平面闸门的门槽尺寸应根据闸门的尺寸确定，检修门槽深 0.2m，宽 0.2m，主门槽深 0.3m，宽 0.8m。检修门槽与工作门槽之间留 3.0m 的净距，以便于工作人员检修，如图 6-12 所示。

4）高度。采用以下三种方法计算取较大值，根据计算墩高最大值为 10.85m，另根据 SL 265—2001 中规定有防洪任务的拦河闸闸墩高程不应低于两岸堤顶高程，两岸堤顶高

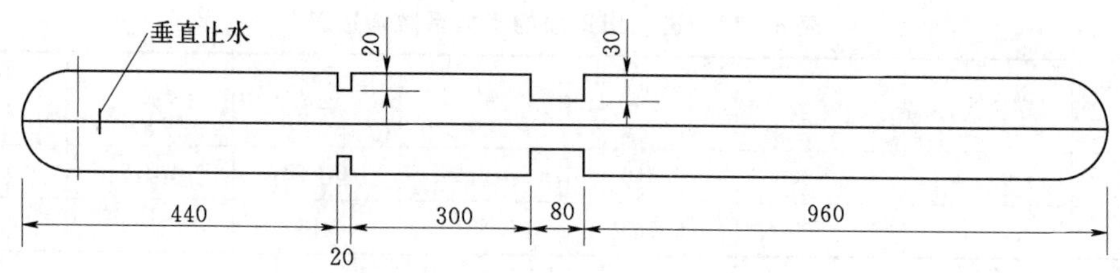

图 6-12 缝墩尺寸详图（单位：cm）

程为 41.00m，经比较后取闸墩高度为 11.00m。

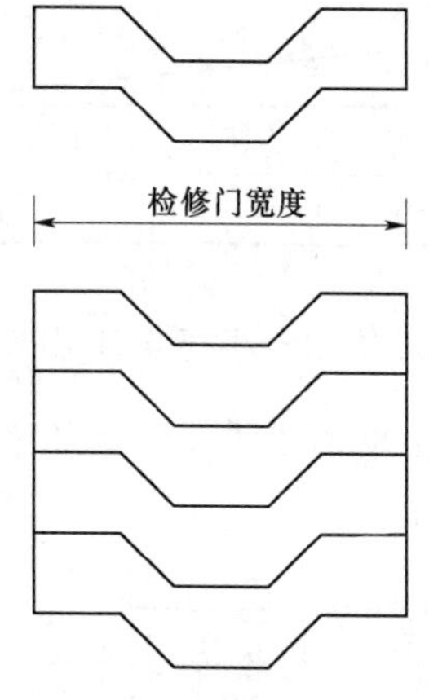

图 6-13 叠梁式检修闸门示意图

$H_{墩}$ =校核洪水位时水深+安全超高=10.35+0.5=10.85(m)

$H_{墩}$ =设计洪水位时水深+安全超高=9.15+0.7=9.85(m)

$H_{墩}$ =正常挡水位时水深+Δh=8.5+0.59+0.4=9.49(m)

（式中波浪高度按莆田公式计算）

2. 闸门与启闭机

闸门按工作性质可分为工作闸门、事故闸门和检修闸门；按材料分为钢闸门、混凝土闸门和钢丝网水泥闸门；按结构分为平面闸门、弧形闸门等。

(1) 工作闸门型式及基本尺寸。拟定闸门高 9m，宽 8m，采用平面钢闸门，双吊点，滚轮支承。

(2) 检修闸门型式及尺寸。采用叠梁式，闸门槽深为 20cm，宽为 20cm，闸门型式如图 6-13 所示。

(3) 启闭机。启闭机可分为固定式和移动式两种。常用固定式启闭机有卷扬式、螺杆式和油压式。卷扬式启闭机启闭能力较大，操作灵便，启闭速度快，但造价高；螺杆式启闭机简便、廉价，适用于小型工程、水压力较大、门重不足的情况等；油压式启闭机是利用油泵产生的液压传动，可用较小的动力获得很大的启闭力，但造价较高。在有防洪要求的水闸中，一般要求启闭机迅速可靠，能够多孔同步开启，这里采用卷扬式启闭机，一门一机。检修门可采用移动式小型另装葫芦，方便灵活，实用价廉。

(4) 启闭机的选型。

1) 根据《水工设计手册》（华东水利学院，水利电力出版社，1984）平面直升钢闸门结构活动部分重量公式，经过计算得 16.9t，考虑其他因素取闸门自重 17t。

$$G=0.012k_{支}\ k_{材}\ H^{1.65}B^{1.85}$$

式中 G——闸门结构活动部分的重量，t；

$k_{支}$——闸门的支承结构特征系数，对于滑动式支承取 0.8；对于滚轮式支承取 1.0，对于台车式支承取 1.3；

$k_{材}$——闸门材料系数，普通碳素结构钢制成的闸门为 1.0；低合金结构钢制成的闸门取 0.8；

H——孔口高度，取 9m；

B——孔口宽度，取 8m。

2）初估闸门启闭机的启门力和闭门力，根据《水工设计手册》中的近似公式有

$$F_Q=(0.10\sim0.12)P+1.2G$$
$$=0.10\times2890+1.2\times170=493(\text{kN})$$
$$F_W=(0.10\sim0.12)P-1.2G$$
$$=0.10\times2890-1.2\times170=85(\text{kN})$$

式中　P——平面闸门的总水压力，$P=\frac{1}{2}\gamma h^2 b$，kN；

F_Q——启门力，kN；

F_W——闭门力，kN。

由于闸门关闭挡水时水压力 P 值最大。此时闸门前水位为 8.5m，本次设计的水闸为中型水闸，系数采用 0.10，经计算启门力 F_Q 为 493kN，闭门力 F_W 为 85kN。查《水工设计手册》选用电动卷扬式启闭机型号 QPQ－2×40。

3. 上部结构

（1）工作桥。工作桥是为了安装启闭机和便于工作人员操作而设的桥。若工作桥较高可在闸墩上部设排架支承。工作桥设置高程与闸门尺寸及型式有关。由于是平面钢闸门，采用固定式卷扬启闭机，闸门提升后不能影响泄放最大流量，并留有一定的裕度。根据工作需要和设计规范，工作桥设在工作闸门的正上方，用排架支承工作桥，桥上设置启闭机房。由启闭机的型号决定基座宽度为 2m，启闭机旁的过道设为 1m，启闭机房采用 24 砖砌墙，墙外设 0.66m 的阳台（过人用）。因此，工作桥的总宽度为计 1＋1＋0.24＋0.24＋0.66＋0.66＝5.8（m），取 6m。由于工作桥在排架上，确定排架的高度即可得到工作桥高程。

排架高度＝闸门高＋垫块高＋吊耳高度＝9＋0.5＋(0.5～1.5)＝10～11(m)

木工程取 11m。

工作桥高程＝闸墩高程＋排架高＋T 形梁高＝41＋10＋1＝52(m)

工作桥细部构造图如图 6－14 所示。

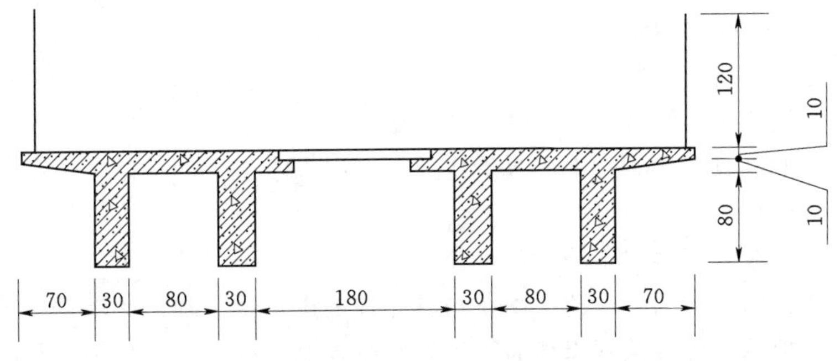

图 6－14　工作桥细部构造图（单位：cm）

（2）交通桥。交通桥的作用是连接两岸交通，供车辆和人通行。交通桥的型式可采用板梁式。交通桥的位置应根据闸室稳定及两岸连接等条件确定，布置在下游。仅供人畜通行用的交通桥，其宽度不小于 3m；行驶汽车等的交通桥，应按交通部门制定的规范进行

设计，一般公路单车道净宽为4.5m，双车道为7～9m。本次设计采用双车道8m宽，并设有人行道安全带为75cm，具体尺寸如图6-15所示。

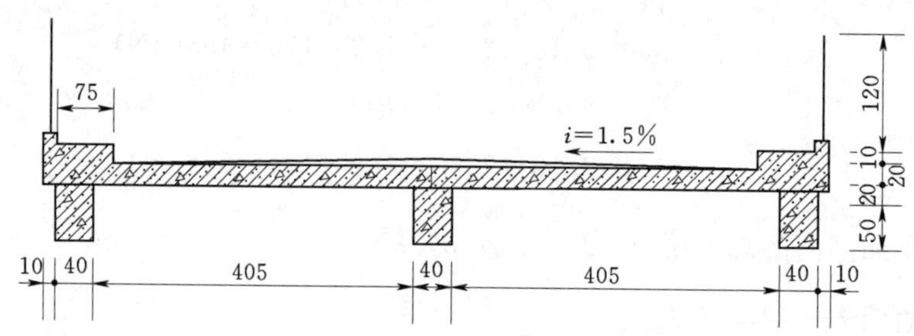

图6-15 交通桥细部构造图（单位：cm）

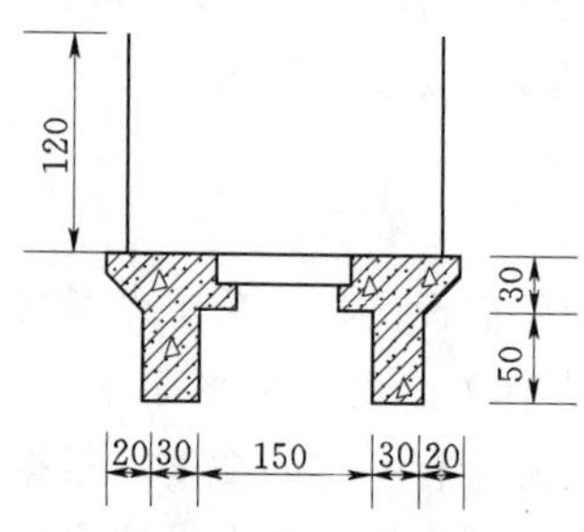

图6-16 检修桥细部构造图（单位：cm）

（3）检修桥。检修桥的作用为放置检修闸门，观测上游水流情况，设置在闸墩的上游端。采用预制T形梁和活盖板型式，尺寸如图6-16所示。

4. 闸室的分缝与止水

水闸沿轴线每隔一定距离必须设置沉陷缝，兼作温度缝，以免闸室因不均匀沉陷及温度变化产生裂缝。缝距一般为15～30m，缝宽为2～2.5cm。整体式底板闸室沉陷缝，一般设在闸墩中间，形成一孔、二孔或三孔一联的独立单元，其优点是保证在不均匀沉降时闸孔不变形，闸门仍然正常工作。

凡是有防渗要求的缝，都应设止水设备。止水分竖直和水平两种。前者设在闸墩中间，边墩与翼墙间以及上游翼墙本身；后者设在铺盖、消力池与底板，和混凝土铺盖、消力池本身的温度沉降缝内。

本次设计缝墩宽1.6m，缝宽为2cm，取中间三孔为一联，两边各为两孔一联。

八、上、下游连接建筑物

1. 上、下游连接建筑物的作用

上、下游连接建筑物的作用有：

（1）挡住两侧填土，维持土坝及两岸的稳定。

（2）当水闸泄水或引水时，上游翼墙主要用于引导水流平顺进闸，下游翼墙使出闸水流均匀扩散，减少冲刷。

（3）保持两岸或土坝边坡不受过闸水流的冲刷。

（4）控制通过闸身两侧的渗流，防止与其相连的岸坡或土坝产生渗透变形。

（5）在软弱地基上设有独立岸墙时，可以减少地基沉降对闸身应力的影响。

2. 上游连接建筑物

本次设计的上游连接建筑物采用圆弧式翼墙，这种布置是从边墩开始，向上游用圆弧形的铅直翼墙与河岸连接，上游圆弧半径为20m。其优点是水流条件好，但模板用量大，施工复杂。

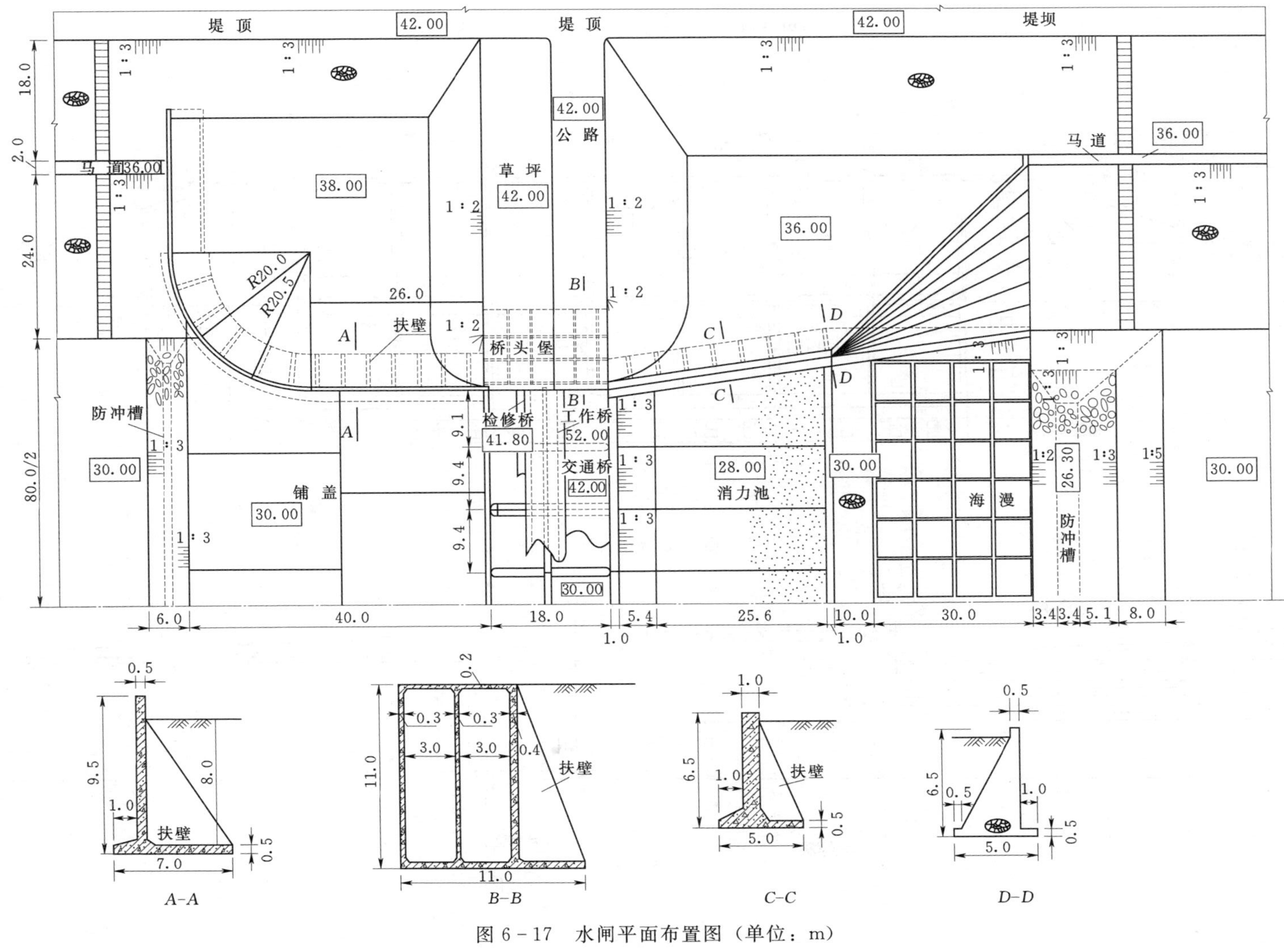

图 6-17　水闸平面布置图（单位：m）

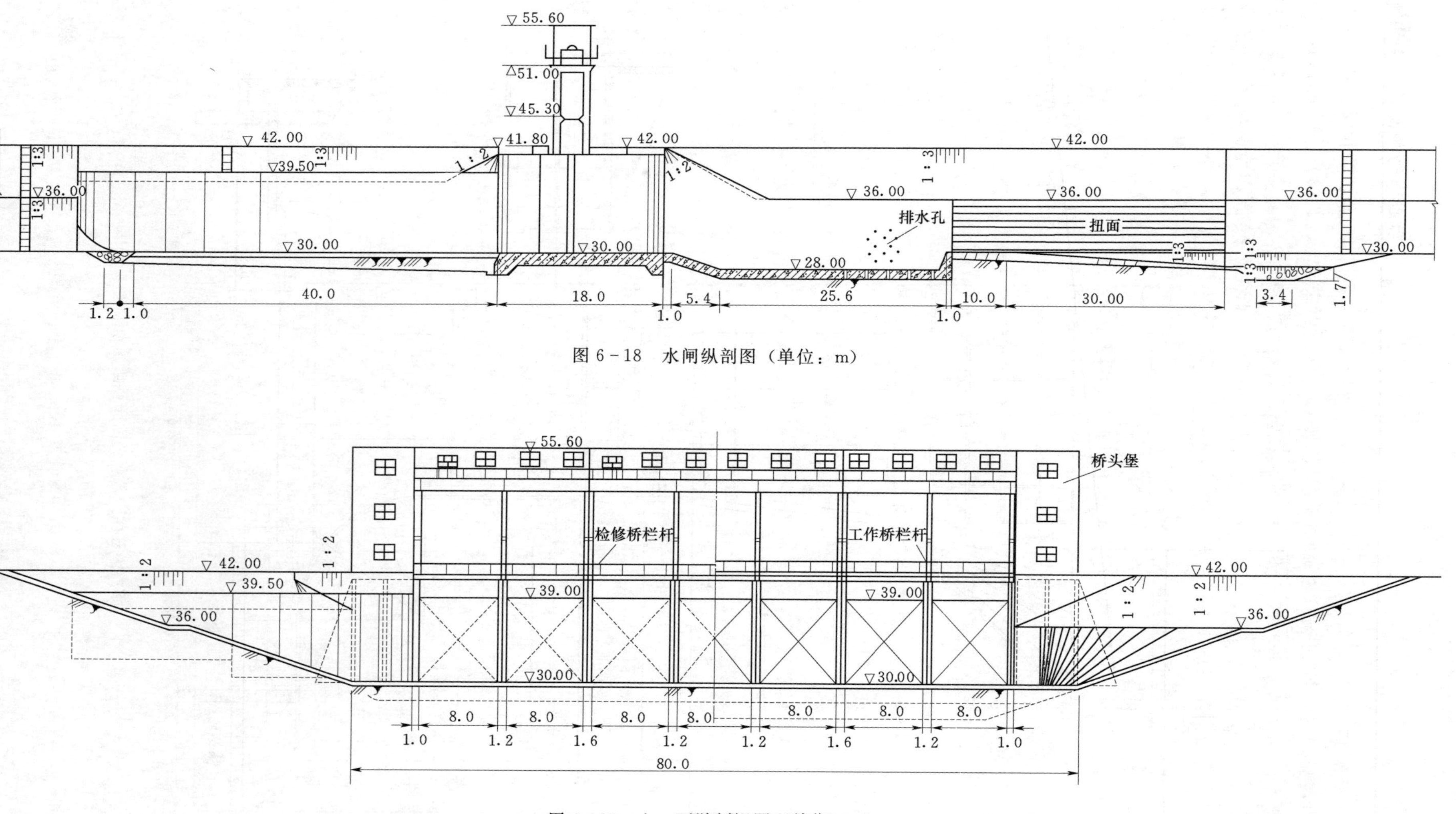

图 6-18　水闸纵剖图（单位：m）

图 6-19　上、下游剖视图（单位：m）

上游段采用的挡土墙形式有扶壁式和重力式两种。从闸室向上游岸坡连接时，先采用扶壁式，当翼墙插入岸体一定深度时，再采用重力式挡土墙。具体构造如图 6－14～图 6－16所示。

3. 下游连接建筑物

本次设计的下游连接建筑物采用竖直的八字形翼墙，其扩散角采用 7°，直到消力池末端，当进入海漫后，采用扭曲面与下游两岸连接。

下游连接建筑物采用悬臂式挡土墙挡土。具体构造如图 6－17～图 6－19 所示。

4. 闸室与岸坡连接建筑物

闸室边墩后采用空箱式挡土墙，上边建有桥头堡，桥头堡的墙尽量坐落在空箱式挡土墙的竖墙上，用其来承载一定的重量。

九、闸室稳定计算

1. 设计情况及荷载组合

(1) 设计情况选择。水闸在使用过程中，可能出现各种不利情况。完建无水期是水闸建好尚未投入使用之前，竖向荷载最大，容易发生沉陷或不均匀沉陷，这是验算地基承载力的设计情况。正常挡水期时下游无水，上游为正常挡水位，上下游水头差最大，闸室承受较大的水平推力，是验算闸室抗滑稳定性设计情况。泄洪期工作闸门全开，水位差较小，对水闸无大的危害，故不考虑此种情况。本次地震设防烈度为Ⅵ度，不考虑地震荷载。

(2) 完建无水期和正常挡水期均为基本荷载组合。分别对独立单元进行计算，本案例仅对中间的三孔一联单元进行计算，需计算的荷载见表 6－15。

表 6－15　荷载组合表

荷载组合	计算情况	荷载					
		自重	静水压力	扬压力	泥沙压力	地震力	浪压力
基本组合	完建无水期	√	—	—	—	—	—
	正常挡水期	√	√	√	—	—	√

2. 完建无水期荷载计算及地基承载力验算

(1) 荷载计算。荷载计算主要是闸室及上部结构自重。在计算中以三孔一联为单元，省略一些细部构件重量，如栏杆、屋顶等。力矩为对闸底板上游端点所取。钢筋混凝土重度采用 25kN/m^3；混凝土重度采用 23kN/m^3；水重度采用 10kN/m^3；砖石重度采用 19kN/m^3。完建无水期的荷载分布如图 6－20 所示，荷载计算见表6－16。

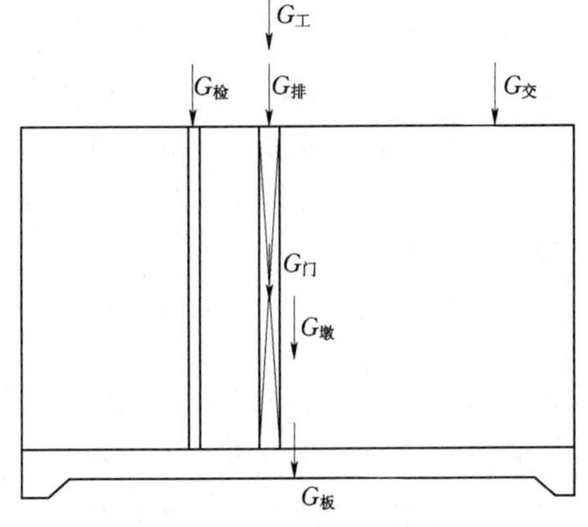

图 6－20　完建无水期荷载分布图

(2) 地基承载力验算。根据荷载计算结果，采用式（3－31）～式（3－35）进行地基承载力的验算，可得结论：完建无水期的地基承载力能够满足要求，地基也不会发生不均匀沉降。

表 6-16 完建无水期荷载计算表

荷载		自重/kN	力臂/m	力矩/(kN·m)	
				−↘	↙+
闸底板		21250	9	191250	—
闸墩	中墩	11220	9	101061	—
	缝墩	7480	9	67320	—
工作桥		1463	8	11704	—
交通桥		1694	13.25	22445.5	—
检修桥		630	4.5	2835	—
启闭机		235.44	8	1883.52	—
启闭机房		1209.6	8	9676.8	—
排架		1011	8	8088	—
闸门		621.15	8	4888.2	—
合计		46814.19	—	421152.02	—

偏心矩为

$$e=\frac{B}{2}-\frac{\sum M}{\sum G}=\frac{18}{2}-\frac{421152.02}{46814.19}=0.00375(\text{m})$$

地基承载力为

$$P_{\substack{\max\\ \min}}=\frac{\sum G}{A}\pm\frac{\sum M}{W}=\frac{\sum G}{A}\left(1\pm\frac{6e}{B}\right)=\frac{46814.19}{28\times18}\times\left[1\mp\frac{6\times(0.00375)}{18}\right]=\begin{matrix}93.00\\92.77\end{matrix}\ (\text{kPa})$$

地基承载力平均值为

$$\overline{P}=\frac{P_{\max}+P_{\min}}{2}=\frac{93.00+92.77}{2}=92.89<[P]=200(\text{kPa})$$

地基不均匀系数为

$$\eta=\frac{P_{\max}}{P_{\min}}=\frac{93.00}{92.77}=1.00<[\eta]=2.5$$

3. 正常挡水期验算

(1) 荷载计算。正常挡水期荷载计算除闸室自重外，还有静水压力，水重，闸底板所受扬压力由渗透计算中可得。由于浪压力小于静水压力的5%，忽略不计。正常挡水期荷载分布如图6-21所示，荷载计算表见表6-17。

(2) 地基承载力验算。根据荷载计算结果，用式(3-31)～式(3-35)进行地基承载力的验算，可知正常挡水期的地基承载力及地基不均匀系数均满足要求，地基不会发生沉降和不均匀沉降。

偏心矩为

$$e=\frac{18}{2}-\frac{347996.42}{43094.20}=0.92(\text{m})$$

地基承载力为

$$P_{\substack{\max\\ \min}}=\frac{43094.20}{28\times18}\times\left(1\pm\frac{6\times0.92}{18}\right)=\begin{matrix}111.17\\59.28\end{matrix}\ (\text{kPa})$$

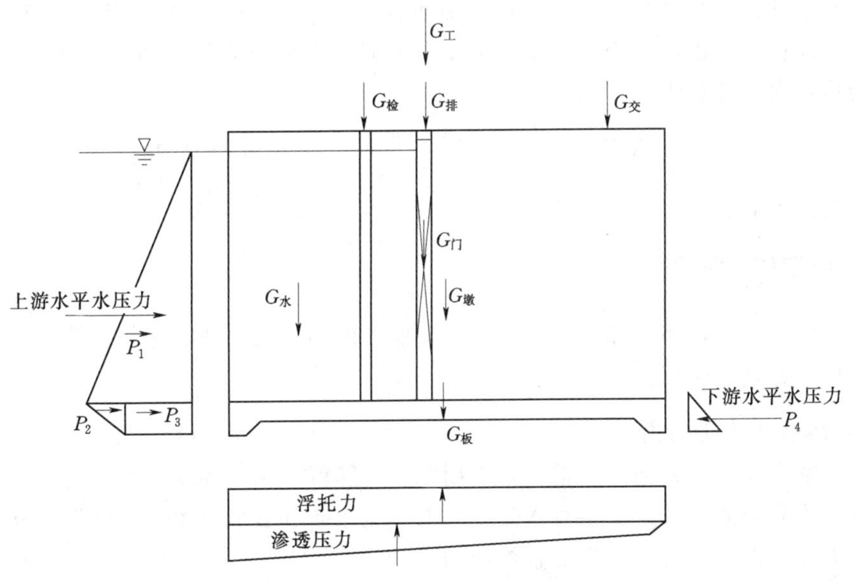

图 6-21　正常挡水期荷载分布图

表 6-17　正常挡水期荷载计算表

荷载名称		垂直力/kN		水平力/kN		力臂/m	力矩/(kN·m)	
		↓	↑	→	←		−↘	↙+
闸室自重		46814.19	—	—	—		421152.02	—
上游水压力	P_1	—	—	9922.82	—	2.83	28081.58	—
	P_2	—	—	1835.21	—	0.83	—	1523.22
	P_3	—	—	2166.54	—	1.25	—	2708.18
	P_4	—	—	—	858.38	1.67	1433.49	—
浮托力		—	12360.60	—	—	9	—	111245.40
渗透压力		—	9103.72	—	—	7.14	—	54622.32
水 重		17744.33	—	—	—	3.8	67428.45	
合计		64558.52	21464.32	13924.57	858.38	—	518095.54	170099.12
		43094.20↓		13066.19→		—	347996.42↘	

地基承载力平均值为

$$\overline{P}=\frac{111.17+59.28}{2}=85.23(\text{kPa})<[P]=200(\text{kPa})$$

地基不均匀系数为

$$\eta=\frac{111.17}{59.28}=1.88<[\eta]=2.0$$

(3) 闸室抗滑稳定计算。闸底板上、下游端设置的齿墙深度为1.0m，按浅齿墙考虑，闸基下没有软弱夹层。滑动面沿闸底板与地基的接触面，采用抗滑稳定式（3-35）进行计算，其中的闸底板与地基之间的摩擦系数，根据闸址处地层分布可知为重粉质壤土和细砂，查闸室基础底面与地基之间的摩擦系数表得 0.45，允许的抗滑稳定安全系数根据本工程主要建筑物为 3 级，查表 3-16 得 1.25。经计算闸室抗滑稳定满足要求。

抗滑稳定安全系数为

$$K=\frac{f\sum G}{\sum P}=\frac{0.45\times 43094.20}{13066.19}=1.48>[K]=1.25$$

说明闸室是稳定的。

十、闸室结构计算

闸室中组成部件较多，如底板、闸墩、胸墙、闸门、交通桥、工作桥等，在此仅以闸底板的结构计算进行介绍。

（一）闸底板内力计算

水闸闸室在顺水流方向受力很小，不用配受力筋就可满足要求，而垂直水流方向受力很大，应配置受力筋。因此在垂直水流方向取单宽板条（截板为梁）作为梁计算，以其结果配置受力筋，而顺水流方向只配置构造筋。

1. 计算方法选择

弹性地基梁法认为底板和地基都是弹性体，考虑了底板变形和地基沉降相协调，又计入边荷载的影响，与实际情况相符，该水闸地基为相对密度 $D_r>0.5$ 的砂土地基，因此采用弹性地基梁法进行计算较适合。

弹性地基梁法的基本假定是：

（1）地基反力在顺水流方向呈直线分布。

（2）对土层较薄的地基，单位面积上所受的压力和沉陷成比例。

（3）地基为半无限的连续弹性体。

2. 计算情况选择

完建无水期时的水闸不受上、下游水压力和扬压力的影响，只受自身重力和地基反力的影响，但自重较大，是计算情况之一；正常挡水期时的水闸既受上、下游水压力和扬压力的影响，又受自身重力和地基反力的影响，且上、下游水位差最大，也是计算情况之一。

3. 弹性地基梁法计算底板内力

（1）闸底板的地基反力。地基反力分完建无水期和正常挡水期两种情况，其数值与地基承载力大小相等，方向相反。因此直接采用前边的计算结果可知完建无水期为 $P_{\substack{max\\min}}=\frac{93.50}{92.27}$kPa；正常挡水期为 $P_{\substack{max\\min}}=\frac{100.31}{76.21}$kPa。

（2）不平衡剪力计算。

1）计算单元的选取。由于底板上的荷载在顺水流方向是有突变的，而地基反力是连续变化的，所以作用在单宽板条及墩条上的力是不平衡的，维持板条及墩条上力的平衡的差值 $\Delta Q=Q_1-Q_2$，称为不平衡剪力。选取中间 3 孔一联为计算单元，以工作闸门的前缘为分界线分别取两个脱离体，上游段长 7.60m，下游段长 10.4m。计算出相应的不平衡剪力。

2）根据已知条件列表计算，见表 6-18，不平衡剪力如图 6-22 所示。

表 6-18　不平衡剪力计算表　　单位：kN

荷载名称			完建无水期		正常挡水期	
			上游段	下游段	上游段	下游段
结构重力	闸墩	中墩	4737.33	6482.67	—	—
		缝墩	3158.22	4321.78	—	—
	交通桥		—	1694	—	—
	启闭机		117.2	117.2	—	—
	检修桥		630	—	—	—
	启闭机房		604.8	604.8	—	—
	闸门		—	633.18	—	—
	工作桥		731.5	731.5	—	—
	排架		505.5	505.5	—	—
	底板		8972.23	12277.78	—	—
（1）合计			19456.78↓	27368.41↓	19456.78↓	27368.41↓
（2）水重			—	—	17744.33↓	—
（3）渗透压力			—	—	5454.89↑	3648.83↑
（4）浮托力			—	—	5218.92↑	7141.68↑
（5）地基反力			19938.3↑	26879.22↑	22580.21↑	21904.06↑
（6）不平衡力			481.52↑	489.19↓	4236.75↓	4239.67↑
（7）不平衡剪力			485.36↓	485.36↑	4238.2↑	4238.2↓

注　(6)=(1)+(2)+(3)+(4)+(5)；(6) 与 (7) 方向相反。

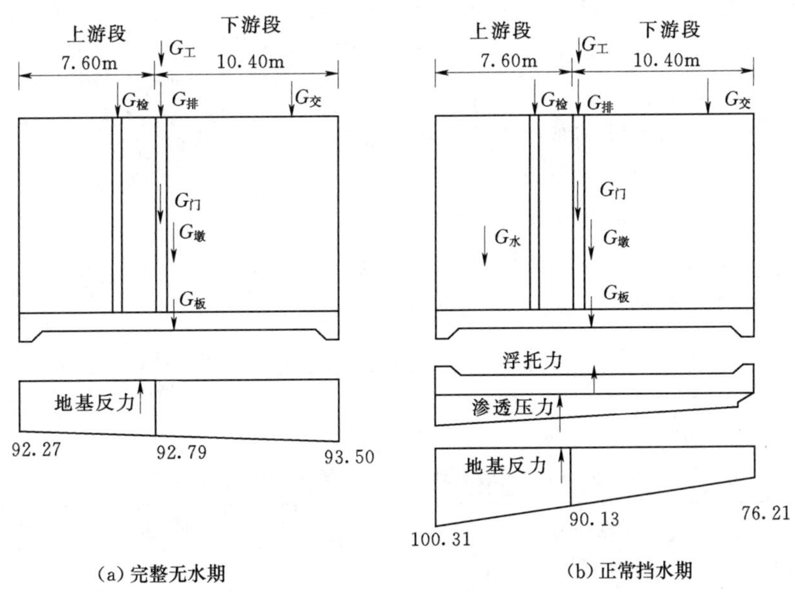

图 6-22　不平衡剪力荷载分布图（单位：kN）

3）不平衡剪力的分配。

a. 计算中性轴的位置。由图 6－23 可知：$y_1=7\text{m}$，$y_2=0.75\text{m}$，所以中轴位置是

$$e=\frac{4\text{个墩的面积}\times y_1+\text{底板面积}\times y_2}{4\text{个墩的面积}+\text{底板的面积}}=\frac{(1.2\times2+0.8\times2)\times11\times7+42\times0.75}{(1.2\times2+0.8\times2)+42}$$

$$=\frac{44\times7+42\times0.75}{44+42}=3.948(\text{m})$$

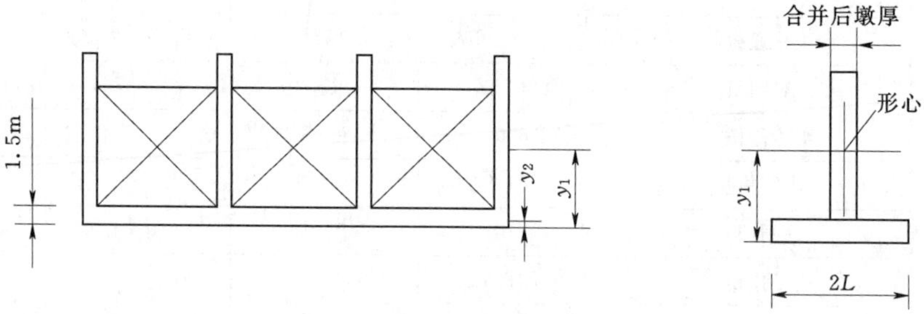

图 6－23 中性轴计算简图

b. 不平衡剪力的分配。不平衡剪力 ΔQ 应由闸墩及底板共同承担，由于截面较简单，采用积分法进行分配。闸墩合并后计算，尺寸如图6－24所示。计算结果见表 6－19。

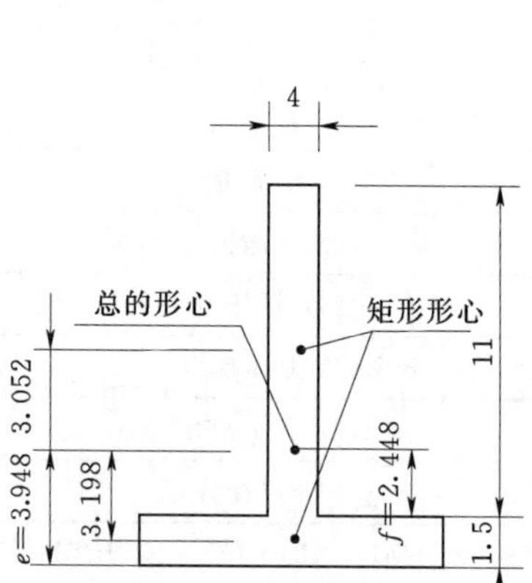

图 6－24 不平衡剪力墩与板分配图（单位：m）

$$\Delta Q_{\text{板}}=\int_f^e \tau_y L\,\mathrm{d}y=\frac{\Delta QL}{2J}\left[\frac{2}{3}e^3-e^2f+\frac{1}{3}f^3\right]$$

$$\Delta Q_{\text{墩}}=\Delta Q-\Delta Q_{\text{板}}$$

式中 $\Delta Q_{\text{板}}$——不平衡剪力在闸底板上的分配值，kN；

$\Delta Q_{\text{墩}}$——不平衡剪力在闸墩上的分配值，kN；

ΔQ——闸墩和闸底板上总的不平衡剪力，kN；

L——中间 3 孔垂直水流方向的长度，取为 28m；

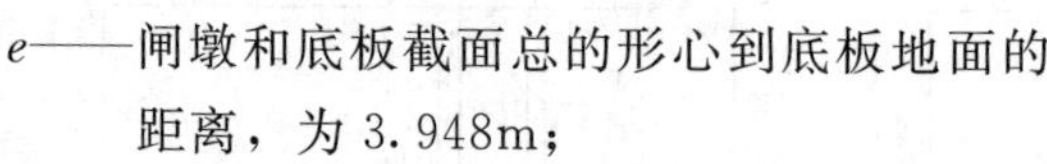

e——闸墩和底板截面总的形心到底板地面的距离，为 3.948m；

J——闸墩和底板截面的惯性矩，m^4；

f——截面总的形心到底板的距离，为 2.448m。

组合截面其惯性矩为

$$J=\frac{b_1h_1^3}{12}+a_1^2A_1+\frac{b_2h_2^3}{12}+a_2^2A_2=\frac{4\times11^3}{12}+44\times3.052^2+\frac{28\times1.5^2}{12}+42\times3.198^2$$

$$=1290.93(\text{m}^4)$$

表 6－19 闸墩和闸底板上不平衡剪力分配表 单位：kN

荷 载	$\Delta Q_{\text{板}}$	$\Delta Q_{\text{墩}}$	一个中墩 $\Delta Q_{\text{中墩}}$	一个缝墩 $\Delta Q_{\text{缝墩}}$
完建无水期	40.83	444.53	133.36	88.91
正常挡水期	356.53	3881.67	1164.5	776.33

(3) 单宽板条上荷载计算。在闸底板上游段和下游段各取长为一联的单宽板条进行计算。上游段长 $b_1=7.6\text{m}$，下游段长 $b_2=10.4\text{m}$。

板条尺寸及集中荷载 P 和均布荷载 q，如图 6-25 所示。集中荷载及分布荷载按表 6-20 计算，结果列入表6-21。

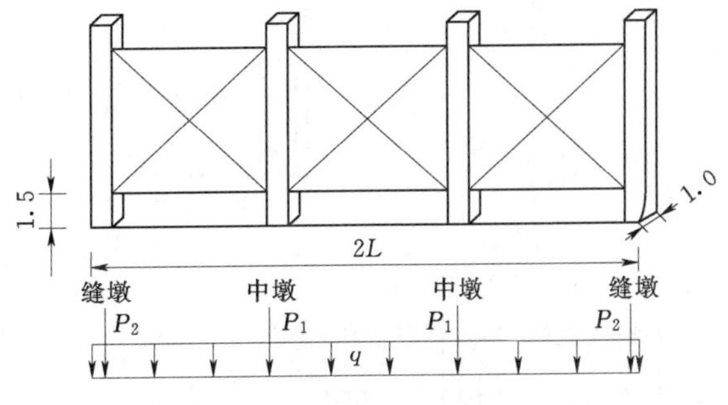

图 6-25　单宽板条上荷载分布图

表 6-20　单宽板条简化荷载计算表　　单位：kN

情况	段别	均布荷载 q	集中荷载 P_1	集中荷载 P_2
完建无水期	上游段	$q=\dfrac{W_{板}+\Delta Q_{板}}{b_1\times 2L}$	$P_1=\dfrac{W_{中墩}}{b_1}+\dfrac{W_{墩上}}{3b_1}+\dfrac{\Delta Q_{中墩}}{b_1}$	$P_2=\dfrac{W_{缝墩}}{b_1}+\dfrac{W_{墩上}}{6b_1}+\dfrac{\Delta Q_{缝墩}}{b_1}$
	下游段	$q=\dfrac{W_{板}-\Delta Q_{板}}{b_2\times 2L}$	$P_1=\dfrac{W_{中墩}}{b_2}+\dfrac{W_{墩上}}{3b_2}-\dfrac{\Delta Q_{中墩}}{b_2}$	$P_2=\dfrac{W_{缝墩}}{b_2}+\dfrac{W_{墩上}}{6b_2}-\dfrac{\Delta Q_{缝墩}}{b_2}$
正常挡水期	上游段	$q=\dfrac{W_{板}+\Delta Q_{板}-W_{渗}-W_{浮}}{b_1\times 2L}+\dfrac{W_{水}}{b_1\times 2L'}$	$P_1=\dfrac{W_{中墩}}{b_1}+\dfrac{W_{墩上}}{3b_1}-\dfrac{\Delta Q_{中墩}}{b_1}-W_{水1}$	$P_2=\dfrac{W_{缝墩}}{b_1}+\dfrac{W_{墩上}}{6b_1}-\dfrac{\Delta Q_{缝墩}}{b_1}-W_{水2}$
	下游段	$q=\dfrac{W_{板}+\Delta Q_{板}-W_{渗}-W_{浮}}{b_2\times 2L}$	$P_1=\dfrac{W_{中墩}}{b_2}+\dfrac{W_{墩上}}{3b_2}+\dfrac{\Delta Q_{中墩}}{b_2}-W_{水1}$	$P_2=\dfrac{W_{缝墩}}{b_2}+\dfrac{W_{墩上}}{6b_2}+\dfrac{\Delta Q_{缝墩}}{b_2}-W_{水2}$

注　$W_{板}$为对应上、下游段闸底板重；$W_{中墩}$为对应上、下游段一个中墩重；$W_{缝墩}$为对应上、下游段一个缝墩重；$W_{墩上}$为对应上、下游段闸墩上结构重；$\Delta Q_{板}$为上、下游段闸底板上的不平衡剪力；$\Delta Q_{中墩}$为上、下游段中墩上的不平衡剪力；$\Delta Q_{缝墩}$为上、下游段缝墩上的不平衡剪力；$W_{渗}$为上、下游段闸底板所受的渗透压力；$W_{浮}$为上、下游段闸底板所受的浮托力；$W_{水1}$为多算的水的重量，值为 8.5m 高的一个中墩体积乘以 $\rho_{水}$，为 100.06kN；$W_{水2}$为多算的水的重量，值为 8.5m 高的一个缝墩体积乘以 $\rho_{水}$，为 66.71kN；L 为计算单元长度的一半，为 14m；L'为 L 扣去两个中墩厚，值为 12m。

表 6-21　单宽板条上荷载计算表

计算情况	段　别	均布荷载 q /(kN/m)	集中荷载 P_1（中墩）/kN	集中荷载 P_2（缝墩）/kN
完建无水期	上游段	42.35	461.1	288.48
	下游段	42.02	454.55	280.14
正常挡水期	上游段	88.28	190.28	107.92
	下游段	8.7	479.29	296.62

(4) 边荷载的影响及计算方法。边荷载是指计算闸段底板两侧相邻的闸室或边墩背后填土及岸墙等作用于计算闸段上的荷载，边荷载作用范围很大，一般只取等于地基梁 2L 长的范围内的边荷载进行计算即可。本次设计计算单元为水闸中联，则边荷载为两边的闸室对中联的内力所产生的影响。边荷载左右各 15 个，如图 6-26 所示。边荷载汇总表见表 6-22。

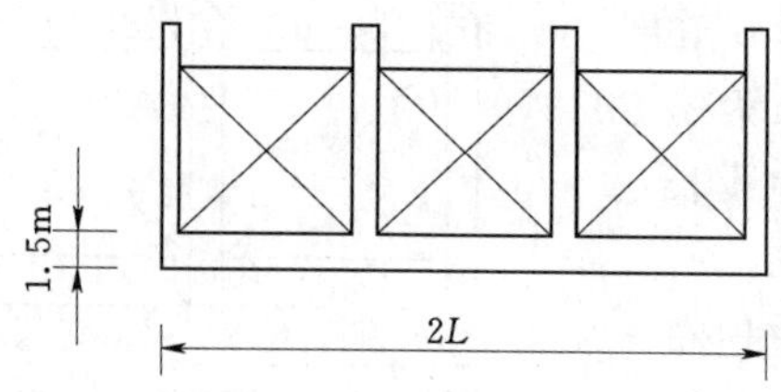

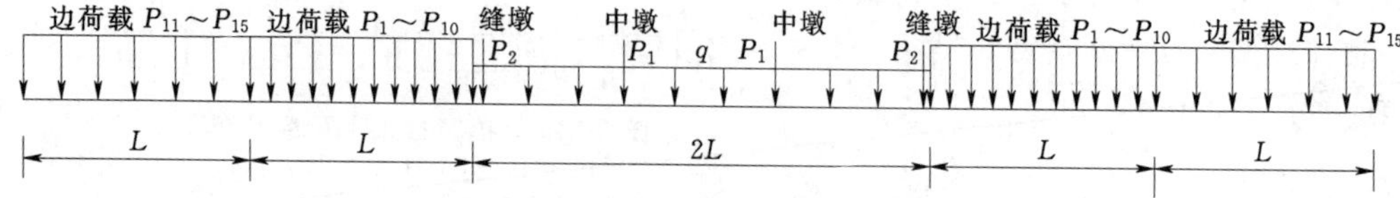

图 6-26 单宽板条边荷载分布图（单位：m）

表 6-22 边荷载汇总表

单位：kN/m^2

计算情况	段别	第一个 L 范围 $P_1\rightarrow P_{10}$	第二个 L 范围 $P_{11}\rightarrow P_{15}$
完建无水期	上游段	131.18	263.36
	下游段	129.36	258.46
正常挡水期	上游段	148.55	297.11
	下游段	105.31	210.62

1）完建无水期（图 6-27）。上游段地基反力 $P_{上}=92.27kN/m^2$，下游段地基反力 $P_{下}=93.50kN/m^2$，工作闸门上缘处地基反力 $P_{门}=92.79kN/m^2$，则单宽板条的边荷载为：

上游段 $$q_{上}=\frac{1}{2}\times(P_{上}+P_{门})=\frac{92.27+92.79}{2}=92.53(kN/m)$$

下游段 $$q_{下}=\frac{1}{2}\times(P_{下}+P_{门})=\frac{93.50+92.79}{2}=93.15(kN/m)$$

将 $q_{上}$、$q_{下}$ 转化成集中力紧接闸室段的 L 范围内转化为 10 个集中力，第二个 L 范围内转化为 5 个集中力。

上游段 $$P_1\sim P_{10}=\frac{1}{10}Lq_{上}=\frac{1}{10}\times14\times92.53=129.54(kN)$$

$$P_{11}\sim P_{15}=\frac{1}{5}Lq_{上}=\frac{1}{5}\times14\times92.53=259.08(kN)$$

下游段 $$P_1\sim P_{10}=\frac{1}{10}Lq_{下}=\frac{1}{10}\times14\times93.15=130.41(kN)$$

$$P_{11}\sim P_{15}=\frac{1}{5}Lq_{下}=\frac{1}{5}\times14\times93.15=260.82(kN)$$

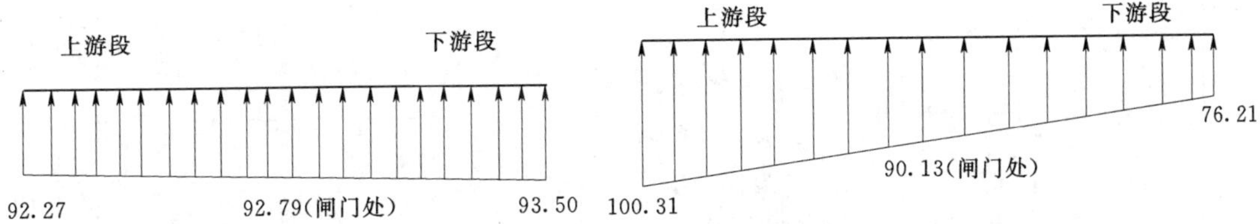

图 6－27　完建无水期地基反力分布图（单位：kN）

图 6－28　正常挡水期地基反力分布图（单位：kN）

2）正常挡水期（图 6－28）。上游段地基反力 $P_{上}=100.31\text{kN/m}^2$，下游段地基反力 $P_{下}=76.21\text{kN/m}^2$，工作闸门上缘处地基反力 $P_{门}=90.13\ \text{kN/m}^2$，则单宽板条的边荷载为：

上游段　　$q_{上}=\dfrac{1}{2}\times(P_{上}+P_{门})=\dfrac{100.31+90.13}{2}=95.22(\text{kN/m})$

下游段　　$q_{下}=\dfrac{1}{2}\times(P_{下}+P_{门})=\dfrac{76.21+90.13}{2}=83.17(\text{kN/m})$

将 $q_{上}$、$q_{下}$ 转化成集中力，紧接闸室段的 L 范围内转化为 10 个集中力，第二个 L 范围内转化为 5 个集中力。

上游段　　$P_1\sim P_{10}=\dfrac{1}{10}Lq_{上}=\dfrac{1}{10}\times14\times95.22=133.31(\text{kN})$

$$P_{11}\sim P_{15}=\frac{1}{5}Lq_{上}=\frac{1}{5}\times14\times95.22=266.62(\text{kN})$$

下游段　　$P_1\sim P_{10}=\dfrac{1}{10}Lq_{下}=\dfrac{1}{10}\times14\times83.17=116.44(\text{kN})$

$$P_{11}\sim P_{15}=\frac{1}{5}Lq_{下}=\frac{1}{5}\times14\times83.17=232.88(\text{kN})$$

（5）利用郭氏表计算底板内力。根据已知的集中荷载、分布荷载、边荷载等值，查相关郭氏表中的集中荷载弯矩系数、分布荷载弯矩系数、边荷载弯矩系数，计算汇总得完建无水期和正常挡水期的底板上、下游段弯矩，见表 6－23。根据郭氏表计算结果绘制闸底板上、下游弯矩图，如图 6－29 所示。

（二）闸底板配筋计算及裂缝校核

1．配筋量计算及选配

根据弹性地基梁法计算出底板上、下游段的最大正、负弯矩，进行配置钢筋。闸底板选用 C30 混凝土，保护层 $c=35\text{mm}$，$a_s=45\text{mm}$，$f_c=14.3\text{N/mm}^2$，$b=1000\text{mm}$，$h_0=h-a_s=1455\text{mm}$，$\gamma_d=1.2$，$f_y=300\text{kN/m}$。最小配筋率 $\rho_{min}=0.15\%$。计算结果见表 6－24。

表 6-23 闸底板上、下游段弯矩计算表

段别	ξ	弯矩系数$\overline{M}$							板条上荷载产生的弯矩 M/(kN·m)							
		板条荷载			边荷载				完建无水期				正常挡水期			
		均布 q/(kN/m)	集中荷载/kN		p'(右)/kN		p''(左)/kN		$q_上(q_下)$	$P_{1上}(P_{1下})$	$P_{2上}(P_{2下})$	ΣM	$q_上(q_下)$	$P_{1上}(P_{1下})$	$P_{2上}(P_{2下})$	ΣM
			$P_1(a_1=\pm0.3)$	$P_2(a_2=\pm1.0)$	$P'_1\sim P'_{10}$	$P'_{11}\sim P'_{15}$	$P''_1\sim P''_{10}$	$P''_{11}\sim P''_{15}$	(1)·qL^2	(2)·P_1L	(3)·P_2L	(6)+(7)(8)	(1)·qL^2	(2)·P_1L	(3)·P_2L	(10)+(11)(12)
		(1)	(2)	(3)	(4)	(4')	(5)	(5')	(6)	(7)	(8)	(9)	(10)	(11)	(12)	(13)
上游段	0	0.063	0.16	0.20	−18.2	−2.4	−18.2	−2.4	522.94	1032.86	−807.74	748.06	1090.08	426.23	−302.38	1213.93
	0.1	0.062	0.17	0.21	−18.5	−2.5	−16.1	−2.2	514.64	1097.42	−848.13	763.93	1072.78	452.87	−317.28	1208.37
	0.2	0.059	0.19	0.20	−18.9	−2.5	−14.8	−2.1	489.74	1226.53	−807.74	908.53	1020.87	506.14	−302.38	1224.63
	0.3	0.055	0.21	0.20	−18.1	−2.2	−13.0	−1.9	456.53	1355.63	−807.74	1004.40	951.66	559.42	−302.38	1208.70
	0.4	0.050	0.15	0.20	−15.9	−2.1	−10.8	−1.6	415.03	968.31	−807.74	575.60	865.14	399.59	−302.38	962.35
	0.5	0.042	0.10	0.19	−15.9	−1.8	−8.7	−1.4	384.63	645.54	−767.36	226.81	726.72	266.39	−287.08	706.03
	0.6	0.034	0.06	0.18	−13.5	−1.4	−6.3	−1.0	282.22	387.32	−726.97	−57.43	588.30	159.84	−271.96	476.18
	0.7	0.024	0.04	0.16	−10.1	−1.0	−4.2	−0.7	199.21	258.22	−646.20	−188.80	415.27	106.56	−241.74	280.09
	0.8	0.013	0.02	0.13	−6.0	−0.6	−2.4	−0.5	107.91	129.11	−525.03	−288.00	224.94	53.28	−196.41	80.81
	0.9	0.004	0.00	0.08	−2.2	−0.2	−0.8	0.0	33.20	0.00	−323.10	−289.90	69.21	0.00	−120.87	−51.65
	1.0	0.000	0	0.00	0.0	0.0	0.0	0.0	0.00	0.00	0.00	0.00	0.00	0.00	0.00	0.00
下游段	0	0.063	0.16	0.20	−18.5	−2.4	−18.2	−2.4	518.88	1018.19	−784.39	752.68	107.43	1073.61	−830.56	350.48
	0.1	0.062	0.17	0.21	−18.5	−2.5	−16.1	−2.2	510.64	1081.83	−823.61	768.86	105.72	1140.72	−872.09	374.35
	0.2	0.059	0.19	0.20	−18.9	−2.5	−14.8	−2.1	485.93	1209.10	−784.39	910.64	100.61	1274.91	−830.56	544.96
	0.3	0.055	0.21	0.20	−18.1	−2.2	−13.0	−1.9	452.99	1336.38	−784.39	1005.00	93.79	1409.11	−830.56	696.16
	0.4	0.05	0.15	0.20	−15.9	−2.1	−10.8	−1.6	411.81	954.56	−784.39	581.98	85.26	1006.51	−830.56	261.21
	0.5	0.042	0.1	0.19	−15.9	−1.8	−8.7	−1.4	345.92	636.37	−745.17	237.12	71.62	671.01	−789.04	−46.41
	0.6	0.034	0.06	0.18	−13.5	−1.4	−6.3	−1.0	280.03	381.85	−705.95	−43.32	57.98	402.60	−747.51	−286.93
	0.7	0.024	0.04	0.16	−10.1	−1.0	−4.2	−0.7	197.67	254.55	−627.51	−175.30	40.92	268.40	−664.45	−355.13
	0.8	0.013	0.02	0.13	−6.0	−0.6	−2.4	−0.5	107.08	127.27	−509.85	−275.80	22.17	134.20	−539.87	−383.33
	0.9	0.004	0.00	0.08	−2.2	−0.2	−0.8	0.0	32.94	0.00	−313.76	−280.80	6.82	0.00	−332.23	−325.41
	1.0	0.000	0.00	0.00	0.0	0.0	0.0	0.0	0.00	0.00	0.00	0.00	0.00	0.00	0.00	0.00

续表

段别	ξ	边荷载产生的弯矩 M/(kN·m)										汇总 M/(kN·m)		结果总 M/(kN·m)	
		完建无水期					正常挡水期					完建无水	正常挡水	完建无水	正常挡水
		$P'_1 \sim P'_{10}$	$P'_{11} \sim P'_{15}$	$P'_1 \sim P'_{10}$	ΣM	ΣM	$P'_1 \sim P'_{10}$	$P'_{11} \sim P'_{15}$	$P'_1 \sim P'_{10}$	$P'_{11} \sim P'_{15}$	ΣM	ΣM	ΣM	ΣM	ΣM
		$0.01 \cdot P' \cdot L \cdot (4)$	$0.01 \cdot P' \cdot L \cdot (4')$	$0.01 \cdot P'' \cdot L \cdot (5)$	$0.01 \cdot P'' \cdot L \cdot (5')$	(14)+(15)+(16)+(17)	$0.01 \cdot P' \cdot L \cdot (4)$	$0.01 \cdot P' \cdot L \cdot (4')$	$0.01 \cdot P'' \cdot L \cdot (5)$	$0.01 \cdot P'' \cdot L \cdot (5')$	(19)+(20)+(21)+(22)	(先)(9)+(18)	先(13)+(23)	(后)(9)+(18)	(后)(13)+(23)
		(14)	(15)	(16)	(17)	(18)	(19)	(20)	(21)	(22)	(23)	(24)	(25)	(26)	(27)
上游段	0	−334.3	−88.49	−334.25	−88.49	−845.50	−378.51	−99.83	−378.50	−99.83	−956.70	748.06	1213.93	325.32	735.59
	0.1	−339.8	−92.18	−295.68	−81.11	−808.70	−384.74	−104.00	−334.80	−91.51	−879.10	763.93	1208.37	359.57	768.84
	0.2	−347.1	−92.18	−271.80	−77.43	−788.50	−393.06	−104.00	−307.80	−87.35	−892.90	908.53	1224.63	514.28	778.19
	0.3	−343.4	−81.11	−238.75	−70.05	−733.30	−388.90	−91.51	−270.40	−79.03	−892.80	1004.40	962.35	637.75	793.80
	0.4	−292.0	−77.43	−198.34	−58.99	−626.80	−330.67	−87.35	−224.60	−66.55	−709.20	575.60	962.35	26.22	607.76
	0.5	−292.0	−66.37	−159.78	−51.62	−569.80	−330.67	−74.87	−180.90	−58.23	−644.70	266.81	706.03	−58.08	383.68
	0.6	−247.9	−51.62	−115.70	−36.87	−452.10	−280.76	−58.23	−131.00	−41.60	−511.60	−283.50	476.18	−509.60	455.38
	0.7	−185.5	−36.87	−77.13	−25.81	−325.20	−210.05	−41.60	−87.35	−29.12	−368.10	−351.40	280.09	−514.00	96.03
	0.8	−110.2	−22.12	−44.08	−18.44	−194.80	−124.78	−24.96	−49.91	−20.80	−220.40	−385.40	81.81	−482.80	−28.41
	0.9	−40.4	−7.37	−14.69	0.00	−62.46	−45.75	−8.32	−16.64	0.00	−70.71	−321.10	−97.82	−352.40	−122.40
	1.0	0.0	0.00	0.00	0.00	0.00	0.00	0.00	0.00	0.00	0.00	0.00	0.00	0.00	0.00
下游段	0	−329.3	−86.84	−329.28	−86.84	−832.20	−268.33	−70.70	−268.30	−70.70	−687.20	752.63	350.48	366.51	11.38
	0.1	−334.7	−90.46	−291.28	−79.61	−796.10	−272.75	−73.72	−237.40	−64.87	−648.70	768.86	374.35	370.83	50.00
	0.2	−341.9	−90.46	−267.26	−75.99	−776.20	−278.65	−73.72	−218.20	−61.92	−626.60	910.64	544.96	522.57	231.67
	0.3	−338.3	−79.61	−235.20	−68.75	−721.90	−275.70	−64.87	−191.70	−56.02	−588.30	1005.00	679.16	644.04	403.04
	0.4	−287.7	−75.99	−195.40	−57.90	−617.00	−234.42	−61.92	−159.20	−47.18	−502.30	581.98	261.21	273.50	9.84
	0.5	−287.8	−65.13	−157.40	−50.66	−560.90	−234.42	−53.08	−128.30	−41.28	−457.10	237.12	−274.94	119.91	−503.50
	0.6	−244.4	−50.66	−113.98	−36.18	−445.10	−199.04	−41.28	−92.88	−29.49	−362.70	−265.90	−468.28	−488.40	−649.60
	0.7	−182.7	−36.18	−75.99	−25.33	−320.20	−148.91	−29.49	−61.92	−20.64	−261.00	−335.40	−485.61	−495.50	−616.10
	0.8	−108.6	−21.71	−43.42	−18.09	−191.80	−88.46	−17.69	−35.38	−14.74	−156.30	−371.70	−461.47	−467.50	−539.60
	0.9	−39.8	−7.24	−14.47	0.00	−61.51	−32.44	−5.90	−11.79	0.00	−50.13	−311.60	−350.30	−342.30	−375.50
	1.0	0.0	0.00	0.00	0.00	0.00	0.00	0.00	0.00	0.00	0.00	0.00	0.00	0.00	0.00

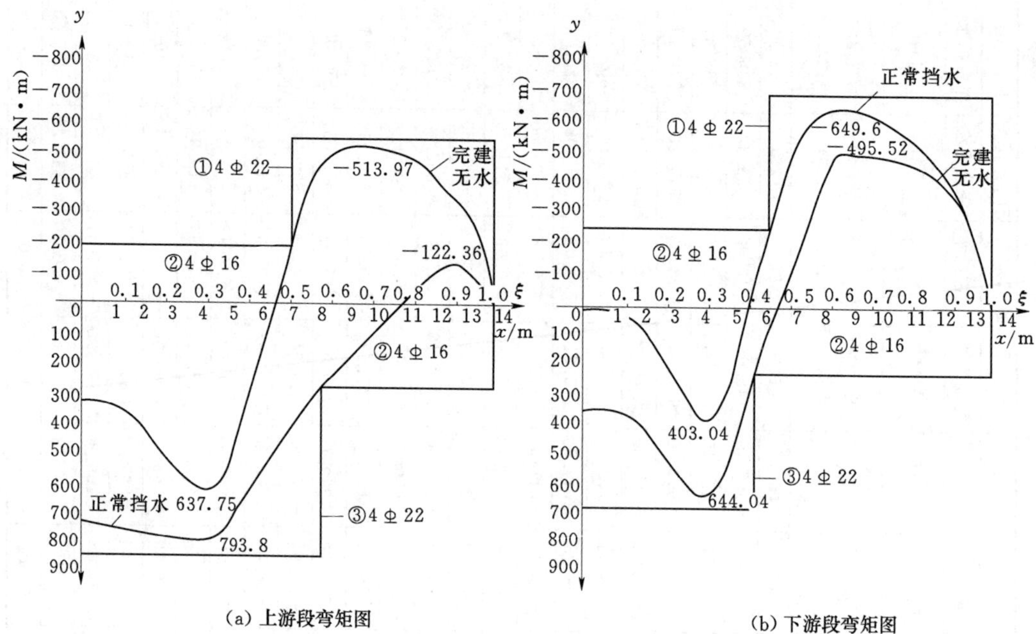

(a) 上游段弯矩图

(b) 下游段弯矩图

图 6-29 闸底板上、下游弯矩图（单位：kN·m）

表 6-24 闸底板配筋计算表

$M/(kN\cdot m)$	上游段		下游段	
	793.80	−513.97	644.04	−649.60
h_0/mm	1455	1455	1455	1455
$\alpha_S=\frac{\gamma_d M}{f_c b h_0^2}$	0.031	0.020	0.026	0.026
$\xi=1-\sqrt{1-2\alpha_S}$	0.032	0.020	0.026	0.026
$\rho=\xi\frac{f_c}{f_y}$/%或ρ_{min}	0.15	0.15	0.15	0.15
$A_S=\rho b h_0/mm^2$	2182.5	2182.5	2182.5	2182.5
钢筋选配	4 Φ 22+4 Φ 16	4 Φ 22+4 Φ 16	4 Φ 22+4 Φ 16	4 Φ 22+4 Φ 16
实际配筋/mm^2	2325	2325	2325	2325

注 本次设计采用Ⅱ级钢筋，按最小配筋率计算。

2. 钢筋

本次设计采用 HRB335 级钢筋。根据郭氏表中的结果和表 6-24，把抵抗弯矩图绘制在上、下游弯矩图，如图 6-29 所示，同时，把钢筋的长度及实际切断点表示出来。钢筋抵抗弯矩见表 6-25。

表 6-25　钢筋抵抗弯矩表　　单位：kN·m

段别		M_R	4⌀22 承担 M_R'	1⌀22 承担 M_R'	4⌀16 承担 M_R'	1⌀16 承担 M_R'
上游段	面层	574.5	385.2	89.6	189.3	47.3
	底层	854.6	553.2	138.3	292.4	73.1
下游段	面层	692.0	452.7	113.2	239.3	59.8
	底层	686.1	448.9	112.2	237.3	59.3

具体计算如下：

（1）上游段。

1）底层 $M=793.80\text{kN}\cdot\text{m}$，则

$$M_R=\frac{M}{A_{S设}}A_{S实}=\frac{793.80}{2182.50}\times2325=845.63(\text{kN}\cdot\text{m})$$

4 根⌀22 钢筋的抵抗弯矩为

$$M_R'=\frac{M_R}{A_{S实}}A_S'=\frac{845.63}{2325}\times1521=553.2(\text{kN}\cdot\text{m})$$

则 1 根⌀22 钢筋的抵抗弯矩为

$$M_{R1}'=\frac{M_R'}{4}=138.30(\text{kN}\cdot\text{m})$$

4 根⌀16 钢筋的抵抗弯矩为

$$M_R''=M_R-M_R'=845.63-553.20=292.43(\text{kN}\cdot\text{m})$$

则 1 根⌀16 钢筋的抵抗弯矩为

$$M_{R1}''=\frac{M_R''}{4}=73.11(\text{kN}\cdot\text{m})$$

2）面层 $M=-513.97\text{kN}\cdot\text{m}$，则

$$M_R=\frac{M}{A_{S设}}A_{S实}=\frac{513.97}{2182.50}\times2325=547.53(\text{kN}\cdot\text{m})$$

4 根⌀22 钢筋的抵抗弯矩为

$$M_R'=\frac{M_R}{A_{S实}}A_S'=\frac{547.53}{2325}\times1521=358.19(\text{kN}\cdot\text{m})$$

则 1 根⌀22 钢筋的抵抗弯矩为

$$M_{R1}'=\frac{M_R'}{4}=89.55\ (\text{kN}\cdot\text{m})$$

4 根⌀16 钢筋的抵抗弯矩为

$$M_R''=M_R-M_R'=547.53-358.19=189.34(\text{kN}\cdot\text{m})$$

则 1 根⌀16 钢筋的抵抗弯矩为

$$M_{R1}''=\frac{M_R''}{4}=47.34\ (\text{kN}\cdot\text{m})$$

（2）下游段。

1）底层 $M=644.04\text{kN}\cdot\text{m}$，则

$$M_R=\frac{M}{A_{S设}}A_{S实}=\frac{644.04}{2182.50}\times2325=686.09(\text{kN}\cdot\text{m})$$

4 根Φ 22 钢筋的抵抗弯矩为

$$M'_R=\frac{M_R}{A_{S实}}A'_S=\frac{686.09}{2325}\times1521=448.84(kN\cdot m)$$

则 1 根Φ 22 钢筋的抵抗弯矩为

$$M'_{R1}=\frac{M'_R}{4}=112.21(kN\cdot m)$$

4 根Φ 16 钢筋的抵抗弯矩为

$$M''_R=M_R-M'_R=686.09-448.84=237.25(kN\cdot m)$$

则 1 根Φ 16 钢筋的抵抗弯矩为

$$M''_{R1}=\frac{M''_R}{4}=59.31\ (kN\cdot m)$$

2）面层 $M=-649.60kN\cdot m$，则

$$M_R=\frac{M}{A_{S设}}A_{S实}=\frac{649.60}{2182.50}\times2325=692.01(kN\cdot m)$$

4 根Φ 22 钢筋的抵抗弯矩为

$$M'_R=\frac{M_R}{A_{S实}}A'_S=\frac{692.01}{2325}\times1521=452.71(kN\cdot m)$$

则 1 根Φ 22 钢筋的抵抗弯矩为

$$M'_{R1}=\frac{M'_R}{4}=113.18(kN\cdot m)$$

4 根Φ 16 钢筋的抵抗弯矩为

$$M''_R=M_R-M'_R=649.6-452.71=239.30(kN\cdot m)$$

则 1 根Φ 16 钢筋的抵抗弯矩为

$$M''_{R1}=\frac{M''_R}{4}=59.82\ (kN\cdot m)$$

（3）切断钢筋，由以上结果可知，为了节省应切断Φ 22 钢筋，其从理论切断点到实际切断点的长度为 $1.2l_a=1.2\times30d=1.2\times30\times22=792$（mm），取 0.8m。式中，$l_a$ 为受拉钢筋的最小锚固长度，取 30 倍的钢筋直径。

3. 裂缝校核

按建筑结构中的抗弯构件进行抗裂验算，如不满足要求则需要进行限裂验算。

十一、验算地基土的抗渗性

（1）水闸地基土为砂壤土，先检查地基土在渗流出口处是否会产生流土现象。

1）水闸底板渗流出逸坡降的验算。利用改进阻力系数法算出的水闸底板渗流的出逸坡降 $J_0=0.292$，按表 2-18 所列的壤土容许逸坡降为 $[J_0]=0.55$，因渗流出口处设置有反滤层，容许坡降应修正为 $[J_0]=1.3\times0.55=0.715>J_0=0.292$，故不会产生渗透变形。

2）闸底板水平段渗流坡降的验算。根据算出的底板水平段坡降为 $J_x=(2.822-0.793)\div16=0.127$，与由表 2-18 查出的壤土水平段容许坡降 $[J_x]=1.3\times0.3=0.39$ 比较，J_x 小于 $[J_x]$，说明地基壤土在其与底板的接触面上不会产生接触冲刷。

(2) 壤土中有一定黏粒含量，也有一定的砂粒含量。假定有可能产生管涌现象。

验算时应用有关试验资料：由土质资料得知地基上的 d_5、d_{15}、d_{85} 分别为 0.004mm、0.02mm、0.35mm，由公式 $d_f=1.3\sqrt{d_{15}d_{85}}$ 计算最大填料粒径 d_f（其中 d_f 为闸基土的粗细颗粒分界粒径，mm；d_{15}、d_{85} 分别为闸基土颗粒级配曲线上小于含量 15%、85%的粒径，mm）为

$$d_f=1.3\sqrt{d_{85}d_{15}}=1.3\sqrt{0.35\times0.02}=0.109(\text{mm})$$

小于 d_f 的土粒径百分数含量为 $P_f=47\%$。

另外，已知土的孔隙率 $n=0.39$，将以上数据代入公式 $[J]=\dfrac{7d_5}{Kd_f}[4P_f(1-n)]^2$（其中 d_5 为闸基土颗粒级配曲线上小于含量 5%的粒径，mm；K 为防止管涌破坏的安全系数，可取 1.5～2.0；n 为闸基土的孔隙率），则管涌的临界坡降值 J_c 为

$$J_c=\frac{7d_s}{d_f}[4P_f(1-n)]^2=\frac{7\times0.004}{0.109}[4\times0.47\times(1-0.39)]^2=0.34$$

容许坡降值为 $[J]=\dfrac{J_c}{K}=\dfrac{0.34}{2.0}=0.17$。$[J]$小于上述算出的实际出逸坡降值，所以有产生管涌的危险。为了防止管涌，应设置反滤层。

设计反滤层时，应具有几种可供选做滤层的土料颗粒分配曲线。图 6-30 中的 2、3、4、5 等几条沙砾料的颗粒分配曲线可供选择滤层用。

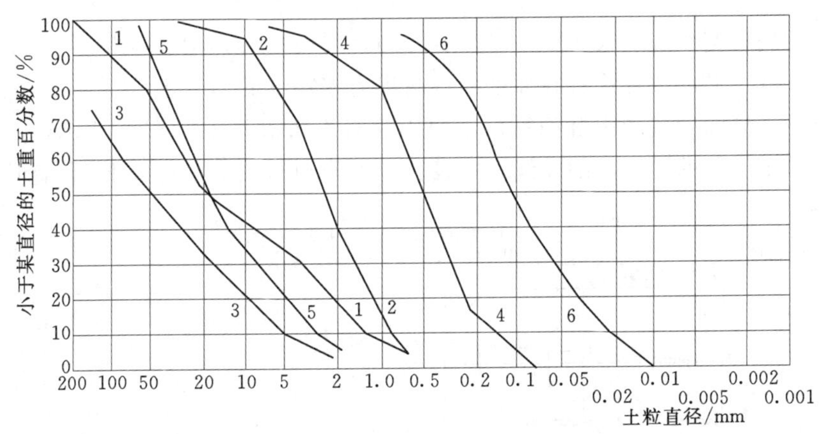

图 6-30　地基土和滤层土料颗粒分配曲线图

1、2、3、4、5—有棱角的砂砾土料；6—地基砂壤土

1) 把地基壤土作为非黏性土考虑时：

a. 试选中砂（曲线 4 作为滤层第一层，因地基土的 $d_{15}=0.02$mm，$d_{85}=0.35$mm），根据公式 $D_{15}/d_{15}=5\sim40$（其中 D_{15} 为滤层滤料颗粒级配曲线上小于含量 15%的粒径，mm；d_{15} 被保护土颗粒级配曲线上小于含量 15%的粒径，mm），所需滤层第一层土料的 $D_{15}=(5\sim40)\,d_{15}=0.1\sim0.8$mm，$D_{15}\leqslant5d_{85}=1.75$mm，综合这两个要求，必须 $D_{15}=0.1\sim0.8$ mm，查图 6-30 可知，中砂的 $D_{15}=0.18$mm，同时 $D_{50}/d_{50}=0.5/0.12=4.17\leqslant25$，且小于 0.1mm 的泥沙含量为 4%，曲线 4 和曲线 6 的细料区基本上也是平行的，

因此这种砂料可以选用。

b. 选细砾（曲线 2）为第二层土料，由 $D''_{15}/d'_{15}=1.00/0.18=5.56$，介于 5～40 之间；且 $D''_{15}/d'_{85}=1.00/1.50=0.67$，小于 5 和 $D''_{50}/d'_{50}=3.0/0.5=6\leqslant25$，条件也是满足的，可以选做滤层的第二层土料。

c. 选粗砾（曲线 5）为滤层第三层土料，以上条件均可满足，选用方法同上。

d. 滤层厚度参考第一类滤层（渗流方向自下而上时，滤层位于被保护土的上方），每层最小厚度的计算方法如下：

第一层厚度为（6～8）$D'_{85}=(6\sim8)\times1.5=9.0\sim12.0(\text{mm})$，选用 $t'=10\text{cm}$。

第二层厚度为（6～8）$D''_{85}=(6\sim8)\times7.0=42\sim56(\text{mm})$，选用 $t''=10\text{cm}$。

第三层厚度为（6～8）$D'''_{85}=(6\sim8)\times7.0=240\sim320(\text{mm})$，选用 $t'''=20\text{cm}$。

2）根据以上计算，$4p_{\text{f}}(1-n)=4\times0.47\times(1-0.39)=1.15>1.0$，地基土实为非管涌土，其主要渗透破坏形式是局部流土，应检查其与滤层第一层接触面上的松动深度。选用细砾（曲线 2）作为滤层第一层土料，根据 $D'_{50}=3.0\text{mm}$，$D'_{60}/D'_{10}=3.5/0.75=4.67$。按松动深度 $\delta=0$，即不许可表面有剥落现象，在允许特性区范围内，可以采用。

由此可见，保护非管涌土的滤层第一层土料粒径一般都比较大；如果允许地基土表面有剥落或松动深度，土料的粒径还可以选的更大一些。

十二、水闸的地基沉降计算实例

某水闸的底板宽 20m，长 300m，竖向荷载 $G=1800\text{kN/m}$，偏心矩 $e=0.5\text{m}$，水平荷载 $G=150\text{kN/m}$，基底设计高程在原地面（高程为零）以下 3m 处。

地基以下不同深度范围内沉积黏性土的压缩曲线如图 6-31（b）所示，图中曲线Ⅰ为地下水位以下土层的平均压缩曲线；曲线Ⅱ、Ⅲ分别为地下水位以下 5m 深度以内和地

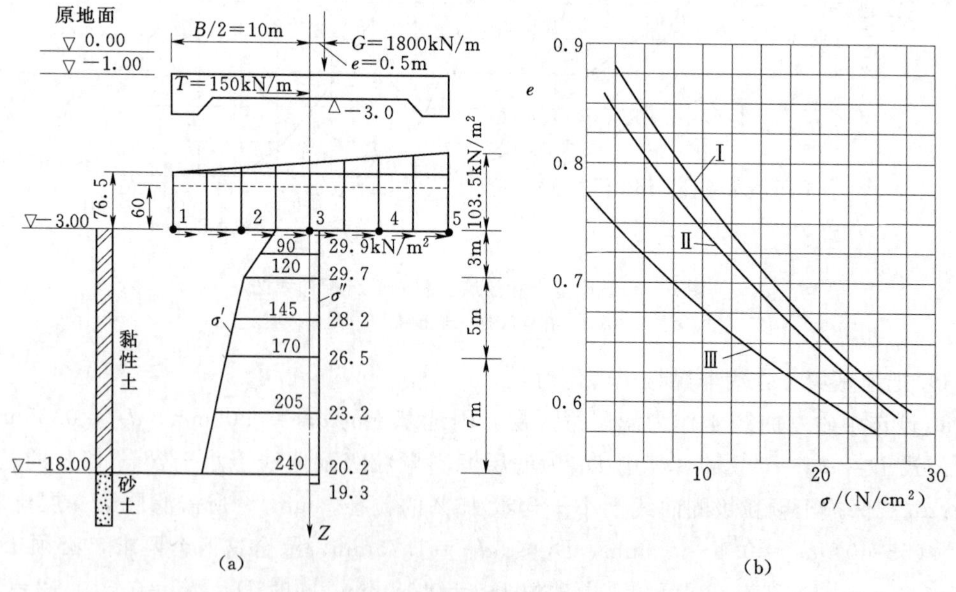

图 6-31 某水闸地基剖面及地基土的压缩曲线

下水位以下 5～12m（砂土层顶面）范围内的压缩曲线。基坑开挖后观测出的地基回弹很小，可以忽略不计。

1. 基底压力的分布

基底竖向压力为

$$P_{\substack{max\\min}}=\frac{1800}{20}\left(1\pm\frac{6\times0.5}{20}\right)=\frac{103.5}{76.5}(kN/m^2)$$

基底水平推力为

$$p_h=\frac{150}{20}=7.5(kN/m^2)$$

2. 基底的沉降计算压力

由于基土在自重作用下已完成其压缩，故基底各点的沉降计算压力采用 $p_c=p-\gamma D$ 计算，式中 D 为原地面至基底的距离，即等于 3m。

3. 地基中自重应力 σ' 的分布

自原地面算起，在地下水位以上基土重度 $\gamma=20kN/m^3$，以下为 $10kN/m^3$，自重应力 σ' 分布如图 6－31（a）所示。

4. 地基中附加应力 σ'' 的分布

由于 $L/B=\frac{300}{20}=15$，故属于平面问题。

现列表计算，见表 6－26。

表 6－26　沿基底中点 3 土中附加应力计算表

$B=20m$，$x/B=+0.5$							
Z /m	$\frac{Z}{B}$	$P=16.5kN/m^2$		$P_T=27.0kN/m^2$		$P_h=7.5kN/m^2$		$\Sigma\sigma''$ /(kN/m²)
		K_1	σ''	K_2	σ''	K_3	σ''	
0.2	0.01	1.000	16.5	0.500	13.5	0	0	30.0
2	0.1	0.997	16.5	0.498	13.4	0	0	29.9
4	0.2	0.977	16.1	0.489	13.2	0	0	29.3
8	0.4	0.881	14.5	0.441	11.9	0	0	26.4
12	0.6	0.755	12.6	0.378	10.2	0	0	22.8
16	0.8	0.642	10.6	0.321	8.7	0	0	19.3

由三角形竖向荷载 $P_T=103.5-76.5=27.0(kN/m^2)$，均布竖向荷载 $P=76.5-60=16.5(kN/m^2)$，均布水平荷载 $P_h=7.5(kN/m^2)$引起的附加应力值。附加应力 σ'' 分布如图 6－31（a）所示。

5. 地基压缩层深度的确定

按常用的压缩层深度处的 $\sigma''=0.2\sigma'$，确定压缩层深度在基底以下 5.5m 处。但考虑到沉积黏性土层的压缩性较大，故整个黏性土层的压缩量均应计算。另外，由于下卧层密实砂土层的压缩性及所受的附加应力都很小，且在施工过程中砂土层的压缩几乎已完成，故忽略砂土层的压缩影响。从而变形计算中实际采用的压缩层厚度为沉积黏性土层厚度 15m。

6. 地基土压缩层厚度的分层

参照图 6-31（a）所示的自重应力分布，以及不同深度范围内土的压缩性变化，采取 3 个层次，即 $h_1=3\text{m}$，$h_2=5\text{m}$，$h_3=7\text{m}$。

7. 最终沉降量的计算

列表计算见表 6-27。

表 6-27 基底中点 3 的最终沉降量

分层编号	分层厚度 /cm	自重应力平均值 σ' /(N/cm²)	附加应力平均值 σ'' /(N/cm²)	最终应力平均值 /(N/cm²)	e_1	e_2	$\frac{e_1-e_2}{e_1+e_2}$	$S_i=\left(\frac{e_1-e_2}{e_1+e_2}\right)h_i$ /cm
1	300	9.0	3.0	12.0	0.783	0.745	0.0213	6.4
2	500	14.5	2.8	17.3	0.695	0.665	0.0177	8.9
3	700	20.5	2.3	22.8	0.605	0.590	0.0093	6.5
Σ								21.8

8. 求基底其他点的最终沉降量

同法求出基底其他点 1、2、4、5 的最终沉降量，见表 6-28。

表 6-28 最终沉降量计算表

计算点号	1	2	3	4	5
最终沉降量	7.2	17.7	21.8	24.9	14.3

9. 基底宽度内地基表面沉降曲线的绘制

基底宽度内地基表面沉降曲线如图 6-32 中的 agb。

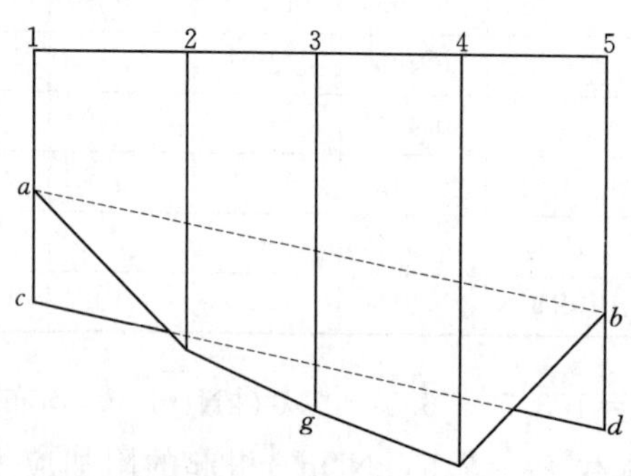

图 6-32 地基表面沉降曲线图

经刚度校正后，则最终沉降线如图 6-32 中 cd 线所示。由图可见，基础下沉后向下游方向倾斜。

项目七　水闸施工组织设计实例

水闸种类较多，其工作特点不尽相同，为了便于学习参考，在此以拦河闸的施工组织设计过程作为示例说明。

一、基本资料

本工程位于河南省某县城郊区，它是某河流梯级开发中的最末一级工程。

该河属稳定性河流，河面宽约200m，深7～10m。由于河床下切较深又无适当控制工程，雨季地表径流自由流走，而雨过天晴经常干旱，加之打井提水灌溉，使地下水位越来越低，严重影响两岸的农业灌溉和人畜用水。为解决当地2.7万hm^2农田的灌溉问题，经上级批准的规划确定，修建挡水枢纽工程。

拦河闸所担负的任务是：正常情况下拦河截水，抬高水位，以利灌溉；洪水时开闸泄水，以保安全。

本工程建成后，可利用河道一次蓄水800万m^3，调蓄水至两岸沟塘，大量补给地下水，有利于井灌和人畜用水，初步解决2.7万hm^2农田的灌溉问题，并为工业生产提供足够的水源，同时对渔业、航运业的发展，以及改善环境、美化城乡都是极为有利的。

1. 地质条件

根据钻孔了解闸址地层属河流冲积相，河床部分地层属第四纪更新世Q^3与第四纪全新世Q^4地层交错出现，闸址两岸地面高程均在41.00m左右。

闸址处地层向下分布情况见表7-1。

表7-1　闸址处地层分布情况

土质名称	重粉质壤土	细　砂	中　砂	重粉质壤土	中粉质壤土
分布范围 由上而下	河床表面以下 深约3m	高程28.80m以下	厚度约5m	高程22.00m以下	厚度5～8m

2. 地形

闸址处系平原型河段，两岸地势平坦，地面高程为41.00m左右，河床坡降平缓，纵坡约为1/10000，河床平均标高约30.00m，主河槽宽度80～100m，河滩宽平，呈复式河床横断面，河流比较顺直。

3. 土的物理力学性质指标

土的物理力学性质指标主要包括物理性质、允许承载力、渗透系数等，具体数据见表7-2和表7-3。

表7-2　土的物理性质指标　　单位：kN/m^3

湿重度	饱和重度	浮重度	细砂颗粒重度	细砂干重度
19	21	11	27	15

表 7-3 土的力学性质指标

内摩擦角 ϕ /(°)		土基允许承载力 $[\sigma]$ /(kN/m²)	摩擦系数 f	不均匀系数 $[\eta]$		渗透系数 K /(cm/s)	
自然含水量时	28	200	混凝土、砌石与土基的摩擦系数，当土基为密实细砂层时为 0.36	黏土	1.5～2.0	中细砂层	5×10^{-3}
饱和含水量时	25			黏土	2.4	以下土层	5×10^{-5}

4. 工程材料

(1) 石料。本地区不产石料，需从外地运进，距公路很近，交通方便。

(2) 黏土。经调查，本地区附近有较丰富的黏土材料。

(3) 闸址处有足够的中细砂。

5. 水文气象

(1) 气温。本地区年最高气温 42.2℃，最低气温－20.7℃，平均气温 14.4℃。

(2) 风速。最大风速 $V=20\text{m/s}$，吹程 0.6km。

(3) 径流量。非汛期（1—6 月及 10—12 月）9 个月的月平均最大流量为 9.1m³/s。汛期（7—9 月）3 个月，月平均最大流量为 149m³/s，年平均最大流量 $Q=26.2\text{m}^3/\text{s}$；最大径流总量为 8.25 亿 m³。

(4) 冰冻。闸址处河水无冰冻现象。

6. 批准的规划成果

(1) 根据《水利水电枢纽工程等级划分及洪水标准》（SL 252—2000）的规定，本枢纽工程为Ⅲ等工程，其中永久性主要建筑物为 3 级。

(2) 灌溉用水季节，拦河闸正常挡水位为 38.50m。

(3) 洪水标准见表 7-4。

表 7-4 洪 水 标 准

项 目	重现期 /年	洪水流量 /(m³/s)	闸前水位 /m	下游水位 /m
设计洪水	20	937	39.15	39
校核洪水	50	1220	40.35	40.2

7. 施工条件

(1) 工期为 2 年。

(2) 材料供应情况。水泥由某水泥厂运输 260km 至某市，再运输 80km 至工地仓库；其他材料由汽车运至工地；电源由电网供电，工地距电源线 1.0km；地下水位平均为 28.00～30.00m。

二、拦河闸施工组织设计

（一）施工条件分析

1. 自然条件

(1) 地形条件。闸址处系平原型河段，两岸地势平坦，地面高程约为 40.00m，河底坡降平缓，纵坡约为 1/10000，河床平均标高约 30m，主河槽宽度为 80～100m，河滩宽平，呈复式河床横断面，河流比较顺直。

由此地形条件可知，在进行导流时，不需设隧洞导流，应采用明渠导流，施工总布置比较容易。

（2）地质和水文地质条件。根据钻孔了解闸址地层属河流冲积相，河床部分地层属第四纪更新世 Q^3 与第四纪全新世 Q^4 的地层交错出现，闸址两岸地面高程为 40.00m 左右。

由地质和水文地质条件可知，闸址地层属河流冲积相，则在布置导流建筑物时，可能引起冲刷。闸基础为砂性土壤，属软基，但承载力较高，为 $200kN/mm^2$，故基础可不做处理。该地区地下水位 28.00～30.00m，由于开挖较深，在 2～7m 以下会出现流沙现象，为保证工地施工条件，施工应采用人工降低地下水位的措施。基坑开挖的边坡也不宜太陡，以免引起塌方现象。由于属砂性土，在施工方案选择时，不需进行爆破施工，选用机械开挖或人工开挖即可。

（3）工程材料。本地区不产石料，需从外地运进，故施工时应尽量少用石料。经调查，本地区附近有较丰富的黏土材料，可用于黏土铺盖的施工。闸址处有足够的中细砂，应尽可能地使用中细砂。

（4）水文气象条件。由于非汛期时间较长，且流量变化不大，利于组织施工，可以在较长的非汛期组织截流和施工，保证截流成功。又因无冰冻现象，则不会出现冰块阻塞现象。根据气象资料，雨期可考虑停工；对于最高、最低气温在施工时尽量避开。

2. 施工条件

（1）施工队伍。本工程由某市水利局组织领导，县水利局组织施工。施工机械和技术能力均能满足施工要求。本工程位于平原地带，村镇稠密，可提供大量劳动力参加施工，应考虑施工高峰期避开农忙时节，避免出现停工现象，影响工程进度。

（2）物资供应。水泥由某水泥厂经铁路运输 260km，再经汽车运输 80km 至工地仓库。其他材料就近购买，用汽车运至工地。

（3）施工动力。由电网供电，工地距电源线 1.0km。

（4）对外交通。工地右岸距县城 1km，导流明渠可布置在左岸，利于施工交通运输。

（5）工期。本工程施工期限为 2 年。

（二）施工导流设计

1. 导流方案选择

由于该水闸修建在平原河道上，故采用全段围堰法明渠导流。

2. 导流设计流量的确定

本工程属Ⅲ等工程，永久建筑物为 3 级，其导流建筑物失事后将淹没基坑，经济损失较小，使用年限较短，围堰堰高小于 15m。查《水利水电工程施工组织设计规范》（SL 303—2004）知，导流建筑物为 5 级，若采用土石围堰，则洪水标准为 5～10 年一遇，为了安全，洪水频率可取 10%；由于本工程工期 2 年，要经历洪水期，因此导流时段应以全年为标准。

本工程上游 26km 处有一梯级拦河闸，可以调蓄，另有引水工程可以分洪。由水文站提供资料知，相应10年一遇设计频率经调蓄和分流后的导流设计流量 $Q_{导}=50m^3/s$。

3. 导流建筑物设计与布置

(1) 导流明渠设计。

1) 基本资料。由 $Q_{导}=50m^3/s$，查下游 $H-Q$ 关系曲线知，下游水深 $H=2.5m$，边坡系数由土质确定，采用 $m=2.0$，糙率 $n=0.03$，渠底比降 $i=1/5000 \sim 1/4000$。

按照明渠均匀流公式采用列表法进行试算。

2) 确定明渠底宽。明渠过水断面尺寸，取决于导流设计流量大小及其允许不冲流速。明渠断面尺寸与上游围堰高度的确定应通过技术经济比较选定。比较时拟定几个明渠断面，计算相应的明渠与上游围堰的造价，两者相加，造价最小的断面即为经济断面。

第一种方案：设 $i=1/5000$，$n=0.03$，$m=2.0$，$h=2.5m$，$Q=50m^3/s$，求底宽 b。试算结果见表7-5。

表7-5 第一方案明渠底宽试算结果

B /m	A /m^2	χ /m	R /m	C /$(m^{1/2}/s)$	v /(m/s)	Q /(m^3/s)
21.0	65	32.180	2.020	37.477	0.753	48.963
22.0	67.5	33.180	2.034	37.522	0.757	51.083
21.5	66.25	32.680	2.027	37.500	0.755	50.021

由表2-15试算结果可看出，渠中水深为2.5m时，$b=21.5m$。

此时因明渠内水流与上下游连接较平顺，不会引起冲刷，不必采取防护措施。

设明渠长800m，则开挖方量为33.2万 m^3，开挖方量过大，不经济。

第二种方案：设 $i=1/4000$，$n=0.03$，$m=2.0$，$h=3.0m$，$Q=50m^3/s$，求底宽 b。

试算结果见表7-6。

表7-6 第二方案明渠底宽试算结果

B /m	A /m^2	χ /m	R /m	C /$(m^{1/2}/s)$	v /(m/s)	Q /(m^3/s)
20.0	78	33.416	2.334	38.391	0.927	72.335
15.0	63	28.416	2.217	38.603	0.896	56.455
13.0	57	26.416	2.158	37.892	0.880	50.167

由表7-6试算结果可看出，渠中水深为3.0m时，$b=13.0m$。

此时因明渠内水流较深（3.0m）与下游连接较差，可能引起冲刷，必须采取防护措施。

明渠开挖方量为26.4万 m^3。

将以上两个符合流量要求的断面尺寸进行经济比较。

经比较，第二种方案优于第一种方案，本工程明渠采用第二种方案。即 $i=1/4000$，$n=0.03$，$m=2.0$，$h=3.0m$，$b=13.0m$。

3) 校核不冲流速和不淤流速。不冲流速由土壤性质决定，闸址处为重粉质壤土，其

不冲流速 $[v_{不冲}]=0.95m/s$，不淤流速 $[v_{不淤}]=0.45m/s$。

本工程明渠内水的流速 $v=\frac{Q}{A}0.88m/s$，满足 $[v_{不淤}]<v<[v_{不冲}]$。

渠道典型断面图（略）。

（2）导流明渠布置。为方便施工，明渠布置在左岸，进出口的布置应有利于进口和出口的流水衔接，尽量消除回流涡流的不利影响。取出口的高程与下游河道同高程 $\nabla=30.00m$。进出口与河道主流夹角不大于 30°。进出口与上下游的围堰体坡脚距离不小于 50m，转弯半径大于 5 倍渠底宽，明渠与基坑水面距离大于两者水面高差的 2.5～3.0 倍。进口高程为 $\nabla_{进口}=30+\frac{1}{4000}l$（m），其中 l 为导流明渠长度。

（3）围堰设计。本地区有较丰富的黏土材料，可采用均质土围堰，以便就地取材，利用基坑或明渠的弃土，同时构造简单，便于快速施工和易于拆除，所以本工程采用均质土围堰。

1）下游围堰堰顶高程。由 $Q=50m^3/s$ 查下游 $H-Q$ 关系曲线知，$H_{下}=32.5m$；围堰安全超高 $\delta=0.5m$，则

$$H_{下堰}=H_{下}+\delta=32.5+0.5=33.0(m)$$

2）上游围堰高程为

$$H_{上堰}=H_{上}+\delta=H_{下}+\nabla H+Z+\delta$$

$$\nabla H+Z=iL+\frac{1}{\varphi^2}\frac{v_c^2}{2g}-\frac{v_0^2}{2g}=0.18+0.06=0.24(m)$$

$$H_{上堰}=32.5+0.24+0.5=33.24,取\ H_{上堰}=33.5m。$$

3）围堰边坡系数。临水坡 $m=3$，背水坡 $m=2.5$。

4）围堰顶宽取 3m。

5）上、下游围堰断面示意图（略）。

4. 截流

（1）截流时段。截流日期应选在枯水期初，流量有明显下降时，而不一定选在流量最小时刻。本工程可选在 10 月下旬截流。

（2）截流设计流量。本工程可利用上游建筑物对流量进行调控，截流时期的设计流量为 $Q=8m^3/s$，该流量对施工比较有利。

（3）截流方法。根据立堵法和平堵法的优缺点、适用条件及本工程的特点，经分析比较，本工程可采用立堵法截流。

（三）基坑排水

1. 排水方案

本水闸修建在平原河道上，故排水方法可采用人工降低地下水位，经计算，闸基渗透系数 $K=2.649m/d$，可采用井点法排水。

2. 排水量计算

基坑大小的确定及井型的判别如下：

（1）基坑尺寸的拟定。顺水流方向长度 $L=120.4m$，垂直水流方向宽度 $B=107m$。

(2) 井型判别。$L/B=120.4/107=1.13<10$，可按圆形基坑计算。

$$A=120.4\times107=12882.8\ (\mathrm{m}^2)$$

折算半径 $$R_0=\sqrt{\frac{A}{\pi}}=64.04(\mathrm{m})$$

由于本工程不透水层较深，故基坑排水可按无压非完整井计算。

$$Q=1.366K\frac{(2H_0-S_0)S_0}{\lg(R+R_0)-\lg R_0}$$

$$S_0=(\text{地下水位}-\text{基坑底部高程})+\delta=(29-26.5)+0.5=3.0(\mathrm{m})$$

$$S=S_0+R_0\times I=3.0+64.04\times1/10=9.4(\mathrm{m})$$

计算含水层有效深度 $H_0=20.80\mathrm{m}$，计算渗透系数 $K=2.649\mathrm{m/d}$。

抽水影响半径 $R=2S\sqrt{H_0K}=2\times9.4\sqrt{20.8\times2.649}=140(\mathrm{m})$，则 $Q=832.31\mathrm{m}^3/\mathrm{d}$。

3. 排水设备的确定

(1) 确定单井点出水量 q。

$$v_\phi=65\sqrt[4]{K}=65\sqrt[4]{2.649}=82.925(\mathrm{m/d})$$

$$q_{\max}=2\pi r_0 l_{v\phi}=2\times3.14\times0.07\times1.7\times82.925=62.003(\mathrm{m/d})$$

$$q=0.8q_{\max}=0.8\times62.003=49.602(\mathrm{m/d})$$

(2) 井点布置。

1) 井点数目 n 的初步计算如下：

$$n=Q/q=832.31/49.602=16.8(\text{个})$$

取 $n=17$ 个。

2) 确定井点的间距 d。

$$d=\frac{L}{1.05\sim1.1n}=\frac{2\times(120.4+107)}{1.1\times17}=24.32(\mathrm{m})$$

根据工程经验，深井点间距 d 的取值应为

$$d=(15\sim25)2\pi r_0=(15\sim25)\times2\times3.14\times0.07=6.6\sim11.0(\mathrm{m})$$

井点间距 d 应与积水总管的结合间距相适应，一般为 0.8m 的倍数，所以，可取井点间距 $d=9.6\mathrm{m}$。

3) 经典局部加密。基坑 4 个转角约有井点总长 1/5 的地方，井点间距应减少 30%～50%，取 $d=7.2\mathrm{m}$；靠近来水方向（向基坑上下游、明渠）的一侧井点来水较多，布置也应紧密些，取 $d=8.0\mathrm{m}$。

(3) 设备选择。按一台离心式水泵可带 50 根井点，则需离心式水泵一台。

(四) 主体工程施工方法

1. 水闸的施工内容和施工程序

具体内容略。

2. 施工方法

(1) 土方工程。

1）明渠工程。明渠工程量不大，不宜采用大型机械施工，可考虑采用人工开挖、胶轮架子车运输；挖掘机开挖、自卸汽车运输或铲运机挖运等方案，需进行经济比较，选择最优方案。经比较采用自行式铲运机挖运并辅以人工修整较为经济合理。

根据施工情况，明渠回填可采用推土机推土，辅以人工进行回填，运距可按50～60m计算。

2）围堰工程。工程量小，工作面狭窄，不宜采用大型机械施工，可采用基坑或明渠的弃土填筑，气胎碾压实。采用人工开挖、翻斗车运输进行拆除。

3）基坑工程。基坑开挖面积大，而开挖深度不大，可采用明渠开挖的机械进行基坑开挖，细部采用人工开挖。

基坑回填可按两部分进行考虑，以尽快拔掉井点管，减少基坑排水费用。施工时应先施工高程30.00m以下的部分，施工完成后，首先对高程30.00m以下的部分进行回填，在拆除井点管以后进行高程30.00m以上的部分回填设计标高。回填时采用推土机推土回填，蛙式打夯机夯实。

（2）闸室施工。

1）板桩。为加快施工进度，采用预制打入桩。在混凝土预制厂内先将板桩预制养护好，运到现场用打桩机打入。板桩打入时要特别小心，防止打坏，否则将失去防渗作用。

2）底板。由于闸基为软基，将保护层开挖后，先铺8cm厚素混凝土作垫层在底面进行找平。底板浇筑方量大、面积大，为了施工方便，防止产生冷缝，采用平层浇筑、连坯滚法进行分块施工。可按先立模、扎筋（人工），后浇筑混凝土，再采用振捣器振捣。

3）闸墩。结合闸墩的特点，立模时，要保证模板垂直，为保证工程质量，采用对销螺栓和铁板螺栓对拉撑木立模的方法立模。入仓时采用搭脚手架、胶轮车运输、泄槽进料。

4）岸箱。施工方法同闸墩，可看做闸墩的一部分同闸墩一起考虑、岸箱壁更薄(0.3m)，浇筑时，要振捣密实，养护充分，强度要高，以便能承受较大的土压力。

5）排架。根据排架的特点，采用现场预制、汽车起重机吊装进行施工。施工时要注意排架与闸墩的连接，在闸墩上要预留钢筋头以便连接。同时，要做好安全工作。

6）桥梁及盖板。采用预制装配式，可避免高空立模和复杂的脚手架，同时可与下部工程平行作业，从而加快施工进度。可以在混凝土预制厂养护，然后运到现场用汽车起重机吊装。一般先吊装交通桥，然后吊装检修桥、工作桥。吊装时应注意保证吊装的精确性。

7）闸门。本工程采用平面焊接钢闸门，采用汽车起重机吊装。

8）启闭机。本工程采用双吊点卷扬式启闭机，采用汽车起重机吊装。

9）启闭机房和桥头堡。主要是砖混结构，可采用人工施工。

闸室现浇混凝土采用0.8m^3混凝土搅拌机拌和，胶轮车运输，泄槽或溜槽入仓，插入式振捣器振捣。

（3）上、下游连接段。

1）翼墙。采用现浇混凝土，应注意止水的施工。一般28d后进行土方回填。

2）黏土铺盖。采用人工装胶轮车运黏土，蛙式打夯机夯实。

3）砌石工程。采用胶轮车运石和水泥砂浆，人工砌石。

4）消力池。采用与闸底板同时浇筑的方法进行施工。施工时在消力池靠近底板处留一道施工缝，将消力池分成大小两部分，先浇筑与闸底板不相邻的大部分，等过一段时间有一定的沉陷后，再浇筑与闸底板相邻的小部分。

5）防冲槽。采用胶轮车运石、人工抛石。

（4）其他部分施工（略）。

（五）施工进度计划的编制

1. 拟定控制性进度计划

拦河闸工程的施工从第1年7月开始到第3年6月为止，工期2年，扣除节假日、阴雨停工等因素，每月可按20d计算。

截流日期拟定于第1年10月28日。

2. 进度计划的编制步骤

（略）。

（六）施工总布置

1. 施工交通运输

（1）对外交通。工地距县城很近，约1.0km。考虑长远发展，可修建一永久公路，铺设成双车道，路基宽10m，沥青混凝土路面宽7.0m。

（2）场内交通。本工程场内临时道路采用碎石路面，主要干线采用双车道，其路基宽为7.5m，路面宽4.5m。场内交通应连接各个方面，包括商店、厕所等。

2. 临时设施

（1）临时施工房屋。根据施工进度计划有关指标确定。

（2）仓库及堆场。水泥仓库20m×30m，砂子堆场20m×20m，石子堆场20m×30m。

3. 施工辅助企业

（1）拌和站。经计算选用0.8m^3的混凝土搅拌机1台，备用1台，共2台。占地面积50m^2。

（2）混凝土预制厂。布置在混凝土拌和站附近，面积为1350m^2。

（3）钢筋加工厂。应布置在靠近公路、交通比较方便的地方，面积为1000m^2。

（4）机械修配厂。应设在进出比较方便的地方，面积为500m^2。

（5）模板加工厂。应靠近钢筋加工厂，面积为1200m^2。

（6）油料仓库。为便于运输和安全，应布置在工地进口处，面积为300m^2。

4. 供水、供电

采用打井供水，电网供电或自备发电机发电。

将以上设计内容布置在地形图上，即得到施工现场布置图（略）。

附　　录

附表 1　弹性地基梁的弯矩系数表（均布荷载 $t \leqslant 50$，$\overline{M}$值）

1. 换算公式 $M=\overline{M}ql^2$，计算简图如附图 1 所示。
2. 计算截面离梁中心的距离为 ξl。

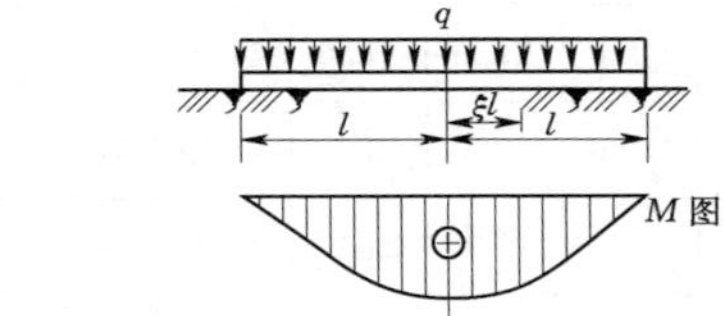

附图 1　M 计算简图

t \ ξ	0.0	0.1	0.2	0.3	0.4	0.5	0.6	0.7	0.8	0.9	1.0	备注
0	0.137	0.135	0.129	0.120	0.108	0.093	0.075	0.055	0.034	0.014	0	
1	0.103	0.101	0.097	0.089	0.079	0.066	0.052	0.036	0.020	0.006	0	
2	0.096	0.095	0.091	0.084	0.074	0.063	0.049	0.034	0.019	0.006	0	
3	0.090	0.089	0.085	0.079	0.070	0.059	0.046	0.032	0.018	0.006	0	
5	0.080	0.079	0.076	0.070	0.063	0.053	0.042	0.029	0.016	0.005	0	
7	0.072	0.071	0.068	0.063	0.057	0.048	0.038	0.027	0.015	0.005	0	
10	0.063	0.062	0.059	0.055	0.050	0.042	0.034	0.024	0.013	0.004	0	
15	0.051	0.050	0.049	0.046	0.041	0.036	0.028	0.020	0.011	0.004	0	
20	0.043	0.043	0.041	0.039	0.035	0.031	0.025	0.018	0.010	0.003	0	
30	0.033	0.033	0.032	0.030	0.028	0.024	0.020	0.015	0.009	0.003	0	
50	0.022	0.021	0.021	0.020	0.019	0.017	0.014	0.011	0.007	0.002	0	

附表 2　弹性地基梁的弯矩系数表（集中荷载 $t=0$，$\overline{M}$值）

1. 换算公式 $M=\overline{M}Pl$，计算简图如附图 2 所示。
2. 计算截面离梁中心的距离为 $\pm\xi l$（梁左半部为负号，右半部为正号）。
3. 集中力 P 作用点离梁中心的距离为 $\pm\alpha l$（力在梁左半部为负号，力在梁右半部为正号）。

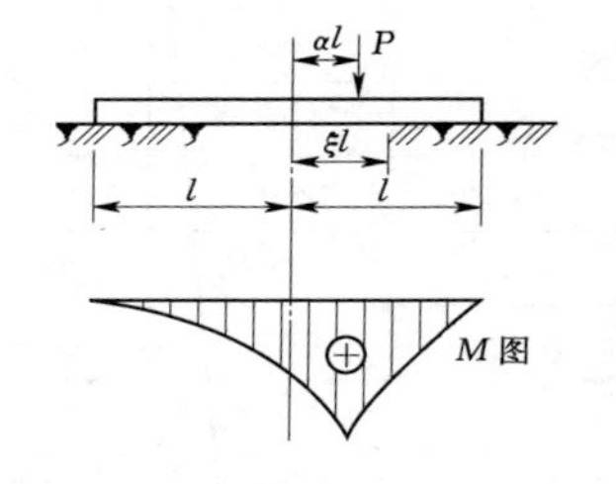

附图 2　M 计算简图

α \ ξ	−1.0	−0.9	−0.8	−0.7	−0.6	−0.5	−0.4	−0.3	−0.2	−0.1	0.0	0.1	0.2	0.3	0.4	0.5	0.6	0.7	0.8	0.9	1.0	
0.0	0	0.01	0.03	0.05	0.08	0.11	0.14	0.18	0.22	0.27	0.32	0.27	0.22	0.18	0.14	0.11	0.08	0.05	0.03	0.01	0	0.0
0.1	0	0.01	0.02	0.04	0.06	0.09	0.12	0.15	0.19	0.23	0.27	0.31	0.26	0.21	0.17	0.13	0.09	0.06	0.03	0.01	0	−0.1
0.2	0	0.01	0.02	0.03	0.05	0.07	0.09	0.12	0.15	0.18	0.22	0.26	0.30	0.24	0.19	0.15	0.11	0.07	0.04	0.01	0	−0.2
0.3	0	0.00	0.01	0.02	0.03	0.05	0.07	0.09	0.11	0.14	0.17	0.20	0.24	0.28	0.22	0.17	0.12	0.08	0.04	0.01	0	−0.3
0.4	0	0.00	0.01	0.01	0.02	0.03	0.04	0.06	0.07	0.09	0.12	0.14	0.17	0.21	0.24	0.19	0.13	0.09	0.05	0.02	0	−0.4
0.5	0	0.00	0.00	0.00	0.01	0.01	0.02	0.03	0.04	0.05	0.07	0.09	0.11	0.14	0.17	0.21	0.15	0.10	0.05	0.02	0	−0.5
0.6	0	0.00	0.00	−0.01	−0.01	−0.01	−0.01	−0.01	0.00	0.01	0.02	0.03	0.05	0.07	0.09	0.13	0.16	0.11	0.06	0.02	0	−0.6
0.7	0	0.00	−0.01	−0.02	−0.02	−0.03	−0.03	−0.04	−0.04	−0.04	−0.03	−0.02	−0.01	0.00	0.02	0.05	0.08	0.12	0.06	0.02	0	−0.7
0.8	0	−0.01	−0.01	−0.02	−0.04	−0.05	−0.06	−0.07	−0.07	−0.08	−0.08	−0.08	−0.08	−0.07	−0.05	−0.03	−0.01	−0.02	0.07	0.02	0	−0.8
0.9	0	−0.01	−0.02	−0.03	−0.05	−0.07	−0.08	−0.10	−0.11	−0.12	−0.13	−0.14	−0.14	−0.14	−0.13	−0.11	−0.09	−0.06	−0.03	0.03	0	−0.9
1.0	0	−0.01	−0.02	−0.04	−0.06	−0.09	−0.11	−0.13	−0.15	−0.17	−0.18	−0.19	−0.20	−0.20	−0.20	−0.20	−0.18	−0.16	−0.12	−0.07	0	−1.0
	1.0	0.9	0.8	0.7	0.6	0.5	0.4	0.3	0.2	0.1	0.0	−0.1	−0.2	−0.3	−0.4	−0.5	−0.6	−0.7	−0.8	−0.9	−1.0	ξ \ α

附表 3　弹性地基梁的弯矩系数表（集中荷载 $t=1$，$\overline{M}$值）

1. 换算公式 $M=\overline{M}Pl$，计算简图如附图 2 所示。
2. 计算截面离梁中心的距离为 $\pm\xi l$（梁左半部为负号，右半部为正号）。
3. 集中力 P 作用点离梁中心的距离为 $\pm\alpha l$（力在梁左半部为负号，力在梁右半部为正号）。

α \ ξ	−1.0	−0.9	−0.8	−0.7	−0.6	−0.5	−0.4	−0.3	−0.2	−0.1	0.0	0.1	0.2	0.3	0.4	0.5	0.6	0.7	0.8	0.9	1.0	
0.0	0	0.01	0.02	0.04	0.06	0.09	0.12	0.16	0.20	0.24	0.29	0.24	0.20	0.16	0.12	0.09	0.06	0.04	0.02	0.01	0	0.0
0.1	0	0.00	0.01	0.03	0.05	0.07	0.10	0.13	0.16	0.20	0.24	0.29	0.23	0.19	0.15	0.11	0.07	0.04	0.02	0.01	0	−0.1
0.2	0	0.00	0.01	0.02	0.04	0.05	0.08	0.10	0.13	0.16	0.19	0.23	0.27	0.22	0.17	0.12	0.09	0.05	0.03	0.01	0	−0.2
0.3	0	0.00	0.01	0.01	0.02	0.04	0.05	0.07	0.09	0.11	0.14	0.17	0.21	0.25	0.19	0.14	0.10	0.06	0.03	0.01	0	−0.3
0.4	0	0.00	0.00	0.01	0.01	0.02	0.03	0.04	0.06	0.07	0.10	0.12	0.15	0.18	0.22	0.16	0.11	0.07	0.03	0.01	0	−0.4
0.5	0	0.00	0.00	0.00	0.00	0.00	0.01	0.01	0.02	0.03	0.05	0.07	0.09	0.12	0.15	0.18	0.13	0.08	0.04	0.01	0	−0.5
0.6	0	0.00	−0.01	−0.01	−0.02	−0.01	−0.01	−0.01	−0.01	0.00	0.00	0.01	0.03	0.05	0.07	0.11	0.14	0.09	0.04	0.01	0	−0.6
0.7	0	0.00	−0.01	−0.01	−0.02	−0.03	−0.03	−0.04	−0.04	−0.04	−0.04	−0.04	−0.03	−0.02	0.00	0.03	0.06	0.10	0.05	0.01	0	−0.7
0.8	0	0.00	−0.01	−0.02	−0.03	−0.04	−0.06	−0.07	−0.08	−0.08	−0.09	−0.09	−0.09	−0.08	−0.07	−0.05	−0.03	0.01	0.05	0.02	0	−0.8
0.9	0	0.00	−0.01	−0.03	−0.04	−0.06	−0.08	−0.09	−0.11	−0.12	−0.13	−0.14	=0.15	−0.15	−0.14	−0.13	−0.11	−0.08	−0.04	0.02	0	−0.9
1.0	0	0.00	−0.02	−0.03	−0.05	−0.08	−0.10	−0.12	−0.14	−0.16	−0.18	−0.20	−0.21	−0.21	−0.21	−0.21	−0.20	−0.17	−0.14	−0.08	0	−1.0
	1.0	0.9	0.8	0.7	0.6	0.5	0.4	0.3	0.2	0.1	0.0	−0.1	−0.2	−0.3	−0.4	−0.5	−0.6	−0.7	−0.8	−0.9	−1.0	ξ \ α

附表 4　弹性地基梁的弯矩系数表（集中荷载 $t=2$，$\overline{M}$值）

1. 换算公式 $M=\overline{M}Pl$，计算简图如附图 2 所示。
2. 计算截面离梁中心的距离为 $\pm\xi l$（梁左半部为负号，右半部为正号）。
3. 集中力 P 作用点离梁中心的距离为 $\pm\alpha l$（力在梁左半部为负号，力在梁右半部为正号）。

α \ ξ	−1.0	−0.9	−0.8	−0.7	−0.6	−0.5	−0.4	−0.3	−0.2	−0.1	0.0	0.1	0.2	0.3	0.4	0.5	0.6	0.7	0.8	0.9	1.0	
0.0	0	0.00	0.02	0.03	0.06	0.08	0.11	0.15	0.18	0.23	0.28	0.23	0.18	0.15	0.11	0.08	0.06	0.03	0.02	0.00	0	0.0
0.1	0	0.00	0.01	0.03	0.04	0.06	0.09	0.12	0.15	0.19	0.23	0.27	0.22	0.18	0.14	0.10	0.07	0.04	0.02	0.00	0	−0.1
0.2	0	0.00	0.01	0.02	0.03	0.05	0.07	0.09	0.11	0.14	0.18	0.22	0.26	0.21	0.16	0.12	0.08	0.05	0.02	0.01	0	−0.2
0.3	0	0.00	0.00	0.01	0.02	0.03	0.04	0.06	0.08	0.10	0.13	0.16	0.20	0.24	0.19	0.14	0.09	0.06	0.03	0.01	0	−0.3
0.4	0	0.00	0.00	0.00	0.01	0.02	0.02	0.04	0.05	0.07	0.09	0.11	0.14	0.18	0.21	0.16	0.11	0.07	0.03	0.01	0	−0.4
0.5	0	0.00	0.00	0.01	0.00	0.00	0.00	0.01	0.02	0.03	0.04	0.06	0.08	0.11	0.14	0.18	0.12	0.08	0.04	0.01	0	−0.5
0.6	0	0.00	0.00	−0.01	−0.01	−0.01	−0.01	−0.01	−0.01	−0.01	0.00	0.01	0.03	0.05	0.07	0.10	0.14	0.09	0.04	0.01	0	−0.6
0.7	0	0.00	−0.01	−0.01	−0.02	−0.03	−0.03	−0.04	−0.04	−0.04	−0.04	−0.04	−0.03	−0.01	0.00	0.03	0.06	0.10	0.05	0.01	0	−0.7
0.8	0	0.00	−0.01	−0.02	−0.03	−0.04	−0.05	−0.06	−0.07	−0.08	−0.08	−0.08	−0.08	−0.08	−0.07	−0.05	−0.02	−0.02	0.06	0.02	0	−0.8
0.9	0	0.00	−0.01	−0.03	−0.04	−0.06	−0.07	−0.09	−0.10	−0.11	−0.12	−0.13	−0.14	−0.14	−0.13	−0.12	−0.11	−0.08	−0.04	0.02	0	−0.9
1.0	0	0.00	−0.02	−0.03	−0.05	−0.07	−0.09	−0.11	−0.13	−0.15	−0.17	−0.18	−0.19	−0.20	−0.20	−0.20	−0.19	−0.17	−0.13	−0.08	0	−1.0
	1.0	0.9	0.8	0.7	0.6	0.5	0.4	0.3	0.2	0.1	0.0	−0.1	−0.2	−0.3	−0.4	−0.5	−0.6	−0.7	−0.8	−0.9	−1.0	ξ / α

附表 5 弹性地基梁的弯矩系数表（集中荷载 $t=3$，$\overline{M}$值）

1. 换算公式 $M=\overline{M}Pl$，计算简图如附图 2 所示。
2. 计算截面离梁中心的距离为 $\pm\xi l$（梁左半部为负号，右半部为正号）。
3. 集中力 P 作用点离梁中心的距离为 $\pm\alpha l$（力在梁左半部为负号，力在梁右半部为正号）。

α \ ξ	−1.0	−0.9	−0.8	−0.7	−0.6	−0.5	−0.4	−0.3	−0.2	−0.1	0.0	0.1	0.2	0.3	0.4	0.5	0.6	0.7	0.8	0.9	1.0	
0.0	0	0.01	0.02	0.03	0.05	0.08	0.11	0.14	0.18	0.22	0.27	0.22	0.18	0.14	0.11	0.08	0.05	0.03	0.02	0.00	0	0.0
0.1	0	0.00	0.01	0.02	0.04	0.06	0.08	0.11	0.14	0.18	0.22	0.26	0.21	0.17	0.13	0.09	0.06	0.04	0.02	0.00	0	−0.1
0.2	0	0.00	0.01	0.01	0.02	0.04	0.06	0.08	0.10	0.13	0.17	0.20	0.25	0.20	0.15	0.11	0.07	0.04	0.02	0.01	0	−0.2
0.3	0	0.00	0.00	0.01	0.02	0.03	0.04	0.05	0.07	0.10	0.12	0.15	0.19	0.23	0.18	0.13	0.09	0.05	0.03	0.01	0	−0.3
0.4	0	0.00	0.00	0.00	0.01	0.01	0.02	0.03	0.04	0.06	0.08	0.11	0.14	0.17	0.21	0.15	0.11	0.07	0.03	0.01	0	−0.4
0.5	0	0.00	0.00	0.00	0.00	0.00	0.00	0.01	0.02	0.03	0.04	0.06	0.08	0.11	0.14	0.18	0.12	0.08	0.04	0.01	0	−0.5
0.6	0	0.00	0.00	−0.01	−0.01	−0.01	−0.01	−0.01	−0.01	−0.01	0.00	0.01	0.03	0.05	0.07	0.10	0.14	0.09	0.04	0.01	0	−0.6
0.7	0	0.00	−0.01	−0.01	−0.02	−0.03	−0.03	−0.04	−0.04	−0.04	−0.04	−0.03	−0.03	−0.01	0.00	0.03	0.06	0.10	0.05	0.01	0	−0.7
0.8	0	0.00	−0.01	−0.02	−0.03	−0.04	−0.05	−0.06	−0.07	−0.07	−0.08	−0.08	−0.08	−0.07	−0.06	−0.05	−0.02	0.01	0.05	0.02	0	−0.8
0.9	0	0.00	−0.01	−0.02	−0.04	−0.05	−0.07	−0.08	−0.09	−0.11	−0.12	−0.12	−0.13	−0.13	−0.13	−0.12	−0.10	−0.08	−0.04	0.02	0	−0.9
1.0	0	0.00	−0.01	−0.03	−0.05	−0.06	−0.08	−0.10	−0.12	−0.14	−0.16	−0.17	−0.18	−0.19	−0.19	−0.19	−0.18	−0.16	−0.13	−0.08	0	−1.0
	1.0	0.9	0.8	0.7	0.6	0.5	0.4	0.3	0.2	0.1	0.0	−0.1	−0.2	−0.3	−0.4	−0.5	−0.6	−0.7	−0.8	−0.9	−1.0	ξ / α

附表 6　弹性地基梁的弯矩系数表（集中荷载 $t=5$，$\overline{M}$值）

1. 换算公式 $M=\overline{M}Pl$，计算简图如附图 2 所示。
2. 计算截面离梁中心的距离为 $\pm\xi l$（梁左半部为负号，右半部为正号）。
3. 集中力 P 作用点离梁中心的距离为 $\pm\alpha l$（力在梁左半部为负号，力在梁右半部为正号）。

α \ ξ	−1.0	−0.9	−0.8	−0.7	−0.6	−0.5	−0.4	−0.3	−0.2	−0.1	0.0	0.1	0.2	0.3	0.4	0.5	0.6	0.7	0.8	0.9	1.0	
0.0	0	0.00	0.01	0.03	0.05	0.07	0.09	0.12	0.16	0.20	0.25	0.20	0.16	0.12	0.09	0.07	0.05	0.03	0.01	0.00	0	0.0
0.1	0	0.00	0.01	0.02	0.03	0.05	0.07	0.09	0.12	0.16	0.20	0.24	0.19	0.15	0.11	0.08	0.05	0.03	0.02	0.00	0	−0.1
0.2	0	0.00	0.00	0.01	0.02	0.03	0.05	0.06	0.09	0.12	0.15	0.19	0.23	0.18	0.13	0.10	0.06	0.04	0.02	0.01	0	−0.2
0.3	0	0.00	0.00	0.00	0.01	0.02	0.03	0.04	0.06	0.08	0.11	0.14	0.17	0.22	0.16	0.12	0.08	0.05	0.02	0.01	0	−0.3
0.4	0	0.00	0.00	0.00	0.00	0.01	0.01	0.02	0.04	0.05	0.07	0.10	0.12	0.16	0.20	0.15	0.10	0.06	0.03	0.01	0	−0.4
0.5	0	0.00	0.00	0.00	0.00	0.00	0.00	0.00	0.01	0.02	0.03	0.05	0.07	0.10	0.13	0.17	0.12	0.07	0.04	0.01	0	−0.5
0.6	0	0.00	0.00	−0.01	−0.01	−0.01	−0.02	−0.02	−0.01	−0.01	0.00	0.01	0.02	0.04	0.07	0.10	0.14	0.08	0.04	0.01	0	−0.6
0.7	0	0.00	−0.01	−0.01	−0.02	−0.02	−0.03	−0.03	−0.04	−0.04	−0.04	−0.03	−0.02	−0.01	0.00	0.03	0.06	0.10	0.05	0.01	0	−0.7
0.8	0	0.00	−0.01	−0.02	−0.02	−0.03	−0.04	−0.05	−0.06	−0.07	−0.07	−0.07	−0.07	−0.07	−0.06	−0.04	−0.02	0.01	0.06	0.02	0	−0.8
0.9	0	0.00	−0.01	−0.02	−0.03	−0.04	−0.06	−0.07	−0.08	−0.09	−0.10	−0.11	−0.12	−0.12	−0.12	−0.11	−0.10	−0.07	−0.04	−0.02	0	−0.9
1.0	0	0.00	−0.01	−0.02	−0.04	−0.05	−0.07	−0.08	−0.10	−0.12	−0.14	−0.15	−0.16	−0.17	−0.18	−0.18	−0.17	−0.16	−0.13	−0.08	0	−1.0
	1.0	0.9	0.8	0.7	0.6	0.5	0.4	0.3	0.2	0.1	0.0	−0.1	−0.2	−0.3	−0.4	−0.5	−0.6	−0.7	−0.8	−0.9	−1.0	ξ \ α

附表 7 弹性地基梁的弯矩系数表（集中荷载 $t=7$，$\overline{M}$值）

1. 换算公式 $M=\overline{M}Pl$，计算简图如附图 2 所示。
2. 计算截面离梁中心的距离为$\pm\xi l$（梁左半部为负号，右半部为正号）。
3. 集中力 P 作用点离梁中心的距离为$\pm\alpha l$（力在梁左半部为负号，力在梁右半部为正号）。

α \ ξ	−1.0	−0.9	−0.8	−0.7	−0.6	−0.5	−0.4	−0.3	−0.2	−0.1	0.0	0.1	0.2	0.3	0.4	0.5	0.6	0.7	0.8	0.9	1.0	
0.0	0	0.00	0.01	0.03	0.04	0.06	0.08	0.11	0.15	0.19	0.23	0.19	0.15	0.11	0.08	0.06	0.04	0.03	0.01	0.00	0	0.0
0.1	0	0.00	0.01	0.02	0.03	0.04	0.06	0.08	0.11	0.14	0.18	0.23	0.18	0.14	0.10	0.07	0.05	0.03	0.01	0.00	0	−0.1
0.2	0	0.00	0.00	0.01	0.01	0.02	0.04	0.05	0.07	0.10	0.13	0.17	0.21	0.17	0.12	0.09	0.06	0.03	0.01	0.00	0	−0.2
0.3	0	0.00	0.00	0.00	0.00	0.01	0.02	0.03	0.05	0.07	0.09	0.13	0.16	0.20	0.15	0.11	0.07	0.04	0.02	0.00	0	−0.3
0.4	0	0.00	0.00	0.00	0.00	0.00	0.01	0.02	0.03	0.04	0.06	0.09	0.12	0.15	0.19	0.14	0.10	0.06	0.03	0.01	0	−0.4
0.5	0	0.00	0.00	0.00	0.00	0.00	0.00	0.00	0.01	0.02	0.03	0.05	0.07	0.09	0.13	0.17	0.11	0.07	0.03	0.01	0	−0.5
0.6	0	0.00	0.00	−0.01	−0.01	−0.01	−0.02	−0.02	−0.01	−0.01	0.00	0.01	0.02	0.04	0.06	0.10	0.13	0.08	0.04	0.01	0	−0.6
0.7	0	0.00	−0.01	−0.01	−0.02	−0.02	−0.03	−0.03	−0.03	−0.04	−0.03	−0.03	−0.02	−0.01	0.00	0.03	0.06	0.10	0.05	0.01	0	−0.7
0.8	0	0.00	−0.01	−0.01	−0.02	−0.03	−0.04	−0.05	−0.05	−0.06	−0.06	−0.07	−0.06	−0.06	−0.05	−0.04	−0.02	0.01	0.06	0.02	0	−0.8
0.9	0	0.00	−0.01	−0.02	−0.03	−0.04	−0.05	−0.06	−0.07	−0.08	−0.09	−0.10	−0.11	−0.11	−0.11	−0.10	−0.09	−0.07	−0.03	0.02	0	−0.9
1.0	0	0.00	−0.01	−0.02	−0.03	−0.05	−0.06	−0.07	−0.09	−0.11	−0.12	−0.13	−0.15	−0.16	−0.17	−0.17	−0.16	−0.15	−0.12	−0.08	0	−1.0
	1.0	0.9	0.8	0.7	0.6	0.5	0.4	0.3	0.2	0.1	0.0	−0.1	−0.2	−0.3	−0.4	−0.5	−0.6	−0.7	−0.8	−0.9	−1.0	ξ \ α

附表 8　弹性地基梁的弯矩系数表（集中荷载 $t=10$，$\overline{M}$值）

1. 换算公式 $M=\overline{M}Pl$，计算简图如附图 2 所示。
2. 计算截面离梁中心的距离为 $\pm\xi l$（梁左半部为负号，右半部为正号）。
3. 集中力 P 作用点离梁中心的距离为 $\pm\alpha l$（力在梁左半部为负号，力在梁右半部为正号）。

α \ ξ	−1.0	−0.9	−0.8	−0.7	−0.6	−0.5	−0.4	−0.3	−0.2	−0.1	0.0	0.1	0.2	0.3	0.4	0.5	0.6	0.7	0.8	0.9	1.0	
0.0	0	0.00	0.01	0.02	0.03	0.05	0.07	0.10	0.13	0.17	0.22	0.17	0.13	0.10	0.07	0.05	0.03	0.02	0.01	0.00	0	0.0
0.1	0	0.00	0.01	0.01	0.02	0.03	0.05	0.07	0.09	0.13	0.16	0.21	0.16	0.12	0.09	0.06	0.04	0.02	0.01	0.00	0	−0.1
0.2	0	0.00	0.00	0.00	0.00	0.01	0.02	0.04	0.06	0.08	0.11	0.15	0.20	0.15	0.11	0.07	0.04	0.02	0.01	0.00	0	−0.2
0.3	0	0.00	0.00	0.00	0.00	0.00	0.01	0.02	0.04	0.06	0.08	0.11	0.15	0.19	0.14	0.10	0.06	0.04	0.02	0.00	0	−0.3
0.4	0	0.00	0.00	0.00	0.00	0.00	0.00	0.01	0.02	0.03	0.05	0.08	0.10	0.14	0.18	0.13	0.09	0.05	0.03	0.00	0	−0.4
0.5	0	0.00	0.00	−0.01	0.00	0.00	0.00	0.00	0.00	0.01	0.02	0.04	0.06	0.09	0.12	0.16	0.11	0.07	0.03	0.01	0	−0.5
0.6	0	0.00	0.00	−0.01	−0.01	−0.01	−0.01	−0.02	−0.01	−0.01	−0.01	0.00	0.02	0.04	0.07	0.09	0.13	0.08	0.04	0.01	0	−0.6
0.7	0	0.00	−0.01	−0.01	−0.02	−0.02	−0.03	−0.03	−0.03	−0.03	−0.03	−0.03	−0.02	−0.01	0.00	0.03	0.06	0.10	0.05	0.01	0	−0.7
0.8	0	0.00	−0.01	−0.01	−0.02	−0.03	−0.03	−0.04	−0.05	−0.05	−0.06	−0.06	−0.06	−0.05	−0.05	−0.03	−0.01	0.02	0.06	0.02	0	−0.8
0.9	0	0.00	−0.01	−0.01	−0.02	−0.03	−0.04	−0.05	−0.06	−0.07	−0.08	−0.09	−0.09	−0.10	−0.10	−0.09	−0.08	−0.06	−0.03	0.02	0	−0.9
1.0	0	0.00	−0.01	−0.02	−0.03	−0.04	−0.05	−0.06	−0.07	−0.09	−0.10	−0.12	−0.13	−0.14	−0.15	−0.15	−0.15	−0.14	−0.12	−0.08	0	−1.0
	1.0	0.9	0.8	0.7	0.6	0.5	0.4	0.3	0.2	0.1	0.0	−0.1	−0.2	−0.3	−0.4	−0.5	−0.6	−0.7	−0.8	−0.9	−1.0	ξ \ α

附表 9　弹性地基梁的弯矩系数表（集中力矩 $t=0$，$\overline{M}$值）

1. 换算公式 $M=\pm\overline{M}m$，计算简图如附图 3 所示。
2. 力矩 m 以顺时针转为正，逆时针转为负。
3. 当集中力矩 m 作用在梁右半部时 M 为正，在梁左半部时 M 为负。

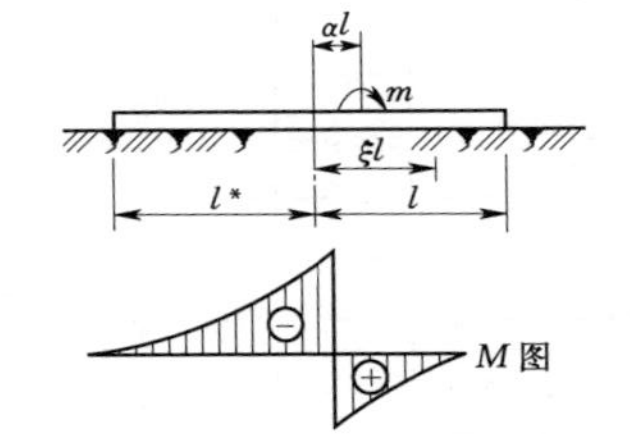

附图 3　M 计算简图

ξ	−1.0	−0.9	−0.8	−0.7	−0.6	−0.5	−0.4	−0.3	−0.2	−0.1	0.0	0.1	0.2	0.3	0.4	0.5	0.6	0.7	0.8	0.9	1.0
$\overline{M}$	0	−0.02	−0.05	−0.09	−0.14	−0.20	−0.25	−0.31	−0.37	−0.44	−0.50	−0.56	−0.63	−0.69	−0.75	−0.80	−0.86	−0.91	−0.95	−0.98	−1.00

附表 10　弹性地基梁的弯矩系数表（集中力矩 $t=1$，$\overline{M}$值）

1. 换算公式 $M=\pm\overline{M}m$，计算简图如附图 3 所示。
2. 力矩 m 以顺时针转为正，逆时针转为负。
3. 当集中力矩 m 作用在梁右半部时 M 为正，在梁左半部时 M 为负。
4. 表中带“＊”号的 $\overline{M}$ 值代表荷载作用点下内侧截面的弯矩系数，对于荷载作用点下外侧截面的弯矩系数等于 $\overline{M}^{*}+1$。
5. M 计算简图见附图 3。

α \ ξ	−1.0	−0.9	−0.8	−0.7	−0.6	−0.5	−0.4	−0.3	−0.2	−0.1	0.0	0.1	0.2	0.3	0.4	0.5	0.6	0.7	0.8	0.9	1.0	
0.0	0	−0.01	−0.04	−0.08	−0.14	−0.18	−0.24	−0.30	−0.36	−0.43	−0.50*	0.43	0.36	0.30	0.24	0.18	0.14	0.08	0.04	0.01	0	0.0
0.1	0	−0.01	−0.04	−0.08	−0.13	−0.19	−0.25	−0.31	−0.37	−0.44	−0.51	−0.57*	0.36	0.29	0.23	0.17	0.12	0.07	0.03	0.01	0	−0.1
0.2	0	−0.01	−0.04	−0.08	−0.12	−0.18	−0.23	−0.29	−0.36	−0.42	−0.49	−0.58	−0.62*	0.31	0.25	0.19	0.13	0.08	0.04	0.01	0	−0.2
0.3	0	−0.01	−0.03	−0.07	−0.11	−0.16	−0.22	−0.28	−0.33	−0.40	−0.48	−0.53	−0.61	−0.67*	0.27	0.20	0.16	0.09	0.05	0.01	0	−0.3
0.4	0	−0.01	−0.03	−0.07	−0.11	−0.16	−0.22	−0.27	−0.34	−0.40	−0.46	−0.53	−0.60	−0.67	−0.73*	0.20	0.16	0.09	0.05	0.01	0	−0.4
0.5	0	−0.01	−0.03	−0.07	−0.11	−0.16	−0.21	−0.27	−0.33	−0.40	−0.46	−0.53	−0.60	−0.66	−0.73	−0.80*	014	0.09	0.05	0.01	0	−0.5
0.6	0	−0.01	−0.03	−0.07	−0.11	−0.16	−0.22	−0.27	−0.34	−0.40	−0.46	−0.53	−0.60	−0.66	−0.73	−0.79	−0.86*	0.09	0.04	0.01	0	−0.6
0.7	0	−0.01	−0.03	−0.07	−0.11	−0.16	−0.21	−0.27	−0.33	−0.39	−0.46	−0.52	−0.59	−0.66	−0.72	−0.79	−0.85	−0.90*	0.05	0.01	0	−0.7
0.8	0	−0.01	−0.03	−0.07	−0.11	−0.16	−0.21	−0.27	−0.33	−0.39	−0.46	−0.52	−0.59	−0.66	−0.72	−0.79	−0.85	−0.90	−0.95*	0.01	0	−0.8
0.9	0	−0.01	−0.03	−0.07	−0.11	−0.16	−0.21	−0.27	−0.33	−0.39	−0.46	−0.52	−0.59	−0.66	−0.72	−0.79	−0.85	−0.90	−0.95	−0.99*	0	−0.9
1.0	0	−0.01	−0.03	−0.07	−0.11	−0.16	−0.21	−0.27	−0.33	−0.39	−0.46	−0.52	−0.59	−0.66	−0.72	−0.79	−0.85	−0.90	−0.95	−0.99	−1.00*	−1.0
	1.0	0.9	0.8	0.7	0.6	0.5	0.4	0.3	0.2	0.1	0.0	−0.1	−0.2	−0.3	−0.4	−0.5	−0.6	−0.7	−0.8	−0.9	−1.0	ξ \ α

附表 11　弹性地基梁的弯矩系数表（集中力矩 $t=2$，$\overline{M}$值）

1. 换算公式 $M=\pm\overline{M}m$，计算简图如附图 3 所示。
2. 力矩 m 以顺时针转为正，逆时针转为负。
3. 当集中力矩 m 作用在梁右半部时 M 为正，在梁左半部时 M 为负。
4. 表中带“*”号的 $\overline{M}$ 值代表荷载作用点下内侧截面的弯矩系数，对于荷载作用点下外侧截面的弯矩系数等于 $\overline{M}^{*}+1$。

α \ ξ	−1.0	−0.9	−0.8	−0.7	−0.6	−0.5	−0.4	−0.3	−0.2	−0.1	0.0	0.1	0.2	0.3	0.4	0.5	0.6	0.7	0.8	0.9	1.0	
0.0	0	−0.01	−0.04	−0.07	−0.12	−0.17	−0.23	−0.29	−0.36	−0.43	−0.50*	0.43	0.36	0.29	0.23	0.18	0.17	0.12	0.04	0.01	0	0.0
0.1	0	−0.02	−0.05	−0.09	−0.14	−0.19	−0.25	−0.31	−0.38	−0.44	−0.51	−0.58*	0.35	0.28	0.22	0.16	0.11	0.06	0.02	0.00	0	−0.1
0.2	0	−0.01	−0.04	−0.08	−0.12	−0.17	−0.23	−0.28	−0.35	−0.41	−0.48	−0.55	−0.62*	0.32	0.25	0.19	0.13	0.08	0.04	0.01	0	−0.2
0.3	0	−0.01	−0.03	−0.06	−0.10	−0.14	−0.20	−0.25	−0.31	−0.37	−0.44	−0.51	−0.57	−0.64*	0.29	0.22	0.16	0.11	0.06	0.01	0	−0.3
0.4	0	−0.01	−0.02	−0.06	−0.10	−0.14	−0.19	−0.25	−0.31	−0.37	−0.43	−0.50	−0.57	−0.64	−0.71*	0.22	0.16	0.10	0.05	0.01	0	−0.4
0.5	0	−0.01	−0.03	−0.06	−0.10	−0.14	−0.19	−0.25	−0.30	−0.37	−0.43	−0.50	−0.57	−0.64	−0.71	−0.78*	0.16	0.10	0.05	0.01	0	−0.5
0.6	0	−0.01	−0.03	−0.06	−0.10	−0.14	−0.20	−0.25	−0.31	−0.37	−0.43	−0.50	−0.57	−0.64	−0.71	−0.78	−0.84*	0.10	0.05	0.01	0	−0.6
0.7	0	−0.01	−0.03	−0.06	−0.10	−0.14	−0.19	−0.24	−0.30	−0.36	−0.42	−0.49	−0.55	−0.62	−0.69	−0.76	−0.83	−0.89*	0.06	0.02	0	−0.7
0.8	0	−0.01	−0.03	−0.06	−0.10	−0.14	−0.19	−0.24	−0.30	−0.36	−0.42	−0.48	−0.55	−0.62	−0.69	−0.76	−0.82	−0.89	0.94*	0.02	0	−0.8
0.9	0	−0.01	−0.03	−0.06	−0.10	−0.14	−0.19	−0.24	−0.30	−0.36	−0.42	−0.48	−0.55	−0.62	−0.69	−0.76	−0.82	−0.89	−0.94	−0.98*	0	−0.9
1.0	0	−0.01	−0.03	−0.06	−0.10	−0.14	−0.19	−0.24	−0.30	−0.36	−0.42	−0.48	−0.55	−0.62	−0.69	−0.76	−0.82	−0.89	−0.94	−0.98	−1.00*	−1.0
	1.0	0.9	0.8	0.7	0.6	0.5	0.4	0.3	0.2	0.1	0.0	−0.1	−0.2	−0.3	−0.4	−0.5	−0.6	−0.7	−0.8	−0.9	−1.0	ξ \ α

附表 12　弹性地基梁的弯矩系数表（集中力矩 $t=3$，$\overline{M}$值）

1. 换算公式 $M=\pm\overline{M}m$，计算简图如附图 3 所示。
2. 力矩 m 以顺时针转为正，逆时针转为负。
3. 当集中力矩 m 作用在梁右半部时 M 为正，在梁左半部时 M 为负。
4. 表中带“*”号的 $\overline{M}$ 值代表荷载作用点下内侧截面的弯矩系数，对于荷载作用点下外侧截面的弯矩系数等于 $\overline{M}^{*}+1$。

α \ ξ	−1.0	−0.9	−0.8	−0.7	−0.6	−0.5	−0.4	−0.3	−0.2	−0.1	0.0	0.1	0.2	0.3	0.4	0.5	0.6	0.7	0.8	0.9	1.0	
0.0	0	−0.01	−0.03	−0.07	−0.12	−0.17	−0.23	−0.29	−0.36	−0.43	−0.50*	0.43	0.36	0.29	0.23	0.17	0.12	0.07	0.03	0.01	0	0.0
0.1	0	−0.01	−0.05	−0.10	−0.14	−0.20	−0.25	−0.31	−0.38	−0.45	−0.52	−0.59*	0.34	0.27	0.21	0.15	0.09	0.05	0.02	0.01	0	−0.1
0.2	0	−0.01	−0.04	−0.08	−0.12	−0.17	−0.22	−0.28	−0.34	−0.40	−0.52	−0.54	−0.61*	0.32	0.25	0.19	0.13	0.08	0.04	0.01	0	−0.2
0.3	0	−0.01	−0.02	−0.05	−0.09	−0.13	−0.18	−0.23	−0.29	−0.35	−0.41	−0.48	−0.55	−0.62*	0.31	0.24	0.18	0.12	0.06	0.02	0	−0.3
0.4	0	−0.01	−0.02	−0.05	−0.09	−0.13	−0.17	−0.23	−0.28	−0.34	−0.41	−0.47	−0.54	−0.62	−0.69*	0.24	0.17	0.11	0.06	0.02	0	−0.4
0.5	0	−0.01	−0.02	−0.05	−0.09	−0.13	−0.17	−0.23	−0.28	−0.34	−0.40	−0.47	−0.54	−0.61	−0.69	−0.76*	0.17	0.11	0.06	0.02	0	−0.5
0.6	0	−0.01	−0.03	−0.06	−0.09	−0.13	−0.17	−0.22	−0.28	−0.34	−0.41	−0.47	−0.54	−0.61	−0.68	−0.76	−0.83*	0.11	0.05	0.01	0	−0.6
0.7	0	−0.01	−0.03	−0.05	−0.09	−0.13	−0.17	−0.22	−0.27	−0.33	−0.39	−0.45	−0.52	−0.59	−0.66	−0.74	−0.81	−0.88*	0.06	0.02	0	−0.7
0.8	0	−0.01	−0.13	−0.05	−0.09	−0.12	−0.17	−0.22	−0.27	−0.32	−0.39	−0.45	−0.52	−0.59	−0.66	−0.73	−0.80	−0.87	−0.93*	0.02	0	−0.8
0.9	0	−0.01	−0.03	−0.05	−0.09	−0.12	−0.17	−0.22	−0.27	−0.32	−0.39	−0.45	−0.52	−0.59	−0.66	−0.73	−0.80	−0.87	−0.93	−0.98*	0	−0.9
1.0	0	−0.01	−0.03	−0.05	−0.09	−0.12	−0.17	−0.22	−0.27	−0.32	−0.39	−0.45	−0.52	−0.59	−0.66	−0.73	−0.80	−0.87	−0.93	−0.98	−1.00*	−1.0
	1.0	0.9	0.8	0.7	0.6	0.5	0.4	0.3	0.2	0.1	0.0	−0.1	−0.2	−0.3	−0.4	−0.5	−0.6	−0.7	−0.8	−0.9	−1.0	ξ \ α

附表 13　弹性地基梁的弯矩系数表（集中力矩 $t=5$，$\overline{M}$值）

1. 换算公式 $M=\pm\overline{M}m$，计算简图如附图 3 所示。
2. 力矩 m 以顺时针转为正，逆时针转为负。
3. 当集中力矩 m 作用在梁右半部时 M 为正，在梁左半部时 M 为负。
4. 表中带“*”号的 $\overline{M}$ 值代表荷载作用点下内侧截面的弯矩系数，对于荷载作用点下外侧截面的弯矩系数等于 $\overline{M}^*+1$。

α \ ξ	−1.0	−0.9	−0.8	−0.7	−0.6	−0.5	−0.4	−0.3	−0.2	−0.1	0.0	0.1	0.2	0.3	0.4	0.5	0.6	0.7	0.8	0.9	1.0	
0.0	0	−0.01	−0.03	−0.06	−0.11	−0.16	−0.22	−0.28	−0.35	−0.42	−0.50*	0.42	0.35	0.28	0.22	0.16	0.11	0.06	0.03	0.01	0	0.0
0.1	0	−0.02	−0.06	−0.11	−0.15	−0.20	−0.26	−0.32	−0.38	−0.45	−0.52	−0.60*	0.33	0.26	0.19	0.13	0.07	0.03	0.00	0.01	0	−0.1
0.2	0	−0.01	−0.04	−0.08	−0.11	−0.16	−0.21	−0.26	−0.32	−0.38	−0.45	−0.52	−0.60*	0.33	0.26	0.19	0.13	0.08	0.04	0.01	0	−0.2
0.3	0	0.00	−0.01	−0.04	−0.06	−0.10	−0.15	−0.19	−0.25	−0.31	−0.37	−0.44	−0.51	−0.59*	0.34	0.27	0.20	0.13	0.08	0.03	0	−0.3
0.4	0	0.00	−0.01	−0.03	−0.06	−0.10	−0.14	−0.19	−0.24	−0.30	−0.36	−0.43	−0.50	−0.58	−0.66*	0.27	0.19	0.13	0.07	0.02	0	−0.4
0.5	0	0.00	−0.01	−0.03	−0.08	−0.10	−0.14	−0.18	−0.23	−0.29	−0.35	−0.42	−0.49	−0.57	−0.65	−0.73*	0.19	0.12	0.06	0.02	0	−0.5
0.6	0	−0.01	−0.02	−0.05	−0.07	−0.11	−0.15	−0.19	−0.24	−0.30	−0.36	−0.42	−0.49	−0.57	−0.65	−0.73	−0.81*	0.12	0.07	0.01	0	−0.6
0.7	0	0.00	−0.02	−0.04	−0.07	−0.10	−0.14	−0.18	−0.23	−0.28	−0.34	−0.40	−0.47	−0.54	−0.62	−0.70	−0.78	−0.86*	0.07	0.02	0	−0.7
0.8	0	0.00	−0.02	−0.04	−0.07	−0.10	−0.13	−0.17	−0.22	−0.27	−0.33	−0.39	−0.46	−0.53	−0.61	−0.69	−0.77	−0.85	−0.92*	0.02	0	−0.8
0.9	0	0.00	−0.02	−0.04	−0.07	−0.10	−0.13	−0.17	−0.22	−0.27	−0.33	−0.39	−0.46	−0.53	−0.61	−0.69	−0.77	−0.85	−0.92	−0.98*	0	−0.9
1.0	0	0.00	−0.02	−0.04	−0.07	−0.10	−0.13	−0.17	−0.22	−0.27	−0.33	−0.39	−0.46	−0.53	−0.61	−0.69	−0.77	−0.85	−0.92	−0.98	−1.00*	−1.0
	1.0	0.9	0.8	0.7	0.6	0.5	0.4	0.3	0.2	0.1	0.0	−0.1	−0.2	−0.3	−0.4	−0.5	−0.6	−0.7	−0.8	−0.9	−1.0	ξ / α

附表 14　弹性地基梁的弯矩系数表（集中力矩 $t=7$，$\overline{M}$值）

1. 换算公式 $M=\pm\overline{M}m$，计算简图如附图 3 所示。
2. 力矩 m 以顺时针转为正，逆时针转为负。
3. 当集中力矩 m 作用在梁右半部时 M 为正，在梁左半部时 M 为负。
4. 表中带“*”号的 $\overline{M}$ 值代表荷载作用点下内侧截面的弯矩系数，对于荷载作用点下外侧截面的弯矩系数等于 $\overline{M}^{*}+1$。

α \ ξ	−1.0	−0.9	−0.8	−0.7	−0.6	−0.5	−0.4	−0.3	−0.2	−0.1	0.0	0.1	0.2	0.3	0.4	0.5	0.6	0.7	0.8	0.9	1.0	
0.0	0	−0.01	−0.02	−0.06	−0.10	−0.15	−0.21	−0.27	−0.35	−0.42	−0.50*	1.42	0.35	0.27	0.21	0.15	0.10	0.06	0.02	0.01	0	0.0
0.1	0	−0.03	−0.07	−0.12	−0.16	−0.21	−0.26	−0.32	−0.39	−0.46	−0.53	−0.61*	0.31	0.24	0.17	0.11	0.05	0.01	−0.01	−0.01	0	−0.1
0.2	0	−0.01	−0.06	−0.08	−0.11	−0.15	−0.20	−0.25	−0.31	−0.37	−0.44	−0.51	−0.59*	0.33	0.26	0.19	0.13	0.08	0.02	0.01	0	−0.2
0.3	0	0.00	0.00	−0.02	−0.05	−0.08	−0.12	−0.16	−0.22	−0.27	−0.34	−0.40	−0.48	−0.56*	0.37	0.29	0.22	0.15	0.09	0.03	0	−0.3
0.4	0	0.00	0.00	−0.02	−0.05	−0.08	−0.12	−0.16	−0.21	−0.26	−0.32	−0.39	−0.47	−0.55	−0.63*	0.29	0.21	0.14	0.08	0.03	0	−0.4
0.5	0	0.00	0.00	−0.01	−0.04	−0.07	−0.10	−0.15	−0.20	−0.25	−0.31	−0.38	−0.46	−0.54	−0.62	−0.71*	0.20	0.13	0.06	0.02	0	−0.5
0.6	0	−0.01	−0.02	−0.04	−0.04	−0.09	−0.13	−0.17	−0.21	−0.26	−0.32	−0.39	−0.46	−0.54	−0.62	−0.70	−0.81*	0.13	0.06	0.02	0	−0.6
0.7	0	0.00	−0.01	−0.03	−0.05	−0.08	−0.11	−0.15	−0.19	−0.24	−0.29	−0.36	−0.42	−0.50	−0.59	−0.66	−0.75	−0.84*	0.08	0.02	0	−0.7
0.8	0	0.00	−0.01	−0.03	−0.05	−0.08	−0.11	−0.14	−0.18	−0.23	−0.29	−0.35	−0.41	−0.49	−0.57	−0.65	−0.74	−0.83	−0.91*	0.03	0	−0.8
0.9	0	0.00	−0.01	−0.03	−0.05	−0.08	−0.11	−0.14	−0.18	−0.23	−0.29	−0.35	−0.41	−0.49	−0.57	−0.65	−0.74	−0.83	−0.91	−0.97*	0	−0.9
1.0	0	0.00	−0.01	−0.03	−0.05	−0.08	−0.11	−0.14	−0.18	−0.23	−0.29	−0.35	−0.41	−0.49	−0.57	−0.65	−0.74	−0.83	−0.91	−0.97	−1.00*	−1.0
	1.0	0.9	0.8	0.7	0.6	0.5	0.4	0.3	0.2	0.1	0.0	−0.1	−0.2	−0.3	−0.4	−0.5	−0.6	−0.7	−0.8	−0.9	−1.0	ξ \ α

附表 15　弹性地基梁的弯矩系数表（集中力矩 $t=10$，$\overline{M}$值）

1. 换算公式 $M=\pm\overline{M}m$，计算简图如附图 3 所示。
2. 力矩 m 以顺时针转为正，逆时针转为负。
3. 当集中力矩 m 作用在梁右半部时 M 为正，在梁左半部时 M 为负。
4. 表中带“*”号的 $\overline{M}$ 值代表荷载作用点下内侧截面的弯矩系数，对于荷载作用点下外侧截面的弯矩系数等于 $\overline{M}^{*}+1$。

α \ ξ	−1.0	−0.9	−0.8	−0.7	−0.6	−0.5	−0.4	−0.3	−0.2	−0.1	0.0	0.1	0.2	0.3	0.4	0.5	0.6	0.7	0.8	0.9	1.0	
0.0	0	0.00	−0.02	−0.05	−0.09	−0.14	−0.20	−0.26	−0.34	−0.42	−0.50*	0.42	0.34	0.26	0.20	0.14	0.09	0.05	0.02	0.00	0	0.0
0.1	0	−0.04	−0.09	−0.13	−0.17	−0.22	−0.27	−0.32	−0.39	−0.46	−0.54	−0.62*	0.29	0.22	0.14	0.08	0.03	−0.02	−0.03	−0.02	0	−0.1
0.2	0	−0.02	−0.05	−0.08	−0.11	−0.15	−0.19	−0.24	−0.29	−0.35	−0.42	−0.50	−0.58*	0.34	0.26	0.19	0.13	0.07	0.03	0.00	0	−0.2
0.3	0	−0.01	0.01	0.00	−0.02	−0.05	−0.09	−0.13	−0.18	−0.23	−0.29	−0.36	−0.44	−0.52*	0.40	0.32	0.25	0.18	0.11	0.04	0	−0.3
0.4	0	0.01	0.01	0.00	−0.02	−0.05	−0.08	−0.12	−0.17	−0.22	−0.28	−0.35	−0.42	−0.51	−0.59*	0.32	0.24	0.16	0.09	0.03	0	−0.4
0.5	0	0.01	0.01	0.00	−0.02	−0.04	−0.07	−0.11	−0.16	−0.21	−0.27	−0.34	−0.41	−0.50	−0.59	−0.68*	0.23	0.14	0.07	0.02	0	−0.5
0.6	0	−0.01	−0.02	−0.03	−0.05	−0.07	−0.10	−0.13	−0.18	−0.22	−0.28	−0.34	−0.41	−0.49	−0.58	−0.68	−0.77*	0.14	0.06	0.02	0	−0.6
0.7	0	0.00	−0.01	−0.02	−0.04	−0.06	−0.08	−0.11	−0.15	−0.19	−0.24	−0.30	−0.37	−0.45	−0.53	−0.62	−0.72	−0.81*	0.09	0.03	0	−0.7
0.8	0	0.00	−0.01	−0.02	−0.03	−0.05	−0.07	−0.10	−0.14	−0.18	−0.23	−0.29	−0.36	−0.43	−0.52	−0.61	−0.70	−0.80	−0.89*	0.03	0	−0.8
0.9	0	0.00	−0.01	−0.02	−0.03	−0.05	−0.07	−0.11	−0.14	−0.18	−0.23	−0.29	−0.36	−0.43	−0.52	−0.61	−0.70	−0.80	−0.89	−0.97*	0	−0.9
1.0	0	0.00	−0.01	−0.02	−0.03	−0.05	−0.08	−0.11	−0.14	−0.19	−0.24	−0.29	−0.36	−0.44	−0.52	−0.61	−0.70	−0.80	−0.89	−0.97	−1.00*	−1.0
	1.0	0.9	0.8	0.7	0.6	0.5	0.4	0.3	0.2	0.1	0.0	−0.1	−0.2	−0.3	−0.4	−0.5	−0.6	−0.7	−0.8	−0.9	−1.0	ξ \ α

附表 16　弹性地基梁在边荷载作用下的弯矩系数表（边荷载 $t=0$，$\overline{M}$值）

1. 换算公式 $M=0.01\overline{M}P'l$，计算简图如附图 4 所示。
2. 计算截面离梁中心的距离为 $\pm\xi l$（梁左半部为负号，右半部为正号）。
3. 集中力 P'作用点离梁中心的距离为 $\pm\alpha l$（力在梁左半部为负号，力在梁右半部为正号）。

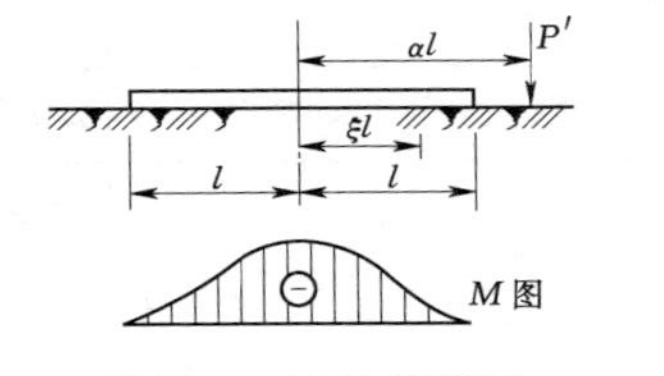

附图 4　M 计算简图

α \ ξ	−1.0	−0.9	−0.8	−0.7	−0.6	−0.5	−0.4	−0.3	−0.2	−0.1	0.0	0.1	0.2	0.3	0.4	0.5	0.6	0.7	0.8	0.9	1.0	
1.05	0	−0.3	−1.4	−1.8	−2.6	−3.1	−4.4	−5.2	−6.0	−6.5	−7.0	−7.2	−7.3	−7.1	−6.6	−5.9	−4.9	−3.6	−2.1	−0.7	0	−1.05
1.15	0	−0.2	−0.7	−1.3	−2.0	−2.7	−3.3	−3.9	−4.5	−4.9	−5.2	−5.4	−5.4	−5.2	−4.8	−4.2	−3.5	−2.5	−1.4	−0.5	0	−1.15
1.25	0	−0.2	−0.6	−1.0	−1.6	−2.1	−2.6	−3.1	−3.5	−3.8	−4.1	−4.2	−4.2	−4.0	−3.7	−3.2	−2.6	−1.9	−1.1	−0.4	0	−1.25
1.35	0	−0.1	−0.5	−0.9	−1.3	−1.8	−2.2	−2.6	−2.9	−3.1	−3.3	−3.4	−3.4	−3.2	−3.0	−2.6	−2.1	−1.5	−0.8	−0.3	0	−1.35
1.45	0	−0.1	−0.4	−0.7	−1.1	−1.5	−1.8	−2.2	−2.2	−2.6	−2.8	−2.8	−2.8	−2.7	−2.4	−2.1	−1.7	−1.2	−0.7	−0.2	0	−1.45
1.55	0	−0.1	−0.3	−0.6	−0.9	−1.3	−1.6	−1.8	−2.1	−2.2	−2.3	−2.4	−2.3	−2.2	−2.0	−1.7	−1.4	−1.0	−0.5	−0.2	0	−1.55
1.65	0	−0.1	−0.3	−0.5	−0.8	−1.1	−1.3	−1.6	−1.8	−1.9	−2.0	−2.0	−2.0	−1.9	−1.7	−1.5	−1.2	−0.8	−0.5	−0.2	0	−1.65
1.75	0	−0.1	−0.2	−0.5	−0.7	−1.0	−1.2	−1.4	−1.6	−1.7	−1.8	−1.8	−1.7	−1.7	−1.5	−1.3	−1.0	−0.7	−0.4	−0.1	0	−1.75
1.85	0	−0.1	−0.2	−0.4	−0.6	−0.8	−1.1	−1.2	−1.4	−1.5	−1.5	−1.6	−1.5	−1.4	−1.3	−1.1	−0.9	−0.6	−0.3	−0.1	0	−1.85
1.95	0	−0.1	−0.2	−0.4	−0.6	−0.8	−0.9	−1.1	−1.2	−1.3	−1.4	−1.4	−1.4	−1.3	−1.1	−1.0	−0.8	−0.5	−0.3	−0.1	0	−1.95
2.10	0	−0.1	−0.2	−0.3	−0.5	−0.6	−0.8	−0.9	−1.0	−1.1	−1.2	−1.2	−1.1	−1.1	−1.0	−0.8	−0.6	−0.5	−0.3	−0.1	0	−2.10
2.30	0	−0.1	−0.2	−0.3	−0.4	−0.5	−0.7	−0.8	−0.9	−0.9	−1.0	−1.0	−0.9	−0.9	−0.8	−0.4	−0.5	−0.4	−0.2	−0.1	0	−2.30
2.50	0	0.0	−0.1	−0.2	−0.3	−0.5	−0.6	−0.6	−0.7	−0.8	−0.8	−0.8	−0.8	−0.7	−0.6	−0.6	−0.4	−0.3	−0.2	−0.1	0	−2.50
2.70	0	0.0	−0.1	−0.2	−0.3	−0.4	−0.5	−0.6	−0.6	−0.7	−0.7	−0.7	−0.7	−0.6	−0.6	−0.5	−0.4	−0.3	−0.1	0.0	0	−2.70
2.90	0	0.0	−0.1	−0.2	−0.3	−0.3	−0.4	−0.5	−0.5	−0.6	−0.6	−0.6	−0.6	−0.5	−0.5	−0.4	−0.3	−0.2	−0.1	0.0	0	−2.90
	1.0	0.9	0.8	0.7	0.6	0.5	0.4	0.3	0.2	0.1	0.0	−0.1	−0.2	−0.3	−0.4	−0.5	−0.6	−0.7	−0.8	−0.9	−1.0	ξ \ α

附表 17　弹性地基梁在边荷载作用下的弯矩系数表（边荷载 $t=1$，$\overline{M}$值）

1. 换算公式 $M=0.01\overline{M}P'l$。
2. 计算截面离梁中心的距离为 $\pm\xi l$（梁左半部为负号，右半部为正号）。
3. 集中力 P' 作用点离梁中心的距离为 $\pm\alpha l$（力在梁左半部为负号，力在梁右半部为正号）。
4. M 计算简图同附图 4。

α \ ξ	−1.0	−0.9	−0.8	−0.7	−0.6	−0.5	−0.4	−0.3	−0.2	−0.1	0.0	0.1	0.2	0.3	0.4	0.5	0.6	0.7	0.8	0.9	1.0	
1.05	0	−0.3	−0.8	−1.6	−2.4	−3.2	−4.0	−4.8	−5.5	−6.0	−6.4	−6.7	−6.8	−6.6	−6.2	−5.5	−4.6	−3.4	−2.0	−0.7	0	−1.05
1.15	0	−0.2	−0.6	−1.2	−1.8	−2.5	−3.1	−3.6	−4.1	−4.6	−4.8	−5.0	−5.0	−4.9	−4.6	−4.0	−3.3	−2.4	−1.4	−0.5	0	−1.15
1.25	0	−0.2	−0.5	−1.0	−1.5	−2.0	−2.4	−2.9	−3.3	−3.6	−3.8	−3.9	−3.9	−3.8	−3.0	−3.1	−3.0	−1.8	−1.0	−0.4	0	−1.25
1.35	0	−0.1	−0.4	−0.8	−1.2	−1.6	−2.0	−2.4	−2.7	−2.9	−3.1	−3.2	−3.1	−3.0	−2.8	−2.4	−2.0	−1.4	−0.8	−0.3	0	−1.35
1.45	0	−0.1	−0.4	−0.7	−1.0	−1.4	−1.7	−2.0	−2.2	−2.4	−2.6	−2.6	−2.6	−2.5	−2.3	−2.0	−1.6	−1.2	−0.7	−0.2	0	−1.45
1.55	0	−0.1	−0.3	−0.6	−0.9	−1.2	−1.4	−1.7	−1.9	−2.1	−2.2	−2.2	−2.2	−2.1	−1.9	−1.7	−1.3	−1.0	−0.5	−0.2	0	−1.55
1.65	0	−0.1	−0.3	−0.5	−0.8	−1.0	−1.3	−1.5	−1.7	−1.8	−1.9	−1.9	−1.9	−1.8	−1.6	−1.4	−1.1	−0.8	−0.5	−0.1	0	−1.65
1.75	0	−0.1	−0.2	−0.4	−0.7	−0.9	−1.1	−1.3	−1.4	−1.6	−1.6	−1.7	−1.6	−1.6	−1.4	−1.2	−1.0	−0.7	−0.4	−0.1	0	−1.75
1.85	0	−0.1	−0.2	−0.4	−0.6	−0.6	−1.0	−1.1	−1.3	−1.4	−1.4	−1.5	−1.4	−1.4	−1.2	−1.1	−0.8	−0.6	−0.3	−0.1	0	−1.85
1.95	0	−0.1	−0.2	−0.4	−0.5	−0.7	−0.9	−1.0	−1.1	−1.2	−1.3	−1.3	−1.2	−1.2	−1.1	−0.9	−0.7	−0.5	−0.3	−0.1	0	−1.95
2.10	0	−0.1	−0.2	−0.3	−0.5	−0.6	−0.7	−0.9	−1.0	−1.0	−1.1	−1.1	−1.1	−1.0	−0.9	−0.8	−0.6	−0.4	−0.2	−0.1	0	−2.10
2.30	0	−0.1	−0.1	−0.3	−0.4	−0.5	−0.6	−0.7	−0.8	−0.9	−0.9	−0.9	−0.9	−0.8	−0.7	−0.6	−0.5	−0.3	−0.2	−0.1	0	−2.30
2.50	0	0.0	−0.1	−0.2	−0.3	−0.4	−0.5	−0.6	−0.7	−0.7	−0.7	−0.7	−0.7	−0.7	−0.6	−0.5	−0.4	−0.3	−0.2	0.0	0	−2.50
2.70	0	0.0	−0.1	−0.2	−0.3	−0.4	−0.4	−0.5	−0.6	−0.6	−0.6	−0.6	−0.6	−0.6	−0.5	−0.4	−0.4	−0.2	−0.1	0.0	0	−2.70
2.90	0	0.0	−0.1	−0.2	−0.2	−0.3	−0.3	−0.4	−0.5	−0.5	−0.5	−0.5	−0.5	−0.5	−0.4	−0.4	−0.3	−0.2	−0.1	0.0	0	−2.90
	1.0	0.9	0.8	0.7	0.6	0.5	0.4	0.3	0.2	0.1	0.0	−0.1	−0.2	−0.3	−0.4	−0.5	−0.6	−0.7	−0.8	−0.9	−1.0	ξ / α

附表 18　弹性地基梁在边荷载作用下的弯矩系数表（边荷载 $t=2$，$\overline{M}$值）

1. 换算公式 $M=0.01\overline{M}P'l$。
2. 计算截面离梁中心的距离为$\pm\xi l$（梁左半部为负号，右半部为正号）。
3. 集中力 P'作用点离梁中心的距离为$\pm\alpha l$（力在梁左半部为负号，力在梁右半部为正号）。
4. M 计算简图同附图 4。

α \ ξ	−1.0	−0.9	−0.8	−0.7	−0.6	−0.5	−0.4	−0.3	−0.2	−0.1	0.0	0.1	0.2	0.3	0.4	0.5	0.6	0.7	0.8	0.9	1.0	
1.05	0	−0.2	−0.8	−1.5	−2.2	−3.0	−3.7	−4.4	−5.1	−5.6	−6.0	−6.3	−6.3	−6.2	−5.9	−5.2	−4.4	−3.3	−2.0	−0.7	0	−1.05
1.15	0	−0.2	−0.6	−1.1	−1.7	−2.3	−2.9	−3.4	−3.8	−4.2	−4.5	−4.7	−4.7	−4.6	−4.3	−3.8	−3.1	−2.3	−1.4	−0.5	0	−1.15
1.25	0	−0.1	−0.5	−0.9	−1.4	−1.8	−2.3	−2.7	−3.0	−3.3	−3.5	−3.7	−3.7	−3.5	−3.3	−2.9	−2.4	−1.7	−1.0	−0.3	0	−1.25
1.35	0	−0.1	−0.4	−0.7	−1.1	−1.5	−1.8	−2.2	−2.5	−2.7	−2.8	−3.0	−3.0	−2.8	−2.6	−2.3	−1.9	−1.3	−0.8	−0.3	0	−1.35
1.45	0	−0.1	−0.3	−0.6	−1.0	−1.3	−1.6	−1.8	−2.1	−2.3	−2.4	−2.5	−2.4	−2.3	−2.1	−1.8	−1.5	−1.1	−0.6	−0.2	0	−1.45
1.55	0	−0.1	−0.3	−0.5	−0.8	−1.1	−1.3	−1.6	−1.8	−1.9	−2.0	−2.1	−2.0	−1.9	−1.8	−1.6	−1.2	−0.9	−0.5	−0.2	0	−1.55
1.65	0	−0.1	−0.3	−0.4	−0.7	−1.0	−1.2	−1.4	−1.5	−1.7	−1.8	−1.8	−1.7	−1.7	−1.5	−1.3	−1.1	−0.8	−0.4	−0.2	0	−1.65
1.75	0	−0.1	−0.2	−0.4	−0.6	−0.8	−1.0	−1.2	−1.3	−1.5	−1.5	−1.6	−1.5	−1.5	−1.3	−1.1	−0.9	−0.6	−0.4	−0.1	0	−1.75
1.85	0	−0.1	−0.2	−0.4	−0.6	−0.7	−0.9	−1.1	−1.2	−1.3	−1.4	−1.4	−1.4	−1.3	−1.2	−1.0	−0.8	−0.5	−0.3	−0.1	0	−1.85
1.95	0	0.0	−0.1	−0.3	−0.5	−0.6	−0.8	−0.9	−1.0	−1.1	−1.2	−1.2	−1.2	−1.1	−1.0	−0.8	−0.7	−0.5	−0.2	−0.1	0	−1.95
2.10	0	0.0	−0.1	−0.3	−0.4	−0.6	−0.7	−0.8	−0.9	−1.0	−1.0	−1.0	−1.0	−0.9	−0.8	−0.7	−0.6	−0.4	−0.2	−0.1	0	−2.10
2.30	0	0.0	−0.1	−0.2	−0.4	−0.5	−0.6	−0.6	−0.7	−0.8	−0.8	−0.8	−0.8	−0.8	−0.7	−0.6	−0.5	−0.3	−0.2	−0.1	0	−2.30
2.50	0	0.0	−0.1	−0.2	−0.3	−0.4	−0.5	−0.6	−0.6	−0.7	−0.7	−0.7	−0.7	−0.6	−0.6	−0.5	−0.4	−0.3	−0.1	−0.1	0	−2.50
2.70	0	0.0	−0.1	−0.2	−0.3	−0.3	−0.4	−0.5	−0.5	−0.6	−0.6	−0.6	−0.6	−0.5	−0.5	−0.4	−0.3	−0.2	−0.1	0.0	0	−2.70
2.90	0	0.1	−0.1	−0.1	−0.2	−0.3	−0.4	−0.4	−0.5	−0.5	−0.5	−0.5	−0.5	−0.5	−0.4	−0.3	−0.3	−0.2	−0.1	0.0	0	−2.90
	1.0	0.9	0.8	0.7	0.6	0.5	0.4	0.3	0.2	0.1	0.0	−0.1	−0.2	−0.3	−0.4	−0.5	−0.6	−0.7	−0.8	−0.9	−1.0	ξ \ α

附表 19 弹性地基梁在边荷载作用下的弯矩系数表（边荷载 $t=3$，$\overline{M}$值）

1. 换算公式 $M=0.01\overline{M}P'l$。
2. 计算截面离梁中心的距离为$\pm\xi l$（梁左半部为负号，右半部为正号）。
3. 集中力 P'作用点离梁中心的距离为$\pm\alpha l$（力在梁左半部为负号，力在右半部为正号）。
4. M计算简图同附图 4。

α \ ξ	−1.0	−0.9	−0.8	−0.7	−0.6	−0.5	−0.4	−0.3	−0.2	−0.1	0.0	0.1	0.2	0.3	0.4	0.5	0.6	0.7	0.8	0.9	1.0	
1.05	0	−0.2	−0.7	−1.5	−2.0	−2.8	−3.5	−4.1	−4.9	−5.2	−5.6	−5.9	−6.0	−5.9	−5.6	−5.0	−4.2	−3.1	−1.9	−0.7	0	−1.05
1.15	0	−0.2	−0.5	−1.0	−1.6	−2.1	−2.7	−3.1	−3.6	−4.0	−4.2	−4.4	−4.4	−4.3	−4.1	−3.6	−3.0	−2.2	−1.3	−0.5	0	−1.15
1.25	0	−0.1	−0.4	−0.8	−1.3	−1.7	−2.1	−2.5	−2.9	−3.1	−3.3	−3.4	−3.5	−3.4	−3.1	−2.8	−2.3	−1.7	−1.0	−0.3	0	−1.25
1.35	0	−0.1	−0.4	−0.7	−1.0	−1.4	−1.7	−2.0	−2.3	−2.5	−2.7	−2.8	−2.8	−2.7	−2.5	−2.2	−1.8	−1.3	−0.7	−0.2	0	−1.35
1.45	0	−0.1	−0.3	−0.6	−0.9	−1.2	−1.5	−1.7	−1.9	−2.1	−2.2	−2.3	−2.6	−2.2	−2.0	−1.8	−1.4	−1.0	−0.6	−0.2	0	−1.45
1.55	0	−0.1	−0.3	−0.5	−0.8	−0.9	−1.3	−1.5	−1.7	−1.8	−1.9	−2.0	−1.9	−1.9	−1.7	−1.4	−1.2	−0.8	−0.5	−0.2	0	−1.55
1.65	0	−0.1	−0.2	−0.4	−0.7	−0.9	−1.1	−1.3	−1.4	−1.6	−1.7	−1.7	−1.7	−1.6	−1.5	−1.3	−1.0	−0.7	−0.4	−0.1	0	−1.65
1.75	0	−0.1	−0.2	−0.4	−0.6	−0.8	−1.0	−1.1	−1.3	−1.4	−1.6	−1.5	−1.4	−1.4	−1.3	−1.1	−0.9	−0.6	−0.4	−0.1	0	−1.75
1.85	0	−0.1	−0.2	−0.4	−0.5	−0.7	−0.8	−1.0	−1.1	−1.2	−1.4	−1.3	−13.	−1.2	−1.1	−0.9	−0.8	−0.5	−0.3	−0.1	0	−1.85
1.95	0	−0.1	−0.2	−0.3	−0.5	−0.6	−0.8	−0.9	−1.0	−1.1	−1.3	−1.1	−1.1	−1.1	−1.0	−0.8	−0.7	−0.5	−0.3	−0.1	0	−1.95
2.10	0	−0.1	−0.2	−0.3	−0.4	−0.5	−0.6	−0.8	−0.9	−0.9	−1.1	−1.0	−0.9	−0.9	−0.8	−0.7	−0.5	−0.4	−0.2	−0.1	0	−2.10
2.30	0	0.0	−0.1	−0.2	−0.3	−0.4	−0.5	−0.6	−0.7	−0.8	−1.0	−0.8	−0.8	−0.7	−0.7	−0.6	−0.4	−0.3	−0.2	−0.1	0	−2.30
2.50	0	0.0	−0.1	−0.2	−0.3	−0.4	−0.5	−0.5	−0.6	−0.6	−0.7	−0.7	−0.6	−0.6	−0.5	−0.5	−0.4	−0.3	−0.1	−0.1	0	−2.50
2.70	0	0.0	−0.1	−0.2	−0.2	−0.3	−0.4	−0.5	−0.5	−0.5	−0.6	−0.6	−0.5	−0.5	−0.4	−0.4	−0.3	−0.2	−0.1	0.0	0	−2.70
2.90	0	0.0	−0.1	−0.1	−0.2	−0.3	−0.3	−0.4	−0.4	−0.5	−0.5	−0.5	−0.5	−0.4	−0.4	−0.3	−0.3	−0.2	−0.1	0.0	0	−2.90
	1.0	0.9	0.8	0.7	0.6	0.5	0.4	0.3	0.2	0.1	0.0	−0.1	−0.2	−0.3	−0.4	−0.5	−0.6	−0.7	−0.8	−0.9	−1.0	ξ \ α

附表 20　弹性地基梁在边荷载作用下的弯矩系数表（边荷载 $t=5$，$\overline{M}$值）

1. 换算公式 $M=0.01\overline{M}P'l$。
2. 计算截面离梁中心的距离为$\pm\xi l$（梁左半部为负号，右半部为正号）。
3. 集中力 P'作用点离梁中心的距离为$\pm\alpha l$（力在梁左半部为负号，力在梁右半部为正号）。
4. M计算简图同附图 4。

α \ ξ	−1.0	−0.9	−0.8	−0.7	−0.6	−0.5	−0.4	−0.3	−0.2	−0.1	0.0	0.1	0.2	0.3	0.4	0.5	0.6	0.7	0.8	0.9	1.0	
1.05	0	−0.2	−0.6	−1.2	−1.8	−2.4	−3.0	−3.6	−4.1	−4.6	−5.0	−5.2	−5.4	−5.3	−5.1	−4.6	−3.9	−2.9	−1.8	−0.6	0	−1.05
1.15	0	−0.1	−0.5	−0.9	−1.4	−1.9	−2.3	−2.8	−3.2	−3.5	−3.8	−3.9	−4.0	−3.9	−3.7	−3.3	−2.3	−2.1	−1.2	−0.4	0	−1.15
1.25	0	−0.1	−0.3	−0.7	−1.1	−1.5	−1.8	−2.2	−2.5	−2.7	−2.9	−3.1	−3.1	−3.0	−2.8	−2.5	−2.1	−1.5	−0.9	−0.3	0	−1.25
1.35	0	−0.1	−0.3	−0.6	−0.9	−1.2	−1.5	−1.8	−2.1	−2.3	−2.4	−2.5	−2.5	−2.4	−2.3	−2.0	−1.6	−1.2	−0.7	−0.2	0	−1.35
1.45	0	−0.1	−0.3	−0.5	−0.8	−1.0	−1.3	−1.5	−1.7	−1.9	−2.0	−2.1	−2.1	−2.0	−1.8	−1.6	−1.3	−1.0	−0.5	−0.2	0	−1.45
1.55	0	−0.1	−0.2	−0.4	−0.7	−0.9	−1.1	−1.3	−1.5	−1.6	−1.7	−1.7	−1.7	−1.7	−1.5	−1.4	−1.1	−0.8	−0.4	−0.1	0	−1.55
1.65	0	−0.1	−0.2	−0.4	−0.6	−0.8	−1.0	−1.1	−1.3	−1.4	−1.5	−1.5	−1.5	−1.4	−1.3	−1.2	−0.9	−0.7	−0.4	−0.1	0	−1.65
1.75	0	−0.1	−0.2	−0.3	−0.5	−0.7	−0.9	−1.0	−1.1	−1.2	−1.3	−1.3	−1.3	−1.2	−1.1	−1.0	−0.8	−0.6	−0.3	−0.1	0	−1.75
1.85	0	−0.1	−0.2	−0.3	−0.4	−0.6	−0.8	−0.9	−1.0	−1.1	−1.1	−1.2	−1.1	−1.1	−1.0	−0.9	−0.7	−0.5	−0.3	−0.1	0	−1.85
1.95	0	0.0	−0.1	−0.3	−0.4	−0.5	−0.7	−0.8	−0.9	−0.9	−1.0	−1.0	−1.0	−0.9	−0.8	−0.7	−0.6	−0.4	−0.2	−0.1	0	−1.95
2.10	0	0.0	−0.1	−0.2	−0.3	−0.5	−0.6	−0.7	−0.8	−0.8	−0.3	−0.9	−0.8	−0.8	−0.7	−0.6	−0.5	−0.4	−0.2	−0.1	0	−2.10
2.30	0	0.0	−0.1	−0.2	−0.3	−0.4	−0.5	−0.6	−0.6	−0.7	−0.7	−0.7	−0.7	−0.7	−0.6	−0.5	−0.4	−0.3	−0.2	−0.1	0	−2.30
2.50	0	0.0	−0.1	−0.2	−0.3	−0.3	−0.4	−0.5	−0.5	−0.6	−0.6	−0.6	−0.6	−0.5	−0.5	−0.4	−0.3	−0.2	−0.2	0.0	0	−2.50
2.70	0	0.0	−0.1	−0.1	−0.2	−0.3	−0.3	−0.4	−0.4	−0.5	−0.5	−0.5	−0.5	−0.5	−0.4	−0.4	−0.3	−0.2	−0.1	0.0	0	−2.70
2.90	0	0.0	−0.1	−0.1	−0.2	−0.2	−0.3	−0.3	−0.4	−0.4	−0.4	−0.4	−0.4	−0.4	−0.3	−0.3	−0.3	−0.2	−0.1	0.0	0	−2.90
	1.0	0.9	0.8	0.7	0.6	0.5	0.4	0.3	0.2	0.1	0.0	−0.1	−0.2	−0.3	−0.4	−0.5	−0.6	−0.7	−0.8	−0.9	−1.0	ξ \ α

附表 21 弹性地基梁在边荷载作用下的弯矩系数表（边荷载 $t=7$，$\overline{M}$值）

1. 换算公式 $M=0.01\overline{M}P'l$。
2. 计算截面离梁中心的距离为$\pm\xi l$（梁左半部为负号，右半部为正号）。
3. 集中力 P'作用点离梁中心的距离为$\pm\alpha l$（力在梁左半部为负号，力在梁右半部为正号）。
4. M计算简图同附图 4。

α \ ξ	−1.0	−0.9	−0.8	−0.7	−0.6	−0.5	−0.4	−0.3	−0.2	−0.1	0.0	0.1	0.2	0.3	0.4	0.5	0.6	0.7	0.8	0.9	1.0	
1.05	0	−0.2	−0.6	−1.0	−1.6	−2.1	−2.7	−3.2	−3.7	−4.1	−4.5	−4.7	−4.9	−4.9	−4.7	−4.3	−3.6	−2.8	−1.7	−0.6	0	−1.05
1.15	0	−0.1	−0.4	−0.8	−1.2	−1.6	−2.1	−2.5	−2.8	−3.1	−3.4	−3.5	−3.6	−3.6	−3.4	−3.1	−2.6	−1.9	−1.2	−0.4	0	−1.15
1.25	0	−0.1	−0.3	−0.7	−1.0	−1.3	−1.6	−2.0	−2.2	−2.5	−2.7	−2.8	−2.8	−2.6	−2.7	−2.3	−1.9	−1.4	−0.8	−0.3	0	−1.25
1.35	0	−0.1	−0.3	−0.6	−0.8	−1.1	−1.4	−1.6	−1.8	−2.0	−2.2	−2.3	−2.3	−2.2	−2.1	−1.8	−1.5	−1.1	−0.6	−0.2	0	−1.35
1.45	0	−0.1	−0.2	−0.5	−0.7	−0.9	−1.2	−1.4	−1.6	−1.7	−1.8	−1.9	−1.9	−1.8	−2.0	−1.5	−1.2	−0.9	−0.5	−0.2	0	−1.45
1.55	0	−0.1	−0.2	−0.4	−0.6	−0.8	−1.0	−1.2	−1.3	−1.4	−1.5	−1.6	−1.6	−1.5	−1.4	−1.3	−1.0	−0.7	−0.4	−0.2	0	−1.55
1.65	0	−0.1	−0.2	−0.4	−0.5	−0.7	−0.9	−1.0	−1.1	−1.2	−1.3	−1.4	−1.4	−1.3	−1.2	−1.0	−0.9	−0.6	−0.4	−0.1	0	−1.65
1.75	0	−0.1	−0.2	−0.3	−0.5	−0.6	−0.8	−0.9	−1.0	−1.1	−1.1	−1.2	−1.2	−1.1	−1.0	−0.9	−0.7	−0.5	−0.3	−0.1	0	−1.75
1.85	0	−0.1	−0.1	−0.3	−0.4	−0.5	−0.7	−0.8	−0.9	−0.9	−1.0	−1.0	−1.0	−1.0	−0.9	−0.8	−0.6	−0.5	−0.3	−0.1	0	−1.85
1.95	0	0.0	−0.1	−0.2	−0.4	−0.5	−0.6	−0.7	−0.8	−0.9	−0.9	−0.9	−0.9	−0.9	−0.8	−0.7	−0.6	−0.4	−0.2	−0.1	0	−1.95
2.10	0	0.0	−0.1	−0.2	−0.3	−0.4	−0.5	−0.6	−0.7	−0.7	−0.8	−0.8	−0.8	−0.7	−0.7	−0.6	−0.5	−0.3	−0.2	−0.1	0	−2.10
2.30	0	0.0	−0.1	−0.2	−0.3	−0.3	−0.4	−0.5	−0.6	−0.6	−0.6	−0.6	−0.6	−0.6	−0.5	−0.5	−0.4	−0.3	−0.1	−0.1	0	−2.30
2.50	0	0.0	−0.1	−0.2	−0.2	−0.3	−0.4	−0.4	−0.5	−0.5	−0.5	−0.5	−0.5	−0.5	−0.4	−0.4	−0.3	−0.2	−0.1	0.0	0	−2.50
2.70	0	0.0	−0.1	−0.1	−0.2	−0.3	−0.3	−0.4	−0.4	−0.4	−0.4	−0.5	−0.4	−0.4	−0.4	−0.3	−0.3	−0.2	−0.1	0.0	0	−2.70
2.90	0	0.0	−0.1	−0.1	−0.2	−0.2	−0.3	−0.3	−0.4	−0.4	−0.4	−0.4	−0.4	−0.4	−0.3	−0.3	−0.2	−0.2	−0.1	0.0	0	−2.90
	1.0	0.9	0.8	0.7	0.6	0.5	0.4	0.3	0.2	0.1	0.0	−0.1	−0.2	−0.3	−0.4	−0.5	−0.6	−0.7	−0.8	−0.9	−1.0	ξ \ α

附表 22　弹性地基梁在边荷载作用下的弯矩系数表（边荷载 $t=10$，$\overline{M}$值）

1. 换算公式 $M=0.01\overline{M}P'l$。
2. 计算截面离梁中心的距离为 $\pm\xi l$（梁左半部为负号，右半部为正号）。
3. 集中力 P' 作用点离梁中心的距离为 $\pm\alpha l$（力在梁左半部为负号，力在梁右半部为正号）。
4. M 计算简图同附图 4。

α \ ξ	−1.0	−0.9	−0.8	−0.7	−0.6	−0.5	−0.4	−0.3	−0.2	−0.1	0.0	0.1	0.2	0.3	0.4	0.5	0.6	0.7	0.8	0.9	1.0	
1.05	0	−0.2	−0.5	−0.9	−1.3	−1.8	−2.3	−2.7	−3.1	−3.5	−3.9	−4.1	−4.3	−4.3	−4.2	−3.9	−3.8	−2.6	−1.6	−0.6	0	−1.05
1.15	0	−0.1	−0.4	−0.7	−1.0	−1.4	−1.7	−2.1	−2.4	−2.7	−2.9	−3.1	−3.2	−3.2	−3.1	−2.8	−2.4	−1.8	−1.1	−0.4	0	−1.15
1.25	0	−0.1	−0.3	−0.5	−0.8	−1.1	−1.4	−1.7	−1.9	−2.1	−2.6	−2.4	−2.5	−2.4	−2.3	−2.1	−1.8	−1.3	−0.8	−0.3	0	−1.25
1.35	0	−0.1	−0.2	−0.5	−0.6	−0.9	−1.2	−1.4	−1.6	−1.7	−1.9	−2.0	−2.0	−2.0	−1.9	−1.7	−1.4	−1.0	−0.6	−0.2	0	−1.35
1.45	0	−0.1	−0.2	−0.3	−0.6	−0.8	−1.0	−1.1	−1.3	−1.4	−1.5	−1.6	−1.6	−1.6	−1.5	−1.3	−1.1	−0.8	−0.5	−0.2	0	−1.45
1.55	0	−0.1	−0.2	−0.3	−0.5	−0.7	−0.8	−1.0	−1.1	−1.2	−1.3	−1.4	−1.4	−1.3	−1.3	−1.1	−0.9	−0.7	−0.4	−0.1	0	−1.55
1.65	0	−0.1	−0.2	−0.3	−0.4	−0.6	−0.7	−0.9	−1.0	−1.1	−1.4	−1.2	−1.2	−1.2	−1.1	−0.9	−0.8	−0.6	−0.3	−0.1	0	−1.65
1.75	0	0.0	−0.2	−0.3	−0.4	−0.5	−0.6	−0.8	−0.9	−0.9	−1.0	−1.0	−1.0	−1.0	−0.9	−0.8	−0.7	−0.5	−0.3	−0.1	0	−1.75
1.85	0	0.0	−0.1	−0.2	−0.4	−0.5	−0.6	−0.7	−0.8	−0.8	−0.9	−0.9	−0.9	−0.9	−0.8	−0.7	−0.6	−0.4	−0.2	−0.1	0	−1.85
1.95	0	0.0	−0.1	−0.2	−0.3	−0.4	−0.5	−0.6	−0.7	−0.7	−0.8	−0.8	−0.8	−0.8	−0.7	−0.6	−0.5	−0.4	−0.2	−0.1	0	−1.95
2.10	0	0.0	−0.1	−0.2	−0.3	−0.4	−0.4	−0.5	−0.6	−0.6	−0.7	−0.7	−0.7	−0.6	−0.6	−0.5	−0.4	−0.3	−0.2	−0.1	0	−2.10
2.30	0	0.0	−0.1	−0.2	−0.2	−0.3	−0.4	−0.4	−0.5	−0.5	−0.5	−0.6	−0.6	−0.5	−0.5	−0.4	−0.3	−0.2	−0.1	−0.1	0	−2.30
2.50	0	0.0	−0.1	−0.1	−0.2	−0.3	−0.3	−0.4	−0.4	−0.4	−0.5	−0.5	−0.5	−0.4	−0.4	−0.3	−0.3	−0.2	−0.1	0.0	0	−2.50
2.70	0	0.0	−0.1	−0.1	−0.2	−0.2	−0.3	−0.3	−0.3	−0.4	−0.4	−0.4	−0.4	−0.4	−0.3	−0.3	−0.2	−0.2	−0.1	0.0	0	−2.70
2.90	0	0.0	−0.1	−0.1	−0.1	−0.2	−0.2	−0.3	−0.3	−0.3	−0.3	−0.3	−0.3	−0.3	−0.3	−0.3	−0.2	−0.1	−0.1	0.0	0	−2.90
	1.0	0.9	0.8	0.7	0.6	0.5	0.4	0.3	0.2	0.1	0.0	−0.1	−0.2	−0.3	−0.4	−0.5	−0.6	−0.7	−0.8	−0.9	−1.0	ξ \ α

参　考　文　献

[1] SL 265—2016 水闸设计规范 [S]. 北京：中国水利水电出版社，2016.
[2] SL 744—2016 水工建筑物荷载设计规范 [S]. 北京：中国电力出版社，2016.
[3] GB 51247—2018 水工建筑物抗震设计标准 [S]. 北京：中国计划出版社，2018.
[4] SL 191—2008 水工混凝土结构设计规范 [S]. 北京：中国电力出版社，2008.
[5] GB/T 50662—2011 水工建筑物抗冰冻设计规范 [S]. 北京：中国电力出版社，2011.
[6] SL 379—2007 水工挡土墙设计规范 [S]. 北京：中国电力出版社，2007.
[7] SL 41—2018 水利水电工程启闭机设计规范 [S]. 北京：中国水利水电出版社，2018.
[8] SL 74—2019 水利水电工程钢闸门设计规范 [S]. 北京：中国水利水电出版社，2019.
[9] GB 50286—2013 堤防工程设计规范 [S]. 北京：中国水利水电出版社，2013.
[10] GB/T 50290—2014 土工合成材料应用技术规范 [S]. 北京：中国水利水电出版社，2014.
[11] SL 252—2017 水利水电工程等级划分及洪水标准 [S]. 北京：中国水利水电出版社，2017.
[12] GB 50487—2008 水利水电工程地质勘查规范 [S]. 北京：中国计划出版社，2008.
[13] 陈德亮．水工建筑物 [M]. 北京：中国水利水电出版社，2005.
[14] 张光斗，王光伦．水工建筑物（下）[M]. 北京：水利电力出版社，1994.
[15] 陈胜宏．水工建筑物 [M]. 北京：中国水利水电出版社，2004.
[16] 王英华．水工建筑物 [M]. 北京：中国水利水电出版社，2004.
[17] 陈宝华，张世儒．水闸 [M]. 北京：中国水利水电出版社，2003.
[18] 华东水利学院．水工设计手册（1～7 卷）[M]. 北京：水利电力出版社，1983—1989.
[19] 杨邦柱．水工建筑物 [M]. 北京：中国水利水电出版社，2001.
[20] 高逸士．水闸 [M]. 北京：水利电力出版社，1988.
[21] 焦爱萍．水利水电工程专业毕业设计指南 [M]. 郑州：黄河水利出版社，2003.
[22] 刘细龙，陈福荣．闸门与启闭设备 [M]. 北京：中国水利水电出版社，2002.
[23] 康权．农田水利学 [M]. 北京：水利电力出版社，1993.
[24] 李永善，陈珍平．农田水利 [M]. 北京：中国水利水电出版社，1995.
[25] 王汉杰，邵立群．农田水利工程设计范例 [M]. 长春：吉林科学技术出版社，1994.
[26] 宋祖昭，等．渠首工程 [M]. 北京：水利电力出版社，1989.
[27] 江苏省水利勘测设计研究院有限公司. 中小型水利水电工程典型设计图集（水闸分册）[M]. 北京：中国水利水电出版社，2007.
[28] 吴存荣，纪冰．水闸运行与管理 [M]. 南京：河海大学出版社，2006.
[29] 中国建设监理协会．建设工程进度控制 [M]. 北京：中国建筑工业出版社，2007.
[30] 梁建林，胡育．水利水电工程施工技术 [M]. 北京：中国水利水电出版社，2005.
[31] SL 303—2017 水利水电工程施工组织设计规范 [S]. 北京：中国水利水电出版社，2017.
[32] SL 27—2014 水闸施工规范 [S]. 北京：中国水利水电出版社，2014.
[33] SL 654—2014 水利水电工程合理使用年限及耐久性设计规范 [S]. 北京：中国水利水电出版社，2014.